German-English and English-German

Dictionary of Technological Terms Used in Electrical Communication

By

O. Sattelberg
of the Telegraphentechnische Reichsamt
Berlin

Part First
English-German

Springer-Verlag Berlin Heidelberg GmbH
1925

Englisch-Deutsches und Deutsch-Englisches

Wörterbuch der Elektrischen Nachrichtentechnik

Von

O. Sattelberg
im Telegraphentechnischen Reichsamt
Berlin

Erster Teil
Englisch-Deutsch

Springer-Verlag Berlin Heidelberg GmbH
1925

Alle Rechte vorbehalten
Copyright 1925 by Springer-Verlag Berlin Heidelberg
Ursprünglich erschienen bei Julius Springer in Berlin 1925.
Softcover reprint of the hardcover 1st edition 1925

ISBN 978-3-662-31745-7   ISBN 978-3-662-32571-1 (eBook)
DOI 10.1007/978-3-662-32571-1

Vorwort.

Das letzte Jahrzehnt hat nur wenigen Gebieten einen solchen Aufschwung gebracht wie der Elektrischen Nachrichtentechnik. Es erscheint daher gerechtfertigt, zumal im Hinblick auf die im Werden begriffene Übereinkunft über ein zwischenstaatliches europäisches Fernsprechnetz und auf andere internationale Vereinheitlichungsbestrebungen, zur Verringerung der sprachlichen Schwierigkeiten ein Wörterbuch der Nachrichtentechnik zu schaffen.

Vollständigkeit, sprachliche und sachliche Richtigkeit hoffe ich in so weitem Maß erreicht zu haben, daß das vorliegende Werk in den meisten vorkommenden Fällen ein brauchbares Hilfsmittel zu sein verspricht. Wenn die bezeichneten Ziele nicht erreicht wurden, ja, wohl nie ganz erreicht werden können, so liegt dies vielleicht weniger an einem Mangel an Sorgfalt, als an mancherlei Hindernissen, die sich der Bearbeitung entgegengestellt haben. Nicht das kleinste dieser Hindernisse liegt in der in der Fernmeldetechnik als einem in schnellem Fortschritt befindlichen Gebiet ganz besonders fühlbaren Uneinheitlichkeit der Terminologie.

Die englischen Ausdrücke sind so gut wie ausschließlich englisch-amerikanischen Fachschriften entnommen worden; Übersetzungen aus der deutschen in die englische Sprache kommen nur in ganz vereinzelten Fällen vor. Zur Zusammenstellung des Stoffes habe ich den verschiedensten Arbeitsgebieten entnommene Bücher, Broschüren, Zeit- und Patentschriften englischen und amerikanischen Ursprungs von insgesamt gegen 9000 Druckseiten durchgearbeitet. In ausgedehntem Maße dienten deutsche Fachschriften zum Vergleich. In dankenswerter Weise haben in einzelnen Fällen Fachgenossen ihren Rat zur Verfügung gestellt.

Trotz aller aufgewendeten Sorgfalt kann ich nicht hoffen, daß nicht gewisse Lücken und einzelne Unrichtigkeiten in dem Werk enthalten sind. Für deren Mitteilung zwecks Verwertung bei einer späteren Auflage werde ich den Benutzern dankbar sein.

Berlin, im Januar 1925.

D. Sattelberg.

Abkürzungen.

A	Selbstanschlußwesen	Automatic Telephony.
B	Bau von Leitungen	Construction of Outdoor Plant.
F	Fernsprechwesen	Telephony.
K	Fernkabel	Long-distance Cables.
L	Leitungstheorie	Line Theory.
R	Funkwesen	Radio.
T	Telegraphie	Telegraphy.
V	Verstärkertechnik	Valves, Amplifiers.
am.	amerikanisch	American.
engl.	englisch	English.
ab:	abgekürzt	abbreviated.
cf.	vergleiche	confer.
v.	siehe	see.

Quellenverzeichnis.

Steinmetz, The Theory and Calculation of Alternating Current Phenomena, Newyork 1897.
H. W. Malcolm, The Theory of the Submarine Telegraph and Telephone Cable, London 1916.
J. G. Hill, Telephonic Transmission, London 1920.
J. H. Morecroft, Principles of Radio Communication, New York 1921.
T. E. Herbert, Telegraphy, London 1921.
— Telephony, London 1923.
H. H. Harrison, Printing Telegraph Systems, London 1923.
A. B. Crotch, The Elements of Automatic Telephony, London 1924.
F. Anson, The W. E. Co.'s Automatic Telephone System, London 1916.
H. G. White, Electric Bells, Alarms and Signalling Systems, London 1921.
H. Viard, Vocabulaire en cinq Langues, Paris 1920.
W. L. Weber, Handy Electrical Dictionary, London.
Marconi Yearbooks, London 1916—1924.
Henley's Workable Radio Receivers. Newyork 1924.
British Engineering Standards Association, London,
 Radio Communication, Dec. 1923.
 Telegraphs and Telephones, July 1924.
D. Murray, Press-the-Button Telegraphy, London.
The Post Office Electrical Engineers' Journal, London.
The Telegraph and Telephone Journal, London.
The Journal of the Institution of Electrical Engineers, London.
The Radio Review, London (1920—22).
The Electrician, London.
Electrical Communication (W. E. C.), Newyork.
The Telegraph and Telephone Age, Newyork.
The Journal of the American Institute of Electrical Engineers.
Broschüren von: Peters, Heising, Andres, Colpitts, Blackwell, Rhoads, Campbell, Jewett, Craft, Hartley, Hill, King, v. d. Bijl, Bureau of Standards (Washington).
Englische und amerikanische Patentschriften.
Muret-Sanders, Enzyklopädisches Wörterbuch der englischen und deutschen Sprache, Berlin.

A.

abnormal ungewöhnlich, abnormal, regelwidrig.

abohm absolutes Ohm n, Ohm in absoluten elektromagnetischen Maßeinheiten.

abrasion Abscheuerung f, Abschleifung f.

abscissa (*pl.* abscissae), Abszisse f.

absolute absolut;
— **unit** absolute Einheit f.

absorb auffaugen, absorbieren.

absorbent auffaugend, absorbierend.

absorbing circuit Absorptionskreis m.

absorption Absorption f, Auffaugung f;
— **current** Absorptionsstrom m;
— **factor** Absorptionsfaktor;
— **modulation, valve** Modulation f in Absorptionsschaltung.

abstatohm Ohm n in absoluten elektrostatischen CGS-Einheiten.

abstat unit = absolute electrostatic cgs unit, absolute elektrostatische CGS-Einheit f.

ab-unit = absolute electromagnetic cgs unit absolute elektromagnetische CGS-Einheit f.

abut vorspringen (from vor), auftreffen (against auf), anschlagen.

abutment Widerlager n, Strebe f, Kämpfer m.

a. c. = alternating current Wechselstrom m.
— **bridge** Wechselstrombrücke f.

acacia Akazie f, Akazienholz n.

accelerate beschleunigen, schneller werden.

acceleration Beschleunigung f.

acceptance Abnahme f.
— **test** Abnahmemessung f, Abnahmeprüfung f.

acceptor circuit durchlässiger Kreis m, Bandfilter n.

access Zugang m, A.

accessibility Zugänglichkeit f.

accessible zugänglich.

accessories *pl* Zubehör n, Zubehörteile *pl.*

accident Unfall m;
— **insurance** Unfallversicherung f;
— **report** Unfallmeldung f, Unfallbericht m.

accommodate anpassen, aufnehmen, Raum gewähren für (m. d. f. accommodating 400 wires Hauptverteiler, der 400 Drähte aufnimmt).

accordance Übereinstimmung f, Abstimmung f.

account section Rechnungsstelle f, F.

Sattelberg, Wörterbuch: Englisch-Deutsch.

accumulate (ſich) aufſpeichern, (ſich) anſammeln.
accumulation Anhäufung f, Anſammlung f, Speicherung f.
accumulator Sammler m, Akkumulator m (v. storage cell);
— **acid** Füllſäure f, Akkumulatorſäure f;
— **box**, — **jar** Sammlergefäß n.
accuracy Genauigkeit f;
  degree of — Genauigkeitsgrad m.
accurate genau.
acid Säure f;
  attacked by —**s** von Säuren angegriffen;
  accumulator — Füllſäure f, Sammlerſäure f.
  carbonic — **gas** Kohlenſäure f, (CO_2);
  chromic — Chromſäure f;
  hydrochloric —, **muriatic** — Salzſäure f, Chlorwaſſerſtoffſäure f, (HCl);
  nitric — Salpeterſäure f, (HNO_3);
  sulphuric — Schwefelſäure f, (H_2SO_4);
  diluted — — verdünnte Schwefelſäure.
— **fumes** Säuredämpfe pl;
— -**laden** ſäurehaltig, ſäuregeſchwängert;
— -**proof**, — -**resisting** ſäurefeſt, ſäurebeſtändig;
— **test** Säureprüfung f.
acidulate anſäuern.
acidulated water angeſäuertes Waſſer n.
acoustic akuſtiſch, Hör- . . . . ;
— **s** pl, Akuſtik f, Lehre f vom Schall;
— **frequency** Hörfrequenz f;
— **properties** (of a room) Akuſtik f (eines Raumes).
act I. (ein)wirken (on auf); gehen, funktionieren;
  II. Vorgang m (das Vorgegangene);
— **of printing** Druckvorgang m, T.
acting wirkend;
  double — doppelt wirkend;
  quick — ſchnell wirkend;
  slow — langſam wirkend;
  (v. operating, release).
actinic aktiniſch.
action Wirkung f, Tätigkeit f, Arbeiten n, Funktionieren n, Gang m einer Maſchine;
  put out of — außer Betrieb ſetzen;
  throw in — einrücken, einſchalten;
  throw out of — ausrücken, ausſchalten;
  rapidity of — Arbeitsgeſchwindigkeit f (of a relay eines Relais).
active wirkſam, wirkend;
— **component** Wirkkomponente f;
— **current** Wirkſtrom m;
— **material** aktive Maſſe f.
activity Wirkſamkeit f, Arbeitsleiſtung f.
actual wirklich, tatſächlich).
actuate betätigen, antreiben, in Gang ſetzen.
actuation Betätigung f.
adapt anpaſſen (to an), einpaſſen;
— **a resistance to a line** einen Widerſtand einer Leitung anpaſſen.
adaptability Anpaſſungsfähigkeit f.
adaptation Anpaſſung f.
adapter Übergangsſtück n, Zwiſchenſatzſtück n, Zwiſchenſtecker m;
  socket — Zwiſchenſtecker m für Röhren.
adaptor = adapter.
add addieren, hinzufügen, to — **up** (ſich) ſummieren.

adding machine Additions(rechen)maschine f.
addition Addition f, Zusatz m; Zusatzpatent n.
additional zusätzlich, hinzukommend.
adhesion Festhaften n, Abhäsion f;
  electrostatic — elektrische Klebkraft f.
adjust einstellen (einen Apparat), justieren, einpassen.
adjusting lever, zero Einstellhebel m am Hughesapparat;
— **screw** Stellschraube f.
adjustment Einregelung f, Einstellung f, Nachregelung f;
  coarse — Grobeinstellung;
  fine — Feineinstellung f;
  standard — Normaleinstellung f.
admittance Scheinleitwert m, Admittanz f;
  characteristic — reziproker Wert m des Wellenwiderstandes einer Leitung L;
  indicial — Kennleitwert m;
  line shunt — komplexer Querleitwert, Scheinleitwert m zwischen den Zweigen einer Doppelleitung $(g+j\omega c)\ L$;
  shunt — **equalizer**, Querimpedanz-Entzerrer m, K, V;
  transfer — Verhältnis n des ankommenden Stromes zur aufgedrückten Spannung L;
Advance Name einer Kupfer-Nickel-Widerstandslegierung f.
advance I. vorrücken, fortschreiten, II. Voreilung f, Vorschreiten n, Fortschreiten (of a wave einer Welle);
— **angle** Voreilungswinkel m, Winkelvoreilung f.
advancing wave fortschreitende Welle f.

advisory beratend;
— **committee** beratender Ausschuß m, beratendes Komitee n.
aerial Luftleiter m, Luftdraht m, Antenne f;
  aeroplane — Flugzeugantenne;
  artificial — künstliche Antenne, Ersatzantenne;
  balancing — Ausgleichsluftdraht (für Gegensprechen);
  bent — geknickte Antenne;
  Beverage — Beverageantenne;
  buried — eingegrabene Antenne;
  cage — Käfigantenne, Reusenantenne;
  coil — Rahmenantenne, Spulenantenne;
— —, **cross-** Kreuzspulenantenne; zwei gekreuzte Rahmenantennen;
— —, **flat** Spiralantenne;
  cone — Kegelantenne;
  directional — Richtantenne;
  direction finder — Peilantenne;
  directive — Richtantenne;
— —, **highly** stark richtfähiger Luftleiter;
  double cone — Doppelkegelantenne;
  dummy — Ersatzantenne;
— — **circuit** Luftdraht-Ersatzstromkreis m;
  earth — Erdantenne;
  equi-radial — ungerichtete Antenne;
  fan(-shaped) — Fächerantenne;
  frame — Rahmenantenne;
  funnel-shaped — trichterförmiger Luftleiter, Trichterantenne;
  ground — Erdantenne;
  harp — Harfenantenne;
  high — Hochantenne;
  indoor — Zimmerantenne;

aerial
  (Inverted) L— L-Antenne;
  loop — Rahmenantenne (mit nur einer Windung), Schleifenantenne;
  multiple — Mehrfachantenne;
  multiple tuned — mehrfach abgestimmter Luftleiter, Mehrfachluftleiter mit einzeln abgestimmten Zweigen;
  multiple wire — mehrdrähtiger Luftleiter;
  mute — künstlicher Luftdraht, Ersatzantenne;
  non-directive — ungerichtete Antenne;
  phantom — künstliche Antenne, Ersatzantenne, Antennen-Ersatzstromkreis m;
  plain — eindrähtige Vertikalantenne;
  — — Luftleiter mit in diesen eingeschalteter Funkenstrecke;
  receiving — Empfangsluftdraht;
  roof-shaped — dachförmiger Luftleiter;
  skid-fin — Flossenantenne der Flugzeuge;
  T— T-Antenne;
  — —, extended verlängerte T-Antenne;
  trailing (wire) — freihängender Luftdraht;
  transmitting — Sendeluftleiter;
  twin — Zwillingsantenne, Antennenpaar n;
  two-wire — zweidrähtige Antenne;
  umbrella — Schirmantenne;
  underwater — Unterwasserantenne;
  uni-directional — einseitig gerichteter Luftleiter;
  vertical wire — Vertikalantenne;
  — ammeter Luftdrahtstrommesser m;
  — cable Luftkabel n;
  — change-over switch Luftdrahtumschalter m;
  — circuit Antennen(strom)kreis m;
  — construction Luftleiterbauart f; Luftleiterbau m;
  — current Antennenstrom m;
  — effect Antenneneffekt m;
  — helix Luftdrahtspule f;
  — inductance Luftdraht-Selbstinduktion f;
  — loading inductance Luftdraht-Verlängerungsspule f;
  — (tuning) inductance Luftdraht-Abstimmspule f;
  — input zugeführte Luftdrahtleistung f;
  — lead-in Luftdrahteinführung f;
  — line Luftleitung f, oberirdische Leitung f;
  — load-coil Luftdraht-Verlängerungsspule f;
  — network Luftleitergebilde n;
  — power Antennenleistung f;
  — resistance Luftleiterwiderstand m;
  — structure Luftleitergebilde n;
  — support Antennengerüst n, Luftdrahtträger m;
  — suspension Antennenaufhängung f;
  — system Luftleitersystem n;]
  — transmitter, plain Sender m mit in den Luftdraht geschalteter Funkenstrecke f;
  — tuning Luftdrahtabstimmung f;
  — winch Luftdrahtwinde f (für Flugzeugantennen).

aeroplane Flugzeug n, Aeroplan m.

a. f. = audio frequency Hörfrequenz f.

affinity Übereinstimmung *f*, Affinität *f*;
chemical — chemische Affinität *f*.
after-effect Nachwirkung *f*.
agate Achat *m*, Achathütchen *n*;
— **cup** Achathütchen *n*.
age altern.
— **-coating** Beschlagen *n* der Lampenbirnen.
ag(e)ing Altern *n*, Alterung *f*;
— **effect** Alterungseinfluß *m*, Alterungswirkung *f*.
agent Agens *n*, Mittel *n*.
agglomeration Zusammenballung *f*, Anhäufung *f*, Zusammenbacken *n* der Mikrophonkohlen.
aggregate I ansammeln, vereinigen;
II. angesammelt, vereint;
III. Aggregat *n*, Ansammlung *f*, Anhäufung *f*.
A.H. = ampere hour Amperestunde *f*, *ab*: Ah.
aid Hilfsmittel *n*, Unterstützung *f*, Beistand *m*;
first — **outfit** Verbandzeug *n*, Ausrüstung *f* für erste Hilfe.
aiding, two coils in series zwei gleichsinnig in Reihe geschaltete Spulen *pl*.
aim Richtlinie *f*, Ziel *n*, Zweck *m*, Absicht *f*.
air Luft *f*;
compressed — komprimierte Luft;
rarified — verdünnte Luft;
— **blast** Luftstrom *m*;
— **bubble** Luftblase *f*;
— **cavity** eingeschlossene Luftblase *f*, Lufteinschluß *m*;
— **compressor** Luftkompressor *m*;
— **condenser** Luftkondensator *m*.
aircraft station Flugzeugstation *f*.

air damping Luftdämpfung *f*;
— **duct** Luftkanal *m*;
— **gap** Luftspalt *m*;
— **hole** Windöffnung *f*;
— **path** Luftweg *m* im magnetischen Kreis.
airplane Flugzeug *n*.
air pump Luftpumpe *f*;
— —, **mercurial** Quecksilberluftpumpe;
— **space cable** (Papier-)Hohlraumkabel *n*;
— **-tight** luftdicht.
aisle Gang *m* zwischen den Verstärkerstellen usw.;
main — Hauptgang *m*;
— **space** der von den Gängen eingenommene Raum *m*.
alarm Wecker *m*, Melder *m*;
burglar — Einbruchmelder *m*;
fire — Feuermelder *m*;
night — Nachtwecker *m*;
— **(type) fuse** Meldesicherung *f*;
— **lamp** Meldelampe *f*.
alcohol Alkohol *m*, Spiritus *m*;
— **blow torch** kleine Spiritus-Lötlampe *f*.
alcoholic alkoholisch).
algebra Algebra *f*.
algebraic(al) algebraisch).
align ausrichten, richten, in eine gerade Linie bringen (with mit), eine gerade Linie bilden.
aligning of springs Ausrichten *n* von Federn.
alignment Ausrichtung *f*;
in — **with** in gerader Linie mit.
aline = align.
alive stromführend, unter Spannung befindlich,
to make — unter Spannung setzen.
alkali Alkali *n*;
caustic — Ätz(al)kali *n*.
alkaline earth metals *pl* Erdalkalimetalle *pl*;

alkaline earth group Gruppe der alkalinischen Erben;
— — —, **oxides of the** Oxyde *pl* der Erb=Alkalimetallgruppe.
allocate zuteilen, anweisen.
allocation Zuteilung *f* einer Verbindung *A*; Anweisung *f*, Anordnung *f*, Aufstellung *f*.
allotropical allotropisch.
allowance zulässige Abweichung*f*, zässige Anzahl *f*;
receiving (sending) — of a local line zulässige Dämpfung *f* einer Teilnehmerleitung auf der Empfangs= (Sende=) Seite *F*.
allot verteilen, zuteilen.
allotment Zuteilung *f*, Verteilung *f*.
alloy Legierung *f*;
Lipowitz — Lipowitz=Legierung *f* (26,7 Pb, 13,3 Sn, 50 Bi, 10 Cd);
Wood,s — Woodsches Metall *n* (25 Pb, 12,5 Sn, 50 Bi, 12,5 Cd);
— steel legierter Stahl *m*.
alphabet Alphabet *n*, (*v.* code).
alter ändern, um=, ab=, verändern, sich ändern; entstellen.
alteration (Ab=, Um=, Ver=) Änderung *f*; Entstellung *f* eines Telegramms.
alternate I. wechseln, abwechseln alternieren;
II. abwechselnd.
alternating arc Wechselstrom=Lichtbogen *m*;
— component of current Wechselstromkomponente *f*;
— current Wechselstrom *m*;
— field Wechselfeld *n*;
— potential Wechselspannung *f*.
alternation Wechsel *m*, Stromwechsel *m*, manchmal: Halbperiode *f*;

— of polarity Polaritätswechsel *m*.
alternator Wechselstromgenerator, *m*, Alternator *m*;
500 cycle — 500periodiger Wechselstromerzeuger *m*;
h. f. — Hochfrequenzmaschine *f*, Hochfrequenzgenerator *m*;
inductor type — Induktormaschine *f*;
radio — Hochfrequenzgenerator *m*;
sine wave — Sinuswellenerzeuger *m*;
— disc set Wechselstromgenerator *m* mit umlaufender Funkenstrecke *R*.
altitude Höhe *f*, auch *M*.
sun's — Sonnenhöhe *f*, Sonnenstand *m*.
alum Alaun *m*.
amalgam Amalgam
zinc — Zinkamalgam *n*.
amalgamate verquicken, amalgamieren.
amalgamation Verquickung *f*, Amalgamierung *f*.
amateur Liebhaber *m*, Amateur *m*;
radio — Funkfreund *m*;
— license Liebhabererlaubnis *f*, Amateurlizenz *f*.
amber, yellow — Bernstein *m*.
ambroin Ambroin *n*.
ambulance box Verbandkasten *m*.
ammeter Strommesser *m*, Amperemeter *n*;
a. c. — Wechselstrommesser *m*;
d. c. — Gleichstrommesser *m*.
hot-band — Hitzbandstrommesser *m*;
hot-wire — Hitzdrahtstrommesser *m*;
moving coil — Drehspulstrommesser *m*;
moving iron — Weicheisenstrommesser *m*;

ammeter
recording — Schreibstrommesser *m*;
soft iron — Weicheisenstrommesser *m*;
thermo- — Thermo-Strommesser *m*.
ammonia gas Ammoniakgas *n*, (NH_3).
ammonium Ammonium *n* (NH_4);
- **chloride** Chlorammonium *n*, Salmiak *m* (NH_4Cl);
- **hydrate** Ammoniumhydroxyd (NH_4HO).
amorphous amorph, gestaltlos.
amortisation Amortisierung *f*, Tilgung *f*.
amortise tilgen, amortisieren.
amount I. betragen, sich belaufen (to auf);
II. Betrag *m*, Menge *f*.
amperage Amperezahl *f*.
ampere Ampere *n*;
- **hour** Amperestunde *f*;
- **second** Amperesekunde *f*;
- **turn** Amperewindung *f*.
Ampere's rule Ampereſche Schwimmerregel *f*.
amplification Verstärkung *f*;
current — Stromverstärkung *f*;
dual — Hoch- und Niederfrequenz-Einrohrverstärkung *f*;
40 fold — 40fache Verstärkung *f*;
h. f. — Hochfrequenzverstärkung *f*;
l. f. — Niederfrequenzverstärkung *f*;
power — Leistungsverstärkung *f*;
reflex — Hoch- und Niederfrequenzverstärkung *f* mit einem Rohr, Reflexverstärkung;
regenerative - Rückkopplungsverstärkung *f*;

super- — — Superregenerativverstärkung *f*, Verstärkung *f* mit starker Rückkopplung und Löschung der Eigenschwingungen;
retroactive — Rückkopplungsverstärkung *f*;
voltage — Spannungsverstärkung *f*;
coefficient of — Verstärkungszahl *f*;
- **curve** Verstärkungskurve *f*;
- **factor** Verstärkungsfaktor *m*, Verstärkungsziffer *f*;
- **ratio, power** (Leistungs-)Verstärkungsverhältnis *n*, Verstärkungsgrad *m*, reziproker Wert *m* des Durchgriffs, *V*;
- **stage** Verstärkungsstufe *f*.
amplifier Verstärker *m*;
cascade — Kaskadenverstärker;
heterodyne — Schwingaudion *n*, Schwebungsverstärker, Interferenzverstärker;
h. f. — Hochfrequenzverstärker
inductance - repeating amplifier Verstärker mit induktiver Kopplung;
input — Vorverstärker *m*;
l. f. — Niederfrequenzverstärker;
microphone — Mikrophonverstärker;
multiple — Mehrfachverstärker;
multi-stage — mehrstufiger Verstärker;
multi-valve — Mehrröhrenverstärker;
note — Niederfrequenzverstärker *m*, Tonverstärker;
push-pull — Druck-Zugverstärker, Verstärker mit zwei gegeneinander geschalteten Röhren;
radio-frequency — Hochfrequenzverstärker;

amplifier
  receiver-transmitter — Mikrophonrelais *n*;
  resistance-repeating — Verstärker mit Widerstandskopplung;
  sound — Lautverstärker;
  speech — Sprachverstärker;
  transformer-repeating — Verstärker mit magnetischer Kopplung;
  two-stage — zweistufiger Verstärker;
  valve — Röhrenverstärker;
  — **bulb** (runde) Verstärkerlampe *f*;
  — **modulation** Modulation *f* mittels Sprachverstärkers, Verstärkungsmodulation *f*;
  — **transformer** Verstärkertransformator *m*;
  — **triode** Verstärkerröhre *f* mit drei Elektroden;
  — **valve** Verstärkerröhre *f*.
amplify verstärken.
amplifying constant Verstärkungskonstante *f*;
— **relay station** Verstärkeramt *n*;
— **triode** or **tube** or **valve** Verstärkerröhre *f*;
— **tube, telephone** Fernsprechverstärkerröhre *f*;
— **voltmeter** Röhrenvoltmeter *n*.
amplitude Amplitude *f*, Scheitelwert *m*, Schwingungsweite *f*;
  maximum — Maximalamplitude *f*;
  minimum — Minimalamplitude *f*;
  vibrational — Schwingungsamplitude *f*;
  correction of —**s** Amplitudenentzerrung *f*;
  distortion of —**s** Amplitudenverzerrung *f*;
  ratio of —**s** Amplitudenverhältnis *n*;
  reduction in — Amplitudenabnahme *f*, Amplitudenverringerung *f*;
  — **distortion** Amplitudenverzerrung *f*, Verzerrung *f* erster Art;
  — **factor** Scheitelfaktor *m*;
  — **of deflection** größte Ablenkung *f*, Ablenkungsamplitude *f*;
  — **of oscillation** Schwingungsamplitude *f*.
analyse analysieren, zerlegen, auflösen *M*.
analysis Analyse *f*, Zerlegung *f*; Analysis *f*, *M*.
  chemical — chemische Zerlegung *f*, Analyse *f*.
analytical analytisch.
anchor I. verankern, festlegen.
  II. Anker *m*.
  — **plate** Ankerplatte *f*.
anchoring Verankerung *f*.
ancillary ergänzend, Hilfs-, Wiederholungs-.
— **jack** Hilfsklinke *f*; Wiederholungsklinke *f*, *F*.
angle Winkel *m*, *M*; Knie *n*;
  acute — spitzer Winkel *m*;
  adjoining or **adjacent** — Nebenwinkel *m*;
  advance — Voreilungswinkel *m*;
  alternate — Wechselwinkel *m*;
  complementary — Komplementwinkel *m*;
  hyperbolic (line) —, **line** — Fortpflanzungsgröße *f* (γl), *L*;
  obtuse — stumpfer Winkel *m*;
  opposite — Gegenwinkel *m*;
  phase — Phasenwinkel *m*;
  retardation — Verzögerungswinkel *m*;
  right — rechter Winkel *m*;
  at — —**s** im rechten Winkel, rechtwinklig (**to** zu);

angle
 complement of — Winkel-
  komplement *n*;
 — **iron** Winkeleisen *n*;
 — **pole** Winkelstange *f*.
angular Winkel- ...; winkelig,
  kantig;
 — **motion** Winkelbewegung *f*;
 — **velocity** Winkelgeschwindig-
  keit *f*, Kreisfrequenz *f*, Fre-
  quenz *f*.
  cut-off — —, Grenz-Kreisfre-
  quenz *f*, Grenzfrequenz *f*.
anhydrid Anhybrid *n*.
anhydrous wasserfrei.
aniline blue blaue Anilinfarbe *f*.
anion Anion *n*; Sauerstoffion *n*.
anneal (aus)glühen, nachglühen;
  Stahl anlassen.
annealed geglüht; angelassen.
annealing Glühen *n*;
 — **method** Glühverfahren *n*;
 — **process**(Aus-)Glühen *n*, Glüh-
  verfahren *n*.
annual jährlich;
 — **variations** *pl* jährliche Schwan-
  kungen *pl*.
announce ansagen, anzeigen,
  ankünd(ig)en.
announcer Ansager *m* (of broad-
  cast station des Rundfunk-
  senders).
annul aufheben (each other,
  einander).
annular ringförmig, Ring- ...;
 — **magnet** Ringmagnet *m*.
anodal Anoden- ..., anodal;
 — **light** Anodenlicht *n*.
anode Anode *f*, positive Elek-
  trode *f*;
  auxiliary — Hilfsanode *f*;
 — **current**, Anodenstrom *m*;
 — **filament circuit** Anoden-
  kreis *m*;
 — **potential** Anodenspannung *f*;
 — **screening grid** Anodenschutz-
  netz *n*;

 — **voltage** Anodenspannung *f*.
anodic anodisch.
answer abfragen *F*.
answering Abfragen *n*, *F*.
 — **equipment**, Abfrageeinrich-
  tung *f*;
 — **jack** Abfrageklinke *f*;
 — **plug** Abfragestöpsel *m*;
 — **position** Abfrageplatz *m*, Teil-
  nehmerplatz *m*.
antagonistic (ent)gegenwirkend,
  Gegen- ...;
 — **spring** Abreißfeder *f*.
antenna (*pl* antennas or an-
  tennae) Luftdraht *m*, Luft-
  leiter *m*, Antenne *f*; *v.* aerial.
anti-atmospheric device Ein-
  richtung *f* zur Ausscheidung
  von Luftstörungen *R*.
anticathode Antikathode *f*.
anti-clockwise entgegengesetzt
  zum Uhrzeigersinn, linksdre-
  hend.
anticoherer Gegenfritter *m*, An-
  tikohärer *m*.
anti-friction metal Lagermetall
  n.
anti-hum Dämpfer *m* für Frei-
  leitungsdrähte *B*.
anti-induction device (Seiten-)
  Induktionsschutz *m*.
antimonious antimonhaltig;
 — **lead** Antimonblei *n*.
antimony Antimon *n* (Sb).
antinode Bauch *m* einer
  Schwingung, Schwingungs-
  bauch *m*;
  current — Strombauch *m*;
  potential — Spannungs-
  bauch *m*.
anti-parasitic device, Einrich-
  tung *f* zur Störbefreiung, *R*.
anti-rot fäulnishindernd.
anvil Ambos *n*;
 — **contact** Amboskontakt *m*.
A-operator A-Beamtin *f*, *F*.
aperiodic(al) aperiodisch.

aperiodicity Aperiodizität *f.*
aperture Öffnung *f*, Ausschnitt *m*.
apex Spitze *f*, Scheitel *m*, Scheitelpunkt *m*;
— **of the bridge** Scheitel(punkt) *m* der Brücke.
apparatus Apparat *m*, Apparatur *f*;
exchange — Amtseinrichtung *f*, *F*.
apparent scheinbar;
— **power** Scheinleistung *f*.
appliance Anwendung *f*; Gerät *n*, Mittel *n*.
applicant Anmelder *m* (of a patent, eines Patents), Nachsuchender *m*.
application Anwendung *f* (to auf), Gebrauch *m*; Gesuch *n*;
field of — Anwendungsgebiet *n*;
patent — Patentgesuch *n*, Patentanmeldung *f*.
apply anwenden, gebrauchen; anwendbar sein; nach-, ansuchen (to bei, for um);
— **a battery to** eine Batterie anlegen an.
appreciable merkbar, merklich.
approach I. sich nähern, nahe kommen, nahe bringen; — infinity, zero unendlich, null werden;
II. Annäherung *f*, Nahekommen *n*.
appropriate zuteilen, anweisen, benutzen (to für).
appropriation Benutzung *f*; Zuweisung *f*, Zuteilung *f* (of a line to einer Leitung an).
approximate I. sich nähern;
II. angenähert, Näherungs-...;
— **formula** Näherungsformel *f*, *M*;
— **quantities** *pl* Näherungsgrößen *pl*, *M*.

approximation Annäherung *f*, Näherungswert;
to a first — in erster Annäherung *M*.
aqua regia Königswasser *n*.
aqueous wasserhaltig, wasserreich;
— **solution** wässerige Lösung *f*.
arbor Achse *f*, Welle *f*, Spindel *f*.
arc Kreisbogen *m*; Lichtbogen *m*;
alternating — Wechselstromlichtbogen *m*;
d. c. — Gleichstromlichtbogen *m*;
oscillating — Lichtbogengenerator *m*;
Poulsen — Paulsenscher Lichtbogen *m*;
singing — singender Lichtbogen;
speaking — sprechender Lichtbogen *m*;
voltaic — (Voltascher) Lichtbogen *m*;
— **converter** Lichtbogengenerator *m*;
— **discharge** Lichtbogenentladung *f*;
— **extinction or extinguishing** Lichtbogenlöschung *f*;
— **generator** Lichtbogengenerator *m*;
— **ignition** Lichtbogenzündung *f*;
— **oscillations, type I (II, III)** Lichtbogenschwingungen *pl* I. (II., III.) Art;
— **oscillator,** Lichtbogengenerator *m*, Lichtbogen-Schwingungserzeuger *m*;
— **rectifier** Lichtbogengleichrichter *m*;
— **(transmitter)** Lichtbogensender *m*;
the — **(re)ignites** der Lichtbogen zündet (wieder, von neuem);

the arc forms der Lichtbogen bildet sich oder entsteht;
— — **blows out or extinguishes** der Lichtbogen erlischt.
arcing I. bogenbildend;
II. Entstehen *n* eines Lichtbogens;
non- — funkenfrei, nicht bogenbildend;
— **metal** die Lichtbogenbildung begünstigendes Metall *n*.
area Fläche *f*, Flächeninhalt *m*, Gebiet *n*;
cross-sectional — Querschnitt *m* eines Drahtes, Schnittfläche *f*;
emitting — Emissionsfläche *f*, Strahlungsfläche *f*;
exchange — Amtsbezirk *m*, F.
lateral — Seitenbezirk *m*, F;
local — Ortsbezirk *m*, Ortsgebiet *n*, F;
metropolitan — Großstadtgebiet *n*;
sectional — Schnittfläche *f*, Querschnitt *m*;
turn — Windungsfläche *f*;
unit — Flächeneinheit *f*;
urban — Stadtgebiet *n*.
areometer Aräometer *n*.
argentan Neusilber *n*.
argil Tonerde *f* (Al_2O_3).
argon Argon *n* (Ar).
argument Argument *n*, M.
arithmetical arithmetisch.
arithmetics *pl* Arithmetik *f*.
arm Arm *m*, Querträger *m*, Brückenarm *m*;
bridge **—s** *pl* Brückenarme *pl*;
cross- — Querträger *m*, B;
ratio- **—s** *pl* Verhältnisarme *pl* einer Brücke, feste Brückenarme *pl*;
wire —, **four-** (six-, eight-), Querträger *m* zu vier (sechs, acht) Leitungen.

armature Anker *m* eines Motors, Elektromagneten, Belegung *f* eines Kondensators.
disc — Scheibenanker;
drum — Trommelanker;
external — **generator** Innenpolgenerator *m*;
fixed — feststehender Anker;
gravity-controlled — Anker *m* mit Gegengewicht;
H- — I-Anker, Doppel-T-Anker;
ring — Ringanker;
rotating — umlaufender Anker;
shuttle — Doppel-T-Anker;
soft iron — Weicheisenanker;
vane — Flügelanker;
— — **relay** Flügelankerrelais *n*;
— **bar** Ankerstab *m*;
— **bore**, Ankerbohrung *f*;
— **coil** Ankerspule *f*;
— **current** Ankerstrom *m*;
— **reaction**, Ankerrückwirkung *f*;
— **travel** Ankerbewegung *f*, Ankerumschlag *m*, Ankerweg *m*.
armed mit Armen oder Querträgern versehen;
one — einarmig;
two — zweiarmig.
arming (of a pole) Ausrüsten *n* oder Ausrüstung *f* (einer Stange) mit Querträgern.
armour bewehren, armieren.
armoured bewehrt, armiert;
steel-tape — mit Stahlband armiert, stahlbandbewehrt.
armour(ing) Bewehrung *f*, Armierung *f*;
closed — geschlossene Bewehrung;
heavy — schwere Bewehrung;
iron — Eisenbewehrung;
light — leichte Bewehrung;
locked — geschlossene Bewehrung;
open — offene Bewehrung;

armour(ing) wire Bewehrungsdraht *m*.
arrange (an)ordnen, (ein)richten.
arrangement Anordnung *f*, Einrichtung *f*.
arrest anhalten, zum Stillstand bringen;
arrester, earth Erdableiter *m*,
lightning — Blitzableiter *m* (*v*. lightning);
surge — Überspannungsfunkenstrecke *f*, Überspannungsableiter *m*.
arrival Ankunft *f*, Eintreffen *n*;
direction of (—) Einfallrichtung *f* (of waves der Wellen);
— **curve** Empfangskurve *f* (of a cable eines Kabels).
— —, **Kelvin** Thomsonkurve *f*, *T*.
arrive (at, in, on, upon) ankommen, eintreffen (an, in, bei).
arrow Pfeil *m*;
danger — Blitzpfeil *m*, Hochspannungspfeil *m*;
— **head** Pfeilspitze *f*.
arsenic I. Arsen *n* (As);
II. arsenhaltig.
art Technik *f*, Kunst *f*;
well known in the — wohlbekannt in der Technik;
communication—Nachrichtentechnik *f*, Fernmeldetechnik *f*.
articulate I. klar oder deutlich aussprechen;
II. klar, deutlich, artikuliert.
articulated klar (aus)gesprochen, deutlich.
articulation deutliche Aussprache *f*, Artikulation *f*, Deutlichkeit *f*;
good — (gute) Verständlichkeit *f*.
artificial künstlich;
— **cable** künstliches Kabel *n*.

asbestos Asbest *m*;
— **board** Asbestpappe *f*.
ascend ansteigen.
ash Esche *f*, Eschenholz *n*.
A. S. M. T. cable = air space multiple twin cable, vielpaariges Hohlraumkabel *n*.
A. S. P. C. cable = air space paper core cable, Papier-Hohlraumkabel *n*.
asphalt asphaltieren.
asphalt(e), asphaltum Asphalt *m*.
assemblage Aufbau, *m*;
— **of apparatus** Apparateaufbau *m*, Einrichtung *f*.
assemble auf-, zusammenstellen, montieren.
assembler Monteur *m*, einer, der etwas zusammenbaut.
assembly Aufbau *m*, (Apparate-) Satz *m* (das Aufgebaute).
spring — Federnpaket *n*, *F*.
assign (to) I. zuordnen, zuteilen (a number eine Nummer, *F*); beilegen (a value einen Wert); ernennen, bestellen, to — over, abtreten (an), zedieren. II. Rechtsnachfolger *m*.
assignation, Zuweisung *f*, Anweisung *f*, Abtretung *f*, Zedierung *f*.
assignment Zuteilung *f*; Übertragung *f*, Abtretung *f*, Zession *f* (to an);
by mesne — durch Zwischenabtretung *f*, durch Zwischenzession *f* (eines Patentes).
assignor Anweisender *m*, Bestimmender *m*; Abtretender *m*, Zedierender *m* (to an).
assume annehmen, übernehmen; beanspruchen;
— **duty** den Dienst antreten.
assumption Annahme *f*, Voraussetzung *f*.

astatic(al) aſtatiſch;
— **couple**, aſtatiſches Nabelpaar n.
astaticise aſtaſieren.
astaticism Aſtaſie f, aſtatiſcher Zuſtand m.
asymmetric(al), unſymmetriſch, aſymmetriſch, ungleichförmig;
— **effect** Wirkung f der Unſymmetrie.
asymmetry Unſymmetrie f, Aſymmetrie f, Mißverhältnis n.
asymptote I. Aſymptote f; II. aſymptotiſch.
asymptotic(al) aſymptotiſch.
asynchronous aſynchron.
a. t. c. = aerial tuning condenser, Luftdraht-Abſtimmkondenſator m.
A-telephonist A-Beamtin f, F.
a. t. I. = aerial tuning inductance Luftdraht-Abſtimmſpule f.
atmosphere Atmoſphäre f, Luftſchicht f;
earth's — Erdatmoſphäre;
gaseous —, Gasatmoſphäre.
atmospheric(al), atmoſphäriſch, Luft- . . .;
— **device, anti-**, Einrichtung f zur Störbefreiung R;
— **disturbance(s** pl) Luftſtörungen pl;
— **electricity** Luftelektrizität f;
— **pulse** atmoſphäriſche oder Luft-Entladung f.
atmospherics pl, Luftſtörungen pl.
atom Atom n.
atomic Atom- . . .;
— **number** Atomzahl n;
— **weight** Atomgewicht n.
attach befeſtigen, anbringen (to an).
attachment Befeſtigung f, Anbringung f.

attain erreichen.
attend bedienen, warten, pflegen.
attendance Wartung f, Bedienung f (to a battery einer Batterie);
cost of —, Wartungskoſten pl.
attendant Wärter m.
attenuate, dämpfen, ſchwächen, gedämpft werden.
attenuation Dämpfung f; Schwächung f;
apparent — Scheindämpfung;
geometrical — geometriſche Dämpfung R;
net — Reſtdämpfung f, L;
overall —, **total** — Geſamtdämpfung f, Dämpfungsmaß n, manchmal: Reſtdämpfung) L;
— **characteristics** pl, Dämpfungsverlauf m;
— **constant** Dämpfungskonſtante f, ſpezifiſche Dämpfung f, L;
—, **complex** Fortpflanzungsgröße f (γ) L;
— **curve** Dämpfungskurve f;
— **equalization** Dämpfungsausgleich m (Dämpfungs-)Entzerrung f, K;
— **equalizer** Dämpfungsausgleicher m, (Dämpfungs-)Entzerrer m, K;
— **equivalent** Dämpfungsäquivalent n, Dämpfungsmaß n, L;
— **factor** Dämpfungsfaktor m, Dämpfungszahl f, L;
— **-frequency curve** Dämpfungs-Frequenz-Kurve f, L;
— **length** Geſamtdämpfung f, Dämpfungsmaß n, (βl), L.
attract anziehen.
attracted angezogen;
— **position** Anzugſtellung f (of a relay eines Relais).

attraction Anziehung *f*;
— **force of** — Anziehungskraft *f*.
attractive anziehend, Zug- ...;
— **force** Anziehungskraft *f*.
audibility Hörbarkeit *f*;
— **limit of** — Hörbarkeitsgrenze *f*;
— **factor** Hörbarkeitsfaktor *m*;
— **meter** Lautstärkemesser *m*.
audible hörbar, Hör- ...;
— **frequency** Hörfrequenz *f*;
— **limit** Hörbarkeitsgrenze *f* (upper obere, lower untere);
— **reception** Hörempfang *m*.
audience Zuhörerschaft *f*.
audio- ... hörbar, Hör- ...;
— **frequency**, Hörfrequenz *f*;
— —, **sub-** Unter-Hörfrequenz;
— —, **ultra-** Über-Hörfrequenz.
audion Audion *n*, (Empfangs-)Gleichrichterröhre *f*, manchmal allgemein: Elektronenröhre *f*, Dreielektrodenröhre *f*; **regenerative —**, **retroactive —** Rückkoppelungsaudion *n*.
auger Bohrer *m*, Erdbohrer *m*.
aural Ohren- ..., aural.
aurora *pl* **aurorae** Polarlicht *n*;
— **australis** Südlicht *n*;
— **borealis** Nordlicht *n*.
auto-control Dienstzeichengeber *m*, Haltgeber *m* am Typendrucktelegraphen;
— **coupled** mittels gemeinsamer Schaltelemente (Kondensatoren, Spulen) gekoppelt (*v.* coupled).
autodyne Schwingaudion *n*, Selbstüberlagerer *m*;
— **(beat) receiver** Schwingaudionempfänger *m*;
— **reception** Schwingaudionempfang *m*, Selbstüberlagerungsempfang *m*, Autodynempfang *m*.
auto-heterodyne Schwingaudion *n*, Selbstüberlagerer *m*.

autoinductive coupling, autoinduktive Kopplung *f*, Kopplung durch gemeinsame Induktanzspule.
auto-jigger Kopplungs-Spartransformator *m*, *R*.
automatic selbsttätig, automatisch;
full — vollautomatisch *A*.
auto(matic) switch Umschalterelais *n T*; Wähler *m, A*.
automatic telephone system (Fernsprech-)Selbstanschlußsystem *n*; *v.* telephone;
— — —, **relay** Relaissystem *n, A*.
automobile Kraftwagen *m*, Automobil *n*.
auto-room Apparatsaal *m*, Wählerraum *m, A*;
— **-transformer**, Spartransformator *m*, Autotransformator *m*;
— **-transmission** Maschinensendung *f*; Lochstreifensendung *f, T*;
— **-transmitter** Maschinengeber *m, T*.
auxiliary I. Hilfs- ...;
II. Hilfsmittel *n*.
available verfügbar.
average I. den Durchschnitt bilden oder nehmen;
II. durchschnittlich, mittlerer, Mittel- ...;
III. Durchschnitt *m*, Durchschnittszahl *f*, Mittelwert *m*;
— **power** mittlere Leistung *f*;
— **value** Mittelwert *m*; Regelwert *m*.
A. W. G. = American wire ga(u)ge, amerikanische Drahtlehre *f*.
A-wire a-Draht *m*, a-Leitung *f, F*.
ax(e) Axt *f*, Beil *n*, Hacke *f*;
axial axial.

axis Achse *f*, Mittellinie *f*, *M*;
zero —, Nullinie *f*, Nullachse *f*.
— **of symmetry** Symmetrieachse *f*.

axle Achse *f* einer Maschine, Spindel *f*, Welle *f*.
— **arm**, Achsenschenkel *m*;
— **journal** Achsschenkel *m*;
— **tree** Welle *f*, Achse *f*.

B.

Back Rückseite *f*;
— **coupling** Rückkopplung *f*;
— **discharge** Rückentladung *f*.
backlash toter Gang *m*, Spiel *n*, Spielraum *m*.
back release Rückwärtsauflösung *f* einer Verbindung, *A*.
backstay Pardune *f*.
backstop Ruheschiene *f*, *T*, rückwärtiger Anschlag *m*.
back stroke Rückhub *m*, Rücklauf *m*, Heimgang *m*;
— **tone, busy** Besetztzeichen *n F A*.
bag Beutel *m*.
bail Bügel *m*, Henkel *m*.
bakelite Bakelit *n*.
balance I. ausgleichen, abgleichen; to — out auskoppeln *R*;
II. Ausgleichung *f*, Abgleichung *f*, Gleichgewicht *n*, Symmetrie *f*; Wage *f*;
bridge — Brückengleichgewicht *n*;
capacity — Kapazitätsausgleich *m*, *K*;
Coulomb's — Coulombsche Wage *f*;
current — Stromwage *f*;
duplex — Gleichgewicht des Gegensprechsystems, (Duplex-) Abgleichung *f*, *T*;
inductance — (of a loading coil) Induktivitätssymmetrie (einer Pupinspule), *K*;
line — Leitungsausgleich *m*, Leitungsnachbildung *f*, *K*;
magnetic —, magnetische Wage *f*;

out-of- — **condition** unausgeglichener Zustand *m*;
resistance — Widerstandsausgleich *m*; Widerstandssymmetrie *f* (of two coils zweier Spulen);
want of — schlechte Ausgleichung *f*;
— **error** Ab- oder Ausgleich(ungs)fehler *m*;
— **wheel** Unruhe *f* im Uhrwerk.
balanced ab-, ausgeglichen;
ill- — schlecht ausgeglichen.
balancing Abgleich *m*, Ausgleich *m*, Ausgleichung *f*;
cable — Kabel(aber)ausgleichung *f*, *K*;
— **aerial** Ausgleichsluftdraht *f*, *R*;
— **capacity** Ausgleichskapazität *f*; Gegengewicht *n*, *R*;
— **condenser** Ausgleichskondensator *m*;
— **method, cable** Kabelausgleichsverfahren *n*, *K*;
— — **of cable capacity, condenser** (Kabel-) Kapazitätsausgleich *m* durch Zusatzkondensatoren *K*;
— — **of cable capacity, test-** (Kabel-) Kapazitätsausgleich *m* durch Kreuzen der Adern *K*.
— **net(work)** Kunstleitung *f*, Ausgleichsleitung *f*, Leitungsnachbildung *f*;
— **out** Aus- oder Entkoppelung *f*, Neutralisierung *f* von Störern *R*.
balata Balata *f*.

balk Balken *m*, Zugbalken *m*, Streckbalken *m*.
ball Kugel *f*, Ball *m*, Pendellinse *f*;
— **s** *pl* Kugelfunkenstrecke *f*;
to polish the — s *pl*, die Funkenstrecke reinigen;
metal — Metallkugel *f*;
pith — Holundermarkkügelchen *n*;
— **bearing** Kugellager *n*;
— **joint** Kugelgelenk *n*;
— **race** Laufring *m* des Kugellagers;
— **-shaped** kugelförmig, kugelig.
ballast I. mit Ballast versehen, beschweren;
II. Ballast *m*;
— **lamp** Ballastlampe *f*;
— —, **iron filament** Eisenwiderstand *m*;
— **resistance** Ballastwiderstand *m* (of arc eines Lichtbogens).
ballistic(al) ballistisch;
— **galvanometer** ballistisches Galvanometer *n*;
band Band *n*;
hot — ammeter Hitzbandstrommesser *m*;
side — Seitenband *n*, *R*;
side —, upper (lower) oberes (unteres) Seitenband *n*, *R*;
side — transmission, single (double) Übertragung *f* eines Seitenbandes (beider Seitenbänder) *R*;
— **of frequencies** Frequenzband *n*, Frequenzbereich *m*;
— — —, **transmitted** übertragener Frequenzbereich, Durchlässigkeitsbereich *m*, Lochbereich *m* (of a filter eines Siebgebildes)
— **conveyer** Bandförderer *m*, Bandpost *f*;
— **(pass) filter** Bandfilter *n*, Siebkette *f*, Doppelsieb *n*;
— **-shaped** bandförmig;
— **width** Bandbreite *f*, Lochbreite *f* eines Siebgebildes.
bandage Bindung *f*, Bandage *f*, Band *n*. [Knall *m*.
bang schallender Schlag *m*,
bank Bank *f*, Kontaktbank *f*, Federnpaket *n*;
line (contact) — Leitungskontaktbank *f*, a- und b-Kontaktsätze *pl*, *A*;
local (contact) — c-Kontaktsatz *m*, *A*;
private (contact) —, testing and guarding (contact) — c-Kontaktsatz *m*, *A*;
spring — Federnpaket *n*, Federnsatz *m*;
— **of keys** Tasten-, Schalter- oder Schlüsselreihe *f*, *F*;
— **cable** Kontaktsatz-Vielfachkabel *n*, *A*;
— **-to-bank cabling**, Kontaktsatzverkabelung *f*, *A*;
— **contact** Bankkontakt *m*, *A*;
— **wires** *pl*, Kontaktsatzdrähte *pl*, Vielfachfeldbrähte *pl A*;
— **wiring** Kontaktbankverbrahtung *f*, *A*.
banking erhabener Rand *m*;
— **face** Anschlagfläche *f*.
B. A. ohm = British Association-Ohm (0,9866 int. Ohm).
bar Stab *m*;
armature — Ankerstab *m*;
bus — Sammelschiene *f*;
collecting — Sammelschiene *f*;
permutation —, selector — Wählerschiene *f* (of printer des Druckempfängers) *T*;
sliding — Gleitschiene *f*;
striker — Anschlag- oder Mitnehmerschiene *f T*;
type- — Typenhebel *m*.
bare I. abisolieren, bloßlegen;
II. nackt, bloß;
— **conductor** blanker Draht *m*.
barium Barium *n* (Ba).

bark I. entrinden, schälen;
II. Rinde *f*.
barrel Hülse *f*, Trommel *f*;
  jack — Klinkenhülse *f*;
  plug — Stöpselhülse *f*;
  spring — Federhaus *n*, Federtrommel *f*;
  - switch Walzenschalter *m*.
barrier Schranke *f*;
  - guard Schutzgitter *n*, Schutzgestell *n*.
barrow Trage *f*;
  drum — Drahttrage *f*, *B*;
  wheel — Schubkarren *m*.
base Unterteil *n*, Unterlage *f*, Grundplatte *f*; Basis *f*, Grundlinie *f*, Grundfläche *f*, *M*; Base *f* (chem.);
  cast-iron — Gußeisensockel *m*;
  common — gemeinsame Grundplatte *f*;
  metal — Metallsockel *m*;
  - of logarithms Basis *f* der Logarithmen;
  - board Bodenplatte *f*;
  - frequency Grundfrequenz *f*;
  - line Grundlinie *f*, Basis *f*, *M*;
  - metal unedles Metall *n*.
basic basisch (chem.); fundamental, Grund- ...;
  - form Grundform *f*;
  - principle Grundregel *f*.
basis Basis *f*, Grundlage *f*.
basket Korb *m*;
  type — Typenhebelkorb *m*;
  - (-type or **-wound) coil** Korbbodenspule *f*, *R*.
batch Telegrammreihe *f*;
  in -es of .., in Reihen zu ..;
  - working Telegrammübermittlung *f* in Reihen *T*.
bath Bad *n*.
batten Leiste *f*, Latte *f*, Richtscheit *n*.
battery Batterie *f*;
  to apply a — to eine Batterie anlegen an;
  run from a — aus einer Batterie gespeist oder betrieben;
  A- — Heizbatterie *V*;
  B- — Anodenbatterie *V*;
  booster — Zusatzbatterie;
  buffer — Pufferbatterie;
  C- — Gitterbatterie *V*;
  central — zentrale Batterie, gemeinsame Batterie;
  common — Zentralbatterie, *Z. B. f*;
  dry (cell) — Trockenbatterie;
  — — —, flash lamp Taschen(lampen)batterie;
  earthed — geerdete Batterie;
  exchange — Amtsbatterie, *F*;
  filament — Heizbatterie, *V*;
  lead storage — Bleisammlerbatterie;
  main — Hauptbatterie;
  marking — Zeichenbatterie *T*;
  meter — Zählerbatterie *F*;
  primary — Primärbatterie;
  secondary — Sammlerbatterie, Sekundärbatterie;
  spacing — Trennbatterie *T*;
  speaking — Sprechbatterie, Mikrophonbatterie;
  split — geteilte Batterie;
  storage — Sammlerbatterie;
  testing — Prüfbatterie *F*, Meßbatterie;
  transmitter — Mikrophonbatterie; [terie;
  universal — gemeinsame Batterie
  - of cams Nockenreihe *f*, Nockensatz *m*;
  - - Leyden jars Leydener Flaschenbatterie;
  - - magnets magnetisches Magazin *n*, zusammengesetzter Magnet *m*;
  - attendant Batteriewärter *m*;
  - charge Batterieladung *f*;
  - charger Ladesatz *m*, Ladeeinrichtung *f*;

Sattelberg, Wörterbuch: Englisch-Deutsch.

battery charging generator Ladedynamo *f*;
— — **switch** Ladeschalter *m*;
— **cupboard** Batterieschrank *m*;
— **discharge**, Batterieentladung *f*;
— **frame** Batteriegestell *n*;
— **gauge** Batterieprüfer *m*, (Batterie-)Galvanometer *n*;
— **glass** Elementglas *n*, Batteriegefäß *n*;
— **jack** Batterieklinke *f*;
— **jar** Elementglas *n*;
— **mud** Elementschlamm *m*;
— **rack** Batteriegestell *n*;
— **room** Batterieraum *m*, Sammlerraum *m*;
— **stand** Batteriegestell *n*;
— **(cell) switch** Zellenschalter *m*;
— **syringe** Batterieheber *m*.
bay Bucht *f*, Seitengang *m* zwischen Gestellen, Gestellabteilung *f*, Fach *n*.
bayonet joint Bajonettverschluß *m*.
beach (flacher) Strand *m*, Ufer *n*.
beacon, radio Peilfunksender *m*, Kursweiser *m*, Richtweiser *m*, *R*.
bead Glasperle *f*, Isolierperle *f*.
beaded mit Glasperlen isoliert.
beam Balken *m*, Wagebalken *m*; Schwelle *f*; Strahl *m*, Lichtstrahl *m*;
— **rocking** — Wippe *f* am Wheatstonesender;
— **station** Strahlfunkstelle *f*, Einstrahlfunkstelle *f*, *R*;
— **transmitter** Strahlsender *m*, Einstrahlsender *m*, *R*.
— **s** *pl* **of the roof** Dachgebälk *n*.
bear tragen, innehaben, besagen, peilen, liegen, sich erstrecken, sich stützen (against auf), drücken (on gegen); sich beziehen (on auf).

bearer Träger *m*, Aufhänger *m*;
— **cable** — Kabelaufhänger *m*; Kabelträger *m*, Kabelstütze *f*.
bearing Lager *n*, Achslager *n*; Richtung;
— **s** *pl* ausgepeilte Richtung *f*, festgestellte Peilung *f*; Lage *f*, Stellung *f*;
ball — Kugellager *n*;
footstep — Fußlager *n*, Stehlager *n*;
hinge-pin — **(of relay)**, Stiftlagerung *f* (eines Relais);
jewelled — Lagerung *f* in Steinen;
journal — Zylinderlager *n*;
roller — Rollenlager *n*;
spherical — Lager *n* mit Kugelbewegung;
thrust — Kammlager *n*, Spurlager *n*;
vertical — Stehlager *n*.
deviation from the true — Abweichung *f* von der wahren Richtung, Mißweisung *f*, *R*;
— **bracket** Lagerstütze *f*, Lagerschild *m*;
— **metal** Lagermetall *n*.
beat I. schlagen; Schwebungen bilden (with mit) *R*;
II. Schlag *m*, Schwebung *f*, Interferenz *f*, Wellenzug *m*;
— **s** *pl* **of audible frequency,** Schwebungen *pl* von Hörfrequenz; [gen *pl*;
current — **s** Stromschwebun-
zero —, **set for** für Überlagerung der Trägerfrequenz eingestellt, auf Schwebungsfrequenz null eingeregelt *R*;
— **cycle** Schwebungsperiode *f*;
— **frequency** Schwebungsfrequenz *f*;
— **frequency, zero** Schwebungsfrequenz null.
— **method** Schwebungsverfahren *n*;

beat note Schwebungston *m*;
- **receiver** Schwebungsempfänger *m*;
- —, **autodyne** Schwingaubionempfänger *m*;
- **reception** Schwebungsempfang *m*;
- —, **zero** Empfang *m* mit Überlagerung der Trägerfrequenz.

beating current Schwebungsstrom *m*;
- **effect** Schwebungs- oder Interferenzvorgang *m*.

bed Bett *n*, Bettung *f*, Fundament *n*.

bedding Lagerung *f*, Bettung *f*, Lager *n*.

bedplate Grundplatte *f*.

beech Buche *f*, Buchenholz *n*;
red — Rotbuche *f*;
white — Weißbuche *f*.

beeswax Bienenwachs *n*. Wachs *n*.

beetle, wood (-boring) Holz(bohr)käfer *n*.

behave sich verhalten.

behaviour Verhalten *n*.

bell Glocke *f*, Wecker *m*, Klingel *f*;
alarm — Wecker *m*;
biased magneto — Wechselstromwecker *m* mit Ankerumlegefeder;
call — Anrufwecker *m*, Lockklingel *f*;
circular — Dosenwecker *m*;
continuous(ly) ringing — Fortschellwecker *m*;
domestic — Hauswecker *m*;
extension (call) — zweiter Wecker, Außenwecker *m*;
gong — Wecker *m* mit großer Schale, Schalmeiwecker *m*;
indicator — Wecker *m* mit Fallscheibe;
magneto — Wechselstromwecker *m*;
mining — Grubenwecker *m*;
night — Nachtwecker *m*;
power — Starkstromwecker *m*;
single dome — einschaliger Wecker *m*;
single stroke — Einschlagwecker *m*;
trembler (or trembling) — Gleichstromwecker *m*.
- **circuit** Klingelleitung *f*;
- **crank lever** Winkelhebel *m*;
- **dome, — gong** Glockenschale *f*;
- **hammer, — striker** Glockenklöppel *m*;
- **transformer** Klingeltransformator *m*.

bellows, dust *pl* Blasebalg *m*;

belt Riemen *m*, Treibriemen *m*, Band *n*, Gürtel *m*;
driving — Treibriemen *m*;
link — Gliederkette *f*;
safety — Sicherheitsgurt *m*;
twisted leather — Rundriemen *m*;
- **carrier,** Bandförderer *m*;
- **coupling** Bandkupplung *f*;
- **drive** Riemenantrieb *m*

bench Bank *f*, Werkbank *f*;
drawing — Drahtzug *f*, Ziehwork — Werkbank *f*. [bank *f*;

bend I. (sich) krümmen, (sich) beugen, spannen, anspannen;
to — **over** gebeugt werden (von Wellen).
II. Biegung *f*, Krümmung *f*, Knick *m*; Beugung *f* von Wellen; Krümmer *m*, Rohrkrümmer *m*; Kröpfung *f*, Knie *n*;
- **of a curve** Krümmung *f* einer Kurve;

bottom (top) — of valve characteristic unteres (oberes) Knie *n*, oberer (unterer) Knick *m* der Röhrenkennlinie;

saturation — Sättigungsknie *n*.

2*

bending Biegen *n*, Beugen *n*, Krümmen *n*;
— **load** Biegebelastung *f*;
— **strength** Biegefestigkeit *f*.
benzin(e) Benzin *n*.
benzol(e) Benzol *n*.
B. E. S. A. = British Engineering Standards Association.
bevel I. abschrägen, schräg liegen; II. schräg, geneigt; III. Schräge *f*, Schiefe *f*, Gehrung *f*.
— **gearing** Kegelrädergetriebe *n*.
bevelled schräg, abgeschrägt, konisch.
bevel wheel Kegelrad *n*, konisches Rad *n*.
bias I. richten (to auf, zu), einen Überhang, eine Vorspannung erteilen;
to — out durch eine Gegenkraft ausgleichen, unwirksam machen; II. schief, einseitig wirkend, einseitig überwiegend; III. Vorspannung *f*, einseitige Wirkung *f*, Überhang *m*;
grid — Gittervorspannung *f*;
magnetic — magnetische Vorspannung *f*;
marking, spacing — Überwiegen *n* der Zeichenseite, Trennseite (of relay armature des Relaisankers *T*, of telegraph signals der Telegraphierströme);
negative — negative (Gitter-) Vorspannung *f*.
— **cut insulating tape** schräg geschnittenes Isolierband *n*.
bias(s)ed einseitig eingestellt, vorgespannt;
— **against 10 m a** gegen Ströme unter 10 mA unempfindlich gemacht;
electrically — elektrisch vorgespannt;

— **bell** Wecker *m* mit Ankerumlegefeder.
biasing potential Vorspannung *f*.
bifilar bifilar, zweifädig; Bifilar-...
bifurcate (sich) gabeln.
bifurcation Gabelung *f*.
bight (of cable) Ring *m*, Schleife *f* (eines Kabels) *B*.
bimetallic bimetallisch, Doppelmetall-...;
— **wire** Doppelmetalldraht, Bimetalldraht *m*.
binary binär.
binaural binaural.
bind an-, fest-, zusammenbinden.
binder Verbinder *m*, Bindedraht *m*, Wickel *m*, Bandwickel *m* um die Kabelseele.
binding Bund *m*, Bindung *f*, Bandage *f*;
side — Seitenbund *m*, Bindung *f* im seitlichen Drahtlager *B*;
top — Oberbund *m*, Bindung *f* im oberen Drahtlager *B*;
— **post** Klemme *f*, Anschlußklemme *f*;
— **wire** Bindedraht *m*. [Satz *m*.
binominal theorem binomischer
biphase zweiphasig.
biplug Doppelstecker *m*, zweipoliger Stecker *m*.
bipolar zweipolig, doppelpolig, bipolar.
birdies *pl* Zwitschern *n*, Störungen *pl* von großer Tonhöhe *R*.
bisect halbieren, in zwei Teile schneiden.
bisection Halbierung *f*.
bismuth Wismuth *n* (Bi);
— **coil** Wismuthspirale *f*.
bit Bohrspitze *f*, Hobeleisen *n*, Backe *f* des Schraubstocks;
centre — Zentrumbohrer *m*;
rose — Versenker *m*, Krauskopf *m*.

bitumen Bitumen *n.*
bituminous bituminös.
black schwarz.
blacken schwärzen; schwarz werden, sich schwärzen.
blade Blatt *n* eines Messers, Klinge *f*, Flügel *m* einer Schraube; [takt *m*;
knife- — contact Messerkon-
-·— **switch** Messerschalter *m.*
blank I. stanzen, — out ausstanzen;
II. weiß, leer, unbeschrieben;
III. Blank *n*, Weiß *n*, *T*; unbedruckte Stelle *f*, leeres Blatt *n*; Rohling *m*;
figure — Zahlenblank *n*, Zahlenweiß *n*;
letter — Buchstabenblank *n*, Buchstabenweiß *n*;
message —, **telegraph** — Telegrammformular *n*;
paper — Vordruck-, Papierblatt *n*, Formular *n*.
- **key** Blanktaste *f*, *T*.
blanked out from sheet aus Blech gestanzt.
blast Windstrom *m*, Gebläse *n*;
air — Luftstrom *m*;
sand — Sandstrahlgebläse *n*.
blend I. mischen, vermischen, verschmelzen, ineinander übergehen;
II. Mischung *f*.
blind spot blinde oder tote Stelle *f*, Empfangsloch *n*, Schattenstelle *f*, wo kein Funkempfang möglich.
block I. block(ier)en, sperren;
II. Block *m*, Klotz *m*; Sperre *f*, Blockstrecke *f*; Klischee *n*; Block *m*, Flasche *f*, Rolle *f*;
concrete — Zementformstück *n*;
copper — Kupferklotz *m* (of relay am Relais);
die — Stanzenblock *m*, Stanzstempelführung *f* (of perforator am Locher);

double — **(condensers** *pl*) Doppelblockkondensatoren *pl*, *T*;
earthenware — irdenes Formstück *n*, *B.*
half-tone — Halbtonklischee *n*;
stay — Ankerpfahl *m*;
terminal — Klemmenleiste *f*, Klemmenkasten *m* des Fernsprechers usw., Endverzweiger *m*;
- **conduit** Formstückkanal *m*;
- **section** Eisenbahn-Blockstrecke *f*;
- **signals** *pl* Blockschrift *f* in der Heberschreibertelegraphie.
- **signal** Eisenbahn-Blocksignal *n*.
blocked geblockt, gesperrt, verriegelt.
blocking condenser Blockkondensator *m*, *T*, *R*;
- **system, train** Zugdeckungssystem *n*.
blow blasen; durchbrennen (fuses Sicherungen);
- **out** ausblasen, auslöschen, erlöschen (the arc —s out der Lichtbogen erlischt).
blower Gebläse *n*, Ventilator *m*.
blowing Durchbrennen *n*, Abschmelzen *n*, Ansprechen *n* (of a fuse einer Sicherung);
- **point** (of a fuse) Abschmelzstromstärke *f* (einer Sicherung).
blow lamp Lötlampe *f*;
- **-out** Funkenlöscher *m*, Funkenausbläser *m*;
- **torch, alcohol** Spiritus-Lötlampe *f*;
blowpipe Lötrohr *n*;
oxyhydrogen — Knallgasgebläse *n*.
blue blau;
- **print** Blaupause *f*.
blueprint pausen, Blaupausen herstellen.
bluntness Stumpfheit *f*.
blur verwischen, auslöschen.

blurred voice verwischte, verschwommene Sprache f.
board Pappe f; Brett n, Tafel f, Schalttafel f, Vermittlungsschrank m; on – ship an Bord, auf Schiffen;
A- — A-Schrank m, A-Platz m, F;
asbestos — Asbestpappe f;
B- — B-Schrank m, B-Platz m, F;
caution —, danger — Warnungstafel f;
distributing — Verteilungstafel f;
fuse — Sicherungstafel f, Sicherungsgestell n;
power — Kraftschalttafel f;
test — Prüfschrank m, F;
warning — Warnungstafel f.
bob Klöppelkugel f, Pendellinse f, Gewicht f des Zungenunterbrechers.
bobbin Spule f, Spulenkörper m, Spulenkasten m.
body Körper m, Apparatkörper m;
— **contact** Körperschluß m;
— **portion** Körper m (of a plug eines Steckers).
boggy schlammig.
boil sieden;
— **out** abbrühen, abdämpfen (cables Kabel) B.
boiler Dampfkessel m.
boiling I. siedend;
II. Kochen n, Brodeln n;
— **noise** Kochen n, Brodeln n, Rauschen n, brodelndes Geräusch n, F, R;
— **-out** Abbrühen n, Abdämpfen n, B.
bolometer Bolometer n.
bolt I. verriegeln, verbolzen, to — on an-, verschrauben, to — together zusammenschrauben; übermäßig schnell ablaufen (clockwork Uhrwerk);
II. Bolzen m, — and nut Mutterschraube f; Riegel m;
connecting — Anschlußbolzen m;
eye — Ösenbolzen m, Ösenschraube f;
foundation — Fundamentschraube f;
J- — J-Stütze f, J-förmige Schraubenstütze f, B;
rag — Steinschraube f;
screw — Schraubenbolzen m;
sliding —, slip — Riegel m;
straight — gerade Stütze f, gerade Schraubenstütze f, B;
tie- — Verbindungsbolzen m, Ankerbolzen m, B;.
bolted verschraubt, verbolzt.
bolting Verschrauben, n Verschraubung f; schnelles Ablaufen n (eines Uhrwerks).
bombard bombardieren.
bombardment, electron Elektronenbombardement n.
bond I. verbinden, verlaschen;
II. Band n, Lasche f;
rail — Schienen(stoß)verbindung f.
bone Knochen m, Bein n.
book a call ein Gespräch anmelden F.
booking time Anmeldezeit f eines Gesprächs, F.
boost verstärken (a battery eine Batterie).
booster Zusatz-...; Zusatzdynamo f;
— **battery** Zusatzbatterie f;
— **dynamo** Zusatzdynamo f;
— **transformer** Saugtransformator m.
boosting voltage Zusatzspannung f.
B-operator B-Beamtin f, F.
borax Borax m ($Na_2 B_4 O_7$).

bore I. bohren;
II. Bohrung *f*, Bohrloch *n*.
borer Bohrer *m*;
  earth — Erdbohrer *m*;
  thrust — Stoßbohrer *m*, (Erd-) Bohrer *m* mit stoßender Bewegung.
boring tube Bohrröhre *f*.
boron Bor *n* (B).
boss Nabe *f*.
bottom Fuß *m*, unteres Ende *f*, Grund *m*, Sohle *f* (of a trench eines Grabens);
  — **bend** (of a curve) unteres Knie *n* (einer Kurve);
  — **row** untere Reihe *f*.
boucherization Boucherisierung *f*, Tränkung *f* mit Kupfervitriol *B*.
boucherize boucherisieren, mit Kupfervitriol tränken *B*.
bow Bug *m*; Bogen *m*, Kurve *f*, Bügel *m*, Bogenlineal *n*, Grabbogen *m*.
box Kasten *m*, Dose *f*, Gefäß *n*;
  accumulator — Sammlergefäß *n*;
  cable connection — Kabelverzweiger *m*;
  cable joint — Kabelabzweigkasten *m*;
  concrete — Betonkasten *m*;
  coupling — Abzweigkasten *m*;
  distribution — Verteilungskasten *m*;
  flush — versenkter Kabelkasten *m*, kleiner Kabelbrunnen *m*;
  fuse — Sicherungskasten *m*;
  joint — Kabelbrunnen *m*, Lötbrunnen *m*;
  letter —, **mail** — Briefkasten *m*;
  sound — Schallkammer *f*, Schalldose *f*;
  test — Untersuchungskasten *m*;
  — —, **pole** Untersuchungsstange *f*, Stangen-Untersuchungskasten *m*;
  terminal — Kabelendverschluß *m*;
  — **head** Kabelendverschluß *m*;
  — **lid** Abdeckplatte *f*, Kastendeckel *m*;
  — **plate** gekästelte Sammler-Platte *f*;
  — **relay** Dosenrelais *n*;
  — **terminal** Kabelendverschluß *m*;
boxwood Buchsbaumholz *n*.
B-position B-Platz *m*, F.
brace I. absteifen, mit Klammern verbinden;
II. Strebe *f*, Steife *f*, Stützbalken *m*;
  — **boring** — Bohrwinder *m*;
  hand — Brustleier *f*, Bohrwinder *m*.
bracket Stütze *f*, Isolatorstütze *f*, Mauerstütze *f*, Mauerbügel *m*, Konsole *f*; Klammer *f*, auch *M*;
  hook-shaped — Hakenstütze *f*;
  lamp — Lampenarm *m*;
  square —**s** *pl* eckige Klammern *pl*, *M*;
  wall — Wandstütze *f*.
braid umspinnen, umflöppeln, umflechten.
braided silk geflöppelte Seide *f*;
  — **wire** umflöppelter Draht *m*.
braider (Um-)Klöppelmaschine *f*, Umflechtmaschine *f*.
braiding Umflöppelung *f*;
  glazed cotton — Glanzgarn-umflöppelung *f*.
brake I. bremsen, hemmen;
II. Hemmung *f*, Bremse *f*;
  — **magnet** Bremsmagnet *m*, *T*;
  — **ring** Bremsring *m*, *T*.
branch I. ab-, verzweigen;
II. Zweig *m*, Abzweig *m*, Zweig- ...;
  — **current** Zweigstrom *m*;
  — **exchange** Zweigamt *n*, Unteramt *n*, *F*;
  — —, **private**, Nebenstellenzentrale *f*.

branching Abzweigung f, Verzweigung f;
— **jack** Abzweigklinke f, Parallelklinke f;
— **-off** Verzweigung f.
brass Messing n, Gelbguß m; Lagerschale f;
cast — Messingguß m;
red — Rotguß m;
— **die pressing** Messingpreßstück n;
— **screw** Messingschraube f;
— **-taped** mit Messingband umwickelt.
Braun tube oscillograph Braunsche Röhre f, Kathodenstrahloszillograph m.
braze hartlöten.
brazier Kohlenpfanne f;
charcoal — Holzkohlenofen m, Löttopf m, Lötofen m.
breadth Breite f, Breitseite f, ...in —,...breit.
break I. brechen, reißen, zerbrechen, unterbrechen, to — down niederbrechen, zusammenbrechen, abbrechen;
II. Brechen n, Bruch m, Riß m, Öffnung f, Lücke f; Bremse f; makes and breaks Schließungen und Unterbrechungen;
automatic — selbsttätige Unterbrechung f;
clean — saubere, funkenfreie Unterbrechung f;
commutator — Kommutatorunterbrecher m;
hammer — Hammerunterbrecher m, Wagnerscher Hammer m;
turbine — Turbinenunterbrecher m;
vibrating — Hammerunterbrecher m, Zungenunterbrecher m.
breakage Brechen n, Bruch m.

break contact Unterbrechungskontakt m.
breakdown Durchbruch m, Durchschlagen p eines Isolators; Niederbruch m, Störung f, Betriebsstörung f;
— **voltage** Durch-, Überschlagsspannung f, Zündspannung f (of a spark gap einer Funkenstrecke).
breaker Unterbrecher m.
circuit —, no-voltage Null-(spannungs)ausschalter m;
— —, **overload** Überstromausschalter m, Maximumausschalter m.
— —, **toothed wheel** Zahnradunterbrecher m.
break impulse Öffnungsimpuls m, Impuls m durch Stromkreisöffnung.
breaking length Reißlänge f (of a wire eines Drahtes);
— **strength** Bruchfestigkeit f;
— **weight** Bruchlast f.
break jack Unterbrechungsklinke f;
— —, **double** Doppelunterbrechungsklinke f;
— **key** Unterbrechungstaste f, T;
— **spark** Unterbrechungsfunke m
— **switch, quick** Momentschalter m.
breast drill Brustleier f.
breastplate transmitter Brustmikrophon n. [aufmauern;
brick I. (ein-)mauern, to — up II. Ziegel m, Backstein m;
course of —s Backsteinschicht f, Ziegelschicht f;
— **work** (Ziegel-)Mauerwerk n.
bridge I. überbrücken (by durch), to — across in Brücke schalten zu;
II. Brücke f, Steg m; Meßbrücke f; to be in — across in Brücke liegen von, zu;

bridge
a. c. —, alternating current — Wechselstrom(meß)brücke) *f*;
capacity — Kapazitäts(meß)brücke *f*;
d. c. —, direct current — Gleichstrom(meß)brücke *f*;
double — Doppelbrücke *f*;
impedance — Brücke *f* zur Messung von Scheinwiderständen;
permeability — magnetische Brücke *f*;
single — einfache Brücke *f*;
slide wire — Brücke *f* mit Gleitkontakt *m*, Gleitdrahtbrücke *f*;
Wheatstone — Wheatstonesche Brücke *f*;
— **apex** Brückenscheitel *m*;
— **arms** *pl* Brückenarme *pl*;
— **balance** Brückengleichgewicht *n*;
— **coils** *pl* Brückenarme *pl*, *T*;
— **duplex system** Brücken-Gegensprechsystem *n*, *T*;
— **wire** Brückendraht *m*.
bridging coil Abzweigspule *f* für Simultanschaltung usw.;
— **condenser** Querkondensator *m*, Überbrückungskondensator *m*.
bright weißglühend; poliert;
— **valve** hochbeheizte Röhre *f*.
brine Salzwasser *n*.
brittle spröde, brüchig;
cold-short — kaltbrüchig;
hot- — — warmbrüchig.
broadcast I. rundfunken, durch Rundfunk verbreiten;
II. Rundfunk *m*;
— **apparatus, — equipment** Rundfunkgerät *n*; [ger *m*;
— **receiver** Rundfunkempfänger
— **reception** Rundfunkempfang *m*;
— **transmitter** Rundfunksender *m*;

— —, **remotely controlled** Rundfunk-Zwischensender *m*; ferngesteuerter Rundfunksender *m*.
broadcasting Rundfunk *m*, Rundspruch *m*;
re- — Ballsenden *n*;
— **station** Rundfunkstelle *f*, Rundspruchstation *f*.
bronze Bronze *f*;
phosphor — Phosphorbronze *f*;
silicon — Siliziumbronze *f*;
silver — Silberbronze *f*.
brown braun.
Brown & Sharpe Wire Gauge Brown & Sharpe-Drahtlehre *f*.
brownish bräunlich.
brush I. bürsten, (entlang-)streifen, bestreichen; sich in Büscheln entladen;
II. Bürste *f*, Pinsel *m*;
copper gauze — Kupfergewebebürste *f*;
coupled —**es** *pl* Bürstenpaar *n*;
tow — Bremsfilz *m*;
wire — Drahtbürste *f*;
pair of —**es** Bürstenpaar *n*;
— **arm** Bürstenarm *m*;
— **carriage** Bürstenträger *m*, Bürstenrahmen *m* z. B. am McWerty-Wähler;
— **detector** Bürstendetektor *m*, Pinselbetektor *m*;
— **discharge** Büschelentladung *f*;
— **gear** Bürstenarm *m*, Bürstenträger *m* am Baudottelegraphen;
— **holder** Bürstenhalter *m*;
— -**lifting device** Bürstenabhebevorrichtung *f*;
— **light** Büschellicht *n*;
— **position** Bürstenstellung *f*;
— **shifting** Bürstenverstellung *f*.
B. S. G. = British Standard Gauge Britische Normallehre *f*.
B. (&) S. W. G. = Brown & Sharpe Wire Gauge Brown & Sharpe-Drahtlehre *f*.

bubble Blase *f*;
 air — Luftblase *f*, Lufteinschluß *m*;
 formation of —s Blasenbildung *f*, *F*.
 — level Wasserwage *f*.
bucket Eimer *m*; Pumpenkolben *m*.
buckle sich krümmen, sich verziehen, krumm werden.
buckled gebogen, gekrümmt, verbogen;
 — diaphragm verbogene Membran *f*.
buckling Krümmen *n*, Verziehen *n*, Krummwerden *n*.
buffer I. puffern;
 II. Stoßkissen *n*, Puffer *m*;
 rubber — Gummipuffer *m*;
 — action Pufferwirkung *f*;
 — battery Pufferbatterie *f*;
 — contact Pufferkontakt *m*, Amboßkontakt *m*;
 — dynamo Pufferdynamo *f*;
 — spring Pufferfeder *f*.
build up aufbauen; (sich) einschwingen (current Strom).
building Bauwerk *n*, Gebäude *n*.
 — -up Aufbau *m*, Einschwingen *n*;
 — — current Einschwingstrom *m*;
 — — transient Einschwingvorgang *m*.
built-in eingebaut.
bulb Kolben *m*, Glaskolben *m*.
bulge I. (sich) ausbauchen, anschwellen;
 II. Erhöhung *f*, Anschwellung *f*, Ausbauchung *f*, Wellenbauch *m*.
bulk Masse *f*, Menge *f*, Volumen *n*, Hauptmasse *f*, Mehrzahl *f*.
bulkhead Scheidewand *f*, Schott *n*.
bulk tariff Pauschtarif *m*.
bulky umfangreich, sperrig.

bunch I. zusammenballen (transmitter carbons Mikrophonkohlen); bündeln, Leitungen parallel zusammenschalten;
 II. Bund *n*, Bündel *n*;
 — of circuits Leitungsbündel *n*, *A*.
bunched conductors Leiterbündel *n*, mehrere parallel geschaltete Leiter *pl*.
bundle Bündel *n*;
 — of incoming (outgoing) trunks ankommendes (abgehendes) Leitungsbündel *n*, *A*.
buoy Boje *f*, Tonne *f*.
bur schnarrend sprechen, surren.
burn verbrennen, **to — out a coil** eine Spule aus-, durchbrennen, **to — to** zusammen-, verschmelzen mit;
 — -out Ausbrennen *n*, Durchbrennen *n* (of a coil einer Wicklung).
burner Brenner *m*;
 Bunsen- — Bunsenbrenner *m*.
burnettization Zinkchloridtränkung *f*, Tränkung *f* mit Zinkchlorid *B*.
burnettize mit Zinkchlorid tränken *B*.
burning Verbrennung *f*, Brand *m*;
 — of commutator Kommutatorbrand *m*;
 — hour Brennstunde *f*.
burnish polieren, glätten; bräunieren, bräunen.
burst zerspringen, bersten.
bury vergraben, eingraben, in die Erde verlegen, **buried cable** Erdkabel *n*.
bus bar Sammelschiene *f*.
bush Büchse *f*, Hülse *f*, Muffe *f*:
 jack — Klinkenhülse *f*;
 reducing — Reduktionsmuffe *f*.

bushing Hülse *f.*
busy I. als besetzt kennzeichnen, belegen *F*, *A*; II. besetzt *F*;
local — ortsbesetzt *F*;
trunk — fernbesetzt *F*;
- **back (tone)** Besetzt-Summerton *m*, Besetztzeichen *n*;
- **condition** Besetztstellung *f*, Besetztsein *n*, to establish the — — sperren *A*, Besetztspannung anlegen *F*;
- **hour** verkehrsstarke Zeit *f*, Hauptverkehrsstunde *f*;
- **period** Hauptverkehrszeit *f*;
- **test** Besetztprüfung *f*;
- **tone** Besetztzeichen *n*;
- **trunk** besetzte Verbindungsleitung *f*;
butt I. anstoßen (against gegen); II. Stammende *n*, dickes Enden;
treated — zubereitetes Ende *B*;
- **end** Stammende *n*;
- **joint** stumpfe Verbindung *f.*
butterfly nut Flügelmutter *f.*
button Knopf *m*, Druckknopf *m*, kleine Kapsel *f*, Mikrophonkapsel *f*;
push — Druckknopf *m*;
talk-listen — Sprech-(Hör-)Taste *f.*
- **transmitter, (double)** (Doppel-)Kapselmikrophon *n.*
buzz summen, schnarren, auf Selbstunterbrechung arbeiten.

buzzer Summer *m*, Schnarrwecker *m*; Unterbrecher *m*, Zerhacker *m*;
- **driven circuit** durch Summer erregter Kreis *m*;
- **excitation** Summererregung *f*;
- **interrupter** Summerunterbrecher *m*;
- **relay** Summerrelais *n*, Selbstunterbrecherrelais *n*;
- **tone** Summerton *m*;
- **wave generator** Summer-Schwingungserzeuger *m.*
buzzing sound Summerton *m*, Summerlaut *m.*
B. W. G. = Birmingham Wire Gauge Birmingham-Drahtlehre *f.*
B-wire b-Draht *m*, b-Leitung *f*, *F*.
by-path I. umgehen; II. Nebenweg *m*, Parallelweg *m*, Umgehungsweg *m*;
- **automatic telephone system** Kreislauf-Selbstanschlußsystem *n*; Umgehungs-Selbstanschlußsystem *n*;
- **condenser** Querkondensator *m*, Überbrückungskondensator *m*;
- **set, telegraph** Umgehungsschaltung *f* für Telegraphierströme für Fernsprech-Zwischenverstärker.

C.

C = copper pole Kupferpol *m.*
cabin Zelle *f*;
telephone — Fernsprechzelle *f.*
cabinet Schrank *m*, Zelle *f*, Gehäuse *n*;
silence — schalldichte Fernsprechzelle *f*;
switch — Schaltschrank *m.*
cable I. verkabeln; II. Kabel *n*;

aerial — Luftkabel;
air-space —, **(lead-covered)** Luft- oder Papierhohlraumkabel (mit Bleimantel);
anti-induction — induktionsfreies Kabel;
artificial — künstliches Kabel, Kunstleitung *f*;
— —, **non-reactive** aus Widerständen gebildetes Kunstkabel;

cable
A. S. M. T. — = air space multiple twin — vielpaariges Hohlraumkabel;
A. S. P. C. — = air space paper core — Papierhohlraumkabel;
bank — Wähler-Vielfachkabel A;
bifilar — doppeladriges Kabel;
branch — Zweigkabel, Stichkabel;
buried — Erdkabel, versenktes Kabel;
coil(-loaded) — Pupinkabel, Spulenkabel;
composite — Kabel mit verschiedenen Aderstärken;
composite loaded — viererpupinisiertes Kabel, Kabel mit Belastung der Stamm- und Viererleitungen;
concentric — konzentrisches Kabel;
cotton-covered — Baumwollkabel;
deep-sea — Tiefseekabel;
dry-core — Papierhohlraumkabel;
duplex (telephone) — Kabel mit Viererverseilung, viererverseiltes Fernsprechkabel, Viererkabel; Duplexkabel;
fibre-covered — Faserstoffkabel;
flat — Flachkabel;
four-wire — vieradriges Kabel;
gauge wire —, **heavy** starkdrähtiges Kabel;
— — —, **light** or **small** dünndrähtiges Kabel;
impregnated — getränktes oder imprägniertes Kabel;
interruption — Notkabel zum Überbrücken beschädigter Strecken;
junction — Verbindungs(leitungs)kabel;

lead(-covered) — Bleikabel, Kabel mit Bleimantel;
lead-covered twin wire — zweiadriges Blei(rohr)kabel;
leading-in — Einführungskabel;
loaded — belastetes Kabel n, Kabel mit erhöhter Induktivität, v. loaded;
long-distance — Fernkabel;
— — — **system** Fernkabelnetz;
loose — lose gewickeltes Kabel, Hohlraumkabel;
m. t. — = multiple-twin —;
multicore — vieladriges Kabel;
multiple — vieladriges Kabel, Vielfachkabel, Systemkabel;
— —, **63 wire** 63adriges Systemkabel;
multiple conductor — vieladriges Kabel;
multiple twin — D. M. Kabel, Dieselhorst-Martin-Kabel, Vielfach-Zwillingskabel; vielpaariges Kabel;
non-loaded — unbelastetes oder ungeladenes Kabel;
ocean — Seekabel, Ozeankabel;
office — Amtskabel, Zimmerleitung f;
paper(-core) — Papierkabel;
— — —, **screned** Papierkabel mit abgeschirmten Leitern;
p. c. — = paper core — Papierkabel; [Kabel;
phantom — viererverseiltes
pilot — Leitkabel, Lotsenkabel;
quad —, **four-** Kabel mit 4 Vierern;
— —, **seven-** Kabel mit 7 Vierern;
— —, **spiral(led)** Sternviererkabel;
quadruple-pair — achterverseiltes Kabel, Kabel mit Achterverseilung;

cable
radio — Hochfrequenzkabel, Hochfrequenzleitung f;
ribbon (-shaped) — Bandkabel, Flachkabel;
river — Flußkabel;
screened conductor — induktionsfreies Kabel (ungenau), Kabel mit abgeschirmten Leitern;
shallow water —, **shore-end** — Küstenkabel;
silk-covered — Seidenkabel;
silk and cotton insulated — Baumwoll-Seidenkabel;
single-core(d) — einadriges Kabel, Einleiterkabel;
spiralled-four —, **spiral(led)-quad** — Sternviererkabel;
spiralweave — Hochfrequenzleitung f, spiralig verwobener Leiter m;
standard — Standardkabel;
— — **equivalent** äquivalente Leitung f in m. s. c. (miles of standard cable Meilen Standardkabel);
star quad — Sternviererkabel;
stub — Stumpenkabel, Kabelstumpf m zum Anschluß der Pupinspulenkästen usw.;
subfluvial — Flußkabel;
switchboard — Schrankkabel, Systemkabel; [stemkabel;
— —, **63 wire** 63adriges Systelephone — Fernsprechkabel n
— —, **long-distance** or **trunk** Fernkabel n;
terminal — Abschlußkabel, Einführungskabel oberirdischer Leitungen;
tie — Querverbindungskabel;
tight — fest gewickeltes Kabel, Faserstoffkabel;
toll — Fernkabel;
triple-core — dreiadriges Kabel, Dreileiterkabel;

trunk — Fernkabel;
twin(-core) zweiadriges, doppelabriges Kabel, Zweileiterkabel;
two pair core — zweipaariges Kabel;
two-wire lead — zweiadriges Bleirohrkabel;
underground — versenktes Kabel;
coiling of — Aufschießen n des Kabels;
lay of a —, Schlag m eines Kabels;
pulling-in of a —, Einziehen n eines Kabels;
turn of a —, Schlag m eines Kabels;
— **balancing** Kabelausgleich m;
— — **method** Kabelausgleichsverfahren n;
— **bearer**, — **bracket** Kabelträger(arm) m im Kabelbrunnen, Kabelstütze f, Kabelaufhänger m;
— **break** Kabelbruch m, Kabelunterbrechung f;
— **cellar** Kabelkeller m;
— **channel** Kabelrinne f;
— **chute** Kabelschacht m;
— **conduit** Kabelkanal m;
— **connection box** Kabelverzweiger m;
— **distribution plug** Kabelabschlußmuffe f, Verzweigungsmuffe f;
— **duct** Kabelrohrstrang m, Kabelstrang m;
— **equivalent, total** gesamtes Kabeläquivalent n in der Bedeutung Gesamtdämpfung f;
— **eye** Kabelschuh m, Kabelöse f;
— **fault** Kabelfehler m;
— **form** Kabelzopf m am Verteiler;
— **grip** Kabeleinziehstrumpf m, Ziehstrumpf m;

cable head Kabelabschlußmuffe f, Kabelverteilungsmuffe f, Kabelendverschluß m;
— **house,** — **hut** Kabelhaus n, Kabelhütte f;
— **joint** Kabelverbindung f, Kabellötstelle f;
— **joint box** Kabelabzweigkasten m;
— **jointer** Kabellöter m;
— **laying** Kabellegung f;
— **length** Kabellänge f, Kabelfabrikationslänge f;
— **making machine** Kabelmaschine f;
— **manhole** Kabelbrunnen m;
— **pair** Kabeladernpaar n;
— **plant** Kabelanlage f;
— —, **design of** Entwurf m einer Kabelanlage;
— —, **lay-out of** Kabelplan m;
— **pothead** Kabelabschlußmuffe f,
— **rack** Kabeltraggerüst n, Kabelrost m;
— **reel** Kabeltrommel f;
— **run** Kabelführung f;
— **shelf** Kabelgestell n, Kabelbrett m, Kabelträger m;
— **ship** Kabelschiff n, Kabeldampfer m;
— **socket** Kabelschuh m;
— **tank** Kabeltank m;
— **tap** Kabelabzweig m;
— **terminal** Kabelendverschluß m;
— **test(ing)** Kabelmessung f;
— **testing car** Kabelmeßkarren m;
— **trough** Kabelrinne f, Kabelkasten m;
— **way** Kabelkanal m;
— **works** pl Kabelwerk n.
cabling Verkabelung f;
— **system** Verkabelungssystem n;
— —, **tapering** Zweigsystem n, offenes Kabelverteilungssystem n, B, F.
cadence I. Takt geben T;
II. Takt m, Taktgebung f, T;
— **signal** Taktzeichen n, T;
— **tapper** Taktgeber m, T.
cadmium Kadmium n (Cd).
cage Käfig m, Schutzkappe f;
wire — Drahtschutzkappe f;
— **aerial** Käfigantenne f, Reusenantenne f;
— **-like** käfigförmig.
calcium Kalzium n (Ca);
— **chloride** Kalziumchlorid n, Chlorkalzium n (CaCl$_2$);
— **oxide** Kalziumoxyd n, Kalk m (CaO).
calculable berechenbar.
calculagraph Kalkulagraph m, Zeitschreiber m.
**calculate, (be-, er-)rechnen.
calculating apparatus (Universal-)Rechenmaschine f.
calculation (Be-, Er-)Rechnung f.
calculus, differential Differentialrechnung f.
calender I. kalandrieren;
II. Kalander m, Walzwerk n.
calibrate eichen, kalibrieren.
calibration Eichung f, Kalibrierung f;
check — Nacheichung f;
— **condenser** Eichkondensator m, Normalkondensator m;
— **curve** Eichkurve f;
— **inductance coil** Eichinduktanzspule f, Normalinduktanzspule f;
— **instrument** Eichinstrument n, Eichgerät n.
calibre (caliber) Kaliber n, Lehre f.
Calido hochohmige Ni-Cr-Fe-Legierung f.
call I. rufen, anrufen, to — selectively wahlweise rufen;
II. Anruf m, Ruf m; Gespräch n;
to book a — ein Gespräch anmelden;

call
- **to cancel a** — ein Gespräch streichen (lassen), (vor, nach der Bereitstellung, before, after maturation);
- **engaged on local (trunk)** — orts- (fern)besetzt;
- **to originate a** — ein Gespräch einleiten;
- **chargeable** — gebührenpflichtiges Gespräch n;
- **exchange** — Amtsanruf m, Amtsverbindung f;
- **express** — bringendes Gespräch n;
- **fixed time** — Ferngespräch zu bestimmter Zeit;
- **generator** — Induktoranruf m;
- **government** — Staatsgespräch;
- **local** — Ortsgespräch n;
- **no reply** — unbeantworteter Anruf;
- **official** — Dienstgespräch n;
- **permanent** — Dauerbrenner m, F;
- **reverting** — Anruf m zwischen zwei Teilnehmern einer Gesellschaftsleitung, Rückruf m auf eigene Leitung;
- **service** — Dienstgespräch n;
- **toll–**, **trunk**— Ferngespräch n;
- **urgent** — bringendes Gespräch n;
- **completion of a** — Herstellung f einer Verbindung;
- **delay on a** — Wartezeit f;
- **duration of a** — Gesprächsdauer f;
- **distribution** Verteilung f der Anrufe F;
- **indicator**, **coder** (Transparent-)Nummernanzeiger m im Handamt A;
- **letter** Rufzeichen n;
- **office** öffentliche (Fern-) Sprechstelle f;
- –, **coin box** Münzfernsprecher m;
- –, **public** öffentliche Fernsprechstelle f; Münzfernsprecher m, Fernsprechautomat m;
- –, **unattended** Münzfernsprecher m;
- **sender** Nummerngeber m, A;
- –, **key-set** Tasten-Nummerngeber m, A.
- **station** öffentliche Sprechstelle f; [m;
- –, **coin box** Münzfernsprecher
- –, **multi-coin box** Münzfernsprecher für mehrere Geldsorten (für Ferngespräche).

called party angerufener Teilnehmer m.
caller anrufender Teilnehmer m.
calling Rufen n, Anrufen n, Anruf m;
- **selector** — wahlweises Rufen n, Wahlanruf m;
- – **apparatus** Einzelanrufer m, T;
- **code** Rufschlüssel m, Rufzeichen n;
- **device** Anrufer m, Anrufeinrichtung f;
- **lamp** (An-)Ruflampe f;
- **loop** Leitungsschleife f des angerufenen Teilnehmers;
- **party** anrufender Teilnehmer m.

calorimeter Kalorimeter n.
calorimetric(al) kalorimetrisch.
calorimetry Kalorimetrie f.
calory Kalorie f.
cam Daumen m, Nocke f, Knagge f, Hebedaumen m, Hebezapfen m, Kurvenscheibe f;
- **correcting** — Korrektionsdaumen m, T;
- **edge** — Manteldaumen m;
- **face** — axial wirkender Daumen m;

cam
printing – Druckbaumen m;
releasing – Auslösebaumen m;
resetting – Rückführbaumen m;
shuttle – Doppelbaumen m für Hin- und Rückgang;
spacing – Streifenvorschubbaumen m, Transportbaumen m, T;
staggered –s pl gegeneinander versetzte Daumen pl;
stop – Anschlagbaumen m, Knagge f;
battery of –s Reihe f von Nocken, Nockensatz m;
– **contact** Wellenkontakt m, A; Nockenkontakt m;
– **slot** Kurvenschlitz m;
– **spindle** Nockenwelle f.
cambric, varnished feines Ölleinen n,
can Kanne f, Blechgefäß n; Blechendverschluß m, B.
cancel streichen, aufheben, to – **out** sich wegheben M.
cancellation Streichung f, Aufhebung f;
– **of a call** Streichung einer Gesprächsanmeldung.
candle Kerze f;
– **power** Kerzenstärke f.
cane, malacca Bambusrohr n.
cantilever Ausleger m, Konsole f.
caoutchouc Kautschuk m;
vulcanised – vulkanisierter Kautschuk m.
cap I. mit einer Kappe versehen; II. Kappe f, Haube f, Deckel m, Lagerdeckel m;
ear – Hörmuschel f;
lamp – Lampenkappe f, Deckglas n der Lampe f, F;
lead – Bleikappe f;
safety – Schutzkappe f;
screwed – Schraubkappe f;
slip-on – Aufstreifkappe f, Aufsteckkappe f.
capacitance Kapazitanz f, Kondensanz f, Kapazitätswiderstand m, kapazitive Reaktanz f, Kapazität f als Leitungskonstante.
capacitive kapazitiv.
capacity Aufnahmevermögen n, Fassungsvermögen n, Kapazität f, Ladungsvermögen n,
– **to earth** Kapazität gegen Erde;
ampere hour – Amperestundenzahl f;
balancing – Gegengewicht n, R; Ausgleichskapazität f;
carrying – Belastbarkeit f;
– –, **traffic** mögliche Verkehrsleistung f;
coil – Spulenkapazität f;
concentrated – punktförmige Kapazität f;
coupling – Kopplungskapazität f;
distributed –, **continuously** stetig verteilte Kapazität f;
earth – Erdkapazität f, Kapazität f gegen Erde;
electric inductive – Dielektrizitätskonstante f;
electrostatic – elektrostatische Kapazität f;
high- – ... Hochleistungs-..., ... von großem Aufnahmevermögen;
inter-electrode – Elektrodenkapazitäten pl (of valves von Röhren);
internal – Windungskapazität f (of a coil einer Spule);
inter-winding – (of a transformer) Kapazität f zwischen den Wicklungen (eines Transformators);
joint – gemeinsame Kapazität f;

capacity
(line)shunt — Leitungskapazität *f*, *L*;
low — …, … von geringem Aufnahmevermögen;
lumped — punktförmig verteilte Kapazität *f*;
mutual — gegenseitige Kapazität *f*, Betriebskapazität *f* von Fernkabel-Doppeladern oder Vierern;
pair-to-pair — Viererkapazität *f*;
phantom — Vierer-Schleifenkapazität *f*;
self- — Eigenkapazität *f* (of a coil einer Spule);
side-to-side — Kapazität *f* zwischen den Stämmen eines Vierers;
specific inductive — Dielektrizitätskonstante *f*;
spurious — ungewollte kapazitive Kopplungen *pl*, Streukapazitäten *pl*;
stray — Streukapazität *f*, elektrostatische Streuung *f*, kapazitive Nebenkopplungen *pl*;
traffic — Verkehrsleistung *f*;
— —, **one-way** Verkehrsleistung *f* in einer Richtung;
— —, **two-way** or **duplex** Verkehrsleistung *f* in beiden Richtungen;
watt-hour — Leistungskapazität *f* eines Sammlers;
wire-to-earth — Leitungskapazität *f* gegen Erde Erdkapazität *f* einer Leitung;
wire-to-wire — Schleifenkapazität *f* einer Doppelleitung;
— **balance** Kapazitätsausgleich *m*, *K*;
— **bridge** Kapazitäts(meß)brücke *f*;
— **coupling** Kapazitätskopplung *f*, kapazitive Kopplung *f*;
— **reactance** kapazitive Reaktanz *f*, Kapazitanz *f*;
— **test** Kapazitätsprobe *f* (of storage cells der Sammler);
— **unbalance** Kapazitätsunsymmetrie *f*;
capillarity Kapillarität *f*.
capillary Kapillar-…;
— **action** Kapillarwirkung *f*;
— **tube** Haarröhrchen *n*, Kapillarrohr *n*.
capping Bedeckung *f*, Abdeckung *f*.
capitals *pl* große Buchstaben *pl*, Buchstaben im Gegensatz zu Zahlen *T*, Buchstabenwechsel *m*, *T*.
capitalization Kapitalisierung *f*.
capitalize kapitalisieren.
capstan head screw Kreuzlochschraube *f*.
capstan spike Stellstift *m*.
capsule Kapsel *f*, Mikrophonkapsel *f*.
car Wagen *m*, Karren *m*;
cable testing — Kabelmeßkarren *m*.
carbolineum Karbolineum *n*.
carbon Kohle *f*, Kohlenstoff *m*, (C); Bogenlampenkohle *f*.
— **coppered** — Galvanokohle *f*;
— **microphonic** — Mikrophonkohle *f*;
— **retort** — Retortenkohle *f*;
— **feed of the** —s Kohlenvorschub *m*;
— -**bag electrode** Kohlenbeutelelektrode *f*;
— — **transmitter** Kohlenbeutelmikrophon *n*;
— **consumption** Kohlenverbrauch *m*;
— **content** Kohlegehalt *m* des Stahls;
— **copy** Durchschrift *f*, Durchschlag *m* mittels Kohlepapiers.
— **diaphragm** Kohlemembran *f*;

carbon dioxide Kohlendioxyd n (CO_2);
— **filament lamp** Kohlefadenlampe f;
— **granules** pl Kohlenkörner pl;
— **granule chamber** Kohlenkörnerkammer f;
— — **transmitter** Kohlenkörnermikrophon n;
— **paper** Kohlepapier n;
— **pole** Kohlepol m;
— **powder transmitter** Kohlenpulvermikrophon n;
— **terminal** Kohlepol m;
— **transmitter** Kohlenmikrophon n.
carbonate Karbonat n;
— **of soda** kohlensaures Natron n (Na_2CO_3). [(CO_2).
carbonic acid gas Kohlensäure f
carborundum Karborund m, Siliziumkarbid n (SiC).
carboy Korbflasche f, Ballon m.
carcase Gestell n.
card Karte f; Windrose f;
— **board** Karton m, Pappe f.
cardan gear Karbangetriebe n, Karban m.
cardanic suspension karbanische Aufhängung f.
cardboard Pappe f.
carriage Wagen m, verschiebbarer Schlitten m;
— **contact** — Kontaktschlitten m;
— **paper** — Papierschlitten m, T;
— — **return** Rückkehr f oder Rückführung f des Papierschlittens, T.
carriageway Fahrdamm m.
carrier Träger m, Trägerstrom m, Trägerwelle f;
— **belt** —, Bandförderer m, Bandpost f;
— **Lamson** — Seilpost f, Seilpostwagen m;
— **loaded for** — für Trägerströme belastet (Leitung, Kabel);
— **local** — örtlich überlagerte Trägerfrequenz f;
— —, **asynchronous** or **nonsynchronous** örtlich überlagerte asynchrone Trägerfrequenz f;
— **wire** — **art** Drahtfunktechnik f;
— — **system** Drahtfunksystem n;
— **current** Trägerstrom m;
— — **telegraphy** Trägerstromtelegraphie f;
— **frequency** Trägerfrequenz f;
— **line** Drahtfunkleitung f, Leitung f für Hf-Betrieb;
— **operation, suppressed** Hf-Betrieb m mit Unterbrückung der Trägerwelle;
— **reintroduction** Wiedereinführung f der Trägerwelle;
— **suppression** Unterdrückung f der Trägerwelle;
— **telephony** Trägerwellentelephonie f;
— **wave** Trägerwelle f;
— —, **eliminated** unterbrückte Trägerwelle f.
carry tragen, to — **out** aus-, durchführen.
carrying capacity Belastbarkeit f, Fassungsvermögen n;
— —, **traffic** mögliche Verkehrsleistung f.
cart Karren m, Wagen m;
— **engine** — Maschinenkarren m;
— **instrument** — Apparatekarren m;
— **mast** — Mastkarren m;
— **supply** — Dynamowagen m;
— **type radio station** fahrbare (Funk-)Station f, Karrenstation f;
cartridge Patrone f, Sicherungspatrone f;
— **fuse** Patronensicherung f, Stöpselsicherung f;

cascade I. in Kaskabe schalten; II. Kaskabe f, in — in Kaskabe, in Reihe;
— **amplifier** Kaskabenverstärker m;
— **converter** Kaskabenumformer m.
case Gehäuse n, Kasten m; Fall m;
  brass — Messinggehäuse n;
  carrying — Tragkasten m;
  distribution — Verteilungskasten m, Kabelverzweiger m;
  loading-coil — Spulenkasten m, K;
  metal(lic) — Metallgehäuse n;
  pressed iron — gepreßtes Eisengehäuse n;
  test — kleiner Prüfschrank m, F.
cash box Münzenbehälter m.
cassiterite Zinnoxyd n, Zinnstein m, Zinnsäure f (SnO_2).
cast gießen; gegossen;
  **die-— Spritzguß-...; gespritzt;
  — — **metal** Spritzgußmetall n.
casting Gußstück n, Gußteil m; Gießen n;
  malleable — schmiedbarer Guß m, Temperguß(stück n) m.
cast iron Gußeisen n.
castor oil Rizinusöl n.
catch Nase f, Klaue f, Haken m, Feststellung f, Arretierung f.
catenary Kettenlinie f, M.
cathode Kathode f, negative Elektrode f;
  filamentary — Fadenkathode f;
  glowing —, **hot** — Glühkathode f;
  oxide — Oxydkathode f;
  Wehnelt — Wehneltkathode f, Oxydkathode f;
— **fall** Kathodenfall m;
— **rays** pl Kathodenstrahlen pl;
— **ray oscillograph** Kathodenstrahlenoszillograph m.

cathodic kathodisch.
cation Kation n, Wasserstoffion n.
catwhisker Pinselelektrode f, R;
— **detector** Detektor m mit Pinselelektrode, Pinselbetektor m, Bürstenbetektor m.
caution board Warnungstafel f.
cavity Vertiefung f, Höhlung f;
  air — Lufteinschluß m, Luftblase f.
C. B. = common battery Zentralbatterie f, Z.B. f;
— — **exchange** Z.-B.-Amt n.
C. B. S. = central battery signalling selbsttätige Schlußzeichengebung f, F.
C. B. (telephone) system Zentralbatteriesystem n, Z.B.-System n;
— —, **bridged impedance** Ericsson-Z.B.-System n.
— —, **repeating coil** Western-Z.B.-System n.
C-battery Gitterbatterie f, V.
c. c. = continuous current Gleichstrom m, Gleichstrom-..
cedar Zeder f.
ceiling Decke f.
cell Zelle f, Element n;
  bichromate — Chromsäureelement n;
  Bunsen — Bunsenelement n;
  chloride storage — Chloridsammler m;
  chromic acid — Chromsäureelement n;
  Clark — Clarkelement n;
  copper oxide —, **cupron** — Kupronelement n;
  copper-zinc — Kupferzinkelement n;
  counter- — gegengeschaltete (Sammler-)Zelle f;
  Daniell — Daniellelement n;
  decomposition — Zersetzungszelle f;

3*

cell
  double-fluid — Element n mit zwei Flüssigkeiten;
  dry — Trockenelement n;
  Edison storage — Edisonsammler m, alkalischer Sammler m;
  galvanic — galvanisches Element n;
  Grove — Groveelement n;
  hydroelectric — nasses Element n;
  Krueger — Krügerelement n;
  lead storage —, **lead-sulphuric acid** — Bleisammler m;
  Leclanché — Salmiakelement n, Leclanchéelement n;
  light-reactive — lichtempfindliche Zelle f;
  photo-electric — photoelektrische Zelle f; [zelle f;
  polarisation — Polarisations-
  primary — Primärelement n;
  resistance — Mikrophonkapsel f;
  sack — Beutelelement n;
  secondary — Sekundärelement n;
  single-fluid — Element n mit einer Elektrolytflüssigkeit;
  standard — Normalelement n;
  storage — Sammler m;
  — , **portable** tragbarer oder transportabler Sammler m;
  tray — Trogelement n;
  voltaic — Primärelement n;
  wet — nasses Element n;
  — **switch, (battery)** Zellenschalter m;
  — —, **double** Doppelzellenschalter m.
cellar Keller m;
  cable — Kabelkeller m.
cellular zellenartig.
celluloid Zellhorn n, Zelluloid n.
cement I. leimen, kitten, zementieren;
  II. Kitt m, Zement m, Mörtel m;
  floated in — einzementiert;
  Portland — Portlandzement m;
  — **mortar** Zementmörtel m.
c. e. m. f. = counter-electromotive force gegenelektromotorische Kraft f, Gegen-EMK f.
centesimal Zentesimal-..., zentesimal, hundertteilig.
centigrade,... degree,... Grad Celsius.
centigram Zentigramm n, cg.
centimetre Zentimeter n, cm.
  cubic — Kubikzentimeter n, ccm, cm³; [n, qcm, cm².
  square — Quadratzentimeter
centimetre cube Zentimeterwürfel m; [unit.
  — **gram second unit** v. cgs
central zentral, Mittel(punkts)-..
  — **office** Fernsprechamt n (am.);
  — —, **automatic** Selbstanschlußamt n;
  — —, **local** Ortsamt n;
  — —, **manual** (Fernsprech-)Handamt n;
  — —, **semi-automatic** halbautomatisches Amt n, halbselbsttätiges Amt n;
  — —, **trunk** Fernamt n.
centralization Zentralisierung f, Zusammenfassung f.
centralize zentralisieren, zusammenfassen.
centre I. zentrieren, auf die Mitte stellen;
  II. Mitte f, Mittelpunkt m, Knotenpunkt m;
  commercial — Handelszentrum n;
  zone — Zonenmittelpunkt m F;
  — —, **sub-** Zonenhauptpunkt m, zweiter Zonenmittelpunkt m, F.

centre of gravity Schwerpunkt *m*;
- **of key** Mitte *f* oder Körper *m* der Taste *T*;
- **line** Mittellinie *f*;
- **office, chief** or **main** Knotenamt *n*;
- **—, minor** Nebenamt *n*;
- **point** Mitte *f*, Mittelpunkt *m* (of a differential coil einer Differentialspule);
- **zero** in der Mitte liegender Nullpunkt *m* (of a scale einer Teilung).

centrifugal zentrifugal, Zentrifugal-..., Fliehkraft-...;
- **governor** Fliehkraftregler *m*.

centring Zentrieren *n*, Einstellen *n* auf die Mitte.

centripetal zentripetal, Zentripetal-....

cerusite Cerusit *m*, Weißbleierz *n* (PbCO₃), *R*.

cessation Aufhören *n*, Stillstand *m*, Unterbrechung *f*.

cgs-unit Zentimeter-Gramm-Sekunden-Einheit *f*, CGS-Einheit *f*;
em — — elektromagnetische CGS-Einheit *f*;
es — — elektrostatische CGS-Einheit *f*.

chafe scheuern, reiben;
- **rod** Scheuerbock *m*, Scheuerpfahl *m*, *B*.

chafing Durchscheuern *n* (of cables von Kabeln).

chain Kette *f*, Kettenleiter *m*;
coupled circuit — Kettenleiter *m* mit induktiv gekoppelten Gliedern;
endless — endlose Kette *f*;
filter — Siebkette *f*;
link — Gelenkkette *f*;
relay — Relaiskette *f*, *A*;
surveyor's — Meßkette *f*, Meßband *n*;
-dotted strichpunktiert;

— system Kettenleiter *m*.

chair (of a roof pole) Stangenschuh *m* (eines Dachständers), *B*.

chalcopyrite Chalkopyrit *m* (Eisen-)Kupferkies *m*, Kupferpyrit *m* (Cu₂Fe₂S₃) *R*.

chalk Kreide *f*.

chamber Kammer *f*, Gehäuse *n*.

chamfer I. auskehlen;
II. Auskehlung *f*, Rinne *f*, (besonders einer Säule) *B*.

chamfered ausgekehlt.

change I. ändern, ver-, abändern, to — over umschalten (to auf);
II. Änderung *f*, Ver-, Abänderung *f*;
line — Leitungsumschaltung *f*;
-over ..., Umschalt-...;
-tune switch Wellenumschalter *m*, *R*.

changer Wandler *m*;
frequency —, (static) (ruhender) Frequenzwandler *m*;
phase — Phasenschieber *m*.

channel I. auskehlen, aushöhlen;
II. Kanal *m*, Rinne *f*, Auskehlung *f*; Verkehrsweg *m*, Absatzweg *m*;
cable — Kabelrinne *f*;
multi- — ... mehrwegig, Mehrfach-..., *T*;
single- — ... einwegig, Einfach-..., *T*;
wall — Mauerkanal *m*.

channeled plate Riffelblech *n*.

character Merkmal *n*, Zeichen *n*, Schriftzeichen *n*;
lower-case —s *pl* beim Typendrucker: Zahlen und Zeichen *pl*, *T*.
upper-case —s *pl* beim Typendrucker: Buchstaben *pl*, *T*;
printed —s *pl* gedruckte Schriftzeichen *pl*, Druckschrift *f*, *T*.

characterisation Kennzeichnung *f*, Beschreibung *f*.

characterise beschreiben, kennzeichnen.

characteristic I. charakteristisch, kennzeichnend;
II. Charakteristik *f*, Kennlinie *f*, Kenngröße *f*, Merkmal *n*, Bestimmungsstück *n*;
current-voltage — Strom-Spannungskurve *f*, Strom-Spannungskennlinie *f*;
impedance-frequency — Scheinwiderstand-Frequenzkurve *L.*
transmission —s *pl* Übertragungskenngrößen *pl* (of a circuit eines Stromkreises);
— **curve** Kennlinie *f*;
— —, **straight portion of** gerader Teil *m* der Kennlinie;
— —, **upper (lower) bend of** oberes (unteres) Knie *n*, obere (untere) Krümmung der Kennlinie;
— **impedance**, Wellenwiderstand *m*, Charakteftik *f*;
— **resistance** reeller Teil *m* des (komplexen) Wellenwiderstandes.

charcoal Holzkohle *f*;
— **brazier** Kohlentopf *m*, Lötofen *m*, *B*;
— **iron** Holzkohleneisen *n*.

charge I. laden, aufladen, sich laden; mit einer Gebühr belegen, to — 1, 2, 3 fees ein Gespräch einfach, doppelt, dreifach berechnen;
II. Ladung *f*, Aufladung *f*, under — unter Ladung; Gebühr *f*, Abgabe *f*;
additional — Nachladung *f* (of storage cells der Sammler);
bound — gebundene Ladung *f*;
electric — elektrische Ladung *f*;
first — erste Ladung *f* der Sammler;
free — freie, ungebundene Ladung *f*; [bung *f*;
induced — induzierte La-
initial — erste Ladung *f* der Sammler;
opposite —s *pl* entgegengesetzte Ladungen *pl*;
space — Raumladung *f, V*;
— — **effect** Raumladewirkung *f, V*;
— — **grid** Raumladegitter *n, V*
static — ruhende Ladung *f*;
transit — Durchgangsgebühr *f*;
unit — Einheitsladung *f*, Ladung *f* eins;
density of — Ladungsdichte *f*.

chargeable gebührenpflichtig.

charged aufgeladen (to *n* volts auf *n* Volt).
— **condition** aufgeladener Zustand *m* der Sammler usw.

charger, battery Ladesatz *m*, Ladeeinrichtung *f*.

charging Laden *n*, Ladung *f*, Aufladen *n*;
— **circuit** Ladestromkreis *m*;
— **current** Ladestrom *m*;
— **generator** Ladedynamo *f*, Lademaschine *f*;
— **position** Ladestellung *f*;
— **set** Ladesatz *m*;
— **switch** Ladeschalter *m*;
— **switchboard** Ladeschalttafel *f*;
— **test method, (d. c.)** Gleichstrom-Kapazitätsmessung *f*;
— **voltage** Ladespannung *f, T*.

chariot Schlitten *m*, Wagen *m*.

charring Ankohlen *n* (of poles der Stangen).

chart Karte *f*, Seekarte *f*, Tabelle *f*;
self-computing —, **straight-line** — Nomogramm *n*, Fluchtentafel *f*.

chatter I. prellen, klappern;
II. Prellen *n* (of contacts der Kontakte), Klappern *n*.

Chatterton's compound Chattertonmasse *f*.

check I. plötzlich hemmen, aufhalten; nachprüfen, nacheichen Telegramme usw. prüfen, to
— with übereinstimmen mit;
II. Hemmnis *n*, Hemmung *f*; Nachprüfung *f*, Nacheichung *f*. Prüfung *f* der Telegramme usw.
— **calibration** Nacheichung *f*.

checker Aufnahmebeamter *m*, Prüfbeamter *m*, T.

checking Nachprüfen *n*, Nacheichen *n*.

cheek Wange *f*, Scheibe *f* der Spule.

chemical chemisch, —s *pl* Chemikalien *pl*.

chemist Chemiker *m*.

chemistry Chemie *f*.

chestnut Kastanie *f*.

china Porzellan *n*.

chip I. bearbeiten, meißeln, behobeln;
II. Schnitzel *m*, Splitter *m*, Abfall *m*.

chisel I. meißeln, stemmen;
II. Meißel *m*, Stemmeisen *n*, Beitel *m*.

chloride storage cell Chloridsammler *m*.

chlorine Chlor *m* (Cl).
— **of soda** Chlornatrium *n*, Kochsalz *n* (NaCl).

chocolate schokoladenbraun.

choke I. drosseln, to — out abdrosseln, unterdrücken;
II. Drossel *f*, Drosselspule *f*;
air core — Luftdrossel *f*, eisenfreie Drossel *f*;
high-frequency — Hochfrequenzdrossel *f*;
low-frequency — Niederfrequenzdrossel *f*;
protecting —, **protective** — Schutzdrossel *f*;
quenching — Löschdrossel *f*;
smoothing — Abflachungsdrossel *f*;
— **control modulation** Parallelröhrenmodulation *f*.

choker Drossel *f*.

choking Drosseln *n*, Abdrosseln *n*;
— **coil** Drosselspule *f*;
— **effect** Drosselwirkung *f*.

chop Strom zerhacken, unterbrechen.

chopper wörtlich: Zerhacker *m*, Unterbrecher *m*, der abgehackten Strom liefert.

chord Sehne *f*, *M*; Saite *f*;
— **buzzer** Saitensummer *m*, Saitenunterbrecher *m*.

chromic acid Chromsäure *f*;
— — **cell** Chromsäureelement *n*.

chromium Chrom *n* (Cr).

chronofer Zeitzeichengeber *m*.

chuck Futter *n*, Spannfutter *n* der Drehbank usw.;
— **drill** — Bohrfutter *n*.

chute Schacht *m*;
— **cable** — Kabelschacht *m*.

cipher I. chiffrieren;
II. Chiffre *f*, Schlüsselbuchstabe *m*;

cipher(ed) message or **telegram** chiffriertes Telegramm *n*, Telegramm in verabredeter Sprache. [maschine *f*.

ciphering machine Chiffriercircle Kreis *m*;
base — Grundkreis *m* einer Teilung;
divided —, **graduated** — Teilkreis *m*, Kreisteilung *f*;
inscribed — eingeschriebener Kreis *m*.

circuit Stromkreis *m*, Leitung *f*;
to make, complete, close a — einen Stromkreis schließen oder herstellen;
to break, open a — einen Stromkreis unterbrechen oder öffnen;

circuit
to come in on a — in eine Leitung eintreten *F, T*;
to make good a faulty — für eine fehlerhafte Leitung Ersatz schalten;
to throw into — einschalten;
several stations upon a — mehrere Ämter in einer Leitung;
the — tests clear (faulty) die Leitung ist bei Prüfung rein (gestört);
absorbing — Absorptionskreis *m*;
acceptor — durchlässiger Kreis *m*, Bandfilter *n*;
aerial — Luftdrahtkreis *m*, Antennenkreis *m*; Luftleitung *f*;
anode-filament — Anodenkreis *m*;
aperiodic — aperiodischer Kreis *m*;
artificial — Kunstleitung *f*, künstliche Leitung *f*;
—π— — Kettenleiter *m* erster Art; [ter Art;
—T— — Kettenleiter *m* zwei-
audio — Hörfrequenzkreis *m*;
balancing — Ausgleichskreis *m*, Ausgleichsleitung *f*;
bell — Klingelleitung *f*;
branched — Zweigstromkreis *m*;
charging — Lade(strom)kreis *m*;
closed — geschlossener Stromkreis *m*;
— — connection Ruhestromschaltung *f*;
— — working Ruhestrombetrieb *m*;
coin box — Münzsprecherleitung *f, F*;
Colpitts — Röhrenschaltung *f* mit kapazitiver Rückkopplung;

combined — Viererkreis *m*, Phantomleitung *f*;
combining — Stammleitung *f*;
communication — Fernmeldeleitung *f*;
compensation — Ausgleichsleitung *f*;
composite — Simultanleitung *m*; zusammengesetzte Leitung *f*;
condenser — Kondensatorkreis *m*;
cord — Schnurstromkreis *m,F*;
correcting — Entzerrerschaltung *f*;
coupled —s *pl* gekoppelte Kreise *pl*;
— — chain Kettenleiter *m* mit induktiv gekoppelten Gliedern;
crosstalk — Nebensprechkopplung *f*, Nebensprechweg *m*;
delta —, Dreieckschaltung *f*, Dreieckglied *n*;
detector-phone — Detektor-Fernhörerkreis *m R*;
discharge —, discharging — Entlade(strom)kreis *m*, Entladungskreis *m*, Anodenkreis *m* der Röhre.
distortionless —, verzerrungsfreier Stromkreis *m*, verzerrungsfreie Leitung *f*;
duplex — Gegensprechleitung *f*, Duplexleitung *f, T*, selten Viererkreis *m, F*;
earth (return) — Erdschleife *f*, Einzelleitung *f* mit Erdrückleitung;
echo — Echoweg *m, K*;
equivalent — äquivalente Leitung *f*, Ersatzleitung *f*, Ersatzschaltung *f*;
exchange prohibitory — Schaltung *f* zur Verhinderung des Verkehrs zwischen Privatnebenstellen und Amt;
exciting — Erregerkreis *m*;

circuit
extension — Leitungsergänzung f, Verlängerung f, K; Nebenanschlußleitung f, Nebenstellenleitung f, F;
faulty — gestörte oder fehlerhafte Leitung f;
filter(ing) — Filterkreis m, Siebkreis m; [m, R;
flywheel — Schwungradkreis
forked — gegabelter Stromkreis m, gegabelte Leitung f;
four-wire — Vierdrahtkreis m, Vierdrahtleitung f, K;
grid-(to-)filament — Gitterkreis m, Eingangskreis m einer Röhre;
ground — Erdrückleitung f;
grounded — Einzelleitung f, Stromkreis m mit Erdrückleitung f;
H- — H-Leitung f;
Hartley — Röhrenschaltung f mit induktiver Rückkopplung;
h. f. — Hochfrequenzkreis m;
holding — Haltestromkreis m;
I- — H-Leitung f;
impulse — Einstellweg m, A;
impulsing — Stoßkreis m, R; Einstellweg m, A;
input — Eingangskreis m;
intermediate — Zwischenkreis m;
intermediate aperiodic — aperiodischer Zwischenkreis m;
iron — Eisenkreis m;
— —, **closed (open)** geschlossener (offener) Eisenkreis m;
junction — Verbindungsleitung f, F;
keying — Tastleitung f, R;
leak — Mitlesestromkreis m der Uebertragung T;
lighting — Lichtleitung f;
link — Zwischenkreis m;
load — Entnahmekreis m, Verbraucherkreis m;

loaded — belastete Leitung f, Leitung f mit erhöhter Induktivität;
— —, **continuously** Leitung f mit stetig verteilter induktiver Belastung, Krarupleitung f;
— —, **lump-** Leitung f mit punktförmig verteilter induktiver Belastung, Pupinleitung f;
local — Orts(strom)kreis m;
long-distance — Fernleitung f;
looped — Doppelleitung f, Schleifenleitung f;
magnetic — magnetischer Kreis m;
— —, **closed (open)** geschlossener (offener) Eisenkreis m;
— —, **ferric** eisengeschlossener magnetischer Kreis m;
main — Hauptstromkreis m;
measuring — Meß(strom)kreis m;
Meissner — Meißnersche Rückkopplungsschaltung f, Röhrenschaltung f mit magnetischer Rückkopplung;
metallic (return) — Doppelleitung f, doppeldrähtige Verbindung f, Leitungsschleife f;
monitoring — Überwachungskreis m, Prüfschaltung f;
news — Zeitungsleitung f;
omnibus — Leitung f dritter Klasse, Omnibusleitung f;
open — offener Stromkreis m,
— —**ed** geöffnet vom Stromkreis;
open — connection Arbeitsstromschaltung f, T;
— — **impedance** Leerlaufimpedanz f;
— — **voltage** Leerlaufspannung f;
— — **working** Arbeitsstrombetrieb m;

circuit
  open-wire — Luftleitung *f*;
  order-wire—Dienstleitung*f*,*F*;
  — — —, **split** Sammeldienstleitung *f*, *F*;
  oscillating —, **oscillatory** — Schwingungskreis *m*;
  — —, **closed (open)** geschlossener (offener) Schwingungskreis *m*;
  output — Ausgangskreis *m*, Entnahmekreis *m*;
  perfect — betriebsfähige Leitung *f*;
  phantom — Simultanstromkreis *m*, Viererkreis *m*, Viererleitung *f*, Phantomleitung *f*;
  phonogram — Telegraphenleitung *f* mit Sprechbetrieb, Sp-Leitung *f*, Leitung *f* zur Fernsprech-Telegrammaufnahme;
  physical — metallischer Stromkreis *m*; Stammleitung *f*, *F*, *K*;
  plate-to-filament — Anoden-(strom)kreis *m*;
  plus- — überlagerter Stromkreis *m*, Simultanverbindung *f*; Viererleitung *f*, *F*;
  power — Starkstromleitung *f*, Kraftleitung *f*;
  π- — Kettenleiter *m* erster Art;
  quenching — Löschkreis *m*;
  radiating — Strahlerkreis *m*;
  — —, **open** offener Schwingungskreis *m*;
  reactive — mit Blindwiderstand (Kapazität oder Induktivität) behafteter Stromkreis *m*;
  receiver — Empfängerkreis *m*, Entnahmekreis *m*, Verbraucherkreis *m*;
  record — Fernamts-Meldeleitung *f*, *F*;
  — —, **trunk** Fernamts-Meldeleitung *f*, Verbindungsleitung *f* zum Fernamts-Meldeplatz;
  reference — Vergleichsleitung *f*, Bezugsstromkreis *m*;
  — —, **standard telephone** Fernsprech-Normalstromkreis *m*;
  rejective —, **rejector** — Sperrkreis *m*, Sperrfilter *n*;
  repeater — Verstärkerschaltung *f*, *K*;
  repeatered (toll cable) — Fern(kabel)leitung *f* mit (Sprechstrom-) Verstärkern;
  resistive — aus Widerständen bestehender Stromkreis *m*;
  resonant — Resonanzkreis *m*;
  — —, **branched** or **multiple** or **parallel** Drosselkreis *m*, Spannungsresonanzkreis *m*, Parallel-Resonanzkreis *m*, Schwungradkreis *m*;
  — —, **series** Resonanzkreis *m*, Stromresonanzkreis *m*, Reihenresonanzkreis *m*;
  — —, **series-multiple** Reihen- und Parallelresonanzkreis *m* in Reihe geschaltet, Resonanzkreis *m* und Drosselkreis *m* in Reihe;
  retaining — Haltestromkreis *m*;
  rural phonogram or **telephone** — Sp-Leitung *f*;
  secondary — Zweitkreis *m* Sekundärkreis *m*;
  selecting —, **selective** — Selektivkreis *m*, Siebkreis *m*, Siebgebilde *f*;
  selective —, **high-pass** Hochfrequenz-Siebkreis *m*, Nf-Sperrkreis *m*;
  — —, **low-pass** Niederfrequenz-Siebkreis *m*, Hf-Sperrkreis *m*;
  series — gestaffelte Verbindung *f*, Staffelleitung *f*, *T*;

circuit
service — Dienstleitung *f*, Sprechleitung *f*;
short- — I. kurzschließen (by über, durch);
II. Kurzschluß *m* (round zu), Schleifenberührung *f* einer Doppelleitung;
— —, **to work on** im Kurzschluß arbeiten;
side — Stammleitung *f*, Stamm *m*, Stammkreis *m*, *F*, *K*;
simplex — Einfachleitung *f*, Leitung *f* mit Einfachbetrieb *T*;
spare — Ersatzleitung *f*, freie Leitung *f*;
speaking — Sprechstromkreis *m*;
— —, **operator's** Platzschaltung *f*, *F*;
star — Stern *m*, Sternglied *n*, *L*;
stopper — Sperrkreis *m*, Drosselkreis *m*, Sperrfilter *n*;
subsidiary — Hilfskreis *m*;
superposed — überlagerte Verbindung *f*; Viererkreis *f*, *F*;
— —, **telegraph** Simultan-Telegraphenleitung *f*;
supply — Speiseleitung *f*, Speisungskreis *m*;
suppression filter — Sperrkreisgebilde *n*;
T- — T-Leitung *f*, Kettenleiter *m* zweiter Art, Sterngliederkette *f*;
T- — mesh Sternglied *n*;
telephone — Fernsprechleitung *f*;
— —, **(non-) transposed** (un-)gekreuzte Fernsprechleitung *f*;
terminal — Endschaltung *f*;
terminating — endigende Leitung *f*;
tertiary — Tertiärkreis *m*;
testing — Prüfleitung *f*;
through — durchgehende Leitung *f*, unmittelbare Leitung *f*;
transfer — Dienstleitung *f*, Verbindungsleitung *f* zwischen Plätzen desselben Amtes *F*;
transformer — Stammleitung *f*, *F*;
transit — Durchgangsleitung *f*;
transmission filter — Siebgebilde *n*, Übertragungsfilter *n*;
trunk — (*engl.*) Fernleitung *f*, (*am.*) Verbindungsleitung *f*;
trunk junction — Fernvermittlungsleitung *f*, Vorschalteleitung *f*, Ko-Leitung *f*;
trunking — Verbindungsleitung *f*, *A*;
tuned — abgestimmter Kreis *m*;
tuned intermediate — abgestimmter Zwischenkreis *m*;
two-wire — Zweidrahtschaltung *f*, *F*, *K*; Doppelleitung *f*;
underground — unterirdische Leitung *f*;
— **breaker** Trennschalter *m*, Ausschalter *m*;
— —, **no-voltage** Nullspannungsausschalter *m*;
— —, **overload** Maximalausschalter *m*;
— **-closing lever** Stromschlußhebel *m*;
— **connections** *pl* Schaltverbindungen *pl*; [stanten *pl*;
— **constants** *pl* Leitungskon-
— **detail** Teilstromlauf *m*;
— **diagram** Schaltbild *n*, Stromlaufskizze *f*;
— **element** Schaltelement *n*;
— **length** Leitungslänge *f*;
— **number** Leitungsnummer *f*;
— **plan** Leitungsplan *m*;
— **termination** Leitungsabschluß *m*.

circular kreisförmig, kreisrund;
— **current** Kreisstrom *m*;
— **function** Kreisfunktion *f*.
circulate umlaufen, fließen, zirkulieren.
circulation Umlauf *m*, Fluß *m*, Zirkulation *f*, Fließen *n*.
circumference Umfang *m*, Umkreis *m*, Peripherie *f*, K.
circumferential Umfangs- ...;
— **speed** Umfangsgeschwindigkeit *f*.
claim I. in Anspruch nehmen;
II. Anspruch *m*; Patentanspruch *m*.
clamp I. festlegen, einspannen (tho dia phragm, die Membran), to — on, anklammern;
II. Klammer *f*, Klemme *f*, Schelle *f*, Ziehband *n*, Bügel *m*;
ground — Erdschelle *f*;
insulating — Isolierklemme *f*;
messenger wire — Tragseilklemme *f*, B;
screw — Schraubzwinge *f*.
clamping ring Klemmring *m*, Spannring *m*, Schelle *f*;
— **screw** Preßschraube *f*;
— **spring** Federklammer *f*;
claw Klaue *f*;
— **clutch** Klauenkupplung *f*.
clay Tonerde *f* (Al$_2$O$_3$), Lehm *m*, Letten *n*.
clean I. rein, sauber;
II. reinigen, säubern, to — the contacts Kontakte reinigen.
cleaner, vacuum Staubsauger *m*, Vakuumreiniger *m*.
cleaning Reinigen *n*, Reinigung *f*, Säuberung *f*.
clear I. frei (from, of von), außer Eingriff (of mit), to — lift — of ausheben z. B. eine Sperrklinke, frei (räumlich), rein (Leitung), a circuit tests clear eine Leitung ist bei Prüfung rein; aufgearbeitet; entblödt, frei(gegeben), unbesetzt (Leitung, Apparat).
II. klar machen, frei machen, to clear out auflösen, den Hörer einhängen oder auflegen (subscriber clears Teilnehmer hängt an);
III. Schlußzeichen *n*, F;
— **test** Prüfung *f* auf Betriebsfähigkeit.
clearance Abstand *m*, freier Zwischenraum *m*, ausgeglichteter oder freier Raum *m* zwischen Leitungen und Bäumen *B*; Beseitigung *f* (of a fault einer Störung), Aufheben *n*, Aufhebung *f* (of a connection einer Verbindung);
automatic — selbsttätige Schlußzeichengebung *f*, F;
contact — Kontaktweite *f*, Kontaktabstand *m*.
clearing Aufhebung *f* einer Verbindung F;
— **current** Schlußzeichenstrom *m*;
— **indicator** Schlußzeichen *n*;
— **lamp** Schluß(zeichen)lampe *f*, F;
— **relay** Schlußzeichenrelais *n*;
— **signal** Schlußzeichen *n*;
—, **false** fehlerhaftes Schlußzeichen *n*.
clearness Klarheit *f*, Reinheit *f* der Sprache.
clear-out relay Auslöserelais *n*; Rückführrelais *n*.
cleat I. anklampen, befestigen;
II. Klampe *f*; Keil *m*.
clerk Schreiber *m*, Beamter *m*;
enquiry — Auskunftsbeamter *m*, F;
fault — Störungsbeamter *m*, Störungsaufsicht *f*;
key — Prüfbeamter *m* am Wheatstonetelegraphen;

clerk
 relay — Übertragungsbeamter m, T;
 switch — Schaltbeamter m, Schrankbeamter m;
 test — Prüfbeamter m, Störungsbeamter m.
click I. ticken, knacken;
 II. Sperrhaken m, Türklinke f; Ticken n, Knacken n im Fernhörer;
 engaged — Knacken n im Fernhörer bei der Besetztprüfung F.
clicking Anschlagen n des Klopfers.
climate Klima n, Himmelsstrich m.
climatic klimatisch, Klima- ...
climbers pl Steigeisen pl.
climbing iron Steigeisen n, Klettereisen n.
clip I. verkürzen;
 II. Bügel m; Federklemme f;
 contact — Federkontakt m, Kontaktklammer f;
 earth — Erdschelle f, B;
 spring — Federklemme f, Federklammer f;
 test — Prüfklemme f zum Anklammern.
clipped dots pl verkürzte oder spitze Punkte pl, T.
clock Uhr f;
 auxiliary — Nebenuhr;
 master — Hauptuhr.
clockwise im Uhrzeigersinne, rechtsgängig, rechtsdrehend; anti- —, counter- — entgegengesetzt zum Uhrzeigersinne, linksgängig, linksdrehend.
clockwork Uhrwerk n;
 — **train** Federzugeinrichtung f, Uhrwerkantrieb m.
close I. schließen, sich schließen, geschlossen werden (von Kontakten), eine Leitung abschließen, einen Stromkreis schließen.
 II. geschlossen, eng, gedrängt, genau, getreu.
closed geschlossen, abgeschlossen;
 — **by a resistance** durch einen Widerstand abgeschlossen;
 — **circuit system** Ruhestromsystem n, T;
 — **core** geschlossener Kern m.
closure Schließen n eines Schalters.
cloth Leinen n, Leinwand f, Kaliko m;
 emery — Schmirgelleinen n;
 oil — Olleinen n, Öltuch n;
 tracing — Pausleinen n;
 wire — Drahtgewebe n.
cloud I. umwölken, verhüllen, trüben;
 II. Wolke f; Schatten m, Trübung f, Verhüllung f.
clouding of signals Verdecken n, Verhüllen n oder Verschwimmen n der Zeichen durch Störer R.
clutch I. kuppeln (to mit), packen, (um)spannen;
 II. Klaue f, Haken m, Kupplung f;
 claw — Klauenkupplung f;
 friction — Reibkupplung f;
 half-revolution — Kupplung f, die jedesmal für eine halbe Umdrehung einschaltet;
 magnetic — magnetische Kupplung f;
 single-revolution — Ein-Umlauf-Kupplung f, Kupplung f, die nach einer Umdrehung ausschaltet.
coagulate gerinnen, koagulieren.
coagulation Gerinnen n, Koagulierung f.
coal gas Leuchtgas n;
 — **tar** Kohlenteer m;
 — **oil** Teeröl n.
coast Küste f.
coastal radio station Küstenfunkstelle f.

coat I. überziehen (with mit), mit einer Schicht versehen; II. Schicht f, Überzug m, Lage f.
coating Anstrich m, Überzug m, Belag m, Auflage f, Belegung f (of a condenser eines Kondensators);
  age- — Beschlagen n der Lampenbirnen; [zug m;
  ice — Eisbelag m, Eisüber-
  metal(ic) — Metallüberzug m, Metallauflage f.
coaxial koaxial.
cobalt Kobalt m (Co).
cock Hahn m;
  drain- — Entwässerungshahn m;
  stop — Absperrhahn m.
cocoon Kokon m.
code I. durch einen Schlüssel wiedergeben, chiffrieren; II. Schlüssel m; [schlüssel m;
  calling — Rufzeichen n, Ruf-
  cipher — Chiffernschlüssel m, Geheimschlüssel m;
  equal-letter — Telegraphenalphabet n mit gleich langen Zeichen;
  five-unit — Fünferalphabet n, T; [schlüssel m, T;
  jumble — Verwürfelungs-
  Morse — Morsealphabet n;
  — —, American amerikanisches Morsealphabet n;
  — —, cable Seekabelalphabet n;
  — —, Continental or **land-line** internationales Morsealphabet n;
  office — **system, three-letter** dreistelliges Amtsbezeichnungssystem n, A;
  telegraph — Telegraphenalphabet u, Telegraphieralphabet n;
  ternary — Dreieralphabet n, T.
  unequal letter — Telegraphenalphabet n mit ungleich langen Zeichen;

code bar Wählerschiene f im Tastenlocher usw. T;
  — **ringing** wahlweises Rufen n nach einem Rufschlüssel;
  — **selector,** I. G. W. im sechsstelligen Netz, A;
  — **of rings** Rufschlüssel m.
coefficient Koeffizient m, Faktor m, Ziffer f.
coercive force Koerzitivkraft f.
cog eingesetzter Rad-Zahn m;
  — **wheel** Kammrad n, Rad n mit stumpfen Zähnen.
cohere fritten.
coherence Frittung f.
coherer Fritter m, Kohärer m;
  granular — Körnerfritter m;
  powder — Pulverfritter m.
— **action** Fritt(er)wirkung f.
cohesion Kohäsion f.
coil I. aufspulen, aufrollen, aufwickeln, to — up aufrollen; II. Spule f, Wicklung f; Rahmenantenne f;
  air — Luftspule f;
  anti-resonant — Entzerungsdrossel f, K, V;
  armature — Ankerspule f, Ankerwindung f;
  basket —, **basket-type** —, **basket-wound** — Korbbodenspule f;
  bismuth — Wismutspirale f;
  bridge-s pl Brückenarme pl T;
  bridging — Querrolle f; Abzweigspule f;
  cage — Käfigspule f;
  choke —, **choking** — Drosselspule f, Drossel f;
  circular — Ringspule f;
  coaxial —**s, pair of rotatable** Klappvariometer n, Klapptransformator m, R;
  condenser —**s** pl, Verzögerungswiderstände pl in der Varley-Kunstleitung T;

coil
- **control** — Richtspule *f*;
- **cooling** — Kühlschlange *f*;
- **coupling** — Kopplungsspule *f*;
- **current** — Stromspule *f*;
- **differential** — Differentialspule *f*;
- **duo-lateral** — Wabenspule *f* mit gegeneinander versetzten Lagen;
- **duplex** —s *pl* Brückenarme *pl*;
- **dust-core** — (Eisen-) Staubkernspule *f*;
- **exploring** — Prüfspule *f*, Kopplungsspule *f* eines Meßgeräts;
- **feed-retardation** — Speisebrücke *f*, Speisedrossel *f*, *F*;
- **field** — Feldspule *f*;
- **fixed** — feste Spule *f*;
- **flat** — Flachspule *f*;
- **flat square** — quadratische Flachspule *f*;
- **heat** — Feinsicherung *f*, Feinsicherungseinsatz *m*, Hitzrolle *f*;
- **h. f. choke** — Hochfrequenzdrossel *f*;
- **holding** — Haltewicklung *f*;
- **honeycomb** — Wabenspule *f*;
- **hybrid** — Transformator mit drei Wicklungen, Ausgleichsübertrager *m*, *F*, *K*;
- **impedance** — Drosselspule *f*;
- **induction** — Induktionsspule *f* des Sprechapparats; Funkeninduktor *m*, Induktorium *n*;
- **inductor** — Induktionsspule *f*;
- **iron (core)** — Eisenkernspule *f*;
- — —, **laminated** Eisenblätterkernspule *f*, Spule *f* mit geblättertem Eisenkern;
- **leak** — Abzweigwiderstand *m* der Telegraphenübertrager;
- **lengthening** — Verlängerungsspule *f*, *R*;
- **line** — Leitungsspule *f* eines Differentialrelais *T*;
- **load(ing)** — Pupinspule *f*, Luftdraht-Verlängerungsspule *f*;
- — —, **elongated** längliche Pupinspule *f* für Seekabel;
- — — **unit** Spulensatz *m* aus zwei Stamm- und einer Viererspule *K*;
- **magnetising** — Feldspule *f*;
- **monitoring** — Überwachungsspule *f*, Mithörübertrager *m* *F*;
- **moving** — Drehspule *f*;
- **multi-layer** — mehrlagige Spule *f*;
- **multiplier** — Multiplikatorrahmen *m*;
- **phantom (circuit)** — Viererspule *f*;
- **pancake** — quadratische Flachspule *f*;
- **plug-in** — Steckspule *f*, Aufsteckspule *f*;
- **pressure** — Spannungsspule *f*;
- **Pupin** — Pupinspule *f*;
- **reaction** — Drosselspule *f*, Rückkopplungsspule *f*;
- **reactive** — Drosselspule *f*;
- **repeating** — Übertrager *m*, Übertragerspule *f*;
- — —, **differential**, Differentialübertrager *m*;
- — —, **toroidal**, (Fernsprech-) Ringübertrager *m*;
- **retard(ation)** — Drosselspule *f*, Induktanzspule *f*; Verzögerungswiderstand *m* der Varley-Kunstleitung *T*;
- **revolving** — drehbare Spule *f*;
- **ribbon** — Bandspule *f*;
- — —, **edgewise wound** hochkant gewickelte Bandspule *f*;
- — —, **flat(wise) wound**, flach gewickelte Bandspule *f*;
- **rotatable** — Drehrahmen *m* *R*, drehbare Spule *f*;

coil
  rotating — Drehspule f, Drehvariometer n;
  Rumkorff induction — Ruhmkorffscher Funkeninduktor m;
  search — Auffangspule f, Kopplungsschleife f eines Wellenmessers, Prüfspule f;
  side circuit — Stammspule f, K; [f;
  single-layer — einlagige Spule
  slider —, **double (single)** Spule f mit zwei Gleitkontakten (mit einem Gleitkontakt);
  sliding — verschiebbare Spule f.
  spider web — Korbbobenspule f;
  spiral —, **flat** (flache) Spiralspule f; Spiralantenne f;
  spark — Funkeninduktor m;
  — —, **hammer break** Hammerinduktor m;
  square — quadratische Spule f;
  — —, **flat, square plane** — quadratische Flachspule f;
  superimposed circuit — Viererspule f, K;
  tapped — angezapfte Spule f, Anzapfspule f;
  telescoping —s pl ineinanderschiebbare Spulen pl, Tauchspulen pl;
  — —, **transformer** Tauchtransformator m, R;
  tickler — Rückkopplungsspule f im Anodenkreise des Schwingaudions;
  toroidal — Ringspule f;
  trembler — Hammerinduktor m, Funkeninduktor m mit Hammerunterbrecher;
  tuning — Abstimmspule f;
  wire-core — Drahtkernspule f;
  dead end of a — tote oder unbenutzte Windungen pl einer Spule;

  — **aerial** Rahmenantenne f, Spulenantenne f;
  — **cable** Spulenkabel n, Pupinkabel n;
  — **capacity** Spulenkapazität f;
  coilholder Spulenhalter m;
  coil loaded spulenbelastet, mit Spulen belastet, pupinisiert;
  — **loading** Pupinisierung f, Spulenbelastung f;
  — **piece** Spulenstück n, Spulenmuffe f, K;
  — **rack** Spulengestell n, F;
  — **section** Spulenabschnitt m, K;
  — **spacing** Spulenentfernung f, Spulenabstand m, K;
  — —, **half a** halber Spulenabstand m, K.
  coiled spring Spiralfeder f;
  coiling Aufspulen n, — of cable Aufschießen n des Kabels.
coin Münze f;
  — (-**collecting**) **box** Münzbehälter m, F;
  — **box call office** Münzfernsprecher m, Fernsprechautomate
  — — —, **station, multi-** Münzfernsprecher m für mehrere Geldsorten für Fernverkehr;
  — — **circuit** Münzsprecherleitung f, Automatenleitung f;
  — **collector** Kassiervorrichtung f, F;
  — — **telephone station** Münzfernsprecher m, Fernsprechautomat m;
  — **receptacle** Münzbehälter m F.
  — **slot** Münzeinwurf m, Geldeinwurf m, F.
coincide übereinstimmen, zusammenfallen.
coincidence Koinzidenz f, Zusammenfallen n, Übereinstimmung f.
coincident zusammenfallend (with mit).
cold kalt.

collapsable = collapsible.
collapse I. zusammenfallen; II. Zusammenbruch m, Verfall m, Zusammenfallen n des Magnetfeldes.
collapsible zusammenlegbar, zusammenklappbar.
collar Bund m, Stellring m, Ring m, Kragen m, Hülse f, Mantel m;
copper — Kupfermantel m des Relais.
collateral contact Doppelkontakt m der Fernsprechrelais.
collect sammeln (Strom usw.), to — terms Ausdrücke ordnen M.
collecting bar Sammelschiene f;
— **office** Telegramm-Annahmestelle f;
— **ring** Kollektorring m, Schleifring m.
collection Sammlung f.
collector Kollektor m;
— **ring** Kollektorring m, Sammelring m.
collet Kragen m, Hülse f, Buchse f.
collide anstoßen, kollibieren, zusammenstoßen.
collision Zusammenstoß m, Kollision f;
ionisation by — Stoßionisation f.
colophony Kolophonium n.
colour Farbe f;
— **scheme**, Farbenfolge f der Systemkabel usw.
coloured farbig, gefärbt.
Colpitts oscillator Schwingrohr n mit kapazitiver Rückkopplung.
column senkrechte Reihe f, Spalte f, Rubrik f; Säule f.
comb Kamm m.
combination Verbindung f Zusammenstellung f, Gebilde, n, Kombination f (auch am Hughesapparat); Sprechhörer m, Handapparat m, Mikrotelephon n;
resonant — Resonanzgebilde n.
— **bar** Wählerschiene f im Uebersetzer T;
— **frequency** Kombinationsfrequenz f;
— **note** Kombinationston m.
combine sich verbinden; verbinden, kombinieren.
combined circuit Viererleitung f, F;
— **volt and ammeter** kombinierter Strom- und Spannungsmesser m.
combiner Kombinator m, T;
— **disc**, — **wheel** Übersetzerscheibe f im Baudotübersetzer T.
combining circuit Stammleitung f, F;
— **transformer** Vierer-Abzweigspule f, F.
combustion engine, internal, combustion motor Verbrennungsmotor m.
come kommen, gelangen, to — in on a circuit in eine Leitung eintreten, to — to rest zum Stillstand kommen.
come-along Kniehebelklemme f, B.
commercial wirtschaftlich, Wirtschafts- ..., betriebsmäßig, kommerziell.
— **centre** Wirtschaftszentrum n, Handelszentrum n;
common I. verbinden (together miteinander); II. gemeinsam;
— **battery** Zentralbatterie f, Z.B. [f, F.
communicate mitteilen (to); in Verbindung stehen (with mit); in Verbindung treten.
communication Verbindung f, Verbindungsmittel n, Nachricht f, Fortpflanzung f;

communication
 transoceanic — Überseeverbindung *f*;
— **art** Nachrichtentechnik *f*;
— **circuit,** — **line** Fernmeldeleitung *f*.
communicator Geber *m* des ABC-Telegraphen.
commutate kommutieren.
commutation Kommutierung *f*, Stromwendung *f*;
 silent — geräuschlose Kommutierung *f*;
commutation ripples *pl* Kommutierungswellen *pl* des Gleichstromes.
commutator Kommutator *m*, Stromwender *m*, Umschalter *m*;
 crown-wheel — Kronradkommutator *m*, Zahnradunterbrecher *m*;
 high-frequency — Hochfrequenzunterbrecher *m*;
 plug — Stöpselumschalter *m*;
— **bar** Kollektorstab *m* Kollektorlamelle *f*;
— **ripples** *pl* Kommutierungswellen *pl* des Gleichstromes:
— **segment** Kollektorsegment *n*.
compact gedrungen, gedrängt.
compactness gedrungener Bau *m*, Festigkeit *f*, Bündigkeit *f*.
company Gesellschaft *f*;
 cable — Kabelgesellschaft *f*;
 long-lines — Fernleitungsgesellschaft *f*, Fernkabelgesellschaft *f*.
comparative vergleichend, vergleichbar, Vergleichs- ...;
— **figures** *pl*, Vergleichszahlen *pl*.
compare (to) vergleichen, gleichsetzen.
comparison Vergleich *m*;
 basis of — Vergleichsgrundlage *f*;

— **method** Vergleichsmethode *f*, Vergleichsverfahren *n*.
compass I. umfassen, umschließen;
 II. Umkreis *m*; Kompaß *m*;
 radio —, **wireless** — Funkkompaß *m*.
compensate (for) kompensieren, ausgleichen.
compensated c. w. radio transmission, ungedämpftes Senden *n* mit Verstimmung *R*.
compensating current Ausgleichsstrom *m*;
— **network** Entzerrerschaltung *f*, *K*, *V*;
— **resistance** Ausgleichswiderstand *m*, Kompensationswiderstand *m*.
compensation (for) Ausgleich *m*, Kompensierung *f*, Kompensation *f*;
— **circuit** Ausgleichsleitung *f*, Ausgleichs(strom)kreis *m*;
— **wave** Verstimmungswelle *f*, *R*.
compensator Kompensator *m*.
complain sich beschweren.
complaint Beschwerde *f*.
complement Komplement *n*, Ergänzung *f*;
— **of angle** Komplementwinkel *m*.
complete I. vollenden, vervollständigen; to — a circuit einen Stromkreis schließen;
 II. vollständig.
completion Vollendung *f*;
— **of a call,** Herstellung *f*, Vollendung *f* einer Verbindung *F*.
complex komplex *M*; verwickelt; zusammengesetzt;
— **quantity** komplexe Größe *f M*;
—, **conjugate** konjugiert komplexe Größe *f M*.
complexity Zusammengesetztheit *f*, Verwicklung *f*.

complicate(d) verwickelt.
component I. anteilig, Teil-...;
II. Komponente *f*; Anteil *m*;
a. c. — Wechselstromkomponente *f*;
active — Wirkkomponente *f*;
alternating — of current Wechselstromkomponente *f*;
— **— of voltage** Wechselspannungskomponente *f*.
d. c. — Gleichstromkomponente *f*;
energy — Wirkkomponente *f* (of current des Stromes, of voltage der Spannung);
fundamental — Grundkomponente *f*;
periodic — periodische Komponente *f*;
reactive — Blindkomponente *f*;
transient — flüchtige Komponente *f*, Ein- und Ausschwingkomponente *f*;
watt — Wirkkomponente *f*, Wattkomponente *f*;
wattless — Blindkomponente *f*, wattlose Komponente *f*;
— **voltages** *pl* Spannungskomponenten *pl*, Teilspannungen *pl*.
compose zusammensetzen.
composed bestehend, zusammengesetzt (of aus).
composite zusammengesetzt.
— **circuit** Simultanleitung *f*; zusammengesetzte Leitung *f*;
— **excitation** Verbunderregung *f*;
— **field** zusammengesetztes Feld *n*;
— **line** aus mehreren Teilen zusammengesetzte Leitung *f*;
— **-loaded** viererpupinisiert;
— **ringing** Durchrufen *n* in Simultanschaltung;
— **set** Simultaneinrichtung *f*;
—, **telegraph** Einrichtung *f* für Simultantelegraphie;
— **wire** Litzendraht *m*, unterteilter Draht *m*.

compositing Bildung *f* von Simultanverbindungen.
composition Zusammensetzung *f*; Legierung *f*, Gemisch *n*.
compound I. zusammensetzen, mischen, kompoundieren;
II. zusammengesetzt;
III. Masse *f*, Gemisch *n*;
Chatterton — Chattertonmasse *f*;
insulating — Isoliermasse *f*;
sealing — Vergußmasse *f*.
— **-wound dynamo,** Verbunddynamo *f*, Kompounddynamo *f*;
— — —, **differential** Verbunddynamo *f* mit differential geschalteten Feldspulen.
compounded kompoundiert; mit Isoliermasse getränkt;
over- — überkompoundiert;
compress zusammenpressen, zusammendrücken, komprimieren.
compression Pressung *f*, Druck *m*, Kompression *f*.
compressive strength Druckfestigkeit *f*;
— **stress** Druckbeanspruchung *f*.
compressor Kompressor *m*;
air — Luftkompressor *m*.
computation Errechnung *f*, Zusammenrechnung *f*, Überschlag *m*;
— **of curves** Berechnung *f* von Kurven.
compute zusammenrechnen, überschlagen, errechnen.
computing chart, self- Nomogramm *n*, Fluchtentafel *f*.
concave konkav.
concealed wiring verdeckte Leitungsführung *f*;
concentrated konzentriert, zusammengelegt;
— **trunks** *pl* in einem Zentralschrank vereinigte Leitungen.

4*

concentration Konzentration f, Zusammenlegung f;
— **section** Zentralschrank m, Zentralanrufschrank m.
concentrator Zentralumschalter m (for 20 lines für 20 Leitungen);
  night — Nacht-Zentralumschalter m.
concentric(al) konzentrisch (with, to mit, zu);
concession Konzession f, Genehmigung f.
conchoidal muschelig;
— **fracture** muscheliger Bruch m des Porzellans.
concrete I. aus Gußmörtel bauen; III. aus Beton bestehend, Beton- ...; III. Gußmörtel m, Beton m;
  ferro- — Eisenbeton m;
  reinforced — armierter Beton m;
— **bed** Betonfundament n, Betonbettung f.
— **block** Zementformstück n;
— **box** Betonkasten m;
— **cover** Betondeckplatte f;
— **floor** Zementfußboden m;
— **foundation** Betonfundament n;
— **pipe** Betonrohr n, Zementrohr n;
— **pole** Betonmast m;
— **slab** Betonplatte f.
condensance kapazitive Reaktanz f, Kondensanz f.
condensation Verdichtung f, Kondensierung f.
condense verdichten, kondensieren.
condenser Kondensator m, Verdichter m;
  adjustable — variabler oder veränderlicher Kondensator;
  aerial blocking — Luftbraht-Blockkondensator m;
  aerial series — Luftbraht-Verkürzungskondensator m;
  air — Luftkondensator m;
  balancing — Ausgleichskondensator;
  blocking — Blockkondensator;
  bridging —, **by-pass** — Querkondensator, Überbrückungskondensator;
  compressed-air — Druckluftkondensator;
  corrugated plate — Wellplattenkondensator;
  coupling — Kopplungskondensator;
  die-cast — Spritzgußkondensator;
  differential (twin) — Differentialkondensator;
  disc — Plattenkondensator m, Drehkondensator;
  double block —s pl Doppelblockkondensatoren pl, T;
  grid — Gitterkondensator;
  grid blocking — Gitterblockkondensator;
  large capacity — großer Kondensator;
  leaky — mit Ableitung behafteter Kondensator;
  low loss — Kondensator mit geringen dielektrischen Verlusten;
  measuring — Meßkondensator;
  mica-(dielectric) — Glimmerkondensator;
  oil (-dielectric) — Ölkondensator;
  plate — Plattenkondensator;
  —, **rotating** Drehkondensator;
  power — Kondensator für starke Belastung;
  reaction — Rückkopplungskondensator;
  reading — Maxwellschaltung f, T;

condenser
reservoir — Speicherkondensator, Vorratskondensator;
sending — Sendekondensator T;
shortening —, **short-wave** — Luftdraht-Verkürzungskondensator;
shunted — Maxwellschaltung f, Kondensator mit Parallelwiderstand;
shunting — Parallelkondensator, Querkondensator;
signalling —s pl, Sendekondensatoren pl in den Brückenarmen T;
smoothing — Abflachungskondensator;
spark (quench) — Funkenlöschkondensator;
stopping — Blockkondensator;
tuning — Abstimmkondensator;
twin — Doppelkondensator, Zwillingskondensator;
— **armature** Kondensatorbelegung f; [f, R;
— **bank** Kondensatorenbatterie
— **box** Kondensatorenkasten mK;
— **coating** Kondensatorbelegung f;
— **coils** pl Verzögerungswiderstände pl der Barlehkunstleitung;
— **reel** Kondensatorwickel m;
— **sleeve** Kondensatormuffe f, K;
— **telephone** Kondensatortelephon n;
— **transmitter** Kondensatormikrophon n.
condensive reactance kapazitive Reaktanz f, kapazitiver Blindwiderstand m.
condition Bedingung f, Zustand m, Beschaffenheit f;
charged — aufgeladener Zustand m;

discharged — ungeladener Zustand m, entladener Zustand m;
initial —(s pl), Anfangszustand m, Ausgangszustand m;
operating —s pl, **service** —(s pl), **working** —(s pl) Betriebsbedingungen pl, Betriebszustand m.
conduct leiten, fortleiten;
conductance Leitwert m, Leitvermögen n, Leitfähigkeit f, Wirkleitwert m, Konduktanz f;
asymmetric — asymmetrische Leitfähigkeit f, richtungsabhängiges Leitvermögen n;
effective — effektiver Leitwert m;
— — **between the wires**, Ableitung f zwischen den Drähten einer Doppelleitung;
leak(age) —, **(line) shunt** — Ableitung f als Leitungskonstante L;
magnetic — magnetisches Leitvermögen n;
negative — negativer Leitwert m;
shunt — Ableitung f, L;
specific — spezifisches Leitvermögen n;
uni-directional — unipolare Leitung f oder Leitfähigkeit f;
— **leakage** = leak conductance.
conducting leitend, **to render** — leitend machen.
conduction Fortleitung f, Übertragung f;
— **through gases, gaseous** — Leitung f der Gase.
conductive leitend, Leit-..., konduktiv;
— **coupling** direkte Kopplung f.
conductivity Leitvermögen n; Leitwert m, spezifische Leitfähigkeit f;
heat — Wärmeleitvermögen n;

conductivity
high — **copper** Kupfer n von hohem Leitwert;
magnetic — spezifische magnetische Leitfähigkeit f;
thermal — Wärmeleitfähigkeit f;
uni-directional —, **unilateral** — unipolare Leitfähigkeit f (in crystals der Kristalle);
— **standard, copper** Leitfähigkeitsnormal n für Kupfer.
conductometer Leitwertmesser
conductor Leiter m; [m,
bare — blanker Draht m, blanker Leiter m;
earthed neutral — geerdeter Nulleiter m;
good — guter Leiter m;
heat — Wärmeleiter m;
poor — schlechter Leiter m;
return — Rückleiter m;
(single) screened — abgeschirmter (Einzel-)Leiter m;
third — c-Leitung f, F;
third class — Leiter m mit negativem Widerstand;
tubular — Hohlleiter m;
twin —**s** pl Doppelleitung f;
— **constants** pl, Leitungskonstanten pl;
— **diameter** Leiterstärke f, Leiterdurchmesser m.
conduit Rohrleitung f, Kanal m;
cable — Kabelkanal m;
concrete block — Zementformstückkanal m;
earthenware — Rohrstrang m aus irdenen Formstücken;
fibre — Fiberrohrstrang m;
iron pipe — Eisenrohrstrang m;
multiple-duct — Rohrstrang m mit mehreren Öffnungen, mehrzügiger Kanal m;
single-duct — Rohrstrang m mit einer Öffnung, einzügiger Kanal m.

cone Kegel m, Konus m;
— **aerial** Kegelantenne f.
coned konisch;
congested verstopft, überfüllt.
congestion Verstopfung f, Überfüllung f, Besetztsein n;
group — Besetztsein n aller Gruppenwähler A;
congruence, congruency Kongruenz f, M. [M.
congruent kongruent (with mit)
conical konisch, kegelförmig, kegel- ...;
— **wheel** Kegelrad n.
conicalness, Kegelform f;
conjugate konjugiert M, paarweise verbunden;
— **complex quantities** pl konjugiert komplexe Größen pl.
connect verbinden, schalten, to — in einschalten; to — through durchschalten, durchverbinden to — up zwei Stellen in Verbindung setzen;
— **in multiple** parallel oder vielfach schalten; [ten;
— — **multiple arc** gemischt schal-
— — **parallel** nebeneinander oder parallel schalten;
— — **series** in Reihe oder hintereinander schalten;
— — —**multiple** gemischt schalten.
connected geschaltet, verbunden;
delta- —, **mesh-** — in Dreieckschaltung;
multiple- — in Vielfachschaltung, vielfach geschaltet;
parallel- — in Nebeneinanderschaltung, nebeneinander oder parallel geschaltet;
series— in Reihenschaltung, in Reihe oder hintereinander geschaltet;
Y- — in Sternschaltung, sterngeschaltet.
connecting cord Verbindungsschnur f.

connection Verbindung *f*,
Schaltung *f*; Gespräch *n*,
Sprechverbindung *f*;
to establish a — eine Verbindung herstellen;
to initiate a — eine Verbindung einleiten;
to make — **with** Kontakt machen mit;
to set up a — eine Verbindung herstellen;
to take down a — eine Verbindung trennen oder aufheben;
back — rückwärtiger Anschluß *m* einer Schalttafel;
bolted —Schraubverbindung *f*;
city — Ortsgespräch *f*, Ortsverbindung *f*;
common — gemeinsame Verbindung *f*;
cross — Querverbindung *f, F*, Vertauschung *f*;
defective — schlechte Verbindung *f*;
delta (triphase) — Dreieckschaltung *f*; [*f, F*;
double — Doppelverbindung
earth — Erdverbindung *f*; Erdleitung *f*, Erde *f*, Erdschluß *m*;
full —**s** *pl*, Gesamtschaltbild *n*;
loose — Wackelkontakt *m*; lockere Verbindung *f*;
mesh — Dreieckschaltung *f*;
multiple — Vielfachschaltung *f*, Parallelschaltung *f*;
multiple arc — gemischte Schaltung *f*;
parallel — Zweigschaltung *f*, Nebeneinanderschaltung *f*;
parallel-series — gemischte Schaltung *f*;
series — Reihenschaltung *f*, Hintereinanderschaltung *f*;
skeleton —**s** *pl* Schalt(ungs)schema *n*;

star — Sternschaltung *f*;
variable — Wackelkontakt *m*;
wrong — Verschaltung *f*; falsche Verbindung *f, F*;
clearing of a — Aufheben *n* einer Verbindung;
— **box** Klemmenkasten *m*;
— —, **cable** Kabelverzweiger *m*;
— **field, cross-** Zwischenverteiler *m*;
— **plate** Klemmenplatte *f*;
— **strip** Klemmenleiste *f*, Klemmenstreifen *m*, Verbindungsstreifen *m*, Lötösenstreifen *m*.
connector Leitungswähler *m A*; Stecker *m*, Klemme *f*, Verbindungsstück *n*;
frequency selecting — Leitungswähler *m* (mit Frequenzwahl) für Gesellschaftsleitungen *A*;
bridge — Überbrückungsklemme —
— **box** Abzweigdose *f*;
— **socket** Steckbuchse *f*, Anschlußbuchse *f*.
connexion = connection.
consecutive aufeinanderfolgend.
— **order, arranged in** in der Nummernfolge angeordnet;
— **poles** *pl* Folgepole *pl*.
consistence, consistency Konsistenz *f*, Festigkeit *f*, Dichtigkeit *f*;
consistent dicht, fest, konsistent.
consonant Konsonant *m*, Mitlauter *m*; [nant *m*;
explosive — explosiver Konso-
nasal — Nasalkonsonant *m*.
constancy Konstanz *f*, Beständigkeit *f*;
— **of pitch** Tonkonstanz *f*;
— **of speed** Tourenkonstanz *f*.
constant I. konstant, unveränderlich, to maintain — konstant halten;
II. Konstante *f*;

constant
  circuit —s pl, Leitungskon=
  stanten $pl.$
constantan Konstantan n (60%
  Cu, 40% Ni). [standteil $m.$
constituent wesentlicher Be=
constrained vibrations pl er=
  zwungene Schwingungen $pl.$
constraint, surface Oberflächen=
  spannung $f.$
constriction Einschnürung $f,$
  Verengung $f;$
construction Bauart $f,$ Kon=
  struktion $f,$ Errichtung $f;$
  cost of — Herstellungs=
  kosten $pl;$
  — **gang** Bautrupp $m, B;$
  — **unit** Bauzug $m,$ Baukolonne
  $f, B.$
consume verbrauchen.
consumption Verbrauch $m;$
  current — Stromverbrauch $m;$
  — **of materials** Materialver=
  brauch $m.$
contact Berührung $f,$ Kontakt
  $m,$ Leitungsberührung $f;$
  to clean —s Kontakte reinigen;
  to close up —s Kontakte
  schließen, enger stellen;
  to come into — berühren, in
  Berührung kommen;
  to make — Kontakt machen
  (on auf, an, with mit);
  to open —s Kontakte öffnen,
  weiter stellen;
  anvil — Amboskontakt $m;$
  back — hinterer Kontakt $m,$
  hintere Kontaktschiene f der
  Taste;
  bank — Bankkontakt $m, A;$
  body — Körperschluß $m;$
  break — Unterbrechungskon=
  takt $m,$ Trennkontakt $m;$
  Ruhekontakt $m;$
  buffer — Amboskontakt $m;$
  cam — Wellenkontakt $m, A,$
  Nockenkontakt $m;$

  collateral —, **double** — Dop=
  pelkontakt m der Fernsprech=
  relais;
  continuity-preserving — Fol=
  gekontakt, Schleppkontakt $m;$
  double-break — Doppeltrenn=
  kontakt $m;$
  double-make —Doppelarbeits=
  kontakt $m,$ Doppelschließkon=
  takt $m;$
  flexible — federnder Kon=
  takt $m;$
  front — vorderer Kontakt $m,$
  vordere Kontaktschiene f der
  Taste;
  intermittent — zeitweise Lei=
  tungsberührung $f;$
  intimate — inniger Kontakt $m;$
  make — Schließungskontakt $m,$
  Arbeitskontakt $m;$
  make-and-break — Wechsel=
  kontakt $m;$
  make-before-break — Folge=
  kontakte $m, pl;$
  marking — Zeichenkontakt $m,$
  Arbeitskontakt $m, T;$ [$A;$
  mechanical — Kopfkontakt $m,$
  off-normal — Kopfkontakt $m,$
  $A,$ Kontakt $m,$ der in der Ar=
  beitsstellung betätigt wird;
  operating — Arbeitskontakt $m;$
  pitted — s pl ausgefressene
  Kontakte $pl;$
  poor — schlechter Kontakt $m;$
  rail — Schienenkontakt $m,$
  Gleiskontakt $m;$
  rest(ing) — Ruhekontakt $m;$
  shaft — Wellenkontakt $m, A;$
  sliding — Gleitkontakt $m,$
  Schiebekontakt $m;$
  socket — Sitzschalter m der
  Stöpsel $F;$
  spacing — Trennkontakt $m,$
  Ruhekontakt $m, T;$
  spring — federnder 'oder wei=
  cher Kontakt $m,$ Federkon=
  takt $m;$

contact
- **tapping** — zeitweise Leitungsberührung *m*; Unterbrecherkontakt *m*, intermittierender Kontakt *m*;
- **tip and sleeve** — Berührung *f* zwischen Schaft und Spitze des Steckers;
- **trembler (bell)** — Selbstunterbrechungskontakt *m*;
- **variable** — Wackelkontakt *m*;
- **vibrating** — Unterbrecherkontakt *m*, schwingender Kontakt *m*;
- **weather** — Wetterberührung *f*;
- **bank** Kontaktsatz *m*, Kontaktbank *f* eines Wählers *A*;
- —, **line** a-b-Kontaktsatz *m*, Leitungskontaktbank *f*, *A*;
- —, **local** or **private** c-Kontaktsatz *m*, *A*;
- **bar** Kontaktschiene *f*;
- **brush** Kontaktbürste *f*;
- **carriage** Kontaktschlitten *m*, Kontaktrahmen *m*;
- **chatter** Prellen der Kontakte;
- **clearance** Kontaktabstand *m*, Kontaktweite *f*;
- **clip** Federkontakt *m*, Kontaktklammer *f*;
- **comb** Kontaktkamm *m*, *T*;
- **electricity** Berührungselektrizität *f*;
- **face** Kontaktfläche *f*;
- **finger** Kontaktfinger *m*;
- **lever** Kontakthebel *m*;
- **loss** Übergangsverlust *m*;
- **microphone** Kontaktmikrophon *n*;
- **plug** Kontaktstöpsel *m*;
- **point** Kontaktspitze *f*;
- **potential** Berührungsspannung *f*, Kontaktspannung *f*;
- **pressure** Kontaktdruck *m*;
- **series** Spannungsreihe *f*;
- **spring** Kontaktfeder *f*;
- **stud** Kontaktstumpf *m*, Kontaktstück *n*, kurzer Kontaktstift *m*;
- **surface** Kontaktfläche *f*, Berührungsfläche *f*;
- **transmitter** Kontaktmikrophon *n*; [§enbahn.
- **wire** Fahrdraht *m* der Straßenbahn.

contactor Tastrelais *n*, *R*.
container Behälter *m*, Gefäß *n*.
content Gehalt *m*; [Stahls;
- **carbon** — Kohlegehalt *m* des
- **cubic** —s *pl* Kubikinhalt *m*, Rauminhalt *m*.

continuity Zusammenhang *m*, Fehlen *n* einer Unterbrechung;
- —**preserving contact** Folgekontakt, Schleppkontakt *m*;
- **test** Prüfung *f* auf Leitungsunterbrechungen.

continuous kontinuierlich, ununterbrochen;
- **current** Gleichstrom *m*, *v.* direct current;
- **loading** gleichförmige Belastung *f* einer Leitung, Krarupisierung *f*;
- **voltage** Gleichspannung *f*;
- **waves** *pl* ungedämpfte Wellen *pl*. [drehung *f*.

contortion Verzerrung *f*, Verdrehung *f*.
contour Umriß *m*, Außenlinie *f*.
contract I. schrumpfen, (sich) zusammenziehen; einen Vertrag schließen;
II. Zusammenziehung; *f* Vertrag *m*;
- **value** Pflichtwert *m*.

contraction Schrumpfung *f*, Zusammenziehung *f*.
contrivance Erfindung *f*, Plan *m*, Einrichtung *f*.
contrive ersinnen, ausdenken, planen.
control I. steuern, regeln, beherrschen, beeinflussen;
II. Regelung *f*, Steuerung *f*, Beeinflussung *f*;

control
auto- — Dienſtzeichengeber *m*, Haltgeber *m*, *T*;
grid — Gitterſteuerung *f*, Gitterbeeinfluſſung *f*, Gittertaſtung *f*, Gitterbeſprechung *f*;
remote — Fernſteuerung *f*, Fernſchaltung *f*;
— — **switch** Fernſchalter *m*;
voice — Beſprechung *f*, *V*, *R*;
voltage — Spannungsregelung *f*;
volume — Lautſtärkeregler *m*, Lautſtärkeregelung *f*;
— **electrode** Steuerelektrode *f*;
— **grid** Steuergitter *n*;
— **switch** Steuerſchalter *m*, *A*;
— **voltage, effective** effektive Steuerſpannung *f* einer Röhre.
controller Regler *m*;
gain — Schwächungswiderſtand *m* (of telephone repeaters der Fernſprechverſtärker).
controlling force Richtkraft *f*;
— **magnet** Richtmagnet *m*;
— **switch** Steuerſchalter *m*, *A*.
convection Fortpflanzung *f*, Übertragung *f*;
— **current** Konvektionsſtrom *m*.
convective konvektiv, auf Fortpflanzung beruhend.
converge konvergieren.
convergent konvergent (into in oder zu). [vergenz *f*.
convergence, convergency Kon-
conversation Geſpräch *n*;
city —, local — Ortsgeſpräch *n*;
toll —, trunk — Ferngeſpräch *n*;
frequency of —s Geſprächsdichte *f*, Geſprächsfrequenz *f*.
— **unit** Geſprächseinheit *f*.
conversion Umwandlung (into in), Umſetzung *f*;
— **factor** Umwandlungsfaktor *m*, Umrechnungsfaktor *m*;
— **ratio** Umſetzungsverhältnis *n*.
convert umwandeln, umformen (into, to in), umſetzen (to — electrical current to speech elektriſchen Strom in Sprachenergie umſetzen *F*, to convert a number dialled in into a number of less digits eine gewählte Nummer in eine ſolche von geringerer Stellenzahl umſetzen *A*).
converter Umformer *m*;
cascade — Kaskabenumformer *m*;
rotary — Einankerumformer *m*.
convex konvex.
convey übertragen (current Strom), zuführen, current-conveying ſtromführend.
conveyance Fortleitung *f*, Übertragung *f*, Zuführung *f*.
conveyer = conveyor.
conveying plant Förderanlage *f*.
conveyor Förderer *m*;
band — Bandförderer *m*, Förderband *n*, Bandpoſt *f*.
convolution Windung *f*.
cool (ab)kühlen, to — down (ſich) abkühlen, water-cooled waſſergekühlt.
cooling Kühlung *f*, Abkühlung *f*.
— **flange** Kühlflanſch *m*, Kühlrippe *f*;
— **fluid** Kühlflüſſigkeit *f*;
— **tank** Kühlgefäß *n*;
— **pond** Kühlwaſſerteich *m*;
—, **vane** Kühlflügel *m*.
coordinates *pl* Koordinaten *pl*;
polar — Polarkoordinaten *pl*;
rectangular — rechtwinklige Koordinaten *pl*.
coordinate paper, logarithmic logarithmiſches Koordinatenpapier *n*;
— **system** Koordinatenſyſtem *n*, Achſenkreuz *n*.

copal varnish Kopalfirnis *m*, Kopallack *m*.
co-phasal gleichphasig.
copper Kupfer *n* (Cu);
 electrolytic — Elektrolyt-kupfer *n*;
 high-conductivity — hochleit-fähiges Kupfer *n*;
— **block** Kupferklotz *m* (of a relay am Relais);
— **collar** Kupferring *m*, Kupfermantel *m*;
— — **relay** Relais *n* mit Kupfermantel;
— **conductivity standard** Leit-fähigkeitsnormal *n* für Kupfer;
— **efficiency** Kupferwirkungs-grad *m*;
— **jacketed** mit einem Kupfermantel versehen;
— —**nickel alloy** Kupfernickel *n*;
— —**plate** I. verkupfern, kupfer-plattieren;
 II. verkupfert, kupferplattiert;
— **sulphate** Kupfervitriol *n*, (CuSO$_4$);
— **sulphide, iron** (Eisen-)Kupfer-kies *m*, Kupferpyrit *m*, (Cu$_2$S + Fe$_2$S$_3$);
— **tinsel** Kupferlahn *m*;
— **wire** Kupferdraht *m*;
— —, **hard-drawn** Hartkupfer-draht *m*;
— —**zinc cell** Kupfer(zink)element
coppered verkupfert; [*n*.
— **carbon** Galvanokohle *f*;
— **relay** Kupfermantelrelais *n*, Verzögerungsrelais *n*.
copy a message ein Telegramm aufnehmen.
copying telegraph Kopiertele-graph *m*.
coral Koralle *f*.
coralline Korallen-....
cord Schnur *f*, Steckerschnur *f*, Verbindungsschnur *f*;
 answering — Abfrageschnur *f*;
 connecting — Verbindungs-schnur *f*;
 defective — fehlerhafte oder schlechte Schnur *f*;
 double — **system** Zweischnur-system *n*, *F*;
 double conductor — zwei-adrige Schnur *f*;
 double plugged — Schnur *f* mit zwei Stöpseln oder Steckern;
 flexible — biegsame Schnur *f*;
 phone — Fernhörerschnur *f*;
 plug-ended — Stöpselschnur *f*;
 single — **system** Einschnur-system *n*, *F*;
 strain — Tragschnur *f* der Litze;
 tinsel — Lahnlitzenschnur *f*.
 two-way — zweiadrige Schnur *f*.
 pair of —s Schnurpaar *n*;
— **and plugs, loose** lose Stöpsel-schnur *f* mit zwei Stöpseln;
— **circuit** Schnurstromkreis *m*;
— — **repeater** Schnurverstär-ker *m*.
cordless schnurlos;
— **switchboard** schnurloser Klap-penschrank *m*.
cord repairing centre Schnur-werkstatt *f*, *F*;
— **system, double-** Zweischnur-system *n F*;
— —, **single** Einschnursystem *n F*;
— **test** Schnurprüfung *f*;
— **shake test** Schnurprüfung *f* durch Schütteln;
— **testing jack** Schnurprüf-klinke *f*.
core Seele *f*, Ader *f* eines Kabels, Kern *m* einer Spule usw.;
 air — Luftkern *m*;
 cable — Kabelseele *f*;
 closed — geschlossener Kern *m*, geschlossener Eisenweg *m*;
 closed- — eisengeschlossen;
 dust — Eisenstaubkern *m*;

core
eight-wire — Achterbündel n;
electromagnet — Elektromagnetkern m;
four-wire — Viererbündel n;
iron — Eisenkern m;
iron-powder —, **compressed** gepreßter Eisenpulverkern m;
laminated — geblätterter Kern m, Blätterkern m;
open — offener Eisenweg m;
single — **cable** einabriges Kabel n;
soft-iron — Weicheisenkern m;
split — geschlitzter Kern m;
subdivided —, **finely** fein unterteilter Kern m;
tubular — hohler Kern m, Hohlkern m;
two-pair — Vierer m, D.M.-Vierer m, Doppelzwilling m;
whipped —, **(iron)** Kraruphader f, mit Eisenband oder Eisendrahtumsponnene Ader f;
wire — Drahtkern m;
— **disc** Kernscheibe f;
— **losses** pl Eisenverluste pl, Kernverluste pl;
— **plate** Kernplatte f des Sammlers;
— **transformer** Kerntransformator m;
— —, **air** Lufttransformator m, eisenloser Transformator m,
cored, iron- mit einem Eisenkern versehen.
coreless eisenlos, ohne Kern.
cork Kork m.
corner Ecke f, Winkel m, Spitze f.
cornered winklig, ... -winklig.
corona Korona f, Glimmen n und Sprühen n der Antennen usw.;
— **discharge** Glimmentladung f;
— **losses** pl, **coronal losses** pl Glimmverluste, Strahlungsverluste, Koronaverluste pl.

corpuscle Körperchen n, Atom n·
corpuscular atomistisch, Atom-...;
correct I. berichtigen; entzerren K;
II. richtig, fehlerfrei.
corrected distributor korrigierter Verteiler m, T.
correcting cam Korrektionsbaumen m, T;   [K, V;
— **circuit** Entzerrungsschaltung f,
— **currents** pl Gleichlaufströme pl, Gleichlaufimpulse pl, Gleichlaufzeichen pl;
— **device, (distortion)** Entzerrer m, K, V;
— **distributor** korrigierender Verteiler m, T;
— **impulse** Gleichlaufstromstoß m, T;
— **magnet** Gleichlaufmagnet m, T;
— **network** Entzerrerkette f, K;
— **segment** Gleichlaufsegment n, T;
— **system, signal** Entzerrer m, K;
— **wheel** Korrektionsrad n, T.
correction Berichtigung f, Korrektion f, Entzerrung f;
— **of amplitudes** Amplitudenentzerrung f;
— **of distortion** Berichtigung f der Verzerrung, Entzerrung f;
— **of phase** Korrektion f der Phase, Phasenentzerrung f;
— , **shift-the-hands** Berichtigung f der Stellung der Verteilerbürsten durch (Vor- oder) Rückwärtsdrehen, T;
— **factor** Korrektionsfaktor m;
— **impulse** Gleichlaufstromstoß m, T;
— **segment** Gleichlaufsegment n, T.
corrective berichtigend;
— **network** Entzerrerkette f.
corrector wheel Korrektionsrad n, T.

correspond übereinstimmen (to mit), im Verkehr stehen.
correspondence Verkehr m; Übereinstimmung f.
corridor Gang n.
corrode zerfressen, zerstören, korrodieren.
corrodible zerstörbar.
corrosion Anfressung f, Zerstörung f, Korrosion f;
  acid — Säureanfressung f;
  — **of the lead sheating** Korrosion f des Bleimantels, Kabelmantelkorrosion f.
corrugated gewellt, gerippt, Well- . . . ;
  — **curve** wellige Kurve f;
  — **plate condenser** Wellplattenkondensator m.
cos = cosine Kosinus m.
cosec = cosecant Kosekante f.
cosh = hyperbolical cosine hyperbolischer Kosinus m.
cosine term Kosinusausdruck m.
cost Kosten pl;
  average — Durchschnittskosten;
  first — Anlagekosten;
  operating — Betriebskosten;
  prime — Anlagekosten;
  running — Betriebskosten, laufende Unkosten;
  working — Betriebskosten;
  — **of attendance** Wartungskosten Bedienungskosten;
  — **of construction** Herstellungskosten, Errichtungskosten;
  — **of maintenance**, — **of upkeep** Unterhaltungskosten.
cot = cotangent Kotangente f.
coth = hyperbolical cotangent hyperbolische Kotangente f.
cotton Baumwolle f;
  glace —, **glazed** — Glanzgarn n;
  — — **braiding** Glanzgarnumklöppelung f;
  mercerised — merzerisierte Baumwolle f;

— **-covered** mit Baumwolle umsponnen oder isoliert;
— — —, **double** doppelt mit Baumwolle umsponnen;
— **seed oil** Baumwollsamenöl n;
— **thread** Baumwollfaden m;
— **twine** Baumwollgarn n;
— **wool** Rohbaumwolle f.
coulomb Coulomb n.
counter Schaltertisch m, T; Ziffernrolle f im Zähler; Zähler m;
  revolution — Umlaufzähler m, Tourenzähler m.
counteract entgegenwirken.
counteraction Gegenwirkung f.
counterbalance I. ausgleichen, aufwiegen;
  II. Gegengewicht n.
counter-cell gegengeschaltete Sammlerzelle f;
  — **-clockwise** linksgängig, entgegengesetzt dem Uhrzeiger (-sinn);
  — **-electromotive force**, — **-e. m. f.** gegenelektromotorische Kraft f, Gegenspannung f, Gegen-EMK.
counterpoise Gegengewicht n, R.
countersink I. eine Schraube versenken;
  II. Versenker m, Krauskopf m
countersunk versenkt.
counterweight Gegengewicht n.
couple I. koppeln (elektrisch), kuppeln (mechanisch), to — **back** rückkoppeln;
  II. Paar n;
  astatic — astatisches Nadelpaar n.
coupled gekoppelt (elektrisch), gekuppelt (mechanisch);
  auto- — durch gemeinsame Induktanz oder Kapazität gekoppelt;
  auto-capacity — durch gemeinsame Kapazität gekoppelt;

coupled
auto-inductively — durch gemeinsame Induktivität gekoppelt;
back — rückgekoppelt;
capacity — kapazitiv gekoppelt;
conductively — direkt gekoppelt, konduktiv gekoppelt;
directly — direkt gekoppelt (elektrisch), direkt gekuppelt (mechanisch);
inductively — induktiv gekoppelt;
loosely — lose gekoppelt;
resistance — widerstandsgekoppelt;
retroactively — rückgekoppelt;
tightly — fest gekoppelt;
transformer — mittels Transformatoren gekoppelt;
— **circuits** *pl* gekoppelte Kreise *pl*;
— **oscillatory circuits** gekoppelte Schwingungskreise *pl*.
coupler Koppler *m*, Kopplungsspule *f*.
coupling Kopplung *f* (elektrisch), Kupplung *f* (mechanisch);
auto-capacity — Kopplung durch eine gemeinsame Kapazität;
auto-inductive — autoinduktive Kopplung, Kopplung durch gemeinsame Induktivität;
back- — Rückkopplung;
belt — Bandkupplung;
capacitive —, **condenser** —, **capacity** — kapazitive Kopplung;
conductive — direkte Kopplung, konduktive Kopplung;
critical — kritische Kopplung;
crosstalk —**s** *pl* Nebensprechkopplungen *pl K*;
direct — direkte Kopplung;
disengaging — lösbare Kupplung;

electromagnetic — elektromagnetische Kupplung;
electrostatic — statische Kopplung;
flexible — elastische Kupplung, biegsame Verbindung *f*;
galvanic — galvanische Kopplung;
grid — Gitterkopplung;
inductance —, **inductive** — induktive Kopplung;
intervalve — Röhrenkopplung, Kopplung zweier Röhren;
loose — lose Kopplung;
magnetic — induktive oder magnetische Kopplung;
non-reactive — reaktionslose Kopplung;
reaction — Rückkopplung;
resistance — Widerstandskopplung;
retroactive — Rückkopplung;
static — statische Kopplung;
tight — feste Kopplung;
tuned-plate — Kopplung durch abgestimmten Anodenkreis *V*.
— **box** Abzweigkasten *m*, *B*;
— **coefficient** Kopplungskoeffizient *m*, Kopplungsfaktor *m*, Kopplungsziffer *f*, Kopplungsgrad *m*;
— —, **regenerative** Rückkopplungsfaktor *m*; [tät/;
— **capacity** Kopplungskapazi-
— **coil** Kopplungsspule *f*;
— **condenser** Kopplungskondensator *m*;
— **control** Kopplungsregler *m*;
— **factor** Kopplungsfaktor *m*;
— **key** Platzumschalter *m*, *F*;
— **waves** *pl* Kopplungswellen *pl*.
course Verlauf *m*.
cover I. bedecken, abdecken; II. Schutzkasten *m*; Deckel *m*, Kappe *f*, Abdeckplatte *f*;
concrete — Deckplatte *f* aus Beton *B*;

cover
 dust — Staubschutzkappe *f*;
 manhole — Deckel *m* ober Abdeckplatte *f* des Kabelbrunnens;
 metal — Metallkappe *f*;
 screwed-on — Schraubbedeckel *m*;
 split — geschlitzte Kappe *f*.
covered line versenkte Linie *f*, *K*;
 — **wire** isolierter Draht *m*.
covering Bedeckung *f*, Verkleidung *f*; Isolierung *f*, Umspinnung *f*;
 lead — Bleimantel *m*.
c. p. s. = cycles per second Perioden *pl* in der Sekunde, Hertz.
c. q. = come quick *R*.
c. q. d. = come quick, danger *R*.
crack I. reißen, brechen; knacken, knistern;
 II. Riß *m*, Sprung *m*, −s *pl* Knacken *n*, Knattern *n* im Fernhörer.
cracked gesprungen.
crackle knacken im Fernhörer.
crackling Knacken *n*.
cradle Wiege *f*; Gabel *f* des Tischfernsprechers;
 — **guarding** U-förmiges Schutznetz *n*, *B*;
 — **switch** Gabelumschalter *m*, *F*.
cradling, earthed geerdetes Schutznetz *n*, *B*.
cramp Krampf *m* vom Schreiben, Geben mit der Taste.
crank Krümmung *f*, Kurbel *f*, Schwengel *m*, Winkelhebel *m*;
 bell — Winkelhebel *m*;
 — **disc** Kurbelscheibe *f*, Scheibe *f* mit einer Kurbel;
 — **handle** Kurbelgriff *m*.
cranked gekröpft, mit einer Kurbel versehen.
crater Krater *m* des Lichtbogens;
 — **area** Kraterfläche *f*.

create hervorbringen, schaffen, erzeugen (a field ein Feld).
creep kriechen.
creeping Kriechen *n* des Elektrolyten.
creosote I. mit Kreosot tränken; II. Kreosot *n*.
creosoting Tränkung *m* mit Kreosot.
crest Amplitude *f*, Scheitelwert *m* einer Welle;
 wave — Wellenberg *m*;
 — **meter** Scheitel(wert)messer *m*.
critical kritisch;
 — **coupling** kritische Kopplung *f*;
 — **resistance** kritischer Widerstand *m* (of an oscillating circuit eines Schwingungskreises);
 — **value** kritischer Wert *m*.
cross I. kreuzen, queren;
 II. Kreuz *n*, Kreuzung *f*, Drahtkreuzung *f*, Umschaltung *f*;
 maltese — Malteserkreuz *n*.
crossarm Querträger *m*, *B*.
crossbar Querschiene *f*.
cross-connect Leitungen am Verteiler kreuzen, schalten, quer verbinden;
 — **connecting block (of director)** Querverbindungsfeld *n*, Zwischenverteiler *m* (im Umleiter) *A*;
 — — **board** Zwischenverteiler *m*, Klemmenstreifen *m*;
 — — **field** Zwischenverteiler *m*;
 — — **wire** Schaltdraht *m* im Verteiler *F*;
 — **connection** Querverbindung *f*, Kreuzung *f*;
 — **-flux, magnetic** magnetische Streuung *f*; [haupt *n*;
 — **head** Kreuzkopf *m*, Quer-
 — **jointing** Auskreuzen *n* von Fernkabeladern an den Lötstellen *K*;

cross
— **-letter** (Kabelschrift-) Buchstabe, bei dem positive und negative Stromstöße abwechseln T;
— **-magnetic, cross-magnetised** quermagnetisiert;
— **-magnetisation** Quermagnetisierung f;
— **-over system** Kreuzungssystem n, B;
— **-section** Schnitt m, Querschnitt m;
— — —, **circular** (kreis)runder Querschnitt m;
— — —, **rectangular** rechteckiger Querschnitt m;
— **-sectional** Querschnitts- . . ., Schnitt- . . .;
— — — **area** Querschnitt m, Schnittfläche f;
— **-system** Kreuzungssystem n, F, B; cf. twist system;
— **-talk** Übersprechen n, Nebensprechen n, F;
— — — **circuit** Nebensprechkopplung f, Nebensprechweg m, F, K;
— — — **couplings** pl Nebensprechkopplungen pl;
— — — **measurement** Nebensprechmessung f; [m;
— — — **meter** Nebensprechmesser
— — — **-proof** nebensprechfrei, nebensprechsicher;
— — — **transmission equivalent** Nebensprechdämpfung f, Nebensprech-Übertragungsmaß n, F, K;
— **-ways** kreuzweise.
crossed gekreuzt, vertauscht, a and b legs — a- und b-Draht gekreuzt F;
— **pair** gekreuzte Doppelader f.
crossing Kreuzung f, Kreuzen n, Vertauschung f;
river — Flußkreuzung f;

— **-over** Kreuzung f, Überkreuzung f.
crowbar Brecheisen n, Brechstange f, Hebebaum m.
crown Krone f, Ring m, Verteilerring m, T.
crucible Schmelztiegel m;
— **steel** Tiegelstahl m.
crush zerdrücken, zusammendrücken.
crushing Zerdrücken n, Zusammendrücken n;
— **stress** Druckbeanspruchung f.
crutch Stütze f, Krücke f;
stay — Druckstab m für Anker$B$.
cryptography Geheimschrift f.
crystal Kristall m; [stall m;
rectifying — Gleichrichterkristall
solder-mounted — eingelöteter Kristall m; [bung f;
formation of —s Kristallbildung
— **detector** Kristalldetektor m;
— **rectifier** Kristallgleichrichter m;
— **structure** Kristallgefüge n.
crystalline kristallinisch.
crystallisation Kristallisation f, Kristallbildung f.
crystallise kristallisieren.
cube Kubus m, Würfel m, Kubikzahl f, Kubik- . . .;
— **root** Kubikwurzel f.
cubic centimeter, cub. cm Kubikzentimeter n, ccm, cm³.
cumulate (sich) anhäufen.
cumulation Anhäufung f, Kumulation. [häuft;
cumulative kumulativ, angehäuft;
— **effect** kumulative Wirkung f.
cup Näpfchen n, Hütchen n;
agate — Achathütchen n;
double — **insulator** Doppelglockenisolator m;
— **-shaped gong** Kelchglocke f.
curb wörtlich: Zügel m, zügeln, in der Seekabeltelegraphie: erben oder Gegenstrom senden nach jedem Stromschritt.

curbed signalling Curbsenden *n*, Senden mit nachfolgender Erdung oder Gegenstromgebung *T*.

curbing Zügeln *n*, Zügelung *f*, Senden *n* von Gegenstrom nach jedem Stromschritt *v. curb.*

curbstone Prellstein *m.*

curl I. sich ringeln, Schlingen bilden (Draht) *B*;
II. Schlinge *f* des Drahtes.

curling Schlingen *n*, Verschlingen *n* des Drahtes.

current Strom *m*, seltener: Energie *f*;

to carry a — einen Strom führen;

to produce a — einen Strom erzeugen;

to take — Strom aufnehmen oder entnehmen; [strom;

absorption — Absorptions-

active — Wirkstrom;

aerial — Antennenstrom;

alternating —, *ab.* **a. c.** Wechselstrom;

— — bridge Wechselstrom-(meß)brücke *f*;

anode — Anodenstrom;

armature — Ankerstrom;

beating — Schwebungsstrom;

branch — Zweigstrom;

branched **—s** *pl* verzweigte Ströme *pl*;

building-up — Einschwingstrom;

carrier — Trägerstrom;

charging — Ladestrom;

circular — Kreisstrom;

clearing — Schlußzeichenstrom *F*, Rückstellstrom;

commutated — kommutierter Strom;

compensating — Kompensationsstrom;

component — Teilstrom, Stromkomponente *f*;

continuous —, *ab.* **c. c.** Gleichstrom;

convection — Konvektionsstrom;

correcting **—s** *pl* Gleichlaufströme *pl, T*;

decaying — abklingender Strom;

direct —, *ab.* **d. c.** Gleichstrom;

discharge — Entladestrom, Anodenstrom der Röhren;

displacement — Verschiebungsstrom;

disturbance — Störstrom;

double — Doppelstrom *T*;

earth — Erdstrom;

echo **—s** *pl* Echoströme *pl, K*;

eddy **—s** *pl* Streuströme, Wirbelströme, Foucaultströme *pl*;

electron — Elektronenstrom;

emission — Emissionsstrom;

energy (component of) — Wirkstrom;

excess — Überstrom;

exciting — Erregerstrom;

feeble — schwacher Strom;

feed — Speisestrom *m*, bei Röhren Gleichstromkomponente *f* des Anodenstromes;

filament — Fadenstrom, Heizstrom;

foreign — Außenstrom, Fremdstrom;

Foucault **—s** *pl* Wirbelströme, Foucaultströme *pl*;

fusing current Abschmelzstrom der Sicherung;

grid — Gitterstrom;

— —, reverse negativer Gitterstrom; [Strom;

harmonic — sinusförmiger

heating — Heizstrom;

h. f. —, **high-frequency** —, **high frequent** — hochfrequenter Strom, Hochfrequenzstrom, Hf.-Strom;

current
- **incoming** — ankommender Strom;
- **induced** — induzierter Strom, Induktionsstrom;
- **inducing** — induzierender Strom;
- **inverse** —s *pl* entgegengesetzte Ströme *pl*;
- **ionic** — Elektronenstrom;
- **ionisation** — Jonisationsstrom *m*;
- **leakage** — Ableitungsstrom, — —s *pl* vagabondierende Ströme *pl*;
- **leak(ance)** — Ableitungsstrom, Leckstrom;
- **l. f.** —, **low frequency** —, **low frequent** — Niederfrequenzstrom, Nf.-Strom, niederfrequenter Strom;
- **main** — Hauptstrom;
- **marking** — Zeichenstrom *T*;
- **no-load** — Leerlaufstrom;
- **operating** — Ansprechstrom, Betriebsstrom;
- — —, **minimum** Mindest-Ansprechstrom;
- — —, **normal** normaler Betriebsstrom, Regelstrom;
- **opposed** —s *pl* entgegengesetzte Ströme *pl*;
- **oscillating** —, **oscillatory** — oszillierender Strom;
- **outgoing** — abgehender Strom;
- **partial** — Teilstrom;
- **permanent** — Dauerstrom;
- **plate** — Anodenstrom;
- **polarizing** — Polarisationsstrom;
- **power** — Starkstrom;
- **primary** — Primärstrom;
- **pulsating** —, **pulsatory** — pulsierender Strom;
- **rated** — zulässige Stromstärke *f*;
- **reactance** — Blindstrom;
- **releasing** — Auslösestrom, Rückstellstrom;
- **resultant** — resultierender Strom, zusammengesetzter Strom;
- **retaining** — Haltestrom (Fernsprechrelais);
- **return** — Rückstrom;
- **reversed** —s Stromwechsel *pl*;
- **ringing** — Rufstrom;
- **ripple** — welliger Strom;
- **r. m. s.** —, **root mean squares** — effektiver Strom, Effektivstrom;
- **saturation** — Sättigungsstrom;
- **secondary** — Sekundärstrom;
- **sending** — Sendestrom;
- **short-circuit** — Kurzschlußstrom;
- **sine** — Sinusstrom;
- **single** — Einzelstrom, Einfachstrom *T*;
- **space** — Raumladestrom, Anodenstrom;
- **spacing** — Trennstrom, Zwischenzeichenstrom;
- **speaking** —s, **speech** —s *pl* Sprechströme *pl*;
- **steady** — gleichförmiger Strom;
- **steady state** — eingeschwungener Strom;
- **stray** — Ableitungsstrom, — —s *pl* Streuströme, vagabundierende Ströme *pl*;
- **superficial** — Oberflächenstrom;
- **superposed** — überlagerter Strom;
- **supply** — Speisestrom;
- **surface leakage** — Kriechstrom;
- **surge** — Ladestrom eines Kabels;
- **talking** — Sprechstrom;
- — — **supply** Sprechstromspeisung *f*;

current
testing — Meßstrom;
thermionic — Thermionenstrom;
total — Gesamtstrom;
transient — Ausgleichstrom, flüchtiger Strom;
tripping — Auslösestrom, Einrückstrom;
unbalance — durch Unsymmetrien verursachter Strom; Nebensprechstrom K;
vagabond — vagabundierender Strom;
voice **–s** pl Sprechströme pl;
wattless — Blindstrom, wattloser Strom;
weak — schwacher Strom, Schwachstrom;
working — Betriebsstrom;
absence of — Stromlosigkeit f;
alternating component of — Wechselstromkomponente f;
decrease or **diminution of** — Stromabnahme f;
direct component of — Gleichstromkomponente f;
direction of — Stromrichtung f;
distribution of **—(s)** Stromverteilung f;
flow of — Fließen n des Stromes;
fluctuation of — Stromschwankung f, Fluktuieren n des Stromes;
generation of — Stromerzeugung f;
growth or **increase of** — Anwachsen n des Stromes, Stromzunahme f;
kind of — Stromart f;
path of — Stromweg m, Strombahn f;
pulsations pl **of** — Strompulsationen pl;
rise of — Stromzunahme f;

tube of — Stromfaden m;
unit of — Stromeinheit f;
— **amplitude** Stromamplitude f;
— **antinode** Strombauch m;
— **balance** Stromwage f;
— **beats** pl Stromschwebungen pl;
— **-carrying** stromführend, stromdurchflossen;
— **coil** Stromspule f;
— **component** Stromkomponente f;
— —, **alternating** Wechselstromkomponente f;
— —, **direct** Gleichstromkomponente f;
— **consumption** Stromverbrauch m;
— **-conveying** stromführend;
— **curve** Stromkurve f;
— **density** Stromdichte f;
— **distribution** Stromverteilung f;
— **impulse** Stromstoß m, Stromimpuls m;
— **indicator** Stromanzeiger m;
— —, **zero** Nullzeiger m, Nullstromanzeiger m.
currentless stromlos.
current limiter Strombegrenzer m;
— **load** Strombelastung f;
— **loop** Strombauch m;
— **measurement** Strommessung f;
— **node** Stromknoten m;
— **path** Stromweg m, Strombahn f;
— **ripples** pl Stromwellen pl, Kommutierungswellen pl;
— **rush** plötzlich und stark einsetzendes Fließen n des Stromes, Stromstoß m;
— **source** Stromquelle f;
— **supply, (commercial)** Netzanschluß m;
— —, **speaking** Sprechstromzuführung f, Mikrophenspeisung f;

5*

current supply loss Verringerung *f* des Z.B.-Stromes mit zunehmender Länge der Teilnehmerleitung;
— **tube** Stromfaden *m*;
— **variation** Stromänderung *f*, Stromschwankung *f*;
cursor Läufer *m*, Schieber *m*, Stellring *m*;
curvature Wölbung *f*, Krümmung *f*, Kurvenform *f*;
radius of — Krümmungshalbmesser *m*, Krümmungsradius *m*;
— **of the earth** Erdkrümmung *f*.
curve I. (sich) krümmen, biegen; II. Kurve *f*, Krümmung *f*;
to plot —**s, to trace** —**s** Kurven aufnehmen;
on a logarithmic — nach einer logarithmischen Kurve;
calibration — Eichkurve *f*;
characteristic — Kennlinie *f*;
— —, **impedance-frequency** Scheinwiderstand-Frequenz-Kurve *f*;
— —, **straight portion of the** gerader Teil *m* der Kennlinie;
— —, **upper (lower) bend of the** obere (untere) Krümmung *f* der Kennlinie, *V*;
corrugated — wellige Kurve *f*;
exponential — Exponentialkurve *f*;
French — Bogenlineal *n*, Kurvenlineal *n*;
resonance — Resonanzkurve *f*;
knee or **bend of a** — Knie *n* oder Knick einer Kurve;
plotting of a — Aufnahme *f* einer Kurve;
point of inflection of a — Biegung *f* oder Knick einer Kurve;
set of —**s** Kurvenschar *f*;
slope of a — Anstieg *m* oder Neigung *f* einer Kurve.

— **sheet** Kurvenblatt *n*, Kurventafel *f*.
curved gekrümmt.
curvilinear krummlinig, gekrümmt.
cushion Kissen *n*;
phone — Hörerkissen *n*.
cusp Kehrpunkt *m*, Wendepunkt *m* einer Kurve.
cut I. schneiden, eine Leitung trennen;
to — **in** einschalten, einschneiden;
to — **off** abschalten, abtrennen;
to — **out** ausschalten;
to — **through** durchschalten; II. Einschnitt *m*.
cut-ih c. w. transmission rein ungedämpftes Senden *n*, *R*.
cut-off Grenze *f*, Grenzpunkt *m*;
— — — **angular velocity** Grenzkreisfrequenz *f*, Grenzfrequenz *f*;
— — — **frequency** Grenzfrequenz *f*;
— — — —, **upper (lower)** obere (untere) Grenzfrequenz *f* eines Bandf.lters;
— — **point, upper (lower)** oberer (unterer) Grenzpunkt *m* eines Filters;
— — — **relay** Abtrennrelais *n*, Trennrelais *n*, *F*.
cut-out Ausschalter *m*;
automatic — — — **(of magneto)** Umschalter *m* (am Kurbelinduktor);
electromagnetic — — — (elektromagnetischer) Selbstausschalter *m*;
maximum — — — Maximalausschalter *n*, Höchststromausschalter *m*;
minimum — — — Minimal-, Mindeststromausschalter *m*;
no-load — — — Nullausschalter *m*;

cut-out
 safety — — Sicherung f, Abschmelzsicherung f;
 voltage — — Spannungssicherung f;
 — — —, **excess** Überspannungsausschalter m;
 zero — — — Nullausschalter m.
 c. w. = continuous waves pl ungedämpfte Wellen pl;
 — **receiver** Empfänger m für ungedämpfte Wellen;
 — **transmitter** ungedämpfter Sender m. [f, F.
c-wire c=Leitung, Prüfleitung
cwt. = hundredweight = 112 lbs. = 50,80 kg. Zentner m.
cyanisation Kyanisierung f, B.
cyanise kyanisieren B.
cyanising Kyanisierung f B.
cycle Periode f, Zyklus m, Kreisprozeß m, Herz n als Einheit;

 — **s** pl **per second**, ab: **c. p. s.** Perioden pl in der Sekunde, ab: per sec, Herz;
 half — Halbperiode f;
 hysteresis — Hystereseschleife f;
 kilo- — tausend Perioden pl, Kilohertz n;
 magnetic — magnetischer Kreisprozeß m; Hystereseschleife f; [Ton m.
 600- — **note** 600periodiger
cyclic(al) zyklisch, periodisch;
 — **function** periodische Funktion f;
 — **operation** periodischer Vorgang m.
cyclometer Umlaufzähler m.
cylinder Zylinder m.
cylindrical zylindrisch, Zylinder=....
cymometer Wellenmesser m, R.
cymoscope Wellenanzeiger m, R.

D.

Damage I. beschädigen, Schaden zufügen; Schaden nehmen; II. Schaden m, Beschädigung f.
damaged beschädigt, schadhaft.
damp I. dämpfen; to—out unterbrücken, vollständig dämpfen, zum Verschwinden bringen; II. feucht.
damped gedämpft;
 highly —, **strongly** — stark gedämpft;
 slightly —, **weakly** — schwach gedämpft;
 — **oscillations** pl gedämpfte Schwingungen pl;
 — **waves** pl gedämpfte Wellen pl.
damper Dämpfer m, Schallbämpfer m, Sourdine f.

damping Dämpfung f;
 air — Luftdämpfung f;
 copper — Kupferdämpfung f;
 liquid — Flüssigkeitsdämpfung f;
 loss — Verlustdämpfung f;
 — **chamber**, Dämpferkammer f;
 — **coefficient**, — **factor** Dämpfungsziffer f, Dämpfungskonstante f, Dämpfungsfaktor m.
dampness Feuchtigkeit f;
damp-proof, feuchtigkeitsdicht, feuchtigkeitssicher.
danger Gefahr f;
 — **board**, Warnungstafel f;
 — **point** Gefahrpunkt m, gefährdete Stelle f.
dark dunkel;
 — **space** Dunkelraum m;

dark space round the cathode Kathoden-Dunkelraum *m*.
darken verdunkeln, erlöschen, zum Erlöschen bringen, auslöschen.
dash Strich *m*, Morsestrich *m*;
— -**dotted** strichpunktiert.
dashed gestrichelt.
dash-pot Bremszylinder *m*, Luftpuffer *m*;
—-, **oil** Bremszylinder *m* mit Ölfüllung;
— — **relay** Zeitrelais *n*, Relais *n* mit Bremszylinder.
date Datum *n*.
datum *pl* **data** Angabe *f*, Grundlage *f*, Daten *pl*.
day rate Tagesgebühr *f*, *F*.
d. c. = **direct current** Gleichstrom *m*.
d. c. c. = **double cotton covered** doppelt mit Baumwolle umsponnen.
d. c. mains, Gleichstromnetz *n*, Gleichstromhauptleitung *f*;
— **resistance** Gleichstromwiderstand *m*.
dead stromlos, spannungslos;
— -**beat** aperiodisch vom Meßinstrument;
— -**end** abspannen *B*;
— **end of a coil**, tot oder unbenutzte Windungen *pl* einer Spule;
— — **losses** *pl* Verluste *pl* in den toten Enden der Anzapfspulen;
— -**ending** Abspannung *f* einer Leitung *B*;
— **number** unbenutzte Nummer *f*, *F*, *A*;
— — **tone** Summerton *m* zur Anzeige des Unbelegtseins einer Nummer *A*.
deafener Dämpfer *m*.
deal Tanne(nholz *n*) *f*.
decarbonize entkohlen.
decarbonization Entkohlung *f*.

decay I. zer-, verfallen, zerstört werden, anfressen; abklingen;
II. Zerfall *m*, Zerstörung *f*; Abklingen *n*; Ausschwingen *n*, Abfall *m*;
— **coefficient of an oscillation** Verhältnis *n* des logarithmischen Dekrements zur Periode einer Schwingung *R*.
decaying current abklingender Strom *m*, abfallender Strom *m*.
decentralization Dezentralisierung *f*.
decentralize dezentralisieren.
decigram Dezigramm *n*.
decimal dezimal, Dezimal- ...; Dekaden- ...;
— **notation** dezimales Bezeichnungssystem *n*, *A*;
— **place** Dezimalstelle *f*;
— **point** Komma *n* im Dezimalbruch;
— **resistance** Dekadenwiderstand *m*.
decimetre Dezimeter *n*, *ab*: dm;
cubic — Kubikdezimeter *n*, *ab*: cdm, dm³;
square — Quadratdezimeter *n*, *ab*: qdm, dm².
decipher entziffern, dechiffrieren.
declination Deklination *f*;
decline abweichen.
de-clutch entkuppeln, auskuppeln.
decode entziffern.
decoding Entzifferung *f* eines Schlüssels;
decohere entfritten.
decoherence Entfrittung *f*.
decoherer Entfritter *m*.
decomposable zersetzbar.
decompose zersetzen.
decomposition Zersetzung *f*.
— **cell** Zersetzungszelle *f*.

decrease I. abnehmen; II. Abnahme f.
decrement Dekrement n;
  linear — lineares Dekrement n;
  logarithmic — logarithmisches Dekrement n;
  — —, **equivalent** scheinbares logarithmisches Dekrement n bei nicht geometrischem Dämpfungsverlauf;
  zero — Dämpfung f Null (d. h. ohne Dämpfung).
decremeter Dämpfungsmesser m, Dekremeter n, Dekrementmesser m.
deduce ableiten, herleiten.
deduct abziehen (from, out of von).
deduction Abzug m, Subtraktion f, Herleitung f.
de-energization Aberregung f.
de-energize aberregen.
deep sea Tiefsee f;
  — — **cable** Tiefseekabel n.
defect Fehler m, Mangel m.
defective fehlerhaft, defekt.
deficiency Fehler m, Mangel m (in bei in, of an), Defizit n.
define bestimmen, definieren.
defining equation Definitionsgleichung f, Bestimmungsgleichung f. [stimmt.
definite genau abgegrenzt, bestimmt.
definition Ab-, Be-, Umgrenzung f; Erklärung f;
  — **of signals** Güte f oder Lesbarkeit f oder Vollkommenheit f der Zeichen T.
deflect ablenken, ausschlagen.
deflecting force Ablenkungskraft f;
  — **plates** pl Ablenkungsplatten pl, Ablenkungselektroden pl.
deflection Ablenkung f, Abweichung f, Ausschlag m;
  — **on the galvanometer** Ablenkung im Galvanometer;

  angular — Winkelablenkung f;
  full — Endausschlag m, voller Ausschlag m.
deflectometer Ablenkungsmesser m.
deform verzerren, deformieren.
deformation Verzerrung f, Deformierung f.
deg = degress pl, ... Grad m.
degree Grad m;
  —s **absolute**, —s **Kelvin**, ... Grad absolut;
  —s **centigrade**, ... Grad Celsius;
  —s, **to turn through 90** um 90 Grad drehen.
de-ionization Entionisierung f.
de-ionize entionisieren.
delay I. aufschieben, verzögern; II. Verzug m, Verzögerung f; Wartezeit f (on a call für ein Gespräch) F;
  no- — **telephone service** Fernsprech-Schnellverkehr m.
deliver liefern, Telegramme bestellen, Strom abgeben.
delivering office Bestellanstalt.
delivery Lieferung f, Bestellung f, Abgabe f;
  power — Leistungsabgabe f, Energieabgabe f.
delta circuit Dreiecksglied n;
  — **connected** in Dreieckschaltung.
  — **connection** Dreieckschaltung f.
demagnetization Entmagnetisierung f.
demagnetize entmagnetisieren.
demand I. erfordern, verlangen; II. Bedarf m, Verlangen n.
demijohn Glasballon m, Korbflasche f.
demodulate demobulieren.
demodulation Demobulation f.
demodulator Demobulator m.
denominator Nenner m;
  common — gemeinsamer Nenner m, Generalnenner m.
denote bezeichnen.

densimeter Senkwage *f*, Äräometer *m*.
density Dichte *f*.
  average — mittlere Dichte *f*;
  flux — Flußdichte *f*;
  specific — spezifische Dichte *f*;
  — of charge Ladungsdichte *f*.
departure Abweichung *f* (from von), Abgang *m*;
  — station Abgangsamt *n*, Abgangsstation *f*.
depend abhängen (on von); herabhangen (from von).
dependence, dependency Abhängigkeit (on, upon von);
  linear — lineare Abhängigkeit *f*.
dependent abhängig (on von);
  — on frequency frequenzabhängig.
depolarization Depolarisation *f*.
depolarize bepolarisieren.
depolarizer Depolarisator *m*.
deposit I. galvanisch niederschlagen, Schlamm absetzen, ablagern;
II. Niederschlag *m*, Ablagerung *f*
deposition Ablagerung *f*, Niederschlag *m*;
  electro- — Galvanisierung *f*.
depreciate entwerten, unterschätzen;
depreciation Entwertung *f*, Unterschätzung *f*.
depress niederbrücken, senken,
  — the key Taste drücken;
depression Niederbrücken *n*, Sinken *n*, Senkung *f*.
depth Tiefe *f*.
derivation Ableitung *f M*.
derivative, first (second) erste (zweite) Ableitung *f*, *M*;
  — with respect to x, Ableitung *f* nach x, *M*.
derive ableiten, herleiten (from von).

derived unit abgeleitete Maßeinheit *f*.
derrick beweglicher Ausleger *m* eines Kranes, Ladebaum *m*.
descend abfallen, absteigen.
descent Abfall *m*, Abwärtsbewegung *f*.
desiccate trocknen.
desiccation Trocknung *f*;
  — under vacuum Trocknung *f* im Vakuum.
desiccator Trockner *m*.
design I. entwerfen, konstruieren, planen (lines Linien) *B*, aufbauen anordnen;
II. Entwurf *m*, Konstruierung *f*, Planung *f*, Aufbau *m*, Anordnung *f*;
  mechanical — mechanischer Aufbau *m*, mechanische Konstruktion *f* (of an instrument eines Apparats).
designate bezeichnen, beschriften.
designation Bezeichnung *f*, Beschriftung *f*;
  — card Bezeichnungsschild *n*;
  — strip Bezeichnungsstreifen *m*.
designer Konstrukteur *m*, Erbauer *m*.
desk Pult *n*, Schreibtisch *m*;
  message — Telegrammpult *n* am Hughesapparat usw.;
  switch — Schaltpult *n*;
  test — Prüftisch *m*;
  trouble —, Störungsplatz *m*;
  — stand telephone, Säulen-Tischfernsprecher *m*.
destination Bestimmung *f*, Bestimmungsort *m*;
destinator Empfänger *m* eines Telegramms.
destruction Zerstörung *f*. [lösen.
detach abnehmen, lösen, los-
detachable abnehmbar.
detail Einzelheit *f*;
  in — ausführlich;
  circuit — Teilstromlauf *m*.

detect anzeigen, entdecken, aufnehmen, beobachten.
detecting action Detektorwirkung *f*;
— **tube** or **valve** Detektorröhre *f*, Audion *n*.
detection Anzeigung *f*, Entdeckung *f*, Aufnahme *f*, Beobachtung *f* von Zeichen *R*;
  audible — hörbare Anzeigung *f*.
  visual — sichtbare Anzeigung *f*.
detector Detektor *m*, Anzeiger *m*, Wellenanzeiger *m*, Kymoskop *n*; Stromanzeiger *m*, Galvanoskop *n*;
  amplifying — Audionverstärker *m*;
  balanced — Detektor *m* mit zwei gegeneinander geschalteten Röhren;
  brush —, **catwhisker** — Pinselbetektor *m*, Bürstendetektor *m*;
  contact —, Kontaktdetektor *m*;
  crystal — Kristalldetektor *m*;
  current —, Stromanzeiger *m*;
  electrolytic — Elektrolytdetektor *m*;
  Fleming valve — Fleming-Röhrendetektor *m*, Audion *n*;
  galena —, Bleiglanzdetektor *m*;
  ground — Erdschlußprüfer *m*;
  lead sulphide — Bleiglanzdetektor *m*;
  magnetic — Magnetdetektor *m*;
  oscillating — Schwingaudion *n*.
  oscillation — Schwingungsanzeiger *m*, Wellenanzeiger *m*;
  regenerative —, **retroactive** — Rückkopplungsaudion *n*;
  thermionic — Audion *n*;
  thermo-electric — Thermodetektor *m*;
  valve — Audion *n*, Röhrendetektor *m*;
  wave — Wellenanzeiger *m*;
  — **action** Detektorwirkung *f*;
  — **-phone circuit** Detektor-Fernhörer-Kreis *m*;
  — **receiving set** Detektorempfänger *m*;
  — **tube** or **valve** Detektorröhre *f*.
detent Arretierung *f*, Anschlag *m*, Sperrklinke *f*, Sperrkegel *m*, Sperrhaken *m*;
— **lever** Auslösehebel *m* am Hughesapparat.
deteriorate verschlechtern.
deterioration Verschlechterung *f*.
determinant I. bestimmend;
II. Determinante *f*, *M*.
determination Bestimmung *f*.
detune verstimmen.
detuning Verstimmung *f*, Verstimmen *n*.
develop entwickeln, entfalten.
developing bath Entwicklerbad *n*.
development Entwicklung *f*.
deviate ablenken, abweichen.
deviation Abweichung *f*, Deviation *f*.
device Erfindung *f* (das Erfundene), Kunstgriff *m*, Einrichtung *f*, Vorrichtung *f*.
devise erdenken, erfinden.
diagonal I. diagonal, Diagonal- ...;
II. Diagonale *f*. [*n*;
diagram Diagramm[*n*, Schema
  circuit — Schaltbild *n*, Stromlauf *m*, Stromlaufskizze *f*;
  polar — Polardiagramm *n*;
  pole — Stangenbild *n*;
  vector — Vektordiagramm *n*;
  wiring — Schaltbild *n*, Bedrahtungsplan *m*.
dial I. wählen *A*, **subscriber** —**s units (tens) digit**, Teilnehmer wählt Einer (Zehner);
II. Zifferblatt *n*, Skala *f*, Skale *f*, Teilung *f*, Teilkreis *m*; Wählerscheibe *f*, Nummernscheibe *f*, *A*;

dial
 figure — Ziffernscheibe *f*;
 returning of the — Ablaufen *n* der Nummernscheibe *A*;
 winding-up of the — Aufziehen *n* der Nummernscheibe *A*;
 to pull up or **wind up the** — die Nummernscheibe aufziehen *A*;
 to release the — die Nummernscheibe ablaufen lassen *A*.
 — **switch** Nummernscheibe *f*, Nummernschalter *m*, *A*.
dialling Wählen *n*, *A*;
 — **impulses** *pl* Wählstromstöße, Wählimpulse *pl*, *A*;
 — **signal** Amtszeichen *n*, *A*;
 — **tone** Amts(summer)zeichen *n*, *A*; [weg *m*, *A*.
 — **trunk, (common)** Einstell-
diamagnetic diamagnetisch. [*m*.
diamagnetism Diamagnetismus
diameter Durchmesser *m*;
 external —, **outer** — Außendurchmesser;
 internal —, **inner** — Innendurchmesser;
 overall — Gesamtdurchmesser.
diaphragm Scheibewand *f*, Diaphragma *n*, Membran *f*, *F*;
 carbon — Kohlemembran *f*;
 ferrotype — lackierte Weicheisenmembran *f*.
die I. **to**—**away** or **out** abklingen, auf Null abnehmen;
 to — **down** gedämpft werden; abklingen;
 II. Lochstempel *m*, Stanzstempel *m*, Matrize *f*;
 screw —**s** *pl* Gewindebacken, Schneidbacken *pl*;
 — **block** Stanzblock *m*, Stanzstempelführung *f*;
 — **cast** Spritzguß- . . .;
 — **plate, (cutting)** Stanzmatrize *f*;

 — **pressing** Preßstück *n*.
dielectric I. dielektrisch;
 II. Dielektrikum *n*;
 poor — schlechtes Dielektrikum *n*;
 — **constant** Dielektrizitätskonstante *f*;
 — **fatigue** dielektrische Ermüdung *f*, dielektrische Nachwirkung *f*;
 — **leakance** dielektrische Ableitung *f*;
 — **loss** dielektrischer Verlust *m*.
differential I. Differential- . . ., veränderlich;
 II. Differential *n*;
 — **action** Differentialwirkung *f*;
 — **calculus** Differentialrechnung *f*;
 — **duplex system** Differentialgegensprechsystem *n*;
 — **equation** Differentialgleichung *f*;
 — **relay** Differentialrelais *n*;
 — **transformer, (balanced)**, Differentialtransformator *m*, Ausgleichstransformator *m*, Ausgleichsübertrager *m*, *F*, *V*;
 — **winding** Differentialwicklung *f*;
 — **ly wound** differential gewickelt.
differentiality Differentialität *f*.
differentiate differenzieren (with respect to, nach), unterscheiden.
differentiation Differentiation *f*, Unterscheidung *f*.
diffract ablenken, beugen (Licht).
diffraction Ablenkung *f*, Beugung *f* der Strahlen.
diffuse diffundieren, (sich) ausbreiten.
diffusion Diffusion *f*, Ausbreitung *f*;
 — **resistance** Ausbreitungswiderstand *m*.
dig graben, ausgraben.

digging machine, ditch- Grabenbagger m.
digit Ziffer f M; Stufe f, Wahlstufe f, Gruppe f, A;
three — automatic telephone system 1000er Selbstanschlußsystem n, dreistelliges Selbstanschlußsystem n;
units (tens, hundreds) — Einer- (Zehner-, Hunderter-) Wahlstufe f, Einer (Zehner, Hunderter) pl, A;
to dial units —, Einer wählen;
to convert a number dialled in into a number of more (less) —s, eine aufgenommene Nummer in eine solche von größerer (geringerer) Stellenzahl umsetzen A;
dilute verdünnen, lösen.
dilution Verdünnung f, Lösung f.
dimension I. dimensionieren, bemessen;
II. Dimension f, Abmessung f, Größe f;
overall —s pl Gesamtabmessungen, Außenmaße pl.
dimensional equation Dimensionsgleichung f.
dimensioning Dimensionierung f, Bemessung f.
diminution Abnahme f, Verringerung f;
progressive — fortschreitende Abnahme f.
diode Zweielektrodenröhre f, Ventilröhre f.
dip I. eintauchen, sich neigen (Magnetnadel), durchhängen (Leitung);
II. Durchhang m, B, Neigung f, Abdachung f.
diphase zweiphasig.
diplex (telegraph) system Diplexsystem n.
dipole Dipol m.

direct I. richten, anweisen, hinweisen;
II. unmittelbar, direkt, gerade.
— current (ab- d. c.), Gleichstrom m; [brücke f;
— — bridge Gleichstrom(meß)-
— line unmittelbare Leitung; Hauptanschlußleitung f im Gegensatz zur Gesellschaftsleitung;
— voltage Gleichspannung f.
directing force Richtkraft f.
direction Richtung f;
— of arrival of radio waves Einfallsrichtung f der Funkzeichen;
— of propagation Fortpflanzungsrichtung f;
— finder, (radio) Peilfunkempfänger m, Richtungsfinder m, Funkpeileinrichtung f;
— finding, wireless drahtlose Richtungsbestimmung f;
— — plant Peilfunkanlage f;
— — receiver Peilfunkempfänger m;
— — station Peilfunkstelle f;
— — transmitter Peilfunksender m.
directional gerichtet, Richt- ...;
uni-— einseitig gerichtet;
— property Richtfähigkeit f;
— receiver Richtempfänger m;
— transmitter Richtsender m;
— —, uni- Einstrahlsender m;
directive gerichtet, Richt- ...;
— aerial Richtantenne f, gerichteter Luftleiter m;
— —, highly stark richtfähiger Luftleiter m;
— effect Richtwirkung f;
— reception Richtempfang m;
— transmission Richtsenden n.
directivity Richtvermögen n, R.
director Umleiter m, Direktor m, A;
— selector Umleitungswähler m, A.

directory Anweisung *f*, Abreß-
buch *n*;
telephone – Fernsprechbuch *n*,
Teilnehmerverzeichnis *n*;
trunk – enquiry etwa: Fern-
amts-Auskunftsstelle *f*;
direct-reading mit birekter Ab-
lesung.
dirigeur Apparataufsicht *f*,
Gruppenführer *m*, Dirigeur
m, *T*.
dis. = disconnected getrennt.
disassemble auseinandernehm-
men, demontieren.

disc Scheibe *f*;
core – Kernscheibe *f* des Ankers;
fixed – feste Scheibe am Ver-
teiler *T*;
front – vordere Scheibe *T*;
movable – bewegliche Schei-
be *T*; [*f*, *T*;
permutation – Wählerscheibe
rear – hintere Scheibe *T*;
– **condenser** Plattenkondensa-
tor *m*, Drehkondensator *m*;
– **discharger** Scheibenfunken-
strecke *f*;
– **record** Schallplatte *f* für Gram-
mophone;
– **set alternator** Generator *m*
mit umlaufender Funken-
strecke *R*.

discharge I. entladen, sich ent-
laden;
II. Entladung *f*;
aperiodical – aperiodische
Entladung;
arc – Lichtbogenentladung;
atmospheric – Luftentladung,
atmosphärische Entladung;
back – Rückentladung;
brush – Büschelentladung;
cathodic – kathobische Ent-
ladung;
corona – Glimmentladung;
disruptive – disruptive Ent-
ladung, Funkenentladung;

glow – Glimmentladung;
electron –, **pure** reine Elek-
tronenentladung;
impulsive – aperiodische Ent-
ladung;
lateral – Nebenentladung;
lightning – Blitzentladung,
Blitzschlag *m*;
non-oscillatory – aperiodische
Entladung;
oscillating –, **oscillatory** –,
oszillierende Entladung,
Schwingentladung;
point – Spitzenentladung;
self- – Selbstentladung;
surface – Oberflächenent-
ladung;
thermionic – Glühelektronen-
entladung;
unidirectional – aperiodische
Entladung;
– **circuit** Entladungskreis *m*,
Anodenkreis *m* der Röhre;
– **current** Entladestrom *m*, Ano-
denstrom *m* der Röhre;
– **gap** Entladestrecke *f*;
– **potential** Entladungspoten-
tial *n*;
– **relay, gas** Gasentladungs-
relais *n*, Elektronenrelais *n*;
– **tube, (electron)** Entladungs-
röhre *f*, Entladungsgefäß *n*.
discharged entladen;
– **condition** entladener Zustand
m der Sammler.
discharger Entlader *m*, Funken-
strecke *f*;
disc – rotierende Scheiben-
funkenstrecke;
– –, **asynchronous** Asynchron-
Scheibenfunkenstrecke;
– –, **synchronous** synchrone
Scheibenfunkenstrecke;
– –, **smooth** glatte Scheiben-
funkenstrecke;
– –, **studded** Zahnscheiben-
funkenstrecke;

discharger
spark — Funkenstrecke;
— —, **micrometric**, Funkenmikrometer n;
— —, **plain** feste Funkenstrecke;
— —, **timed** rotierende Vielfach-Funkenstrecke für die Erzeugung ungedämpfer Wellen.
discharging Entladen n, Entladung f;
— **circuit** Entladestromkreis m;
— **tube** Entladungsröhre f.
disconnect abschalten, eine Leitung oder Verbindung trennen.
disconnected getrennt, abgeschaltet;
— **position** Trennstellung f, T.
disconnecting Abschalten n, Trennen n;
— **spring** Ausschlußfeder f am Hughesapparat.
disconnection Abschaltung f, Trennung f, Unterbrechung f einer Leitung;
intermittent — zeitweise Unterbrechung f.
disconnector Trennschalter m.
discontinue aufhören, unterbrochen sein, unterbrochen werden.
discontinuity Ungleichförmigkeit f, Unstetigkeit f, Ungleichmäßigkeit f; Unterbrechung f.
discontinuous ungleichförmig, unstetig, ungleichmäßig;
— **waves** pl gedämpfte Wellen pl.
discord Mißklang m, Verschiedensein n.
discrepancy Verschiedenheit f, Widerspruch m.
disengage freimachen, lösen, sich lösen.
disengaged frei, unbesetzt F;
— **test** Freiprüfung f, F.
disengaging coupling lösbare Kupplung f.

dished schalenförmig.
disintegrate (sich) auflösen, (sich) zersetzen, zerfallen.
disintegration Zerfall m, Auflösung f in die Bestandteile.
disk = disc Scheibe f.
dismantle auseinandernehmen, demontieren.
dispatch I. schnell absenden, abfertigen, abwickeln;
II. schnelle Absendung f, Abfertigung f; Eilbrief m;
— **service, train** Zugabfertigungsdienst m;
— **tube** Rohr n der Rohrpost;
dispatcher Abfertiger m, Expedient m;
train — Zugdienstleiter m, Zugabfertigerdienst m.
dispatching, train Zugabfertigung f.
disperse (sich) zerstreuen, umherstreuen.
dispersion Zerstreuung f, Verteilung f;
magnetic — magnetische Streuung f. [ben.
displace verdrängen, verschieben
displaced verschoben, versetzt (by um).
displacement Verschiebung f, Verdrängung f, Verlagerung f;
electric — elektrische Verschiebung f;
phase — Phasenverschiebung f;
— **current** Verschiebungsstrom m.
disproportion I. in ein Mißverhältnis setzen;
II. Mißverhältnis n.
diregard vernachlässigen M.
disrupt zerreißen, durchschlagen.
disruption Zerreißen n, Durchschlagen n, Bersten n.
disruptive disruptiv;
— **discharge** disruptive Entladung f, Funkenentladung f;

disruptive spark Entladefunken *m*;
— **strength** Durchschlagsfestigkeit *f*.
dissipate zerstreuen, aufbrauchen, to — **energy** Energie verzehren.
dissipation Zerstreuung *f*, Aufzehrung *f*; Vergeudung *f*;
energy — Energieverbrauch *m*, Energieverlust *m*;
power — Leistungsverbrauch *m*, Leistungsverlust *m*.
dissipative zerstreuend, verzehrend;
non- — verlustlos;
— **impedance** Wirkkomponente *f* der Impedanz, Wirkwiderstand *m*.
dissociate dissoziieren, abtrennen.
dissociation Dissoziation *f*, Abtrennung *f*.
dissolution Auflösung *f*.
dissolve lösen, auflösen.
dissymmetric(al) unsymmetrisch.
dissymmetry Unsymmetrie *f*.
distance Abstand *m*, Entfernung *f*;
hearing — Hörweite *f*, Rufweite *f*;
long- — ... Fern- ..., Weit- ...;
— — **line** Fernleitung *f*;
— — **operator** Fern(amts)beamtin *f, F*;
— — **radio station** Großfunkstelle *f*;
— — **switchboard** Fernschrank *m, F*.
unit — Abstandseinheit *f*, Abstand *m* eins;
— **piece** Klebstift *m* am Relais, Abstandsstück *n*;
— **thermometer** Fernthermometer *n*.

distant entfernt, fern;
— **effect** Fernwirkung *f*;
— **station** fernes Amt *n*.
distilled destilliert;
— **water** destilliertes Wasser *n*.
distort verzerren.
distorted verzerrt.
distortion Verzerrung *f*;
to eliminate — entzerren;
amplitude — Amplitudenverzerrung *f*, Verzerrung *f* erster Art;
frequency — Frequenzverzerrung *f*, Verzerrung *f* zweiter Art;
phase — Phasenverlagerung *f*;
stationary — stationäre Verzerrung *f*;
total — **of a line**, Gesamtverzerrung *f*, Verzerrungsmaß *n* einer Leitung *L, T*;
transient — Verzerrung *f* durch Ein- und Ausschwingen;
absence of — Verzerrungsfreiheit *f*;
correction of — Entzerrung *f*;
— **constant** Verzerrungskonstante *f, L*;
— **correcting device, anti-** — **device**, Entzerrungseinrichtung *f*, Entzerreranordnung *f*, Entzerrer *m*; [*L*.
— **factor** Verzerrungsfaktor *m*,
distortional verzerrend, Verzerrungs- ...
distortionless verzerrungsfrei;
— **circuit** verzerrungsfreier Stromkreis *m*;
distress signal Notzeichen *n, R*.
distribute verteilen.
distributed verteilt;
— **capacity** verteilte Kapazität *f*,
— **inductance, continuously** stetig oder gleichförmig verteilte Induktivität *f*;
— **in lumps** punktförmig verteilt.

distributing board Verteilungs=
tafel *f*;
- **cabinet** Verteilungsschrank *m*;
- **frame** Verteiler *m*;
- —, **intermediate** *ab*: i. d. f.,
  Zwischenverteiler *m*;
- —, **main** *ab*: m. d. f., Haupt=
  verteiler *m*;
- **point** Verteilungspunkt *m*,
  Speisepunkt *m*;
- —, **u. g.** (= underground),
  Kabelabzweigpunkt *m*;
- **pole** Überführungssäule *f*,
  Überführungsstange *f, B.*

distribution Verteilung *f*;
call — Verteilung. der An=
  rufe *F*;
energy — Energieverteilung;
- **of current** Stromverteilung;
- **of voltage** Spannungsver=
  teilung;
- **box**, **case**, **cable** Vertei=
  lungskasten *m*, Kabelver=
  zweiger *m*;
- **head, cable** Kabelverzweiger
  m, Kabelendverschluß *m*;
- **plug, cable** Kabelabschluß=
  muffe *f*, Kabelverzweigungs=
  muffe *f*;
- **position, ticket** (Rohrpost=)
  Zettelverteiler *m, F*.

distributor Verteiler *m, T*;
controlled or **corrected** —
  korrigierter Verteiler;
controlling or **correcting** —
  korrigierender Verteiler;
multi-channel —, **multiplex** —
  Mehrfach=Verteiler, mehr=
  wegiger Verteiler;
receiving — Empfangsver=
  teiler;
rotary — umlaufender Ver=
  teiler;
sending —, **transmitting** —
  Sendeverteiler;
start-stop — Geh=Steh=Ver=
  teiler;

- **face**, — **head**, — **plate**, — **pla-
  teau** Verteilerscheibe *f*;
- —, **fixed (movable)** feste (be=
  wegliche) Verteilerscheibe;
- —, **front (rear** or **back)** vor=
  bere (hintere) Verteiler=
  scheibe *f*;
- **segments** *pl*, Verteilerseg=
  mente *pl*.

district Bezirk *m*, Gegend *f*;
city —, **commercial** —, Ge=
  schäftsgegend *f*;
residential — Wohngegend *f*.

disturb stören.

disturbance Störung *f*;
atmospheric — Luftstörung *f*;
earth — Erdstörung *f. z. B.* beim
  Messen von Einzelleitungen;
immunity from — Störfrei=
  heit *f*.

ditch Graben *m*, Rinne *f*;
- **digging machine** Graben=
  bagger *m*.

diurnal täglich, täglich wieder=
  kehrend;
- **variations** *pl* tägliche Schwan=
  kungen *pl*.

diverge auseinander gehen, bi=
  vergieren.

divergence Auseinandergehen *n*,
  Divergieren *n*. [gent.

divergent abweichend, biver=
diversity Verschiedenheit *f*, Un=
  gleichheit *f*.

divide teilen, bividieren (by
  burch), einteilen.

divided geteilt, mit einer Teilung
  versehen;
- **circle** Teilkreis *m*.

dividend Dividendus *m*.

divider Teiler *m*, -s *pl* Teil=
  zirkel *m*;
voltage — Spannungsteiler *m*.

division Teilung *f*, Teilstrich *m*,
  Feld *n*, Teil *m*.
scale — Skalenteil *m*, Teil=
  strich *m*.

divisor Teiler m, Divisor m.
docket Inhaltszettel m, Verzeichnis n;
  fault — Störungsmeldung f.
dog Zahn m, Sperrzahn m;
  double — Doppelsperrklinke f des Stromgerwählers.
dome Kuppel f;
  bell — Glockenschale f.
domestic häuslich, Haus- ..., Privat- ...;
  — **electric bell** Hauswecker m;
  — **telephone** Haustelephon n.
door Tür f;
  sliding — Schiebetür f;
  — **push** Türkontakt m
dot I. punktieren;
  II. Punkt m, Morsepunkt m;
  clipped or **sharp** —s pl spitze Punkte pl T;
  lengthened —s pl breite Punkte pl T;
  — **frequency** Telegraphier-(Grund)frequenz f.
dotted punktiert;
  chain- —, **dash-** — strichpunktiert.
double doppelt, zweifach, Doppel- ..., Zweifach- ...;
  — **current** Doppelstrom m, T;
  — **wound** bifilar;
  — **walled** doppelwandig.
doublet, Hertzian Hertzscher Oszillator m.
doubling Verdopplung f;
  — **of frequency** Frequenzverdopplung f.
dovetailed schwalbenschwanzförmig.
downleads Zuführung f, Herabführung f (of an aerial eines Luftleiters).
down line (engl.) von London wegführende Leitung f, F, T;
  — **station** (engl.) in der zu London entgegengesetzten Richtung liegendes Amt n, F, T.

drag I. schleppen; baggern; breggen, suchen (for nach),
  II. Dregganker m; Hemmschuh m.
drain entwässern, drainieren,
  to — **off** elektrische Ströme absaugen, ablenken.
  — **cock** Entwässerungshahn m.
drainage Entwässerung f, Drainieren n;
draining Entwässerung f.
draught Luftzug m, Zug m; Zugtau n; Zeichnung f;
  forced — Druckluft f.
draw ziehen, zeichnen, to — **in cables** Kabel einziehen.
drawer Schublade f, Schubkasten m;
  slip — Streifenschublade f, T.
drawing Zeichnung f;
  sectional — Schnittzeichnung f;
  — **bench** Drahtziehbank f;
  — **-out** Ziehen n (of valve transmitters der Röhrensender), R;
  — **paper** Zeichenpapier n;
  — **pen** Reißfeder f, Ziehfeder f;
  — **tongs** pl Kniehebelklemme f B.
  — **wire** Zugseilchen n, Einziehdraht m, B.
drawn gezogen;
  hard — hartgezogen.
drift I. treiben, fort-, zusammengetrieben werden;
  II. Treiben n, Wehe f, Haufen m; Lochräumer m, Dorn m, B.
drifting sand Triebsand m.
drill I. bohren;
  II. Bohrer m; Drell m, Drillich m;
  breast — Brustleier f, Brustbohrer m;
  ratchet — Bohrknarre f;
  stone — Mauerbohrer m, Steinbohrer m;
  twist — Spiralbohrer m.
  — **chuck** Bohrfutter n.

drilling machine Bohrmaschine*f*.
— —, **post-hole** Stangenloch-Bohrmaschine *f*.
drip(ping) edge Abtropfkante *f*, Tropfkante *f*;
– **ring** Tropfring *m*.
drive I. (an)treiben, to — out gas, Gas austreiben;
II. Antrieb *m*;
belt — Riemenantrieb;
direct — direkter Antrieb;
electric — elektrischer Antrieb;
friction — Reibantrieb, Friktionsantrieb;
slipping —, **yielding** — nachgiebiger Friktionsantrieb, Gleitantrieb.
driver shaft, driving shaft, Antriebswelle *f*.
driving weight Antriebsgewicht *n*.
droop abfallen, sinken, senken.
drop I. abfallen, fallen;
II. Abfall *m*, Abfallen *n*, Sinken *n*;
ohmic or **resistance** — **of voltage** ohmscher Spannungsabfall (across in);
– **shutter** Fallscheibe *f*.
– **wire** Einführungsdraht *m* für oberird. Fernsprechleitungen, B.
drum Trommel *f*, Haspel *m*, Kabeltrommel *f*;
spring — Federhaus *n*, Federtrommel *f*;
– **armature** Trommelanker *m*;
– **length of cable** Trommellänge *f*, Fabrikationslänge *f* des Kabels.
drummy dumpf (Sprache).
druse Druse *f*.
dry I. trocknen, to — out austrocknen;
II. trocken;
– **battery** Trockenbatterie *f*;
– **cell** Trockenelement *n*.

drying (-up) Austrocknen *n*, Austrocknung *f*;
– **stove** Trockenofen *m*.
d. s. c. wire = double silk covered wire doppelt mit Seide umsponnener Draht *m*.
dual reception Reflexempfang *m*, (Ein-)Röhrenempfang *m* mit gleichzeitiger Hoch- und Niederfrequenzverstärkung.
duct Rohr *n*, Röhre *f*, Kanal *m*;
air — Luftkanal *m*;
cable — Kabelrohrstrang *m*, Kabelkanal *m*;
earthenware — Kanal *m* aus irdenen Formstücken;
multiple-way — mehrzügiger Kanal *m*, Kanal *m* mit mehreren Öffnungen;
single-way —, einzügiger Kanal *m*, Rohrstrang *m* mit einer Öffnung;
– **route** Kanalführung *f*, B.
ductile dehnbar, geschmeidig, duktil.
ductility Streckbarkeit *f*, Dehnbarkeit *f*, Duktilität *f*.
dull trübe, matt brennend, schwach beheizt von Röhren;
– **emitter** or **emitting valve** Röhre *f* mit dunkelrot brennendem Heizfaden, schwach beheizte Röhre *f*;
– **red** dunkelrot.
dummy eigentl'ch: stumm, blind, Blind- ..., Schein- ...;
– **fuse** Blindsicherung *f*.
duo-lateral winding Wabenwicklung *f* mit gegeneinander versetzten Lagen *R*.
duplex I. duplizieren, gegensprechen, im Gegensprechen betreiben;
II. Gegensprech- ..., Duplex- ...;
– **balance** Duplexabgleich *m*, Duplexabgleichung *f*;

duplex circuit Gegensprechleitung *f T*, selten: Viererkreis *m F*;
— **coils** *pl* Brückenarme *pl*, *T*;
— **jar** Störstrom *m*, Kratzen *n* im Relais infolge schlechter Abgleichung *T*;
— **operation** Gegensprechbetrieb *m*;
— —, **full** voller Gegensprechbetrieb *m*, *T*;
— —, **half** einseitiges Arbeiten *n* in Gegensprechschaltung;
— **set** Gegensprechsatz *m*;
— **system** Gegensprechsystem *n*;
— —, **bridge (differential)**, Brücken- (Differential-) Gegensprechsystem *n*;
— —, **split** Gegensprech-Gabelschaltung *f*, *T*.
duplicate I. verdoppeln; II. doppelt, Doppel- . . .; III. Doppel *n*, Duplikat *n*; **wound in** — bifilar gewickelt.
durability Dauerhaftigkeit *f*, Haltbarkeit *f*.
durable haltbar, dauerhaft.
duralumin Duraluminium *n*.
duration Dauer *f*, Zeit(dauer) *f*.
— **of a call** Gesprächsdauer *F*.
dust Staub *m*;
iron — **core** Eisenstaubkern *m*;
lead — Bleistaub *m*;
— **core coil** Staubkernspule *f*;
— **cover** Staubkappe *f*, Staubschutzabdeckung *f*;
— **-proof**, staubsicher, staubdicht;
— **transmitter** Kohlenstaubmikrophon *n*.
Dutch tongs *pl* Froschzug *m*, Froschklemme *f*, *B*.

Ear Ohr *n*;
— **cap, earpiece** Hörmuschel *f*.
earth I. erden, an Erde legen; II. Erde *f*, Erdverbindung *f*, Erdschluß *m*;

duty Dienst *m*;
to assume — den Dienst antreten.
dying-out abklingend;
— — **oscillation** abklingende Schwingung *f*; [gang *m*;
— — **transient** Ausschwingvordynamo Dynamo *f*;
booster — Zusatzdynamo;
buffer — Pufferdynamo;
compound(-wound) — Verbunddynamo, Kompounddynamo;
differentially wound — Dynamo in Gegenverbundschaltung;
enclosed —, **semi-** halbgekapselte Dynamo; [namo;
— —, **totally-** geschlossene Dynamo;
homopolar — Unipolardynamo;
pedal — Tretdynamo;
series(-wound) — Reihenschlußdynamo;
shunt(-wound) — Nebenschlußdynamo;
unipolar — Unipolardynamo;
— **-electric** dynamoelektrisch.
dynamometer Dynamometer *n*, Kraftmesser *m*;
electro- — Elektrodynamometer *n*. [trisch.
dynamometric(al) dynamome-
dynamo sheet iron Dynamoblech *n*. [nerator *m*.
dynamotor (Einanker-)Motorge-
dynatron Dynatron *n*, Dreielektrodenröhre *f* mit sekundärer Emission.
dyne Dyn *n*, Dyne *f*.

E.

to connect to — an Erde legen, mit Erde verbinden;
busy — Besetzterde *f*, *F*;
infusorial — Kieselgur *f*, Infusorienerde *f*;

earth
  intermittent — intermittierende Erdverbindung f für Störungsmessung; zeitweiser Erdschluß m;
  Maxwell — Maxwellerde f, Maxwellschaltung f, T;
  – **auger,** – **borer** Erdbohrer m;
  – **capacity** Erdkapazität f, Kapazität f gegen Erde;
  – **circuit** Erdschleife f, Stromkreis m mit Erdrückleitung;
  – **clip** Erdschelle f, B;
  – –**connected** geerdet;
  – **connection** Erdleitung f, Erdverbindung f, Erde f, Erdschluß m;
  – **'s crust** Erdkruste f;
  – **current** Erdstrom m;
  – **disturbance** Erdstörung f;
  – **fault** Erdfehler m;
  – **'s horizontal (vertical) field** Horizontalkomponente f (Vertikalkomponente) des Erdmagnetfeldes; [feld n;
  – **'s magnetic field** Erdmagnet–
  – **plate** Erdplatte f;
  – **potential** Erdpotential n;
  – **return** Erdrückleitung f;
  – – **circuit** Einzelleitung f, eindrähtige Leitung f;
  – **screen** ungeerdetes Gegengewicht n, R; geerdeter Schirm m;
  – **screw** Erdschraube f, Schraubenfuß m einer Stange B;
  – **'s surface** Erdoberfläche f;
  – –**wired** mit Erdbraht versehen B;
  – **work** Erdarbeiten pl.
earthed geerdet;
  a-leg (b-leg) — a-Zweig (b-Zweig) geerdet; .
earthenware I. irben;
  II. irbene Ware f;
  – **block** irbenes Formstück n, Tonformstück n, B;
  – **conduit** Kabelkanal m aus irdenen Formstücken B;
  – **duct** irdenes Kabelrohr n, B.
earthing Erdung f, Erden n;
  sleeve — Erdschluß m des Stöpselschafts F;
  – **switch** Erdungsschalter m, R.
earthmagnetic erdmagnetisch).
earthy geerdet;
  – **terminal** Erdklemme f.
ebonite Ebonit n, Hartgummi n;
  – **case** Ebonitgehäuse n, Ebonitkapsel f.
ebony Ebenholz n.
eccentric(al) exzentrisch.
eccentricity Exzentrizität f.
echelon-duplexing Staffel-Gegensprechen n, T;
  – **method** Staffelbetriebsweise f, T;
  – **working** Staffelbetrieb m, T.
echo Echo n;
  – **currents** pl Echoströme pl, K;
  – **effect** Echowirkung f, K;
  – **path** Echoweg m, K;
  – **sounding** Echolotung f.
economics pl Wirtschaftlichkeit f;
  question of — Wirtschaftlichkeitsfrage f.
economic(al) wirtschaftlich, ökonomisch;
  – **manufacture** wirtschaftliche Fertigung f oder Herstellung f.
economize (er)sparen, nutzbar machen, sparsam anwenden.
economy Wirtschaftlichkeit f.
eddy I. wirbeln, kreisen;
  II. Wirbel m, Strudel m;
  – **currents** pl, Streuströme, Wirbelströme, Foucaultströme pl.
edge Rand m, Kante f, Schneide f, ... cm in edge von ... cm Kantenlänge;
  – **effect** Kantenwirkung f.
edgewise hochkant;
  – **wound** hochkant gewickelt.

effect Wirkung *f*, Effekt *m* (das Bewirkte);
after- — Nachwirkung *f*;
useful — Nutzwirkung *f*.
effective wirksam, effektiv;
— **current** Effektivstrom *m*;
— **value** Effektivwert *m*;
— **voltage** Effektivspannung *f*.
effectiveness Wirksamkeit *f*.
efficiency Wirkungsgrad *m*, Güte *f*, Güteverhältnis *n*, Wirksamkeit *f*, Nutzeffekt *m*;
ampere-hour — Amperestunden-Wirkungsgrad *m*;
commercial — Gesamtwirkungsgrad *m* einer Anlage;
copper — Kupferwirkungsgrad *m*;
maximum — maximaler Wirkungsgrad *m*;   [grad *m*;
overall — Gesamtwirkungs-
speaking — Wirkungsgrad *m* der Sprachübertragung;
total — Gesamtwirkungsgrad *m*;
transmission — Übertragungswirkungsgrad *m*.
efficient wirksam, wirkungsvoll.
e. h. t. = extra high tension Höchstspannung *f*.   [*K*.
eight-wire core Achterbündel *n*,
elastance dielektrische Widerstandsfähigkeit *f*, Elastanz *f*.
elastic(al) elastisch, federnd;
— **limit** Elastizitätsgrenze *f*, Dehnungsgrenze *f*;
— **strain** Belastung *f* innerhalb der Elastizitätsgrenze.
elasticity Elastizität *f*.
modulus of — Elastizitätsmodul *m*;
electric(al) elektrisch.
electrician Elektriker *m*.
electricity Elektrizität *f*;
atmospheric — Luftelektrizität, atmosphärische Elektrizität;

contact — Berührungselektrizität;
frictional — Reibungselektrizität;
resinous — Harzelektrizität;
vitreous — Glaselektrizität;
generation of — Elektrizitätserzeugung *f*;
quantity of — Elektrizitätsmenge *f*.
electrification Elektrisierung *f*, Elektrifizierung *f*.
electrified elektrisiert, elektrisch;
oppositely — ungleichnamig elektrisch;
similarly — gleichnamig elektrisch.
electrify elektrisieren, elektrisizieren.
electro-chemical elektrochemisch;
— **-chemistry** Elektrochemie *f*.
electrode Elektrode *f*;
cold — kalte Elektrode;
control — Steuerelektrode, Steuergitter *n*;
hot — heiße Elektode, Glühkathode *f*;
negative — negative Elektrode, Kathode *f*;
output — Entnahmeelektrode, Anode *f*;
positive — positive Elektrode, Anode *f*;
surface of —s Elektroden(ober)fläche *f*;
— **area** Elektrodenfläche *f*;
— **capacities** *pl*, **inter-** Elektrodenkapazitäten, Röhrenkapazitäten *pl*, *V*;
— **separation,** — **spacing** Elektrodenabstand *m*.
electro-deposit I. galvanisch niederschlagen;   [*m*;
II. galvanischer Niederschlag
— **-deposition** Galvanisierung *f*;
— **-dynamic(al)** elektrodynamisch;

electro-dynamics *pl* Elektro=
dynamik *f*;
– **-dynamometer** Elektrodyna=
mometer *n*;
– **-electric** elektroelektrisch;
– **-induction** Elektroindukion *f*;
– **-inductive** elektroinduktiv.
electrolysis Elektrolyse *f*.
electrolyte Elektrolyt *m*.
electrolytic(al) elektrolytisch;
– **detector** Elektrolytdetektor *m*;
– **interrupter** Elektrolytunter=
brecher *m*;
– **rectifier** Elektrolytgleichrichter *m*.
electromagnet Elektromagnet *m* (*cf.* magnet);
iron-clad — Topfelektro=
magnet;
stepping — Schrittschaltelek=
tromagnet;
two-coil — zweischenkliger
Elektromagnet, Elektromagnet
mit zwei Spulen;
– **armature** Elektromagnet=
anker *m*;
– **coil** Elektromagnetspule *f*,
Elektromagnetwicklung *f*;
– **core** Elektromagnetkern *m*.
electromagnetic(al) elektro=
magnetisch;
– **unit,** absolute (*ab*: abunit)
absolute elektromagnetische
Einheit *f*;
– **wave** elektromagnetische
Welle *f*.
electromagnetism Elektromagne=
tismus *m*.
electro-mechanics *pl* Elektro=
mechanik *f*.
electro-mechanic(al) elektro=
mechanisch;
– – **switching system** elektro=
mechanisches Schaltsystem *n*,
am: Fernsprech=Selbstan=
schlußsystem *n*.
electrometer Elektrometer *n*;

disc — Scheibenelektrometer;
quadrant — Quadrantenelek=
trometer;
string — Saitenelektrometer;
thread — Fadenelektrometer.
electromotive elektromotorisch;
– **force** (*ab*: **e. m. f.**) elektro=
motorische Kraft *f*, EMK *f*;
– – **of polarisation** Polarisa=
tionsspannung *f*;
– –, **back** gegenelektromotori=
sche Kraft *f*, Gegen=EMK *f*;
– –, **composite** zusammenge=
setzte elektromotorische Kraft;
– –, **continuous** Gleichspan=
nung *f*;
– –, **counter-, opposing** – –,
gegenelektromotorische Kraft;
– –, **periodic** periodische EMK;
– –, **(pure) sine** (rein) sinus=
förmige EMK;
– –, **square-topped** elektromoto=
rische Kraft von rechteckiger
Kurvenform;
– –, **energy component of** Wirk=
spannungskomponente *f*;
– –, **wattless component of**
Blindspannungskomponente *f*.
electromotor Elektromotor *m*;
alternating current — Wechsel=
strommotor;
compound(-wound) — Ver=
bundmotor, Compoundmotor;
direct current — Gleichstrom=
motor;
series(-wound) — Reihen=
schlußmotor, Serienmotor;
shunt(-wound) — Neben=
schlußmotor;
single-phase — Einphasenelek=
tromotor; [motor.
three-phase — Drehstrom=
electron Elektron *n*;
flow of **–s** Elektronenfluß *m*;
free **–s** *pl* freie Elektronen *pl*;
– **bombardment** Elektronen=
bombardement *n*;

electron current Elektronenstiom *m*;
- **tube** Entladungsgefäß *n*, Entladungsröhre *f*;
- **discharge** Elektronenentladung *f*;
- **emission** Elektronenemission *f*;
- **relay** Elektronenrelais *n*;
- **stream** Elektronenstrom *m*.

electro-negative elektronegativ.

electronic(al) elektronisch, Elektronen-...;
- **emission** Elektronenemission *f*;
- **flow** Elektronenfluß *m*.

electrophone system Drahtrundspruchanlage *f*;
engaged on — auf Drahtrundspruch geschaltet.

electro-physics *pl* Elektrophysik *f*;
- **-physical** elektrophysikalisch;
- **-positive** elektropositiv.

electroscope Elektroskop *n*.

electrostatic elektrostatisch;
- **s** *pl* Elektrostatik *f*;
- **unit** (*ab*: abstatunit) absolute elektrostatische Einheit *f*.

electro-welded elektrisch (auf) geschweißt;
- **-welding** elektrische Schweißung *f*.

element Element *n*;
circuit — Schaltelement *n*;
signal — Stromschritt *m*, kürzester Telegraphierstromstoß *m, T.*

elementary Elementar-..., elementar.

elevation Aufriß *m*, Ansicht *f*; Erhöhung *f*, Erhebung *f*;
front — Vorderansicht *f*;
side — Seitenansicht *f*;
- —, **sectional** Seitenschnitt

elevator Aufzug *m*. [*m*.

eliminate absondern, aussondern.

elimination Aussonderung *f*, Eliminierung *f*.

ellipse Ellipse *f*.

elliptic(al) elliptisch.

elongate verlängern.

elongated länglich, verlängert.

elongation Dehnung *f*; Verlängerung *f*;
elastic — elastische Dehnung *f*.

emanate ausgehen, herrühren (from aus, von), ausströmen.

emanation Ausströmen *n*, Ausfluß *m*, Emanation *f*.

embed einbetten (in in).

embedding Einbettung *f*.

emboss erhaben ausarbeiten, treiben.

embosser Reliefschreiber *m, T.*

emergency Notfall *m*, Unglück *n*;
- **apparatus** Notapparat *m*, Noteinrichtung *f*;
- **battery** Notbatterie *f*;
- **exit** Notausgang *m*;
- **set** Noteinrichtung *f*;
- **transmitter** Notsender *m, R.*

emery Schmirgel *m*;
- **cloth** Schmirgelleinen *n*;
- **paper** Schmirgelpapier *n*;
- **powder** Schmirgelpulver *n*;
- **wheel** Schmirgelscheibe *f*.

e. m. f. = electromotive force EMK *f*, elektromotorische Kraft *f*;
c. —, counter — Gegen=EMK *f*, gegenelektromotorische Kraft *f*.

emission Emission *f*, Aussendung *f*, Strahlung *f*;
electron(ic) — Elektronenemission *f*;
secondary — Sekundärstrahlung *f*;
- — **of electrons** sekundäre Elektronenemission *f*;
velocity of — Emissionsgeschwindigkeit *f*;
- **current** Emissionsstrom *m*;

emissive Emissions-..., Ausströmungs-...;

emissive power Emissionsvermögen *n*.
emissivity Emissionsvermögen *n*, Ausstrahlungsvermögen *n*.
emit aussenden, ausströmen (lassen).
emitter Sender *m*, Strahler *m*.
emitting surface (of filament) Strahlungsfläche *f* (des Heizfadens).
empirical Erfahrungs-..., empirisch;
- **value** Erfahrungswert *m*.
employ anwenden, benutzen.
employee Angestellte(r) *f* (*m*), Beamter *m*, Beamtin *f*.
empty unbelastet, leer.
e. m. u. = electromagnetic unit elektromagnetische Einheit *f*.
enamel I. emaillieren, mit Emaille überziehen;
II. Email *n*, Emaille *f*;
- -**covered wire** Emailledraht *m*;
- **lac** Email(le)lack *m*;
- -**insulated wire** Emailledraht *m*;
- **strands** *pl* Emaillitze *f*, emaillierte Litze *f*.
encase einschließen, umschließen, mit einem Gehäuse versehen.
encircle umgeben, umschließen.
enclose einschließen, kapseln.
enclosed geschlossen, gekapselt;
semi- — halbgeschlossen.
enclosure Kapselung *f*, Schranke *f*, Umzäunung *f*.
end I. enden;
II. Ende *n*;
dead- — abspannen *B*;
- — **of a coil** totes oder unbenutztes Ende *n* einer Spule;
distant — fernes Ende *n* (of a line, einer Leitung);
free — freies Ende *n*;
generator — Speiseseite *f*, Erzeugerseite *f* einer Leitung;

receiver —, **receiving** — Entnahmeseite *f*, Verbraucherseite *f*, Empfangsende *n*, Empfängerende *n*;
sealed — abgeschlossenes Ende *n*;
sender —, **sending**— Senderende *n*, Sendeseite *f*;
- **apparatus** Endapparat *m*;
- **section** Auslauflänge *f*, Auslaufstrecke *f* eines Spulenkabels;
- —, **length of** Länge *f* der Auslaufstrecke *K*;
- **view** Endansicht *f*.
endangered gefährdet.
endodyne Schwingungserzeuger *m*.
endosmose Endosmose *f*.
endosmotic(al) endosmotisch).
energization Erregung *f*, Erregtwerden *n*.
energize erregen, erregt werden.
energy Energie *f*;
kinetic — kinetische Energie;
potential — potentielle Energie;
distribution of — Energieverteilung *f*;
expenditure — — Energieaufwand *m*;
transfer — — Energieübertragung *f*;
- **component** Wirkkomponente *f*, Energiekomponente *f*;
- **current** Wirkstrom *m*;
- **dissipation** Energieverzehrung *f*, Energieverbrauch *m*;
- **equation** Arbeitsgleichung *f*;
- **flow** Energiefluß *m*;
- **loss** Energieverlust *m*;
- **requirement** Energiebedarf *m*.
engage in Eingriff stehen (with mit), einrücken.
engaged besetzt *F*;
to mark — belegen *A*, als besetzt kennzeichnen *F*;
- **on local call** ortsbesetzt *F*;

engaged on trunk call fernbesetzt, F;
— **click** Knacken n bei der Besetztprüfung F;
— **lamp** Besetztlampe f;
— **signal** Besetztzeichen n;
— —, **visual** optisches Besetztzeichen n;
— **test** Besetztprüfung f, F, A;
— — **battery** Prüfbatterie f, F;
engagement Eingriff m; Besetztsein n;
to force into — with in Eingriff bringen mit.
engaging lever Einrückhebel m.
engine Maschine f, Motor m;
combustion —, internal Verbrennungsmaschine f, Verbrennungsmotor m;
gas — Gasmotor m;
oil — Ölmotor m;
steam — Dampfmaschine f.
engineer Ingenieur m, Techniker m;
sectional — Abschnittsingenieur m, Abteilungsingenieur m;
engineering Technik f;
— **officer** technischer (Ober-)Beamter m.
enlarge vergrößern.
enquire abfragen F.
enquiry Anfrage f;
trunk directory — etwa: Fernamtsauskunftsstelle f;
— **clerk** Auskunftsbeamter m;
— **desk, — position** Auskunftsstelle f, Auskunftsplatz m, F.
enter eintreten, **into a formula** in eine Formel eingehen, M.
entrain einkuppeln, in Gang setzen.
entrance Einführung f, Einführungsstelle f, Eingangsöffnung f, Eingang m, Zugang m.
entrefer Luftspalt m im Eisenkern.

envelope Hülle f, Decke f, Umschlag m, Umgrenzungslinie f;
— **of a modulated wave curve** Umgrenzung f der Kurve einer modulierten Welle f.
epicycle gear Planetengetriebe n.
epicyclic(al) epizyklisch, Planeten-...;
— **train of gear(s)** Planetengetriebe n.
epicycloid Epizykloide f, Radlinie f.
epoch Zeitpunkt m, Phase f.
epsom salt Bittersalz n (MgSO$_4$ + 7 H$_2$O).
equal I. gleich sein, gleichen (to);
II. gleich (to), gleichmäßig;
— **-letter code** Telegraphenalphabet n mit gleich langen Zeichen.
equality Gleichheit f, Gleichförmigkeit f.
equalization Ausgleichung f, Gleichmachung f.
equalize ausgleichen, gleichmachen, gleichmäßig machen (to, with).
equalizer Ausgleicher m, Gleichmacher m;
attenuation — Dämpfungsausgleicher m, Entzerrer m, K;
filter-type — Entzerrungsfilter n;
series-impedance type — Reihenimpedanz-Entzerrer m;
shunt-admittance type — Querimpedanz-Entzerrer m.
equalizing network Entzerrerschaltung f, Entzerrerkette f.
equate auf einen Mittelwert oder ein Durchschnittsmaß bringen.
equated value Mittelwert m, Durchschnittswert m.
equation Gleichung f;
to solve an — for n eine Gleichung nach n auflösen;

equation
 the — holds die Gleichung gilt;
 defining — Bestimmungsglei-
  chung, Definitionsgleichung;
 differential — Differential-
  gleichung;
 dimensional — Dimensions-
  gleichung;
 fundamental — Grundglei-
  chung; [chung;
 general — allgemeine Glei-
 quadratic — quadratische Glei-
  chung;
 root of an — Wurzel f einer
  Gleichung.
equator Äquator m.
equatorial äquatorial, Äqua-
  tor(ial)-...;
 — plane Äquatorialebene f (of
  the aerial der Antenne).
equidistant gleich weit entfernt,
  parallel.
equifrequent von gleicher Fre-
  quenz.
equilateral gleichseitig.
equilibrate (to, with) ausglei-
  chen, ins Gleichgewicht brin-
  gen, im Gleichgewicht erhal-
  ten, im Gleichgewicht sein.
equilibration Ausgleichung f.
equilibrium Gleichgewicht n;
 position of — Gleichgewichts-
  lage f;
 state of — Gleichgewichts-
  zustand m.
equip ausrüsten.
equipment Ausrüstung f.
equipollence Gleichheit f, Gleich-
  wertigkeit f, M. [M.
equipollent gleich, gleichwertig
equipotential äquipotentiell,
  Äquipotential-...;
 — surface Fläche f konstanten
  Potentials, Äquipotential-
  fläche f.
equivalence gleicher Wert m,
  Gleichwertigkeit f.

equivalent I. äquivalent, gleich-
  wertig;
 II. Äquivalent n;
 standard cable — Standard-
  kabel-Äquivalent n, Dämp-
  fung f in Standardkabelein-
  heiten, Leitungsäquivalent n
  in Meilen Standardkabel;
 transmission — Übertragungs-
  maß n, v. transmission;
 — circuit äquivalenter Strom-
  kreis m, Ersatzschaltung f;
 — resistance äquivalenter Wi-
  derstand m;
 — weight Äquivalentgewicht n.
erase ausradieren, weglöschen,
  löschen;
 — key Irrungstaste f, T;
 — signal Irrungszeichen n, T.
erasure Rasur f, Radieren n,
  Irrung f T.
erect errichten, aufstellen, er-
  bauen, herstellen.
erecting Montage f, Aufstellen n.
erection Aufstellung f, Errich-
  tung f;
 under — im Bau.
erg Erg n.
error Fehler m, Irrtum m;
 operator's — Telegraphier-
  fehler m, T;
 limit of — Fehlergrenze f;
 — of observation Beobachtungs-
  fehler m.
escape entweichen.
escapement Hemmung f, Ge-
  sperr n, Echappement n;
 anchor — Ankergesperr n;
 fast-and-loose — Hemmung f
  mit einer festen und einer
  losen Klinke.
escape(ment) wheel Hemmrad
  n, Sperrad n.
establish einrichten, anlegen.
establishment Einrichtung f,
  Anlage f;
 on first — im ersten Ausbau.

estimate I. schätzen, abschätzen; II. Schätzung f, Überschlag m, (Kosten-)Anschlag m, Voranschlag m.
estimation Abschätzung f, Veranschlagung f.
e. s. u. = electrostatic unit elektrostatische Einheit f.
e. s. unit elektrostatische Einheit f.
etch ätzen, beizen.
etching reagent Ätzmittel n.
ether Äther m;
— **wave** Ätherwelle f.
Eureka Cu-Ni-Widerstandsmaterial n.
evacuate evakuieren, entleeren.
evacuation Evakuierung f, Entleerung f;
degree of — Güte f des Vakuums.
evaporate verdampfen, verdunsten.
evaporation Verdampfung f, Verdunstung f;
latent heat of — Verdampfungswärme f.
even gerade (Zahl);
— **multiple** gerades Vielfache n.
evolute Evolute f, abgewickelte Linie f.
evolution Entwicklung f, Abwicklung f von Kurven, Wurzelziehen n, Radizierung f.
evolve entwickeln;
— **gas** Gas entwickeln, gasen.
evolvent Evolvente f.
exact genau.
exactitude Genauigkeit f.
examination Prüfung f, Untersuchung f.
examine prüfen, untersuchen.
excavate ausgraben, aushöhlen.
excavator Exkavator m, Ausgraber m.
excess Überschuß m;
— **current** Überstrom

— **network** Leitungsverlängerung f, K;
— **voltage** Überspannung f.
excessive übermäßig;
— **voltage** Überspannung f.
exchange I. austauschen, auswechseln;
II. Börse f; engl.: Vermittlungsamt n, Zentrale f, Fernsprechamt n. [amt n;
automatic — Selbstanschluß**branch** — Unteramt n, Nebenamt n;
— —, **private** (ab: p. b. x.) Teilnehmerzentrale f, Nebenstellenzentrale f;
— —, **50 line 6 trunk private** Zentrale f mit 6 Amtsleitungen und 50 Nebenstellen;
— —, **private automatic** (ab: p. a. b. x.) selbsttätige oder Selbstanschluß-Teilnehmerzentrale f;
c. b. —, **common battery** — Zentralbatterieamt n, Z.B.-Amt n.
c. b. s. — **central battery signalling** — Handamt n mit selbsttätiger Schlußzeichengebung.
combined trunk and local — vereinigtes Fern- und Ortsamt n;
l. b. —, **local battery** — Ortsbatterieamt n, O.B.-Amt n;
local — Ortsamt n;
magneto — O.B.-Amt n mit Induktoranruf;
main — Hauptamt n, Hauptvermittlungsstelle f;
manual — Handamt n;
mechanical — Selbstanschlußamt n; [Nebenamt n;
minor — kleineres Amt n,
multi— — **system** (engl.), **multi-office** — (am.) Ortsfernsprechnetz n mit mehreren Vermittlungsstellen;

exchange
private — (ab: p. x.) Privatzentrale f;
private automatic — (ab: p. a. x.) selbsttätige Privatzentrale f;
public — öffentliches Fernsprechamt n;
satellite — Hilfsamt n, Teilamt n, A;
semi-automatic — halbautomatisches Amt n;
sub- — Unteramt n, Untervermittlungsstelle f;
temporary — fliegendes Amt n, Notamt n;
toll — Fernamt n, Nahverkehrsamt n;
trunk — Fernamt n;
unattended — Fernsprechamt n ohne ständige Beaufsichtigung, unbebientes Fernsprechamt n;
– **apparatus** Amtseinrichtung f;
– **area** Amtsbezirk m;
– **battery** Amtsbatterie f, Z.B.;
– **call** Amtsanruf m, Amtsverbindung f; [stelle f;
– **extension line** Amtsnebenjack Amtsklinke f des Nebenstellenschranks;
– **line** Amtsleitung f, Hauptanschlußleitung f;
– **number** Amtsnummer f des Teilnehmers;
– **prohibitory circuit** Schaltung f zur Verhinderung des Verkehrs zwischen Privatnebenstellen und Amt.
excitant Erregermasse f des Trockenelements.
excitation Erregung f; [R;
buzzer — Summererregung
composite — Verbunderregung;
impulse —, **pulse** —, **shock** — Stoßerregung R;

self- — Selbsterregung einer Röhre usw.; [einer Röhre;
separate — Fremderregung
shunt — Nebenschlußerregung;
controll of — Steuerung f des Erregerkreises, Tastung f des Erregerkreises R.
excite erregen.
excited erregt;
self- — selbsterregt;
separately — fremderregt.
exciter Erreger m; [röhre f.
– **tube** Erregerröhre f, Steuer**exciting circuit** Erregerkreis m;
– **current** Erregerstrom m;
– **fluid** Erregerflüssigkeit f eines Elements;
– **voltage** Erregerspannung f;
– **winding** Erregerwicklung f.
exhaust erschöpfen.
exhaustion Erschöpfung f.
exhibit zeigen, ausstellen.
exhibition Ausstellung f.
exigency Bedürfnis n.
exist bestehen, vorhanden sein.
existing vorhanden.
existence Bestehen n, Vorhandensein n.
exit Ausgang m;
emergency — Notausgang m.
expand (sich) ausdehnen, (sich) ausbreiten; erweitern M.
expansion Ausdehnung f, Ausbreitung f;
coefficient of — Ausdehnungskoeffizient m.
expel austreiben;
to — **humidity** Feuchtigkeit austreiben.
expend aufwenden;
to — **energy** Energie aufwenden.
expenditure Aufwand m, Aufwendung f.
expense Ausgabe f, Kosten pl;
operating —, **working** — Betriebskosten pl.

experience Erfahrung *f.*
experiment I. experimentieren, Versuche anstellen;
II. Versuch *m*, Experiment *n.*
experimental experimentell, Versuchs-... [ber *m*;
experimenter Experimentier-
— **'s license** Versuchserlaubnis *f*, Versuchslizenz *f*, *R.*
expert Fachmann *m*, Expert *m.*
expiration Ablauf *m*, Erlöschen *n* eines Rechtes. [tent).
expire erlöschen, ablaufen (Pa-
exploit ausnutzen, ausbeuten, betreiben.
exploitation Ausnutzung *f*, Ausbeutung *f*, Betrieb *m.*
explore erforschen, untersuchen.
explosive sound Explosivlaut *m.*
exponent Exponent *m*, *M.*
exponential Exponential-..., exponentiell;
— **curve** Exponentialkurve *f*;
— **expression** Exponentialausdruck *m*; [tion *f*;
— **function** Exponentialfunk-
— **law** Exponentialgesetz *n.*
exponentially nach einem Exponentialgesetz.
expose aussetzen, exponieren, preisgeben.
exposure Aussetzung *f*, Preisgebung *f*;
weather — Ausgesetztsein *n.*
express I. ausdrücken;
II. ausdrücklich, besondere(r), Eil-..., Expreß-...;
III. Eilbote *m*;
— **call** bringender Anruf *m*, bringendes Gespräch *n.*
expression Ausdruck *m.*
algebraic — algebraischer Ausdruck;
exponential — Exponentialausdruck *m.*
expropriate enteignen.
expropriation Enteignung *f.*

extend verlängern, ausdehnen, erstrecken;
to — **a call** ein Gespräch über 3 Minuten ausdehnen;
to — **a line (in)to** eine Leitung verlängern oder weiterführen nach;
to — **a call through** einen Anruf durchverbinden;
to — **a subscriber's circuit through to a 1st. group selector** eine Teilnehmerleitung zum I. Gruppenwähler durchverbinden oder durchschalten.
extended verlängert;
one line — **to another** zwei Leitungen miteinander verbunden.
extension Ansatz *m*, Fortsatz *m*, Ausdehnung *f*, Verlängerung *f*; Durchschaltung (of a call to eines Anrufes nach), (Fernsprech-)Nebenstelle *f*;
external — Außennebenstelle *f*, *F*;
— **circuit** Nebenstellenleitung *f*;
— —, **(artifical)** Leitungsergänzung *f*, Leitungsverlängerung *f*, *K*;
— **line** Nebenanschlußleitung *f*, Nebenstellenleitung *f*;
— — **jack** Nebenstellenklinke *f*;
— —, **(artificial)** Leitungsergänzung *f*, *K*;
— **set,** — **station** Nebenanschluß *m*, Nebenstelle *f*;
— —, **exchange** Amtsnebenstelle *f*, Postnebenstelle *f.*
extent Ausdehnung *f.*
external äußere(r), Außen-...;
— **effect** Wirkung *f* nach außen, Außenwirkung *f.*
extinction Erlöschen *n*, Löschen *n*
arc — Lichtbogenlöschung *f.*
extinguish löschen, erlöschen;
the arc — **es** der Lichtbogen erlischt.

extinguisher, fire, Feuerlöscher m.
extract I. entnehmen, entziehen, to — the root die Wurzel ziehen M;
II. Auszug m. [zug m.
extraction Ausziehen n, Aus-
extrapolate extrapolieren M.
extrapolation Extrapolation fM.
extremity Ende n, äußerstes Ende n.

exudation Ausschwitzung f, Ausscheidung f.
exude ausschwitzen, ausscheiden, ausgeschieden werden.
eye Auge n, Öse f;
 cable — Kabelschuh m;
 suspension — Aufhängöse f;
 — bolt Ofenbolzen m, Ringbolzen m.
eyelet Öse f.

F.

Face, Stirnfläche f, Fläche f, Wange f;
 contact — Berührungsfläche f, Kontaktfläche f;
 distributor — Verteilerscheibe f (front vordere, rear hintere) T.
factor Faktor m;
 amplitude — Scheitelfaktor;
 common — gemeinsamer Faktor M;
 distortion — Verzerrungsfaktor L;
 form — Formfaktor;
 power — Leistungsfaktor;
 — of safety Sicherheitsfaktor.
factory Werkstatt f, Fabrik f;
 — length Fabrikationslänge f eines Kabels;
 — process, modern modernes Herstellungsverfahren n;
 — product, German deutsches Erzeugnis n;
 — test Fabrikmessung f, Abnahmemessung f.
fade verschwinden, to — out abklingen.
fading Schwinden n, Fading n, R;
 — effect Schwinderscheinung f, Fadingeffekt m, R.
fail versagen, aussetzen, fehlen.
failure Versagen n, Aussetzen n, Fehler m;

 insulation — Isolationsfehler m;
 line — Leitungsfehler m;
 power — Starkstromstörung f, Versagen n des Starkstroms.
faithful getreu (Wiedergabe).
faithfulness Treue f, Richtigkeit f; [Wiedergabe.
 — of reproduction Treue f der
fall I. abfallen, to — off abfallen, abnehmen, sinken,
 II. Abfallen n, Abfall m, Sinken n, Abnahme f;
 cathode — Kathodenfall m;
 steep — steiler Abfall m;
 — of current Stromabnahme f;
 — — potential Spannungsabfall m.
fan I. fächeln; to — out wachsen, Auswüchse bilden (Sammlerplatten);
 II. Fächer m, Flügelgebläse n;
 motor — Ventilator m, elektrischer Fächer m;
 (-shaped) aerial Fächerluftleiter m.
fanning strip, (wood), (hölzerner) Kamm m für Lötösenstreifen.
farad (ab.: F) Farad n.
fast fest, schnell, voreilend;
 to run — voreilen, vorgehen (Uhrwerk usw.).

fasten befeſtigen.
fastener Halter *m*, Befeſtigungs=
mittel *n*.
fastening Befeſtigen *n*, Be=
feſtigung *f*, Schloß *n*, Riegel
m, Haken *m*.
fathom Faden *m*, = 6 feet
= 1.82878 m.
fatigue I. ermüden;
II. Ermüdung *f*;
dielectric — dielektriſche Nach=
wirkung *f*;
magnetic — magnetiſche Nach=
wirkung *f*.
faucet Zapfen *m*.
fault Fehler *m*, Störung *f*;
to trace —**s**, Fehler ſuchen;
cable — Kabelfehler *m*;
earth — Erdfehler *m*;
junction — Störung *f* der
Verbindungsleitung *F*;
trunk— Fernleitungsſtörung *f*;
removal of —**s** Fehlerbeſeiti=
gung *f*;
— **clearance** Störungsbeſeiti=
gung *f*;
— **clerk** Störungsbeamter *m*,
Störungsaufſicht *f*;
— **localisation,** — **locating** Feh=
lereingrenzung *f*;
— **resistance** Fehlerwiderſtand
m;
— **staff, exchange** Perſonal *n*
zur Beſeitigung von Amts=
ſtörungen;
— —, **subscribers' apparatus,**
Perſonal *n* zur Beſeitigung
von Sprechſtellenſtörungen.
faulting Fehlerſuchen *n*.
faultsman Störungsſucher *m*;
external — Störungsſucher *m*
im Außendienſt;
internal — Störungsſucher *m*
im Innendienſt.
faulty geſtört, fehlerhaft, Feh=
ler= . . .;
to report — geſtört melden;

— **circuit** geſtörte oder fehler=
hafte Leitung *f*;
— **section** Fehlerſtrecke *f*.
feather Feder *f* zum Aufteilen;
— **key** Federkeil *m*.
feature Eigenſchaft *f*, Zug *m*.
fee Gebühr *f*.
to charge 1, 2, 3 —**s** ein Ge=
ſpräch einfach, doppelt, drei=
fach berechnen;
renewal — Erneuerungsgebühr
f, Verlängerungsgebühr *f*.
feeble ſchwach (Zeichen).
feed I. ſpeiſen; vorrücken, wei=
terbewegen;
to — **current into the aerial**
Strom in den Luftdraht ſen=
den;
to — **back into** zurückleiten in,
rückſpeiſen;
II. Speiſung *f*, Vorſchubein=
richtung *f*, Vorſchub *m*;
differential — Differential=
vorſchub *m*, *T*;
ink ribbon — Farbbandvor=
ſchub *m*;
letter — Buchſtabenvorſchub
m, *T*;
line — Zeilenvorſchub *m*, *T*;
page — Blattvorſchub, Sei=
tenvorſchub *m*, *T*;
— **of the carbons** Vorſchub *m*
der Kohlen;
— -**back** Rückkopplung *f*, *R*;
— —, **electrostatic** kapazitive
Rückkopplung *f*;
— —, **inductive** induktive Rück=
kopplung *f*;
— — **connection** Rückkopplungs=
ſchaltung *f*;
— — **method** Rückkopplungsme=
thode *f*;
— — **receiving circuit** Rückkopp=
lungsempfangsſchaltung *f*;
— **current** Speiſeſtrom, Gleich=
ſtromkomponente *f* des Röh=
ren=Anodenſtromes *V*;

feed hole Führungsloch n des Lochstreifens T;
— **space** Führungslochabstand m;
– **pawl** Vorschubklinke f;
– **retardation coil** Speisedrossel f, Speisebrücke f, F;
– **wheel** Vorschubrad n, T;
— —, **pin** Sternrad n an den Streifensendern T.

feeder Speiseleitung f;
aerial — Luftdrahtzuleitung f.

feeding Vorschub m, Speisung f;
paper — Papiervorschub m, T;
— **back** Rückspeisung f, Rückkopplung f;
– **current** Speisestrom m;
– **lever, paper** Papierführungshebel m, T.

felt Filz m.
felted mit Filz unterlegt, ausgelegt.
fence Zaun m.
fender Prellpfahl m.
ferric eisenhaltig, Eisen- ...
ferro-concrete Eisenbeton m.
ferromagnetic ferromagnetisch.
ferromagnetism Ferromagnetismus m.
ferrotype lackiertes (Weich-) Eisenblech n;
– **diaphragm** lackierte Weicheisenmembran f;
ferrule Eisenring m, Eisenband n, Zwinge f.
fiber (am.) = fibre.
fibre Fiber f, Faser f, Faden m;
phenol — Phenolfiber f, bakelisierter Faserstoff m;
silk — Seidenfaden m;
vulcanized — Vulkanfiber f;
– **conduit,** — **duct** Fiberrohrstrang m;
– **covered cable** Faserstoffkabel n;
– **sleeve** Fiberhülse der Sicher;
– **strength** Faserstärke f.

fibrous faserig.
field Feld n, Strecke f, Baustrecke f;
to create a — ein Feld erzeugen;
the — **travels** das Feld wandert;
alternating — Wechselfeld;
component — Feldkomponente f;
composite — zusammengesetztes Feld;
constant — Gleichfeld;
cross — Querfeld; Streufeld;
earth's horizontal — Horizontalkomponente f des Erdfeldes;
earth's magnetic — Erdmagnetfeld;
earth's vertical — Vertikalkomponente f des Erdfeldes;
electrostatic — elektrostatisches Feld;
extraneous — äußeres Feld, Streufeld;
fixed — feststehendes Feld;
homogeneous — homogenes Feld;
induction — Induktionsfeld;
jumpering — **of l. d. f.**, Schaltaberfeld des Zwischenverteilers;
leakage — Streufeld;
longitudinal — Längsfeld;
magnetic — Magnetfeld;
moving — Wanderfeld, bewegliches Feld;
oscillating — **oscillatory** — (schnelles) Wechselfeld, schwingendes Feld;
quadrature — Feld aus zwei senkrecht zueinander stehenden Komponenten, Wellenfeld;
radiation (magnetic) — (magnetisches) Strahlungsfeld;
resultant — resultierendes Feld;

field
  rotating — Drehfeld, umlaufendes Feld;
  static — statisches Feld;
  steady (magnetic) — (magnetisches) Gleichfeld;
  stray — Streufeld;
  superposed — überlagertes Feld;
  transverse — Querfeld;
  travelling — Wanderfeld;
  variable — veränderliches Feld
  — **break switch** Magnetausschalter m; [f;
  — **coil** Feldspule f, Feldwicklung
  — **deformation, — distortion** Feldverzerrung f;
  — **distribution** Feldverteilung f;
  — **intensity** Feldintensität f, Feldstärke f;
  — —, **electric** elektrische Feldstärke f;
  — —, **magnetic** magnetische Feldstärke f;
  — **magnet** Feldmagnet m;
  — **projection** Magnetzahn m;
  — **regulator** Feldregler m;
  — **rheostat**, Feldwiderstand m;
  — **strength** Feldstärke f;
  — **system** Feldsystem n, Ständer m;
  — **trial** Betriebsversuch m.
figure Form f, Gestalt f; Zahl f, Ziffer f;
  — **of merit** Güteziffer f, Ansprechstromstärke f eines Relais, Güte f einer Verstärkerröhre (v. merit);
  — **blank** Zahlenblank n, Zahlenweiß n, T;
  — **shift** Zahlenwechsel m, Zahlenumschaltung f, T;
  — **space**, Zahlenabstand m, Zahlenblank n, T;
  — **system, three- (four-)** (Zehn-) Tausendersystem n, drei- (vier)stelliges System n, A.

filament Draht m, Drahtstück n; Faden m; Glühfaden m, Glühkathöbe f;
  carbon — Kohlefaden m;
  heated — Heizfaden m, Glühfaden m, Brenner m;
  incandescent — Glühfaden m;
  oxide-coated — Oxydfaden m, Oxydkathode f;
  — **battery** Heizbatterie f;
  — **current** Heizstrom m, Fadenstrom m;
  — **energy consumption** Heizenergie f, Energieverbrauch m des Heizfadens;
  — **power** Heizleistung f;
  — **resistance** Fadenwiderstand m, Heizwiderstand m;
  — **rheostat** Heizwiderstand m;
  — **screening grid** Raumladegitter n;
  — **seals** pl Einschmelzstellen pl des Glühfadens;
  — **voltage** Fadenspannung f;
  — **volts** pl Heizspannung f;
  — **wattage** Heizleistung f.
filamentary drahtförmig, fadenförmig;
  — **cathode** Fadenkathode f;
file I. feilen; Gesuche, Pa'ente einreichen;
  II. Feile f, Bündel n, Stoß m, Stapel m Papiere;
  contact — Kontaktfeile f;
  saw — Sägenfeile f;
  — **number** Eingabenummer n, Aktenzeichen n (of a patent application einer Patentanmeldung). [licht n.
filings pl Feilspäne pl, Fei-
fill füllen, to — in ausfüllen (Vermerke), to — up nachfüllen.
filling Füllen n, Füllung f;
film Haut f, Schicht; f Oszillogramm n,
  — **of oxide** Oxydhäutchen n, Oxydschicht f.

filter I. filtrieren, to — out aussieben;
II. Filter *n*, Siebgebilde *n*, Siebkette *f*;
band (pass) — Bandfilter *n*, Siebkette *f*, Doppelsieb *n*;
brand —, broad Siebkette *f* mit großer Lochbreite;
high-pass —, infra —, lower limiting — Kondensatorkette *f*;
low-pass — Spulenkette *f*, HF-Sperrkette *f*;
multi-mesh — mehrgliedriges Siebgebilde *n*;
separating — elektrische Weiche *f*;
suppression — Sperrfilter *n*, Sperrkreisgebilde *n*;
transmission — Siebgebilde *n*, Übertragungsfilter *n*;
two-section — zweigliedrige Siebkette *f*;
ultra —, upper limiting — Spulenkette *f*;
wave — Wellenfilter *n*;
— **chain** Siebkette *f*;
— **circuit** Siebkreis *m*, Filterkreis *m*;
— **section** Kettenleiterglied *n*, Siebmasche *f*, Filterglied *n*.
filtering circuit Filterkreis *m*, Siebgebilde *n*.
filtration Siebung *f*.
fin Flosse *f*, (Kühl-)Rippe *f*;
— **aerial, skid-** Flossenantenne *f* der Flugzeuge.
finder Sucher *m*, Finder *m*, Anrufsucher *m*, *A*;
direction — Richtungsfinder *m*, Peilfunkempfänger *m*;
line — Anrufsucher *m*, *A*;
— —, **subscriber's** erster Anrufsucher *m*;
— —, **trunk** zweiter Anrufsucher *m*; [*m*, *A*;
relay — Relais-Anrufsucher
— **switch,** Anrufsucher *m*, *A*;

finding Aufsuchung *f*, Bestimmung *f*;
wireless direction — drahtlose Richtungsbestimmung *f*;
— — — **plant** Funkpeilanlage *f*;
— — — **receiver** Peilfunkempfänger *m*;
— — — **station** Peilfunkstelle *f*;
— — — **transmitter** Peilfunksender *m*;
wireless position — drahtlose Ortsbestimmung *f*.
— **action** Anrufsuchen *n*, Freisuchen *n*, Freiwählen *n*, *A*.
fine dünn, fein.
finger Finger *m*;
contact — Kontaktfinger *m*.
— **hole** Fingeröffnung *f*, Greifloch *n* der Wählerscheibe *A*.
— **stop** Fingeranschlag *m*, *A*;
— **wheel** Fingerscheibe *f*, *A*.
finial head piece Aufsatz *m*, Stangenaufsatz *m*, *B*.
finish I. beendigen, enden, aufhören, fertig bearbeiten;
II. Vollendung *f*, Fertigstellung *f*; Ausführung *f*;
black — schwarze Lackierung *f* eines Apparates;
tropical — Tropenausführung *f*.
finite endlich *M*, begrenzt.
fir Kiefer(nholz *n*) *f*.
fire Feuer *n*, Brand *m*;
— **alarm** Feuermelder *m*;
— — **circuit** Feuermeldeleitung *f*;
— — **signal box** Feuermelder *m*;
— — **telegraph** Feuerwehrtelegraph *m*;
— **extinguisher** Feuerlöscher *m*;
— **extinguishing cover** Feuerlöschdecke *f*;
— — **appliances** *pl* Feuerlöschgerät *n*;
— **hose** Feuerschlauch *m*;
— **insurance** Feuerversicherung *f*;

fire resisting feuersicher;
- – – **paint** feuersicherer Anstrich m;
- **risk** Feuersgefahr f;
- **station** Feuerwache f.

first section Anlaufstrecke f (of a coil cable eines Pupinkabels).

fishplate Fischplatte f, Lasche f.

fit anbringen (on an), anpassen, einrichten (for für), to – out ausrüsten (with mit), to – an equation einer Gleichung entsprechen ober genügen M.

fitter Monteur m.

fitting Ausrüstung f, Montage f;
pole –s pl Stangenausrüstung f, B.   [n, T.

five-unit code Fünferalphabet

fix festlegen, festsetzen, bestimmen, befestigen.

fixed feststehend.
- **time call** Ferngespräch n zu bestimmter Zeit.

fixing bath Fixierbad n.

fixture Lehre f, Vorrichtung f, Futter n für den Zusammenbau von Teilen.

flag I. mit Fliesen belegen; II. Fliese f.

flame Flamme f; [flammbar;
- **-proof** feuersicher, unent-
- **-proofed** feuersicher gemacht, unentflammbar gemacht;
- **transmitter** Flammenmikrophon n.

flammable entflammbar.

flange Flansch m, Flansche f, Rand m, Spurkranz m;
cooling – Kühlflansch m, Kühlrippe f;
pipe – Rohrflansch m.

flank Seite f, Flanke f.

flannel Flanell m.

flap Klappe f (Rohrpost).

flash I. aufflammen, aufleuchten, funken, feuern (Kollektor), Blink- oder Flackerzeichen geben, blinken F, to – in (to circuit) durch Blinken das Amt zum Eintreten veranlassen F; II. Aufleuchten n, Feuern n, Funken n, Blinken n;
ligthning – Blitzschlag m.

flashing Feuern n am Kommutator; Blinken n, F;
lamp – Blinkzeichen n, Flackerzeichen n, F;
side- – (of lightning) Abspringen n (des Blitzes).
- **-over** Rundfeuer n am Kollektor.

flash lamp Blinklampe f, Signallampe f, Morselampe f; Taschenlampe f;
- – (dry cell) **battery** Taschen(lampen)batterie f;

flashover Überschlag m eines Funkens.

flat flach;
- **-headed** flachköpfig.

flatten abflachen.

flat-topped oben abgeflacht;
- **tuning** unscharfe Abstimmung f.

flatwise wound flachgewickelt.

flaw Flinse f, Sprung m, Riß m.

flax yarn Leinengarn n.

fleet Flotte f, Wagenpark m.

flexibility Biegsamkeit f, Anpassungsvermögen n.

flexible I biegsam, geschmeidig, federnd, anpassungsfähig; II. Litze f, Litzendraht m;
- **contact** federnder Kontakt m.

flicker flackern.

flickering Flackern n;
- **signal** Flackerzeichen n, Blinkzeichen n, F.

flint glass Flintglas n.

flip-flap telegraph system Klipp-Klapp-Telegraphensystem n, bei dem abwechselnd in jeder von beiden Richtungen ein Drudbuchstabe gesandt wird.

float I. schwimmen, schwemmen.
II. Floß *n*.
floated in cement in Zement eingeschwemmt, einzementiert.
floor Fußboden *m*;
concrete — Zementfußboden *m*, Betonfußboden *m*;
false — Zwischendecke *f*, Zwischenboden *m*;
– stand Bodengestell *n* für Sammler usw.
flow I. fließen;
II. Fluß *m*, Fließen *n*;
energy — Energiefluß *m*;
– of current Fließen *n* des Stromes;
– – electrons Elektronenfluß *m*.
fluctuate fluktuieren, schwanken.
fluctuation Schwankung *f*, Fluktuation *f*, Fluktuieren *n*.
– of current Stromschwankungen *pl*, Fluktuieren *n* des Stromes.
fluid Flüssigkeit *f*, Fluidum *n*;
exciting — Erregerflüssigkeit *f* eines Elements.
fluorescence Fluoreszenz *f*.
flush in einer Ebene liegend (with mit);
– box versenkter Kabelkasten *m*, kleiner Kabelbrunnen *m*.
fluted gerillt, ausgekehlt.
flutter I. wogen, schwanken, flattern;
II. schnelle, unregelmäßige Bewegung *f*, Schwanken *n*;
– effect Flatterwirkung *f*, Flattereffekt *m*.
flux Fluß *m*, the — threads with a coil der Fluß durchsetzt eine Spule oder geht durch eine Spule;
alternating — Wechselfluß;
circular — Kreisfluß;
cross- — Streuung *f*, Streufluß;
leakage — Streufluß;
magnetic — magnetischer Fluß;
net — wirksamer magnetischer Fluß;
stray — Streufluß;
total — Gesamtfluß, gesamte Kraftlinienzahl *f*;
– density Flußdichte *f*;
– path magnetischer Kraftlinienweg *m*.
flywheel Schwungrad *n*;
– circuit Schwungradkreis *m*.
focus I. im Brennpunkt vereinigen, im Brennpunkt einstellen;
II. Brennpunkt *m*, Fokus *m*.
fog Nebel;
frozen — Rauhreif *m*;
– – formation Rauhreifbildung *f*.
foil Folie *f*, Blatt *n*;
gold — Goldblatt *n*, Goldfolie *f*;
tin — Zinnfolie *f*, Stanniol *n*.
fold I. falten;
II. Falte *f*.
foot *pl* **feet** I. (ab: ft) Fuß *m*, $= 12$ inches $= 30{,}4797$ cm;
II. Fuß *m*, Unterteil *m*, Schenkel *m*;
square — Quadratfuß *m*, $= 9{,}29$ dm^2;
cubic — Kubikfuß *m*, $= 28{,}316$ dm^3;
– pound Fußpfund *n*, $13{,}562 \cdot 10^6$ Erg.;
– rest Fußleiste *f*, Fußbrett *n*.
footing Fuß *m*;
– of a pole Mastfuß *m*;.
footstep bearing Fußlager *n*, Stehlager *n*.
footway Fußsteig *m*, Bürgersteig *m*.
force I. zwingen, erzwingen;
II. Kraft *f*;
attractive — Anziehungskraft;
coercive — Koerzitivkraft;

force
  controlling — Richtkraft;
  deflecting — Ablenkungskraft;
  directing — Richtkraft;
  gravitational — Erdanziehungskraft;
  horizontal — Horizontalintensität f;
  magnetizing — magnetisierende Kraft;
  opposing — Gegenkraft;
  repulsive — Abstoßungskraft;
  retentive —, electrostatic elektrische Klebkraft;
  tractive — Zugkraft;
  unit — Kraft eins, Einheit f der Kraft;
  vertical — Vertikalintensität f;
  line of — Kraftlinie f;
  —s — —, to cut or **intersect magnetic** magnetische Kraftlinien schneiden.
  — of attraction Anziehungskraft;
  — of repulsion Abstoßungskraft.
forced oscillation, — vibration erzwungene Schwingung f.
forecast I. vorhersagen; planen; II. Vorhersage f.
  weather — Wettervorhersage f, Wetterbericht m.
foreman Vorarbeiter m.
forge schmieden.
fork I. gabeln, sich gabeln; II. Gabel f;
  double-pronged — zweizinkige Gabel f;
  tuning — Stimmgabel f.
forked circuit gegabelter Stromkreis m, gegabelte Leitung f T;
  — multiplex telegraph Mehrfachtelegraph m in Gabelschaltung;
  — repeater Gabelübertragung f; Übertrager m mit einer ankommenden und zwei abgehenden Richtungen T.
fork-shaped gabelförmig;
  — tines pl Gabelzinken pl.
form I (sich) bilden, Sammlerplatten formieren, to — out a cable ein Kabel ausformen; II. Gestalt f, Form f, Vordruckblatt n, Formular n;
  message — Telegrammvordruck m.
  — factor Formfaktor m.
formaldehyde Formaldehyd n.
formation Bildung f, Formierung f, Formieren n der Sammlerplatten.
formed plate formierte Platte f.
former Schablone f, Rahmen m;
  — of a coil Spulenrahmen m.
forming Formieren n der Sammlerplatten.
  — — out of a cable Ausformen n eines Kabels, Herstellung f eines Kabelzopfes.
formula Formel f;
  approximate — Näherungsformel f.
Foucault currents pl Wirbelströme pl, Foucaultströme pl.
foundation Grundlage f, Fundament n;
  concrete — Betonfundament n;
  mast —, pole — Mastfundament n;
  — bolt Fundamentschraube f, Fundamentanker m;
  — sketch Fundamentzeichnung f.
Fourier's series Fouriersche Reihe f;
  — theorem Fourierscher Satz m.
four-pole, four-polar vierpolig;
  — — wire circuit Vierbrahtleitung f, K;
  — — core Vierer m, Viererbündel n;
  — — operation Vierbrahtbetrieb m, K.

fraction Bruch *m*, Bruchteil *m*, Bruchstück *n*;
decimal — Dezimalbruch *m*.
fracture I. zerbrechen, brechen; II. Bruch *m* eines Isolators, Riß *m*; Zerbrechen *n*.
fragile zerbrechlich.
frame Rahmen *m*, Gestell *n*;
batterie — Batteriegestell *n*;
distribution — Verteilergestell *n*;
— —, **intermediate** (*ab*: i. d. f.), Zwischenverteiler *m*;
— —, **main** (*ab*: m. d. f.), Hauptverteiler *m*.
main — Hauptverteiler *m*;
manhole — Deckrahmen *m* des Kabelbrunnens;
moving — Drehrahmen *m*, drehbare Rahmenantenne *f*;
supporting — Traggestell *n*;
switch — Schaltergestell *n*; Wählergestell *n*, *A*; [*f*, *R*;
plane of — Rahmenebene
- **aerial** Rahmenantenne *f*;
- **structure** Rahmenwerk *n*.
framework Rahmen *m*, Rahmenwerk *n*.
framing Umrahmung *f*.
Franke machine Frankesche Maschine *f*.
fray ausfransen, abscheuern (z. B. die Isolation).
frank I. frei machen, frankieren; II. frei, portofrei.
franking machine Frankiermaschine *f*.
free I. befreien, frei machen; II. frei;
- - **standing** freistehend;
- **vibration** freie Schwingung *f*.
freeze gefrieren, kleben (vom Anker).
frequency Frequenz *f*, Wechselzahl *f*, Schwingungszahl *f*, Häufigkeit *f*;
- **in periods per second** Frequenz in Perioden je Sekunde, Hertz;
- **in radians** Kreisfrequenz (in Bogenmaß);
acoustic —, **audible** — Hörfrequenz, Tonfrequenz;
audio= — Hörfrequenz, Tonfrequenz;
— —, **sub**- Unter-Hörfrequenz;
— —, **ultra**- Über-Hörfrequenz;
base — Grundfrequenz;
beat — Schwebungsfrequenz, Interferenzfrequenz;
carrier — Trägerfrequenz;
charge — Ladungsfrequenz eines Kondensators;
combination — Schwebungsfrequenz, Kombinationsfrequenz;
component — Frequenzkomponente *f*;
cut-off — Grenzfrequenz;
— — — —, **upper (lower)** obere (untere) Grenzfrequenz;
discharge — Entladungsfrequenz eines Kondensators;
dot — Telegraphier-Grundfrequenz;
first resonating — Resonanz-Grundfrequenz; [quenz;
fundamental — Grundfrequenz;
group — Wellenzugfrequenz *R*;
high — (*ab*: h. f.) Hochfrequenz (*ab*: Hf);
impulse — Impulsfrequenz *A*;
limiting — Grenzfrequenz;
low — (*ab*: l. f.) Niederfrequenz, Nf.;
mean — mittlere Frequenz;
medium frequencies *pl* mittlere Frequenzen *pl*;
modulating frequency Modulationsfrequenz;
natural — Eigenfrequenz, Eigenschwingungszahl *f*;

frequency
radio — Funkfrequenz, Hochfrequenz, Radiofrequenz;
resonance —, **resonant** — Resonanzfrequenz;
ripple — Kommutierungsfrequenz; Welligkeitsfrequenz;
side —, **(upper, lower)** (obere untere) Seitenbandfrequenz R;
signal — Zeichenfrequenz R;
signalling — Signalisierungsfrequenz F, Telegraphierfrequenz T;
spark — Funkenfrequenz, Wellenzugfrequenz R;
telegraph(ic) — Telegraphierfrequenz;
telephone frequencies pl, **telephonic** — pl Fernsprechfrequenzen pl;
voice frequency Sprechfrequenz;
wave-train — Wellenzugfrequenz;
zero — Frequenz Null;
— — **current** Gleichstrom m, Strom m von der Frequenz null;
zero-beat — Schwebungsfrequenz Null;
band or **range of frequencies** Frequenzbereich m, Frequenzband n;
dependency on — Frequenzabhängigkeit f;
dependent on — frequenzabhängig;
doubling of — Frequenzverdopplung f;
independence of — Frequenzunabhängigkeit f;
independent of — frequenzunabhängig;
variable with — frequenzabhängig, mit der Frequenz veränderlich;

variation of — Frequenzschwankung f;
variation with — Änderung f mit der Frequenz, Frequenzabhängigkeit f;
— **band** Frequenzband n;
— **changer** Frequenzwandler m;
— —, **static** ruhender oder statischer Frequenzwandler m;
— **characteristic** Frequenzabhängigkeitskennlinie f;
— **distortion** Frequenzverzerrung f, Verzerrung f zweiter Art L;
— **meter** Frequenzmesser m;
— —, **resonance** Resonanzfrequenzmesser m;
— **multiplier** Frequenzwandler m;
— **range** Frequenzbereich m;
— —, **speech** Sprechfrequenzbereich m;
— **response characteristic** Frequenzempfindlichkeitskennlinie f;
— **selecting connector** Leitungswähler m mit Frequenzwahl für Gesellschaftsleitungen, A;
— **sensitivity** Frequenzempfindlichkeit f;
— **sifter** Frequenzsieb n, Wellenschlucker m;
— **spectrum** Frequenzspektrum n;
— **telegraphy, voice-** Tonfrequenztelegraphie f;
— **transformation** Frequenzumformung f, Frequenzwandlung f;
— **transformer** Frequenzwandler m;
— **trap** Wellenschlucker m, Sperrkreis m.
frequent häufig;
high- — hochfrequent, hochperiodig;
low- — niederfrequent, niederperiodig.

friction Reibung *f*;
- **disc** Reibscheibe *f*, Friktionsscheibe *f*;
- **drive** Reibantrieb *m*, Friktionsantrieb *m*;
- **load** Reibungslast *f*, Reibungsverlust *m*;
- **metal, anti-** Lagermetall *n*;
- **-tight** im Reibsitz, durch Reibung festgehalten;
- **wheel** Reibrad *n*, Reibscheibe *f*, Friktionsrad *n*.

frictional Reibungs- . . .;
- **electricity** Reibungselektrizität *f*.

front I. Vorderseite *f*, Stirn *f*, in − vorn; II. vordere(r); [front *f*; **wave** − Wellenstirn *f*, Wellen-
- **view** Vorderansicht *f*.

frost Frost *m*, Kälte *f*.

frosted glass Milchglas *n*.

fulcrum Drehpunkt *m*, Stützpunkt *m* eines Hebels;
- **bar** Lagerschiene *f* für Hebel.

fulcrumed unterstützt, drehbar gelagert.

full voll, vollständig, in − vollständig;
- **load** Vollast *f*.

fullerboard Preßspan *m*.

fume Dampf *m*, Dunst *m*;
acid **-s** *pl* Säuredämpfe *m pl*.

function I. arbeiten, funktionieren, wirken; II. Tätigkeit *f*, Wirksamkeit *f*, Amt *n*, Funktion *f*, *M*.
Bessel's − Besselsche Funktion *f*;
circular − Kreisfunktion *f*;
even − gerade Funktion *f*;
exponential − Exponentialfunktion *f*;
hyperbolic − hyperbolische Funktion *f*;
odd − ungerade Funktion *f*;

periodic − periodische Funktion *f*;
simple − einfache Funktion *f*;
single valued − einwertige Funktion *f*;
transcendental − transzendente Funktion *f*;
trigonometric − trigonometrische Funktion *f*.

fundamental I. grundlegend, Grund- . . .; II. Grundton *m*, Grundschwingung *f*;
- **component** Grundkomponente *f*;
- **frequency** Grundfrequenz *f*;
- **note** Grundton *m*;
- **oscillation** Grundschwingung *f*;
- **tone** Grundton *m*;
- **wavelength** Grundwellenlänge *f*, Grundwelle *f*.

funnel Trichter *m*, Pfeife *f*, Esse *f*, Schornstein *m*;
inlet − Einführungspfeife *f*;
- **shaped aerial** Trichterantenne *f*.

furnace Ofen *m*;
muffle − Muffelofen *m*.

fuse I. schmelzen, abschmelzen, to − a fuse eine Sicherung durchbrennen; II. Schmelzeinsatz *m*, Sicherung *f*, Abschmelzsicherung *f*;
alarm type − Meldesicherung;
blown − durchgebrannte Sicherung;
cartridge − Patronensicherung, Stöpselsicherung;
dummy − Blindsicherung;
glas tube − Glasrohrsicherung Grobsicherung *F*, *T*;
h. f. − Hochfrequenzsicherung;
lamp − Lichtsicherung;
main − Hauptsicherung;
plug − Stöpselsicherung;
safety − Sicherung;

fuse
 strip — Streifensicherung;
 blowing or **fusing** or **melting of a** — Durchbrennen n, Abschmelzen n ober Ansprechen n einer Sicherung;
 — **board** Sicherungstafel f, Sicherungsgestell n;
 — **box** Sicherungskasten m;
 — **fitting** Sicherungsleiste f;
 — **mounting** Sicherungssockel m;
 — **panel** Sicherungsbrett n;
 — **strip** Sicherungsleiste f; Abschmelzstreifen m;
 — **wire** Schmelzdraht m, Sicherungsdraht m.

fused durchgebrannt, durchgeschlagen; [Apparat m.
 — **apparatus** durchgebrannter
fusible schmelzbar.
fusing current Abschmelzstrom m;
 — **point** Schmelzpunkt m;
 —, **time of** Abschmelzbauer f, Abschmelzzeit f.

G.

Gage (am.) = gauge Lehre f, Maß n.
gain I. gewinnen, entdämpfen; II. Gewinn m, Verstärkungsmaß n, Entdämpfung f, Verstärkungsüberschuß m, Verstärkung f, V;
 repeater — Entdämpfung f in den Fernsprechverstärkern;
 transmission —, — **in transmission equivalent** Entdämpfung f in Übertragungsmaß, V;
 — **control** Verstärkungsregelung f;
 — **controller**, — **regulator** Verstärkungsregler m, Schwächungswiderstand m bei den Fernsprechverstärkern;
 — -**frequency curve** Entdämpfungs-Frequenzkurve f, Verlauf m der Entdämpfung in Abhängigkeit von der Frequenz;
 — **measuring device** Entdämpfungsmesser m.
gale Sturm m.
galena Bleiglanz m (PbS).
gallery Bühne f, Galerie f.
galvanic(al) galvanisch;
 — **cell** galvanisches Element n.
galvanisation Galvanisierung f.
galvanise galvanisieren, verzinken (auch Feuerverzinkung).
galvanised iron wire verzinkter Eisendraht m.
galvanising Verzinkung f, Verzinken n.
galvanometer Galvanometer n;
 ballistic — ballistisches Galvanometer;
 ball shield — Kugelpanzergalvanometer;
 mirror — Spiegelgalvanometer;
 moving coil — Drehspulgalvanometer;
 pointer — Zeigergalvanometer;
 reflecting — Spiegelgalvanometer;
 string — Saitengalvanometer;
 tangent — Tangentenbussole f;
 thermo-— Thermogalvanometer;
 thread — Fadengalvanometer;
 vibration — Vibrationsgalvanometer;
 — **constant** Galvanometerkonstante f;
 — **spot** Lichtzeiger m des Galvanometers.
galvanoscope Galvanoskop n.

gang Spiel *n*, Satz *m*; Bautrupp *m*, Trupp *m*, Kolonne *f*;
construction — Bautrupp *m*;
repair — Störungstrupp *m*, Instandsetzungstrupp *m*;
— **of punches** Stempelsatz *m*, T.
gap Zwischenraum *m*, Spalt *m*, Funkenstrecke *f*;
to set a — eine Funkenstrecke einstellen;
air — Luftspalt *m*;
discharge — Entladestrecke *f*;
spark — Funkenstrecke *f* (v. spark);
sparking — Schneidenblitzableiter *m*;
sphere — Kugelfunkenstrecke *f*;
— **breakdown** Funkenüberschlag *f*;
— **gauge** Rachenlehre *f*;
— **separation** Spaltbreite *f*, Elektrobenabstand *m* der Funkenstrecke.
gas I. gasen, kochen (Sammler); II. Gas *n*;
to evolve — Gas entwickeln;
coal —, **illuminating** — Leuchtgas *n*;
rare — Edelgas *n*;
residual — Gasrückstand *m*, V;
absence of —**es** Gasfreiheit *f*, V;
conduction through —**es** Leitung *f* der Gase;
formation of — Gasentwicklung *f*;
free of —**es** gasfrei, V;
— **content** Gasgehalt *m*, V;
— **engine** Gasmotor *m*;
— -**filled** gasgefüllt;
— **leakage** Gasaustritt *m* in Kabelbrunnen;
— **path** Gasstrecke *f*;
— **tar** Gasteer *m*.
gaseous gasförmig;
— **conduction** Leitung *f* durch Gase;
— — **lamp** Glimmlampe *f*;
— -**path** Gasstrecke *f*.
gassing Gasen *n*, Gasentwicklung *f*.
gauge I. eichen;
II. Lehre *f*, Kaliber *n*, Druckmesser *m*, Manometer *n*;
battery — Batterieprüfer *m*, Batteriegalvanometer *n*;
British Standard — (*ab*: B.S.G.) Britische Normal-Drahtlehre *f*;
gap — Rachenlehre *f*;
heavy- — ... stark (besonders vom Draht);
ligth- — ... schwach, dünn (besonders vom Draht);
micrometer — Mikrometerschraube *f*;
pressure — Manometer *n*, Druckmesser *m*;
slide — Schublehre *f*;
wire — Drahtlehre *f*;
— **cable, small-** dünndrähtiges Kabel *n*;
— **railway, narrow-** Schmalspurbahn *f*;
— —, **standard** Normalspurbahn *f*;
— **wire, small (heavy)** schwacher (starker) Draht *m*.
gauss Gauß *n*.
gauze Gaze *f*, Gewebe *n*;
copper — Kupfergaze *f*, Kupfergewebe *n*;
— — **brush** Kupfergewebebürste *f*;
wire — Drahtgaze *f*;
— **brush** Gazebürste *f*;
gear I. eingreifen (with in); II. Getriebe *n*, Gerät *n*, Geschirr *n*, Werk *n*;
in — im Betrieb;
out of — außer Betrieb, in Unordnung;
to throw in (out of) — einrücken (ausrücken);

gear
bevel — Kegelrädergetriebe *n*;
— —, **equal ratio** Kegelrad=
übertragung *f* 1 : 1;
cardan — Karban *m*, Karban=
getriebe *n*;
head —, **headgear receiver**
Kopffernhörer *m*;
herringbone — Winkelzahn=
getriebe *n*, Getriebe *n* mit
Pfeilverzahnung;
reduction — Reduktionsge=
triebe *n*;
skew — Zahnrädergetriebe *n*
mit sich kreuzenden Wellen;
switch — Schaltwerk *n*, Schalt=
vorrichtung *f*;
trip — Auslösewerk *n*;
worm — Schneckengetriebe *n*.
gearing Triebwerk *n*, Getriebe *n*,
Räderübertragung *f*;
bevel — Kegelrädergetriebe *n*;
double helical — Getriebe *n*
mit Winkelverzahnung;
helical — Getriebe mit Schräg=
verzahnung;
herring-bone — Getriebe *n*
mit Pfeilverzahnung;
mitre(-wheel) — Winkelge=
triebe *n*;
spur — Stirnrädergetriebe *n*.
gear(ing) ratio Übersetzungs=
verhältnis *n* eines Getriebes.
generate erzeugen.
generating plant (Strom=)Er=
zeugungsanlage *f*;
— **tube**, — **triode**, — **valve**
Schwingröhre *f*.
generation Erzeugung *f*;
— **of current** Stromerzeugung;
— **of electricity** Elektrizitäts=
erzeugung;
— **of oscillations** Schwingungs=
erzeugung.
generator Erzeuger *m*, Genera=
tor *m*, Kurbelinduktor *m*;

a. c. — Wechselstromerzeuger
m, Wechselstromgenerator *m*;
arc — Lichtbogengenerator *m*;
charging — Ladenmaschine *f*,
Ladedynamo *f*;
double voltage — Generator *m*
für zwei Spannungen;
electron tube — Röhrengene=
rator *m*, Röhrensummer *m*;
external armature — Innen=
polgenerator *m*;
hand — Kurbelinduktor *m*;
harmonic — Sinuswellen=
generator *m*;
h. f. — Hochfrequenzerzeuger
m, Hochfrequenzmaschine *f*;
internal pole — Innenpol=
maschine *f*;
magneto — Kurbelinduktor *m*,
Magnetinduktor *m*;
oscillation — Schwingungs=
erzeuger *m*;
— —, **heterodyne** Überlagerer
m, *R*;
salient pole — Generator *m*
mit nach den Polkanten zu
erweitertem Luftspalt;
— — —, **non-** Generator *m*
mit gleichförmigem Luftspalt;
series — Hauptschlußdynamo *f*;
shunt — Nebenschlußdy=
namo *f*;
sound — Schallerzeuger *m*;
three-wire — Dreileiterdy=
namo *f*;
wave — Schwingungserzeu=
ger *m*;
— —, **buzzer** Summer *m*;
— **call** Induktoranruf *m*, *F*;
— **end** Erzeugerseite *f*, Sender=
seite *f*, Speiseseite *f* einer Lei=
tung;
— **hum** Maschinengeräusch *n*,
Kollektorgeräusch *n*;
— **triode** Senderohr *n*.
Geneva-stop mechanism Mal=
teserkreuzgesperre *n*.

geometric(al) geometrisch.
geometry Geometrie f;
plane — ebene Geometrie.
German silver, Neusilber n (4 Cu, 1 Zn, 2 Ni).
gilbert Gilbert n (Einheit der magnetomotorischen Kraft).
gild vergolden.
gilt vergoldet.
girder Binder m, Tragbalken m.
lattice — Gitterträger m.
g. i. wire = galvanised iron wire verzinkter Eisendraht m.
glace cotton Glanzgarn n.
glass Glas n;
flint — Flintglas n;
frosted — Milchglas n;
sand — Sanduhr f;
water- — Wasserglas n, (K_4SiO_4, Na_4SiO_4);
- bulb Glaskolben m, Glasbirne f;
- paper Glaspapier n;
- top Glasdeckel m;
-topped mit einem Glasdeckel versehen;
- tube fuse Glasrohrsicherung f, Grobsicherung f;
- walls pl Glaswandung f.
glazed glasiert, geglättet;
- cotton Glanzgarn n.
glazing Glasur f.
glide I. gleiten;
II. Gleiten n.
globe Kugel f.
gloves, India-rubber pl Gummihandschuhe pl.
glow I. glühen, glimmen;
II. Glühen n, Glimmen n;
blue — I. glimmen, blaues Glimmlicht zeigen, V;
II. blaues Glimmlicht n, negatives Glimmlicht n;
- discharge Glimmentladung f.
glower (Nernst-)Glühkörper m.
glue I. leimen; II. Leim m;
marine — Marineleim m.

glycerin(e) Glyzerin n.
goggle, protective Schutzbrille f.
gold Gold n (Au);
- foil Goldblatt n, Goldfolie f;
- wire relay Golddrahtrelais n für Seekabel.
gong Glockenschale f;
bell — Glockenschale f;
coiled-wire — Klangfeder f des Münzfernsprechers;
cup-shaped — Kelchglocke f;
sheep — Schalmeiglocke f;
- support Glockenhalter m.
goniometer Goniometer n, Winkelmesser m;
radio — Funkkompaß m, Radiogoniometer n.
govern regeln, besonders Geschwindigkeit.
governing impulse Gleichlaufstromstoß m, T;
- mechanism Reglerwerk n.
government call Staatsgespräch n, F.
governor Regler m;
centrifugal — Fliehkraftregler m, Zentrifugalregler m;
fan — Windfangregler m;
pendulum —, **(conical)** Pendelregler m.
gradation Grad m, Abstufung f, Stufenfolge f;
by —s of in Stufen von, in Abständen von.
grade Stufe f, Grad m;
high- — hochwertig.
graded abgestuft.
gradient Steigung f, Neigung f, Gradient m;
potential — Spannungsgradient m.
grading Staffelung f, A;
- scheme Staffelungsplan m, A.
gradual allmählich, stufenweise.
graduate I. einteilen, grabuieren (sich) abstufen;
II. abgestuft.

graduated circle Teilkreis *m*. Kreisteilung *f*;
— **tube** Meßröhre *f*.
graduator Induktanzspule *f*, Grabuator *m*.
grain (*ab*: gr.) Korn *n*; Gewicht: = 0,064 799 g;
— **size** Korngröße *f*, Körnung *f*.
grained körnig, faserig;
 coarse-— grobkörnig;
 fine-— feinkörnig;
 straight-— längs gefasert.
gram(me) Gramm *n*.
gramophone Grammophon *n*;
— **disc** Grammophonplatte *f*;
— **needle** Grammophonnadel *f*.
granular körnig, Körner- ....
granulation Körnung *f*.
granule Korn *n*;
 carbon — Kohlenkorn *n*;
 — — **transmitter** Kohlenkörnermikrophon *n*.
graph I. graphisch darstellen, durch eine Kurve darstellen; II. Schaulinie *f*, Kurvendarstellung *f*, Kurvenblatt *n*.
graphic(al) graphisch.
graphite Graphit *m*.
graphitic graphitisch.
grapple I. dreggen, mit einem Anker suchen; II. Greifklaue *f*, Greifer *m*.
grappling Dreggen *n*.
grapnel Dregganker *m*, Suchanker *m*;
 cutting — Schneidanker *m*, für Seekabel.
grating Gitter *n*, Gräting *f*.
gravitation Erdanziehung *f*, Schwerkraft *f*, Gravitation *f*, Massenanziehung *f*.
gravitational force Schwerkraft *f*, Erdanziehungskraft *f*.
gravity Schwere *f*, Gewicht *n*;
 centre of — Schwerpunkt *m*;
 specific — spezifisches Gewicht *n*;

— **-controlled armature** Anker *m* mit Gegengewicht;
— **tube** Fallrohr *n* zur Beförderung von Zetteln usw.
grease I. ölen, fetten; II. Fett *n*, Schmiere *f*;
— **lubrication** Fettschmierung *f*.
green grün.
grey(ish) grau;
 light — hellgrau.
grid Gitter *n*;
 anode-screening — Anodenschutznetz *n*, Schutzgitter *n*;
 coarse — weitmaschiges Gitter *n*;
 control — Steuergitter *n*;
 filament-screening — Raumladegitter *n*;
 fine — engmaschiges Gitter *n*;
 lead — Bleigitter *n* der Sammler;
 open — weitmaschiges Gitter *n*;
 space-charge — Raumladegitter *n*; [chung *f*;
 talking to the — Gitterbespre-
— **battery** Gitterbatterie *f*;
— **bias** Gittervorspannung *f*;
— **blocking condenser** Gitterblockkondensator *m*;
— **circuit** Gitterkreis *m*;
— **condenser** Gitterkondensator *m*;
— **control** Gitterbeeinflussung *f*, Gittersteuerung *f*, Gittertastung *f*, Gitterbesprechung *f*;
— **coupling** Gitterkreiskopplung *f*;
— **current** Gitterstrom *m*;
— —, **reverse** negativer Gitterstrom *m*;
— **-filament circuit** Gitter-(Faden-)Kreis *m*, Eingangskreis *m* der Röhre; [*n*, *F*;
— **indicator** Gitterschauzeichen
— **leak (resistance)** Gitterwiderstand *m*, Gitternebenschluß *m*, Gitterableitung *f*;

grid mesh Gittermasche f;
- **modulation** Gittermodulation f, Gitterbesprechung f;
- **plate** Gitterplatte f des Sammlers;
- **potential** Gitterspannung f, Gitterpotential n;
- —, **biasing** Gittervorspannung f;
- —, **zero** Spannung f des isolierten Gitters;
- **tuning** Gitterkreisabstimmung f;
- **valve, multiple** Mehrgitterröhre f;
- **voltage** Gitterspannung f;
- —, **biasing, priming** or **initial** Gittervorspannung f.

grind schleifen.
grinders pl Knirschen n (Luftstörer) R.
grinding device Schleifvorrichtung f.
grind(ing) stone Schleifstein m.
grip I. greifen, packen, to — in festklammern;
II. Fassen n, Packen n, Greifen n; Greifer m;
cable — Ziehstrumpf m, Kabeleinziehstrumpf m, B;
eccentric — Froschklemme f B;
through— Durchgriff m, V;
wire — Draht-Ziehstrumpf m.

groove I. nuten, riefeln;
II. Rinne f, Einschnitt m, Kerbe f, Rille f;
neck — Halsrille f des Isola.ors, seitliches Drahtlager n, B;
oil — Ölnute f, Schmiernute f;
top — Kopfrille f, oberes Drahtlager n, B.

grooved geriffelt, gerillt.
ground I. erben;
II. Erde f, Erdschluß m, Erbung f, Grund m des Meeres;
protective — Schutzerdung f;
to connect to — an Erde legen;

- **circuit** Erdrückleitung f;
- **clamp** Erdschelle f;
- **detector** Erdschlußprüfer m;
- **line section** Erdzone f der Stangen B;
- **mat** Erdbrahtnetz n, R;
- **resistance** Erdungswiderstand m;
- **return** (am.) Erdrückleitung f;
- **terminal** Erdklemme f.
- **wire** Erddraht m; [m.
- —, **power** geerdeter Nulleiter

grounded geerdet, an Erde liegend;
- **circuit** Stromkreis m mit Erdrückleitung, Einzelleitung f.

grounding Erdung f, Erden n, Erdschluß m;
dead — vollständiger Erdschluß m.

group I. gruppieren;
II. Gruppe f;
sub-group Untergruppe f;
overlapping of —s Übereinandergreifen n von Gruppen A;
staggering — —s Staffeln n von Gruppen A;
- **frequency** Wellenzugfrequenz f, R;
- **selection** Gruppenwahl f, A.

grouping Gruppierung f, Anordnung f.
grow wachsen, größer werden.
growth Anwachsen n, Zunahme f.
grub screw Gewindestift m, Made(nschraube) f.
guarantee gewährleisten, garantieren.
guaranteed value Garantiewert m.

guard I. schützen, sichern (against gegen, from vor);
II. Schutz m, Schutzblech n, Schutzdeckel m;
barrier — Schutzgitter n, Schutzgestell n;

guard
stay— Scheuerpfahl m, Schutzpfahl m für Anker B;
— **net** Schutznetz n, B;
— **plate** Schutzplatte f, Schutzblech n;
— **ring** Schutzring m;
— **strip** Schutzleiste f;
— **wire, earthed or grounded** geerdeter Schutzdraht m, B.
guarding Schutzvorrichtung f;
cradle — U-förmiges Schutznetz n, B.
guide I. führen, leiten;
II. Führung f; Leitauge n;
paper — Papierführung f;
vertical — Vertikalführung f;
— **pin** Führungsstift m;
— **pulley** Packrolle f, Führungsrolle f;
— **roller** Führungsrolle f, Leitrolle f.
guiding holes pl Führungslöcher pl des Lochstreifens T;
— **pulley** Führungsrolle f, Packrolle f, B.
gum I. kleben, aufkleben;
II. Klebstoff m;
— **arabic** Gummiarabikum n;
— **elastic** Kautschuk m.
gummer Kleber m, Klebebeamter m, T.
gunmetal Kanonenmetall n, Bronze f.
guttapercha Guttapercha f;
coat of — Guttaperchaschicht f.
guy I. verspannen, verankern;
II. Anker m einer Stange;
side—— Seitenanker m.
— **line** Halteseil n, Gei f;
— **wire** Gei f, Pardune f, Drahtanker m;
— — **hook** Ankerhaken m.
gypsum Gips m.
gyrate kreisen.
gyration Kreisbewegung, Drehung f.
gyratory kreisend.

H.

Hafnium Hafnium n (Hf).
hairspring feine Feder f.
half-wave Halbwelle f.
hammer I. hämmern;
II. Hammer m, Klöppel m;
bell — Glockenklöppel m;
— **break** Hammerunterbrecher m, Wagnerscher Hammer m;
— - **shaped** hammerförmig.
hand Hand f, Zeiger m; Arbeiter m;
shift-the- —s correction Berichtigung f der Stellung der Verteilerbürsten durch (Vor- oder) Rückwärtsdrehen T;
minute — Minutenzeiger m;
— - **operated** handbedient;
— **rule** Dreifingerregel f, rechte-Hand-Regel f.

handle I. handhaben, gebrauchen, behandeln;
II. Handgriff m, Heft n, Stiel m, Griff m;
crank — Kurbelgriff m;
milled knob — gekordelter Knopf m, Kordelgriff m.
handset, telephone Sprechhörer m, Handapparat m, Mikrotelephon n.
handvice Feilkloben m, Schraubenzange f;
handwheel Handrad n.
hand work Handbetrieb m,
hang up (the receiver) (den Fernhörer) auflegen oder anhängen.
hanger Aufhänger m für Luftkabel usw.

hard hart;
- **drawn** hartgezogen;
- **rubber** Hartgummi n (m).
- **valve** harte Röhre f, V.
harden härten, erhärten, hart werden.
hardened gehärtet;
case — im Einsatz gehärtet.
hardenable härtbar.
hardening Härtung f, Erhärten n;
case — Einsatzhärtung f.
hardness Härte f (Stahl, Wasser);
- **test** Härteprüfung f.
hardwood Hartholz n.
harmonic I. harmonisch, sinusförmig;
II. Oberschwingung f, —s pl, Harmonische, Oberharmonische pl;
to vibrate to a — in einer Oberharmonischen schwingen;
even higher —s gerade Oberharmonische, geradzahlige höhere Harmonische;
first —, **fundamental** — Grundschwingung f;
higher —s höhere Harmonische Oberharmonische;
odd —s ungerade Oberharmonische;
quintuple —s fünfte oder fünffache Oberharmonische;
septuple —s siebente oder siebenfache Oberharmonische;
simple — (rein) sinusförmig;
triple —s dritte oder dreifache Oberharmonische;
upper —s Oberharmonische;
production of —s Erzeugung f von Oberschwingungen;
- **generator** Sinuswellengenerator m;
- **motion, simple** rein sinusförmige Bewegung f;
- **oscillation** harmonische Schwingung f, Sinusschwingung f;
- —, **second** zweite Oberschwingung f;
- **selective ringing (signalling)** Rufen (Signalisieren) n mit abgestimmten Einrichtungen, mit Wechselströmen verschiedener Frequenz F;
- **telegraph** harmonischer Telegraph m, Telegraph für abgestimmte Wechselströme.
harp aerial Harfenantenne f.
harshness Härte f, Schärfe f.
Hartley circuit Röhrenschaltung f mit induktiver Rückkopplung;
- **oscillator** induktiv rückgekoppelte Schwingröhre f.
hatch schraffieren, schattieren.
hatched schraffiert, schattiert;
cross- — kreuzweise schraffiert.
hatching Schraffierung f, Schattierung f.
haul ziehen, schleppen, Kabel einziehen.
haze, blue blauer Lichtnebel n, blaues Glimmlicht n.
h. c. = heat coil Feinsicherungseinsatz m, Hitzrolle f.
H-circuit H-Leitung f, F.
head Kopf m, Vorderteil n, Spitze f;
box — Kabelendverschluß m;
cable — Kabelabschlußmuffe f;
cross- — Querhaupt n, Kreuzkopf m;
distribution —, **cable** Kabelverzweiger m, Kabelendverschluß m; [f, T;
distributor — Verteilerscheibe
flat — Flachkopf m;
hexagonal — Sechskantkopf m;
round — Rundkopf m;
spool — Spulenscheibe f;
square — Vierkantkopf m.
headband Kopfbügel m.
headgear (receiver) Kopffernhörer m.

headless screw Gewindestift m, Made(nschraube) f.
headphones pl Doppel-Kopffernhörer m.
head piece Aufsatz m (z. B. der Stange B);
— **receiver** Kopffernhörer m;
headed ... -köpfig;
round- — rundköpfig;
flat- — flachköpfig.
hear hören.
hearing distance Hörweite f.
heart-shaped herzförmig.
heat I. heizen, erwärmen, (sich) erhitzen, to — up warm werden; II. Wärme f, Hitze f;
red — Rotglut f;
— —, **bright** Hellrotglut f;
— —, **dim** or **dull** Dunkelrotglut f;
white — Weißglut f;
radiation of — Wärme(aus-)strahlung f;
— **coil** Feinsicherung f, Feinsicherungspatrone f, Feinsicherungseinsatz m, Hitzrolle f.
— —, **collabsible** Hitzrolle f mit Gleitstift; [rung f;
— —, **dummy** blinde Feinsiche-
— — **and protector strip** Sicherungsleiste f; |
— **conductivity** Wärmeleitfähigkeit f, Wärmeleitvermögen n;
— **conductor** Wärmeleiter m;
— -**proof** hitzebeständig;
— **radiation** Wärmestrahlung f;
— -**resisting** hitzebeständig.
heater Heizspule f, Heizdraht m.
heating Erwärmung f;
— **current** Heizstrom m;
— - **up** Warmwerden n, Warmlaufen n einer Maschine.
heaviness Schwere f, Gewicht n, Schwerfälligkeit f;
— **of tone** Dumpfheit f des Tones.
Heaviside layer Heaviside-Schicht f;

heavy schwer, stark, bumpf (Ton).
hedgehog transformer Igeltransformator m.
height Höhe f, auch M;
effective — **of aerials** effektive Höhe f der Luftleiter;
radiation — Strahlungshöhe f, R. |
helical spiralig, schraubenförmig, schneckenförmig;
— **gear** Getriebe n mit Schrägverzahnung;
— —, **double** Getriebe n mit Winkelverzahnung;
— **tape** Spiralband n;
— **(ly) toothed wheel** Rad n mit Schrägverzahnung.
helium Helium n (He).
helix pl **helices** Spirale f, Solenoid n, Schneckenlinie f, Schraubenlinie f.
hemicycle Halbkreis m.
hemicyclic(al) halbkreisförmig, hemizyklisch.
hemp Hanf m;
tarred — geteerter Hanf.
henry Henry n, ab: H;
millihenry Millihenry n, ab: mH. [tisch;
hermetic(al) luftdicht, herme-
— **ly sealed** luftdicht verschlossen.
herring-bone gear Getriebe n mit Winkelverzahnung, Pfeilzahngetriebe n.
hertz Hertz n.
Hertzian doublet or **oscillator** Hertzscher Schwinger m, Hertzscher Oszillator m.
heterodyne I. eine abweichende Schwingung überlagern; II. Schwebungs- ..., Interferenz- ..., Überlagerungs-..., III. Schwingungsüberlagerung f, Überlagerer m;
auto- — **self-** — Selbstüberlagerer m; Schwingaudion n;

heterodyne amplifier Schwin=
gaudion *n*, Schwebungsver=
stärker *m*;
- **local oscillator** Überlagerer *m*;
- **oscillation generation** Erzeu=
gung *f* von Überlagerungs=
schwingungen;
- **receiver** Schwebungsempfän=
ger *m*, Überlagerungsemp=
fänger *m*, Interferenzemp=
fänger *m*;
- **reception** Überlagerungsemp=
fang *m*, Schwebungsemp=
fang *m*, Heterodynempfang
m;
- — , **self-** Überlagerungsemp=
fang *m* mit Eigenerregung,
Schwingaudionempfang *m*;
- — , **separate** Überlagerungs=
empfang mit Fremderregung;
- — , **super(tonic)** Überlage=
rungsempfang *m* mit Über=
hörfrequenz.
heterogeneity Heterogenität *f*,
Verschiedenartigkeit *f*.
heterogeneous heterogen, ver=
schiedenartig.
heteropolar wechselpolig.
hexagonal sechseckig, Sechs=
kant= . . .
h. f. = high frequency Hoch=
frequenz *f*, v. frequency.
h. g. receiver = head gear re-
ceiver Kopffernhörer *m*.
hide Haut *f*, Leder *n*;
raw — Rohhaut *f*.
high frequency Hochfrequenz *f*;
- **-grade** hochwertig;
- **-pass filter** Kondensator=
kette *f*;
- **-pitched** hoch von Tönen;
- **-power(ed)** Hochleistungs= . . ;
- — **radio station** Großfunk=
stelle *f*;
- **pressure,** — **tension** Hoch=
spannung *f*;
- — , **extra** Höchstspannung *f*.

hilly hügelig.
hinge I. mit Angeln oder Schar=
nieren versehen;
II. Angel *f*, Scharnier *n*, Ge=
lenk *n*;
- **joint** Scharnier *n*, Gelenk *n*;
- — **pin bearing** Stiftlagerung *f*
(of relay armature des Re=
laisankers).
hinged mit Scharnieren ver=
sehen, in Angeln drehbar,
Klapp= . . .;
- **frame** Klapprahmen *m*,
Scharnierrahmen *n*;
- **switchboard** Klapp=Schalt=
tafel *f*, ausschwenkbare Schalt=
tafel.
hiss I. zischen;
II. meist —es *pl* Zischen *n*.
hissing sound Zischlaut *m*.
hoist heißen, hissen, aufhissen.
hold festhalten, halten, eine Lei=
tung, einen Wähler belegen *F A*;
gelten *M*.
to — the line in der Leitung
bleiben *F*.
holder Halter *m*, Träger *m*,
Sockel *m*, Fassung *f*;
lamp — Lampenfassung *f*;
tape roll — Rollenhalter *m*, *T*.
holding circuit Haltestromkreis
m;
- **coil** Haltespule *f*;
- **time** Belegungsdauer *f*, *F*, *A*;
- **wire,** c=Leitung *f*, *F*, *A*.
hole I. aushöhlen, ein Loch her=
stellen;
II. Loch *n*, Öffnung *f*, Grube *f*;
feed — Führungsloch *n*, *T*;
- — **space** Führungslochbreite
f, *T*;
guiding —s *pl* Führungs=
löcher *pl*, *T*;
- —**s, central** Führungslöcher
in der Mitte des Streifens *T*;
finger — Fingeröffnung *f*,
Greifloch *n* der Wählerscheibe *A*;

Sattelberg, Wörterbuch: Englisch=Deutsch. 8

hole
inspection — Schauloch *n*;
pouring- in — Eingußöffnung *f*;
signal — Zeichenloch *n*, Stanzloch *n* des Sendestreifens *T*;
slotted — längliche Öffnung *f*, Langloch *n*, Schlitz *m*.
holed mit Löchern versehen.
hollow I. aushöhlen, ausbrechen; II. hohl;
III. Höhlung *f*, Aussparung *f*; Wellental *n*;
- - **walled** doppelwandig, hohlwandig.
home indicator Anrufzeichen *n* beim Vielfachschrank;
— **jack** Abfrageklinke *f*;
— **key** eigene Taste *f*, *T*;
— **position** Abfrageplatz *m* des Vielfachschranks, Ruhestellung *f*, Nullstellung *f*, Ausgangsstellung *f*, beispielsweise eines Wählerarmes;
— **record** Mitlesestreifen *m*, Kontrollschrift *f*, *T*;
— **station** eigenes Amt *n*.
homodyne Trägerfrequenz-Überlagerer *m*, *R*;
— **reception** Empfang *m* mit Wiedereinführung der unterdrückten Trägerfrequenz, Homodynempfang *m*.
homogeneity, homogeneousness Homogenität *f*, Gleichartigkeit *f*.
homogeneous homogen, gleichartig.
homopolar gleichpolig.
honeycomb coil (Honig-) Wabenspule *f*, *R*.
hood Haube *f*, Kappe *f*.
hook I. überhaken, an-, einhaken;
II. Haken *m*;
pipe — Rohrhaken *m*;

stay — Ankerhaken *m*;
- - **like** hakenartig;
— **screw** Hakenschraube *f*;
— **switch** Hakenumschalter *m*.
hooked hakenförmig.
Hooke's joint Kardangelenk *n*, Kugelgelenk *n*.
hoop Reifen *m*, Band *n*;
— **iron** Bandeisen *n*;
- - **sheathing** Bandeisenbewehrung *f* eines Kabels.
hooter Hupe *f*, Heuler *m*.
horizontal wagerecht, horizontal, Horizontal- ...;
— **component** Horizontalkomponente *f*;
— **force, — intensity** Horizontalintensität *f*;
— **side of m. d. f.** Leitungsseite *f* des Hauptverteilers.
horn Horn *n*, Schalltrichter *m*;
— **electric** — elektrische Hupe *f*;
- - **shaped** hornförmig, Horn-..
- - — **poles** *pl* Hörperpole *pl*;
— **sound, characteristic** Trichterklang *m* der Lautsprecher.
horny hornig, hornartig.
horse power (*ab:* h. p.) Pferdestärke *f*, Pferdekraft *f*, P. S., H. P.; [*m*.
— **shoe magnet** Hufeisenmagnet
hose Schlauch *m*;
fire — Feuerschlauch *m*;
metallic — Metallschlauch *m*.
hot heiß, to get — sich erhitzen;
red — rotwarm, rotglühend;
white — weißwarm, weißglühend;
— **band** Hitzband *n*;
— **wire** Hitzdraht *m*.
hour Stunde *f*;
ampere — Amperestunde *f*, *ab:* Ah;
lighting — Brennstunde *f*.
house, cable Kabelhaus *n*;
— **telephone plant** Fernsprech-Reihenanlage *f*.

housed eingeschlossen (in a box in einem Kasten).
housing Gehäuse n;
howl I. heulen; pfeifen V; II. Heulen n; Pfeifen n der Verstärker.
howler Heuler m, starker Summer m, F, Mikrophonsummer m.
howling Heulen n, Pfeifen n der Verstärker.
h. p. = horse power Pferdekraft f, Pferdestärke f, P.S.
H-pole Doppelgestänge n B.
h. t. = high tension Hochspannung f.
h. t. d. c. = **high tension direct current** Hochspannungsgleichstrom m insbesondere der Röhren.
h. t. side Hochspannungsseite f.
hub Büchse f, Lagerbüchse f, Nabe f.
hull Hülle f, Schiffshülle f, Schiffskörper m.
hum I. brummen, summen, tönen; II. Summen n, Tönen n;
anti- — Dämpfer m für Freileitungsdrähte B;
generator — Maschinengeräusch n, Kollektorgeräusch n.
humid feucht.
humidity Feuchtigkeit f;
to expel — Feuchtigkeit austreiben.
hummer Summer m;
microphone — Mikrophonsummer m;
reed — Zungensummer m.
humming Summen n, Tönen n der Drähte;
— **sound** Summerzeichen n, Summerton m;
— **tone** Summerton m.
hump Anschwellen n, Buckel m einer Kurve.

hundredweight (ab: cwt.) = 112 lbs. = 50,80 kg, Zentner m.
hunt aufsuchen, frei wählen, frei suchen A;
— **out** (or **for**) **an idle selector** einen freien Wähler aufsuchen.
hunting Freiwahl f, Freisuchen n, freie Wahl f; Pendeln n, Pendelung f einer Maschine;
— **action** freie Wahl f, Freiwahl;
— **operation** freie Wahl f, freier Wahlvorgang m;
— **switch**, **trunk** zweiter Vorwähler m.
hut, cable Kabelhaus n, Kabelhütte f.
hybrid coil, — **transformer** Ausgleichsübertrager m, dreispuliger Differentialübertrager m der Fernsprechverstärker.
hydrant Hydrant m.
hydraulic(al) hydraulisch;
— **press** Wasserdruckpresse f, hydraulische Presse f.
hydrochloric acid Salzsäure f, Chlorwasserstoffsäure f (HCl).
hydroelectric(al) hydroelektrisch;
— **cell** nasses Element n.
hydrogen Wasserstoff m (H);
— **sulphate** Schwefelsäure f, (H_2SO_4).
hydrometer Senkwage f, Aräometer n; [meter n;
graduated — Skalenaräo-
— **syringe** Heber-Säuremesser m.
hydrophone Unterwassermikrophon n.
hydroxide Hydroxyd n, wasserhaltiges Oxyd n.
hygrometer Feuchtigkeitsmesser m, Hygrometer n.
hygroscopic(al) hygroskopisch).
hyperbola Hyperbel f.
hyperbolic hyperbolisch;
— **function** hyperbolische Funktion f, Hyperbelfunktion f.

hypotenuse Hypotenuse f.
hysteresis Hysterese f, Hysteresis f, Nachwirkung f;
  dielectric — dielektrische Nachwirkung f;
  magnetic — magnetische Hysterese f;
  coefficient of — Hystereseverlustzahl f (watt/cm³/per.);
— **cycle** Hystereseisschleife f;
— **lag** hysteretische Nacheilung f;
— **loop** Hystereseisschleife f;
— **losses** pl Hystereseisverluste pl, Nachwirkungsverluste pl.
hysteretic(al) hysteretisch, Hysterese- . . .;
— **loop** Hystereseisschleife f;
— **loss** Hystereseisverlust m.

I.

Ice coating Eisüberzug m, Eisbelag m;
— **load** Eislast f.
I-circuit H-Leitung f, F, L.
i. c. w. = interrupted continuous waves pl unterbrochene oder zerhackte ungedämpfte Wellen pl.
identical übereinstimmend, identisch.
identification Identifizierung f, Feststellung f;
  circuit — Ausklingeln n der Adern B.
i. d. f. = intermediate distribution frame Zwischenverteiler m.
idle unbesetzt, frei, in Ruhe befindlich;
— **operator** freie Beamtin f, F;
— **position** Ruhestellung f;
— **segment** Verzögerungssegment n am Baudotverteiler T;
— **signal** Gleichlaufzeichen n, das bei unbelastetem Sender ausgesandt wird T;
— **trunk** freie Verbindungsleitung f, A.
idler wheel Leerscheibe f.
ignite zünden.
ignition Zündung f;
  arc — Lichtbogenzündung f;
— **interference** Störung f durch die Zündung von Explosionsmotoren R;

— **voltage of arc** Zündspannung f des Lichtbogens.
illuminate beleuchten.
illuminating gas Leuchtgas n.
illumination Beleuchtung f, Brennen n, Aufleuchten n.
image Bild n;
— **transmission** Bildübertragung f, Bildtelegraphie f.
imaginary imaginär M;
— **component** imaginäre Komponente f.
imitate nachbilden (eine Leitung).
imitation Nachbilden n, Nachbildung f.
immerse eintauchen.
immersion Eintauchen n, Versenken n, Versenktsein n.
immune against interference störfrei.
immunity from disturbance Störfreiheit f.
impact Stoß m;
— **excitation** Stoßerregung f;
—, **ionisation by** Stoßionisierung f. [trächtigen.
impair verschlechtern, beeinträchtigen.
impairment Verschlechterung f, Beeinträchtigung f.
impart (to) einen Zustand usw. mitteilen.
impedance Scheinwiderstand m, Impedanz f, Wellenwiderstand m (meist characteristic —);

impedance
characteristic — Wellenwiderstand m, Charakteristik f, L;
closed-end — Kurzschlußimpedanz f, L;
dissipative — Wirkkomponente f der Impedanz;
end — Endimpedanz f, Abschlußimpedanz f, L;
input — Eingangs(kreis)impedanz f;
leak — Querimpedanz f, Parallelimpedanz f;
leakage — Streuimpedanz f;
line-series — Reihenimpedanz f einer Leitung;
load — Endimpedanz f, Verbraucherimpedanz f;
mid-load (characteristic) — Wellenwiderstand m einer mit einer halben Spule beginnenden Pupinleitung;
no-load —, **open-circuit** —,
open-end — Leerlaufimpedanz f; [impedanz f;
output — Ausgangs(kreis)reactive — Blindkomponente f der Impedanz;
receiving-end — Verhältnis n von Anfangsspannung zum Endstrom einer Leitung;
sending-end — Wellenwiderstand m vom Anfang der Leitung gemessen, Verhältnis n von Anfangsspannung zum Anfangsstrom einer Leitung;
series — Reihenimpedanz f, Längsimpedanz f;
— — **element** Reihenimpedanz-Schaltelement n;
— — **equalizer** Reihenimpedanzentzerrer m, V, K;
short-circuit — Kurzschlußimpedanz f;
shunt — Querimpedanz f;
— — **element** Querimpedanzglied n.

surge — Wellenwiderstand m, Charakteristik f;
terminal —, **terminating** — Endimpedanz f, Abschlußimpedanz f; [Leitung;
— **angle** Winkelmaß n einer
— —, **positive (negative)** positiver (negativer) Phasenwinkel m;
— **bridge** Brücke f zur Messung von Scheinwiderständen;
— **irregularities** pl Schwankungen pl oder unregelmäßiger Verlauf m des Wellenwiderstandes;
— **network** aus Impedanzen bestehender Kettenleiter m.
impede behindern, Widerstand entgegensetzen.
impel antreiben.
impinge auftreffen (upon a diaphragm auf eine Membran).
impoverish verarmen.
impoverishment Verarmung f an Säure usw. [gnieren.
impregnate tränken, imprä**impregnated** imprägniert, getränkt, geschwängert.
impregnating tank or **vessel** Tränkkessel m, Tränkgefäß n.
impregnation Tränkung f, Imprägnierung f.
impress (on) aufdrücken, aufprägen, to — an alternating emf eine Wechselspannung aufprägen.
impression Aufdrücken n, Aufprägen n einer Spannung; Abdruck m einer Type;
— **smudgy** — unsauberer Abdruck;
— **roller** Druckrolle f am Baudotapparat T.
imprint I. abdrucken, aufdrucken;
II. Abdruck m.

improve verbessern, manchmal: entdämpfen.

improvement Verbesserung f, Entdämpfung f;
- **equivalent** Entdämpfung f.

impulse I. erregen, anstoßen (a circuit einen Stromkreis), Impulse erteilen;
II. Impuls m, Stromstoß m, Stoß m;
break— Öffnungsimpuls, Impuls durch Stromkreisunterbrechung; [Stromstoß;
current — Stromimpuls,
dialling — Wählimpuls, Wählstromstoß A; [stromstoß;
governing — Gleichlauf-
make — Schließungsimpuls, Impuls durch Stromkreisschließung;
starting — Anlaßstromstoß, Auslösestromstoß;
series of —s, train of —s Impulsreihe f;
- **action** Impulswahl f, Nummernwahl f, A;
- **circuit** Einstellweg m, A;
- **distortion** Impulsverzerrung f, A;
- **duration** Impulsdauer f;
- **excitation** Stoßerregung f, R;
- **frequency** Impulsfrequenz f, A;
- **machine** Unterbrechermaschine f, A;
- **period** Impulsperiode f, weniger genau: Impulsdauer f, A;
- **ratio** Impulsverhältnis n, Verhältnis von Impulsdauer zur Impulsperiode;
- **receiver** Stromstoßempfänger m, A;
- **relay** Impulsrelais n, Stromstoßrelais n, A;
- **repeater** Stromstoßübertrager m, Impulsübertrager m, A;
- **sender** Stromstoßgeber m, Impulsgeber m, A;
- **sending key** Impuls-Tastengeber m, A;
- **spring** Kontaktfeder f des Stromstoßgebers;
- **storing device** Impulsspeicher m, Stromstoßempfänger m, Impulsempfänger m, A;
- **stepping** Nummernwahl f, A.

impulsing Stromstoßgabe f, Impulsgabe f A;
reversed — rückwärtige Stromstoßgabe f, A;
- **circuit** Stoßkreis m, R; Einstellweg m, A;
- **relay** Stromstoßrelais n, Impulsrelais n, A.

impulsive treibend, antreibend, Stoß- ..., Impuls- ...;
- **discharge** aperiodische Entladung f.

impure unrein.
impureness Unreinheit f.
impurity Verunreinigung f, Unreinheit f.
in. = inch Zoll m, = 25,399 mm.
inarticulate ungegliedert, undeutlich (Sprache).
inarticulateness undeutliche Aussprache f, Undeutlichkeit f.
inaudible unhörbar.
inaudibility Unhörbarkeit f.
incandescence Weißglut f, Glühen n.
incandescent glühend, Glüh- ...
- **filament** Glühfaden m.

inch ab: in., pl: ins. Zoll m (= 2,5399 cm, 1 cm = 0,3937 in.);
cubic — Kubikzoll m (= 16,387 cm³, 1 cm³ = 0.06102 cubic in.);
square — ab: sq. in. Quadratzoll m (= 6,4515 cm², 1 cm² = 0,1550 sq. in.).

incide einfallen (Wellen).
incidence Einfall *m*, Einfallen *n*, von Wellen;
— **angle of** — Einfallwinkel *m*;
— **direction of** — **of a wave** Einfallsrichtung *f* einer Welle;
— **plane of** — Einfallebene *f*.
incident einfallend.
inclination Inklination *f*, Neigung *f*.
incline (sich) neigen, inklinieren.
inclined geneigt schief, schräg.
inclose umschließen.
incombustible unverbrennbar.
incombustibility Unverbrennbarkeit *f*.
incoming ankommend (Leitung, Strom usw.), einfallend (Welle);
— **current** ankommender Strom *m*;
— **oscillation** einfallende Schwingung *f*;   [*m*.
— **traffic** ankommender Verkehr
inconstancy Unbeständigkeit *f*, Inkonstanz *f*.
inconstant unbeständig, inkonstant.
increase I. vergrößern, zunehmen, anwachsen;
II. Zunahme *f*, Anwachsen *n*, Vergrößerung *f*.
increment I. verstärken, vermehren;
II. Zunahme *f*, Zuwachs *m* (in an), Inkrement *n*, Differential *n*, *M*;
logarithmic — logarithmisches Inkrement *n*;
— **key** Spannungswechslertaste *f* beim Quadrupletelegraphen;
incremental zusätzlich, Inkrement- ...
incrementer Spannungswechslerrelais *n* beim Quadrupletelegraphen.
incrust verkrusten, mit einer Kruste überziehen.

incrustation Verkrustung *f*.
indecomposability Unzersetzbarkeit *f*.
indecomposable unzersetzbar.
indefinite unbestimmt, unendlich;
— **ly long** unendlich lang.
indent I. einkerben, eindrehen;
II. Einkerbung *f*, Eindrehung *f*.
independence Unabhängigkeit *f*;
— **of frequency** Frequenzunabhängigkeit *f*.   [von).
independent unabhängig (of
indeterminate unbestimmt.
index I. mit einem Verzeichnis versehen;
II. Zeiger *m*, Anzeiger *m*, Verzeichnis *n*, Index *m M*;
adjustible — Merkzeiger *m*.
indiarubber Gummi *m*;
— **glove** Gummihandschuh *m*.
indicate anzeigen.
indicating device Anzeigevorrichtung *f*.
indication Angabe *f*, Anzeige *f*.
indicator Anzeiger *m*, Anrufzeichen *n F*, Tableau *n*, Fallscheibenkasten *m*;
calling — Rufzeichen *n*, Anrufklappe *f*;
clearing — Schlußzeichen *n*;
coder call — (Transparent-)Nummernanzeiger *m* im Handamt *A*;
current — Stromanzeiger *m*;
— —, **zero** Nullstromanzeiger *m*, Nullzeiger *m*;
drop — Fallklappe *f*, Fallscheibe *f*;
exchange line — Anrufzeichen *n* für die Amtsleitung;
extension — Nebenstellen-Anrufzeichen *n* oder -Klappe *f*;
grid — Gitterschauzeichen *n*;
home — Anrufzeichen *n* beim Vielfachschrank;

indicator
junction — Verbindungsleitungsklappe *f*;
luminous — Lichttableau *n*;
meter — Zählerkontrollzeichen *n*;
phase — Phasenanzeiger *m*, Phaseninditator *m*;
pilot — Platzlampe *f F*; Gruppenmeldezeichen *n*;
replacement —, **electrical**, Fallklappe *f* mit elektrischer Rückstellung;
— —, **mechanical** Fallklappe *f* mit mechanischer Rückstellung;
resonance — Resonanzanzeiger *m*;
ring-off — Schlußklappe *f*;
self-restoring — selbsthebende Klappe *f*, Rückstellklappe *f*;
single-coil — zweischenklige Klappe *f*;
subscriber's line — Teilnehmer-Anrufzeichen *n*;
tubular drop — Mantelklappe *f*, Klappe *f* mit Topfmagnet;
two-coil — zweischenklige Klappe *f*; [*m*, *R*;
volume — Lautstärkenanzeiger
strip of —**s** Klappenstreifen *m*;
— **bell** Wecker *m* mit Fallscheibe;
— **board** Fallscheibenkasten *m*, Tableau *n*;
— **needle** Merkzeiger *m*.
Indicial admittance Kennleitwert *m*.
indirect mittelbar;
individual einzeln, eigentümlich;
— **line** (am.) Einzelanschlußleitung *f*, Gegensatz zur Gesellschaftsleitung *F*.
indoor aerial Zimmerantenne *f*.
induce induzieren.
induced current Induktionsstrom *m*, induzierter Strom *m*.
inducing current induzierender Strom *m*.

inductance Induktanz *f*, Induktivität *f*, Drosselspule *f*;
aerial loading — Luftdraht-Verlängerungsspule *f*;
aerial tuning — Luftdraht-Abstimmungsspule *f*;
iron-cored — Eisendrossel *f*;
loading — Belastungsspule *f*; Verlängerungsspule *f*;
mutual — Gegeninduktivität *f*;
— —, **coefficient of** Gegeninduktivitätskoeffizient *m*, Koeffizient *m* der gegenseitigen Induktion *f*;
natural — natürliche Induktivität *f*;
self- — Selbstinduktivität *f*;
— — —, **coefficient of** Selbstinduktivitätskoeffizient *m*;
series — Reiheninduktivität *f*, in Reihe geschaltete Induktivität *f*;
stray — Streuinduktivität *f*;
unit (of) — Einheit *f* der Induktivität;
— **coupling** induktive Kopplung *f*;
— **load** induktive Belastung *f*;
— **spiral** Blitzschutzspirale *f*.
Induction Induktion *f*;
anti- — **device** Induktionsschutzeinrichtung *f*, Seiteninduktionsschutz *m*, *T*;
electromagnetic — elektromagnetische Induktion *f*;
electrostatic — elektrostatische Induktion *f*, Influenz *f*;
magnetic — Magnetinduktion *f*;
mutual — Gegeninduktivität *f*; Variometer *n*;
self- — Selbstinduktion *f*;
static — Influenz *f*;
— **coil** Induktionsspule *f*, *F*, Induktorium *n*, Funkeninduktor *m*;

induction field Induktionsfeld *n*;
- **flux** Induktionsfluß *m*;
- **motor** Induktionsmotor *m*.

inductive induktiv, nicht induktionsfrei, induktorisch;
auto- — autoinduktiv;
self- — selbstinduktiv, mit Selbstinduktion behaftet;
- **capacity, electric** or **specific** Dielektrizitätskonstante *f*;
- **ly coupled** induktiv gekoppelt;
- **coupling** induktive Kopplung *f*;
- **interference** Induktionsstörung *f*, Seiteninduktion *f*;
- **trouble** Induktionsstörung *f*;

inductivity (of medium), electric Dielektrizitätskonstante *f*.

inductor Induktor *m*, Induktanzspule *f*;
plug — Steckspule *f*, meist *R*;
- **(type) alternator** Induktordynamo *f*;
- **coil** Induktionsspule *f*, *F*;
- **tap** Spulenabzweig *m*, Spulenanzapfung *f*;
- **wheel** Induktorrad *n*.

inefficiency Unwirksamkeit *f*, schlechte Wirkung *f*.

inefficient unwirksam, nicht wirkend.

ineffective unwirksam, erfolglos.

ineffectiveness Unwirksamkeit *f*, Erfolglosigkeit *f*.

inequal ungleich.

inequality Ungleichheit *f*; Ungleichung *f*, *M*.

inert inert, träge.

inertia Trägheit *f*, Beharrungsvermögen *n*;
moment of — Trägheitsmoment *n*.

inertialess trägheitslos.

infer folgern.

inferior minderwertig.

infinite unendlich *M*.

quasi — quasi-unendlich;
- **line** unendlich lange Leitung *f*, *L*.

infinitesimal unendlich klein, Infinitesimal- ...;
- **calculus** Infinitesimalrechnung *f*.

infinity Unendlichkeit *f*, unendliche Größe *f*;
to reach — unendlich groß werden;
an — of ... unendlich viele ...

inflect beugen, biegen, Strahlen beugen, ablenken.

inflection Biegung *f*, Beugung, Ablenkung *f*;
- **point** Winkelpunkt *m* einer Kurve, Leitung, Knick *m*;
- **of the voice** Modulation *f* der Stimme.

influence I. beeinflussen, influenzieren;
II. Einfluß *m*, Influenz *f*;
- **machine** Influenzmaschine *f*.

information Bericht *m*, Auskunft *f*, Unterweisung *f*;
- **desk** Auskunftsplatz *m*, *F*.

infra-filter Kondensatorkette *f*.

infrequent selten.

infringe (on, upon) Rechte, Patente verletzen.

infringement Verletzung *f* eines Rechtes, Gesetzes.

infusible unschmelzbar.

infusorial earth Infusorienerde *f*, Kieselgur *f*.

ingredient Bestandteil *m*.

ingress I. einbringen, eintreten;
II. Eintritt *m*, Eindringen *n*;
- **of moisture** Eindringen *n* von Feuchtigkeit.

initial anfänglich, Anfangs- ...;
- **condition** Anfangszustand *m*, Ausgangszustand *m*;
- **voltage** Anfangsspannung *f*, Spannung *f* am Anfang einer Leitung.

Initiate einleiten (a connection eine Verbindung A).
Initiation Einleitung f, Beginn.
Inject einspritzen, tränken.
Injection Einspritznng f, Tränkung f.
Injure beschädigen.
Injury Beschädigung f (to contacts der Kontakte).
Ink I. einfärben, Farbe auftragen, eine Zeichnung (mit Tusche) ausziehen;
II. Farbe f, Tinte f, Tusche f;
— **ribbon** Farbband n;
— — **feed** Farbbandvorschub m;
— — **reversal** Farbbandwechsel m, Farbbandumkehr f;
— **roller** Farbröllchen n, Auftragseröllchen n;
— **well** Farbgefäß n, Farbkasten m;
— **wheel** Farbrad n.
Inker Farbschreiber m, Tintenschreiber m;
direct — unmittelbar in die Leitung geschalteter Farbschreiber m;
local — Farbschreiber m mit vorgeschaltetem Relais.
Inking Einfärbung f, Farbauftragung f;
— **disc,** — **roller,** — **wheel** Farbrad n, Farbrolle f.
Inkwriter Farbschreiber m.
Inlet Einlaßöffnung f, Einführungsöffnung f, Eingang m;
— **funnel** Einführungspfeife f, B.
Inoperative unwirksam, nicht wirkend (to bei, auf), in Ruhe befindlich.
Inoxidisable nicht oxydierbar.
Input Aufwand m, zugeführte Leistung f;
antenna — zugeführte Antennenleistung f;

— **amplifier** Vorverstärker m;
— **capacity** Gitterkreiskapazität f, V;
— **circuit** Eingangskreis m einer Röhre;
— **impedance** Gitterkreisimpedanz f, V;
— **reactance** Gitterkreisreaktanz f, V;
— **restistance, internal** Faden-Gitter-Widerstand m, V.
— **terminals** pl Speisepunkt m;
— **transformer** Eingangsübertrager m, Vorübertrager m, V.
Insensibility Unempfindlichkeit f (to gegen).
Insensible unempfindlich.
Insensitive unempfindlich (to gegen).
Insensitiveness Unempfindlichkeit f (to gegen).
Insert einsetzen, einführen, to — a plug einen Stöpsel einsetzen;
II. Einsatz m, Einlage f;
metal — Metalleinsatz m, Metalleinlage f.
Insertion Einsetzen n, Einführen n, Einsatz m, Einlage f.
Inset I. einsetzen;
II. Einsatz m, Mikrophonkapsel f;
replaceable — auswechselbarer Einsatz m;
— **transmitter** Mikrophon n mit eingesetzter Kapsel, Kapselmikrophon n.
Inspect besichtigen.
Inspection Aufsicht f (of, over über), Durchsicht f, Prüfung f.
— **hole** Schauloch n.
Instability Unbeständigkeit f, Instabilität f.
Instable unbeständig, unstabil.
Instal einrichten, aufstellen.
Installation, Instalment Einrichtung f, Aufstellung f.

instantaneous augenblicklich, Augenblicks= ..., Momentan= ...;
- **value** Augenblickswert m, Momentanwert m.

instruct anweisen, unterweisen.

instruction Anweisung f, Vorschrift f;
  service — (meist pl) Betriebsvorschrift f, Dienstanweisung f.

instrument Gerät n, Apparat m, Instrument n, Vorrichtung f;
- **room** Apparatraum m, Apparatsaal m;
- **table** Apparattisch m.

instrumentality Apparatur f.

insulate isolieren. [masse f;

insulating compound Isolier-
- **mat** isolierende Unterlage f, Isoliermatte f;
- **plug** Isolierstöpsel m, Stöpsel m zum Isolieren von Leitungen;
- **property** Isolierfähigkeit f;
- **tube** Isolierrohr n;
- **varnish** Isolierlack m.

insulation Isolierung f, Isolation f, Isolationswiderstand m, — against ground, Isolation f gegen Erde;
  moulded — gepreßte Isoliermasse f, Isolierformstück n;
  state of — Isolationszustand m;
  low — niedrige Isolation f;
- **failure,** — **fault** Isolationsfehler m;
- **resistance** Isolationswiderstand m;
- **test** Isolationsprüfung f;
- **tester** Isolationsprüfer m.

insulator Isolator m, Nichtleiter m;
  Bradfield — Bradfieldisolator m;
  double-cup —, **double-shed** — Doppelglockenisolator;
  fuse — Isolator mit eingebauter Sicherung;
  leading-in — Einführungsisolator;
  mushroom — Pilzisolator, Schirmisolator;
  pin-type — Isolator mit gerader Stütze;
  petticoat — Glockenisolator;
  pot-head — Überführungsisolator mit Vergußkammer;
  suspension — Hängeisolator m;
  porcelain — Porzellanisolator m;
  terminal — Abspannisolator m;
  transposition — Kreuzungsisolator m;
  umbrella (type) — Pilzisolator, Schirmisolator;
  wall-tube — Durchführungsisolator m;
- **leakage** Ableitung f über die Isolatoren hinweg;
- **pin,** — **spindle** gerade Isolatorstütze f;
- **spindle hole** Isolatorstützenloch n.

insurance Versicherung f;
  accident — Unfallversicherung;
  fire — Feuerversicherung.

insure versichern (against gegen).

integer ganze Zahl f, M.

integral I. ganzzahlig;
  II. Integral n;
  line — Linienintegral;
- **multiple** ganzzahliges Vielfaches n.

integrate integrieren (over a cycle über eine Periode);

integration Integration f.

intelligibility Verständlichkeit f.

intelligible verständlich.

intensification Verstärkung f, Erhöhung f.

intensify verstärken, erhöhen.

intensity Stärke f, Intensität f;
field — Feldintensität f, Feld=
stärke f; [sität f;
horizontal — Horizontalinten=
signal — Zeichenstärke f;
sound — Lautstärke f, Schall=
intensität;
variation in — Intensitäts=
schwankung f.
interact aufeinander einwirken.
interaction gegenseitige Beein=
flussung f (between zwischen),
Wechselwirkung f, Zusam=
menwirken n.
interchange I. vertauschen, aus=
tauschen;
II. Austausch m.
interchangeability Austausch=
barkeit f.
interchangeable austauschbar;
non- — unverwechselbar.
intercommunicate miteinander
verkehren.
**intercommunicating telephone
system** (Fernsprech=) Reihen=
anlage f.
intercommunication Verkehr m,
Wechselverkehr m;
— telephone plant Fernsprech=
Reihenanlage f;
— switch Zentralumschalter m
für Telegraphenleitungen.
inter-connect miteinander ver=
binden, verschränken A.
interconnecting Verschränken n,
Verschränkung f, A.
interconnection Verbindung f.
intercrystalline interkristallin.
interdependence (between) ge=
genseitige Abhängigkeit f.
interdependent voneinander ab=
hängig.
inter-electrode capacities pl,
Röhrenkapazitäten, Elektro=
denkapazitäten pl, V.
interfere (with) störend ein=
wirken (auf), stören.

interference Störung f durch
fremde Quellen verschiedener Art,
Interferenz f;
— into (or on) adjacent lines
Störung f benachbarter Lei=
tungen;
— from power systems Stark=
stromstörung f;
immune against —, störfrei;
immunity against —, Störfrei=
heit f;
heavy — starke Störung f;
ignition — Störung f durch die
Zündungen von Explosions=
motoren R.
inductive— Induktionsstörung
f, Seiteninduktion f, induktо=
rische Beeinflussung f;
— effect Interferenzwirkung f;
— factor, telephone Fernsprech=
Störfaktor m;
— — meter Störfaktormeßein=
richtung f;
— phenomenon Interferenz=
erscheinung f;
— point Schwingungsknoten m;
— prevention Störungsverhin=
derung.
interfering noise Störgeräusch n;
— tone Störton m;
— station Störsender m.
interlink verketten.
interlinkage Verkettung f.
interlinked voltage Verket=
tungsspannung f.
interlinking Verketten n, Ver=
kettung f.
intermediate Zwischen= . . .
zwischenliegend, **— of** . . .
and . . ., zwischen . . . und . . .
liegend;
— circuit Zwischenkreis m;
— layer Zwischenlage f;
— office, — station Zwischen=
amt n;
— repeater Zwischenverstärker m.
intermesh ineinandergreifen.

intermeshing Ineinandergrei-
fen *n*.
intermit aussetzen, unterbrechen,
einstellen.
intermittency zeitweise Unter-
brechung *f*.
intermittent unterbrochen, wie-
derkehrend, intermittierend,
absatzweise;
— **contact** zeitweise Leitungsbe-
rührung *f*.
intermodulation gegenseitige
Modulation *f*.
internal innere(r);
— **losses** *pl* Eigenverluste *pl*,
innere Verluste *pl*;
— **resistance** innerer Widerstand
m.
international (trunk) line Aus-
lands(fern)leitung *f*.
inter-office zwischen den Ämtern
verlaufend;
— — **trunking** Verbindungen
pl zwischen den Ämtern,
Amtsverbindungen *pl*.
interpolate einschalten, zwischen-
schalten; interpolieren *M*.
interpolation Einschaltung *f*;
Interpolation *f*, *M*.
interpose zwischenschalten, da-
zwischensetzen.
interposition Einfügen *n*, Zwi-
schenschaltung *f*.
interpret erklären, auslegen, in-
terpretieren.
interpretation Interpretation *f*,
Auslegung *f*.
interrupt unterbrechen.
interrupted ringing intermittie-
rendes Rufen *n* oder Wecken *n*,
selbsttätig wiederholter Ruf
m, *F*.
interrupter Unterbrecher *m*;
buzzer — Summerunter-
brecher;
commutator — Kommutator-
unterbrecher;

electrolytic — elektrolytischer
Unterbrecher, Wehneltunter-
brecher;
mercury-jet — Quecksilber-
strahlunterbrecher;
rotary — umlaufender Unter-
brecher; [brecher.
turbine — Turbinenunter-
interruption Unterbrechung *f*;
— **cable** Notkabel *n* zur Über-
brückung gestörter Linien.
intersect schneiden (magnetic
lines of force magnetische
Kraftlinien).
intersection Schneiden *n*;
point of — Überschneidung *f*,
Schnittpunkt *m*, Kreuzungs-
punkt *m*.
interstice Masche *f* eines Gitters,
räumlicher Zwischenraum *m*,
Lücke *f*.
inter-through switch Zwischen-
stellenumschalter *m*, *F*.
interval Abstand *m*, zeitlicher
Zwischenraum *m*, Intervall
n;
— **of time, small** Zeitteilchen *n*.
intervalve zwischen den Röhren
befindlich;
— **coupling,** — **linkage** Röhren-
kopplung *f*, Kopplung *f* zwi-
schen zwei Röhren;
— **transformer** Kopplungstrans-
formator *m*, Zwischen(rohr)-
transformator *m*.
inter-winding zwischen den Wick-
lungen wirkend;
— — **capacity** Wicklungskapa-
zität *f*, Kapazität zwischen den
Wicklungen (of a transformer
eines Transformators).
interwoven durchflochten (Litze).
introduce einführen (an emf
eine EMK).
introduction Einführung *f*.
invariability Unwandelbarkeit *f*,
Beständigkeit *f*.

invariable unveränderlich, unwandelbar.
invariant, Invariant n (hochmagnetischer Stoff mit 47% Ni, 53% Fe).
invent erfinden.
invention Erfindung f.
inventive erfinderisch.
inventor Erfinder m.
inverse umgekehrt, entgegengesetzt, das Entgegengesetzte n.
inversion Umkehrung f, Umschaltung f, Wechsel m.
invert umkehren.
investigate untersuchen, erforschen.
investigation Untersuchung f.
invisibility Unsichtbarkeit f.
invisible unsichtbar.
involution Potenzierung f.
involve einschließen, umfassen; potenzieren.
ion Jon n;
　migration or **travelling of –s** Jonenwanderung f, Jonenbewegung f;
　stream of –s Jonenstrom m;
　acid – Säureion n;
　basic – basisches Jon n.
ionic Jonen- . . .;
– **current** Jonenstrom m, Elektronenstrom m;
– **valve** Elektronenröhre f.
ionisation Jonisierung f, Jonisation f;
– **by collision, – by impact** Stoßionisation f, Stoßionisierung f;
– **chamber** Jonisationkammer f;
– **current** Jonisationsstrom m;
– **potential** Jonisationsspannung f;
– –, **true** wahre Jonisationsspannung f.
ionise ionisieren.
ionising potential Jonisationsspannung f.
iridium Jridium n (Ir).

iron I. **to – out** drosseln;
II. Eisen n (Fe);
III. eisern;
　angle – Winkeleisen;
　cast – Gußeisen, gußeisern;
　channel – U-Eisen;
　charcoal – Holzkohleneisen;
　corrugated sheet – Wellblech n;
　dynamo sheet – Dynamoblech n;
　electrolytic – Elektrolyteisen;
　flat (bar) – Flacheisen;
　hoop – Bandeisen;
　magnetic – weiches Eisen;
　malleable cast – schmiedbarer Guß m, Temperguß m;
　moving – Eisenanker m des Weicheisenmeßinstruments;
　– – **instrument** Weicheiseninstrument n;
　Norway – schwedisches Holzkohleneisen;
　perforated sheet – gelochtes Eisenblech n; [eisen;
　profile – Profileisen, Form-
　rolled – Walzeisen;
　sheet – Eisenblech n;
　soft – Weicheisen, weiches Eisen;
　soldering – Lötkolben m.
　T- – tee, – T-Eisen;
　T- –, double, I-Eisen, Doppel-T-Eisen;
　tinned sheet – Weißblech n;
　U- – U-Eisen;
　wrought – Schmiedeeisen, schmiedeeisern;
　Z- – Z-Eisen;
　black oxide of – Magneteisenstein m (Fe_3O_4);
　protoxide of – Eisenoxydul n, Eisenmonoxyd n (FeO).
　– **case, (pressed) –** (gepreßtes) Eisengehäuse n;
　– **circuit** Eisenkreis m; Eisenweg m;

iron⁻circuit, closed (open) ge=
schlossener (offener) Eisen=
kreis.
ironclad eisenbewehrt, eisen=
umgeben; [magnet n;
— **electromagnet** Topfelektro=
— **transformer** Panzertransfor=
mator m, Manteltransforma=
tor m;
iron-closed eisengeschlossen;
— **copper sulphide** (Eisen=) Kup=
ferkies m, Kupferpyrit m
($CuS_2 + Fe_2S_3$);
— **core** Eisenkern m, mit Eisen=
kern versehen; [f;
— — **(d) inductance** Eisendrossel
— —, **laminated** Eisenblätter=
kern m, geblätterter Eisen=
kern m;
— **disulphide** Eisendisulfid n,
Eisenkies m, Pyrit m (FeS_2);
— **dust core, compressed** gepreß=
ter Eisenstaubkern m;
— **filament ballast lamp** Eisen=
widerstand m;
— **filings** pl Eisenfeilspäne pl;
— **jacketed** mit einem Eisen=
mantel versehen.
ironless eisenfrei, eisenlos.
iron losses pl Eisenverluste pl;
— **pipe** Eisenrohr n;
— — **conduit** Eisenrohrstrang m,
B;

— **plate** Eisenblech n;
— **pole** Eisenmast m;
— **powder core, compressed** ge=
preßter Eisenpulverkern m;
— **pyrite** Eisendisulfid n, Eisen=
kies m, Pyrit m (FeS_2);
— **rubber** Eisengummi m (n);
— **sheathing** Eisenbewehrung f;
— **troughing** Eisenrinne f, Eisen=
trog m;
— **tubing** Eisenrohr n;
— **wire, galvanized** verzinkter
Eisendraht m.
irrational irrational.
irrationality Irrationalität f.
irregular unregelmäßig, un=
gleichförmig.
irregularity Unregelmäßigkeit f.
irreversible nicht umkehrbar,
irreversibel.
isochronism Isochronismus m,
gleich schneller Gang m.
isochronous isochron, gleich
schnell.
isolac isolackiert, mit Isolierlack
überzogen.
isolate isolieren (from von), rein
darstellen.
isolated gesondert, isoliert.
isosceles gleichschenklig M.
isotherm, Isotherme f.
item Posten m, Apparatteil m.
ivory Elfenbein n.

J.

Jack I. to — up hochwinden,
winden;
II. Klinke f, Pflock m, Zwecke
f, Wirbel m, Bock m, Winde f.
ancillary — Wiederholungs=
klinke;
answering — Abfrageklinke;
battery — Batterieklinke;
branching — Parallelklinke;
break — Unterbrechungs=
klinke;

— —, **double** Doppelunter=
brechungsklinke;
— —, **five-point** fünfteilige
Unterbrechungsklinke;·
cord testing — Schnurprüf=
klinke;
disengaged — freie oder un=
besetzte Klinke.
duplicate — Parallelklinke,
zweite Klinke;
engaged — besetzte Klinke;

jack
  exchange — Amtsklinke des Nebenstellenschrankes;
  extension (line) — Nebenstellenklinke;
  home — Abfrageklinke des Vielfachschranks;
  interrupt — Trennklinke;
  junction — Verbindungsleitungsklinke;
  lamp — Steckfassung f für [Lampen;
  lifting — Winde f, Hebebock m;
  monitor(ing) — Mithörklinke am Verstärkergestell;
  multiple — Vielfachklinke;
  operator's — Anschalteklinke;
  parallel — Parallelklinke;
  parallel multiple — Vielfach-Parallelklinke;
  point —, **two-** (**three-**) zweiteilige (dreiteilige) Klinke;
  power — Batterieklinke;
  series multiple — Vielfach-Unterbrechungsklinke;
  service — Anschalteklinke für das Abfragegerät;
  spring — Klinke;
  subscriber's — Teilnehmerklinke;
  switch — Messerkontakt m, Federverbindung f;
  test — Prüfklinke;
  trunk — Fernleitungsklinke;
  way —, **two-** (**three-**) zweiteilige (dreiteilige) Klinke;
  pair of —**s** Zwillingsklinke;
  strip — —**s** Klinkenstreifen m;
  terminated on —**s** an Klinken endigend;
  — **barrel,** — **bush** Klinkenhülse f;
  — **(s) lamp** Stecklampe f, Lampe f für Steckfassungen;
  — **mounting (of selectors)** Wähleranbringung f mit Messerkontaktanschluß; A
  — **panel** Klinkenfeld n, Klinkenbrett n;
  — **socket** Klinkenkörper m;
  — **spring** Klinkenfeder f;
  — **strip** Klinkenstreifen m.

jacket Hülle f, Mantel m;
  cooled — Kühlmantel m.

jacketed, copper- mit einem Kupfermantel versehen (Relais);
  —**, iron-** mit einem Eisenmantel versehen, Eisenmantel- ....

jam stören R; (sich) klemmen, festsitzen, to — **tight** (sich) festklemmen.

jamming (meist pl) Störung f durch fremde Sender;
  elimination of —**s** Störbefreiung f.

japan I. lackieren;
  II. Lack m, Japanlack m.

japanned lackiert. [ren;

jar I. knarren, kreischen, schnarr-
  II. Gefäß n, Krug m; Knarren n, Mißton m;
  accumulator — Sammlergefäß n;
  battery — Elementglas n;
  bell — Glasballon m, Glasglocke f;
  duplex — „Kratzen" n im Relais infolge schlechter Gegensprechabgleichung T;
  Leyden — Leydener Flasche f.

jaw Backe f, Schuh m, Klaue f;
  — **vice** (am: — **vise**) Schraubstock m.

jc. = junction.

jelly, petroleum Vaseline f.

jerk I. stoßen, rucken, unruhig laufen, to — **out** herausstoßen;
  II. Stoß m, Ruck m, by —**s** ruckweise.

jet Strahl m;
  liquid — Flüssigkeitsstrahl m;
  — — **microphone** Flüssigkeitsstrahlmikrophon n;
  mercury — **interrupter** Quecksilberstrahlunterbrecher m.

jet relay Flüssigkeitsstrahlrelais *n* für Seekabel.
jewel Edelstein *m*, Stein *m*;
— **cup** (Lager=)Stein *m*, Achathütchen *n*. [Steinen.
jewelled bearing Lagerung *f* in
jig Vorrichtung *f*, Lehre *f*;
  assembling — Vorrichtung *f* ober Lehre *f* zum Zusammenbau von Apparatteilen;
  drilled — Bohrlehre *f*.
jigger Kopplungstransformator *m*, Jigger *m*;
  auto — Kopplungs=Autotransformator *m*, Autojigger *m*.
jockey Reiter *m*, Reiterröllchen *m*;
— **roller** Reiterröllchen *n*;
— **wheel** Reiterrädchen *n*.
join verbinden, to — on anschließen, to — a battery eine Stromquelle anlegen; angrenzen, (to an);
— **in multiple** vielfachschalten;
— — **parallel** nebeneinanderschalten, parallel schalten;
— — **series** hintereinanderschalten, in Reihe schalten.
joining(-up) Vereinigen *n*, Zusammenschalten *n*.
joint I. verspleißen (to mit) anspleißen (to an);
II. Spleißstelle *f*, Spleißung *f*, Stoßstelle *f*, Fuge *f*, Verschluß *m*; Gelenk *n*;
III. gemeinsam.
ball — Kugelgelenk *n*; [*m*;
bayonet — Bajonettverschluß
Britannia — Wickellötstelle *f*;
butt — stumpfe Verbindung *f*;
cable — Kabellötstelle *f*, Kabelspleißung *f*;
— — **box** Kabellötbrunnen *m*, Kabel=Abzweigkasten *m*;
copper sleeve — Würgeverbindung *f*, Kupferröhrenverbindung *f*;

dry — schlechte Lötstelle *f*;
filled — ausgegossene Kabelmuffe *f*;
Hooke's — Kardangelenk *n*, Kugelgelenk *n*;
knuckle — Kniegelenk *n*;
leaded — ausgebleite Rohrverbindung *f*;
multiple — Kabel=Verzweigungsmuffe *f*;
plumber's (wiped) — Lötwulst *m*, Plombe *f* der Bleimuffe *B*;
parallel — Parallel=Abzweigmuffe *f*;
rivet — Nietverbindung *f*;
scarfed — Verbindung *f* mit angeschärften Enden;
sleeve — Muffenverbindung *f* (of tubes von Röhren);
soldered — Lötverbindung *f*;
spigot — Muffenrohrverbindung *f*;
twist(ed) — Würgeverbindung *f*;
twisted sleeve — (Kupferröhren=)Würgeverbindung *f*;
welded — Schweißverbindung *f*;
— **box** Kabelbrunnen *m*, Lötbrunnen *m*, Kabelmuffe *f*;
— **capacity** gemeinsame Kapazität *f*;
— **resistance** gemeinsamer Widerstand *m*.
jointer, cable — Kabellöter *m*;
plumber — Bleikabellöter *m*;
— **'s vice** Spleißblock *m*.
jointing Verspleißen *n*, Verspleißung *f*, Verbindung *f*;
cross- — Auskreuzen *n* von Fernkabeladern an den Lötstellen zum Kapazitätsausgleich;
— **chamber** Kabellötbrunnen *m*, kleiner Kabelbrunnen *m*;
— **sleeve** Verbindungshülse *f*;
— **tube, paper** Papierröhrchen *n* für Lötstellen.

joist Balken *m*, Dielenbalken *m*.
Joulean loss Erwärmungsverlust *m*.
journal Zapfen *m*, Achschentel *m*;
— **bearing** Zapfenlager *n*, Zylinderlager *n*.
jumble verwürfeln; [*m*, *T*.
— **code** Verwürfelungsschlüssel
jump springen, to — back zurückschnellen.
jumper I. mit Schaltdraht verbinden (to mit);
II. Schaltdraht *m*, Überbrückungsdraht *m*;
— **ring** Tragring *m* für Schaltdrähte; [aber *f*;
— **wire** Schaltdraht *m*, Schalt-
— **-s** *pl* Schaltdrähte *pl* (of m. d. f. des Hauptverteilers).
jumpering Verbinden *n* mit Schaltdraht;
— **field** Schaltaderfeld *n*.
junction Verbindungsstelle *f*, Übergangsstelle *f* zwischen zwei Leitungen usw., Zusammenschaltung *f*, Verbindung *f*; Verbindungsleitung *f*, *F*;
loss at a — Übergangsverlust *m* durch Spiegelung usw. an der Verbindungsstelle *L*;
both-way — Verbindungsleitung *f* für abwechselnden Verkehr *F*;
in(coming) — ankommende Verbindungsleitung *f*;
order wire — Verbindungsleitung *f* für Dienstleitungsbetrieb;
out(going) — abgehende Verbindungsleitung *f*;
soldered — Lötverbindung *f*, Lötstelle *f*;
tandem — Verbindungsleitung *f* für Tandembetrieb;
trunk — **(circuit)** Fernamtsverbindungsleitung *f*, Vorschalteleitung *f*, Ko-Leitung *f*;
— **board** Verbindungsleitungsschrank *m*, Verbindungsleitungsplatz *m*;
— **cable** Verbindungs(leitungs)kabel *n*;
— **circuit** (*engl.*) (Fernsprech-)Verbindungsleitung *f*;
— **clearing lamp** Schlußlampe *f* am B-Platz *F*;
— **indicator** Verbindungsleitungsklappe *f*;
— **jack** Verbindungsleitungsklinke *f*;
— **line** (*engl.*) (Fernsprech-)Verbindungsleitung *f*;
— **multiple** Verbindungs-Vielfachfeld *n*;
— **network** Netzspinne *f*, Verbindungsleitungsnetz *n*;
— **plug** Verbindungsleitungsstöpsel *m*.
jute Jute *f*, indischer Flachs *m*;
tanned — mit Tannin getränkte Jute *f*;
— **packing** Jutepackung *f*;
— **served** mit Jute umwickelt;
— **serving** Juteumwicklung *f*;
— **yarn** Flachsgarn *n*, Jutegarn *n*.

K.

Kallirotron Zweiröhrenverstärker *m* mit aperiodischer Rückkopplung.
k. c. = kilocycle Kilohertz *n*.

keep erhalten, halten, to — constant konstant halten.
keeper Magnetanker *m*, Anker *m* des Dauermagnets.

Kelvin arrival curve, Thomson=
kurve f, T.
kenotron Hochvakuum(glüh=
kathoden)gleichrichterröhre f,
Thermionen=Hochvakuum=
gleichrichter m, Kenotron n.
kerf Kerbe f, Einschnitt f.
key I. tasten; aufkeilen (on to
a shaft auf einer Welle);
II. Taste f, Schlüssel m, Schal=
ter m; Keil m;
  to depress the — die Taste
  (nieder)drücken;
  to manipulate a — eine Taste
  betätigen;
  to release the — die Taste los=
  lassen;
  to strike a — eine Taste an=
  schlagen oder niederdrücken;
  to throw a — einen Schalter
  umlegen;
  to touch a — eine Taste an=
  schlagen;
  back-spacing — Rückzugtaste
  f am Locher, T;
  blank — Blanktaste f, Abstand=
  taste f, T;
  break — Unterbrechungstaste f;
  character — Taste f eines
  Lochers, einer Schreibmaschine;
  connection — Verbindungs=
  taste f, Stromschlußtaste f;
  coupling — Platzumschalter
  m, F;
  cut-out — Abschalttaste f;
  distant — Taste f des fernen
  Amtes;
  double current — Doppel=
  stromtaste f, T;
  erase — Irrungstaste f, T;
  home — eigene Taste f, T;
  impulse sending — Impuls=
  Tastengeber m, A;
  increment — Spannungs=
  wechslertaste f beim Quadru=
  plex T;
  magnetic — Tastrelais n;
  manipulating — Taste f,
  Schlüssel m, T;
  meter — Zähltaste f, F;
  monitoring — Prüftaste f;
  Morse — Morsetaste f;
  nut — Mutterschlüssel m;
  office — Amtstaste f, F;
  position-switching — Platz=
  umschalter m, F;   [hörer;
  press — Taste f am Sprech=
  push — Druckknopf m;
  relay — Tastrelais n;
  release — Auslösetaste f;
  resetting — Rückstelltaste f,
  Auslösetaste f;
  reversing — Umkehrtaste f,
  Kabeltaste f (Seekabel), Wen=
  deschalter m, F;
  ring back — Rückruftaste f;
  ringing — Ruftaste f;
  ringing reversing — Rufstrom=
  Umkehrtaste f für Gesellschafts=
  leitungen;
  sending — Sendetaste f;
  shift — Wechseltaste f, T;
  sounder — Klopfertaste f;
  speaking — Sprechschlüssel m;
  speaking and ringing —
  Sprech= (und Ruf=)Schlüssel
  m;
  switching —, throw — Schalt=
  schlüssel m, Kippschalter m;
  vibroplex — Vibroplextaste f,
  Morsetaste f mit selbsttätiger
  Punktgebung;
  bank of —s Tastenreihe f,
  Schalterreihe f, Schlüssel=
  reihe f;
  centre of — Mittelschiene f
  der Taste;
  row of —s Tastenreihe f;
  touch of a Tastenanschlag m.
keyboard Tastenfeld n, Tasta=
tur f;   [Sperre;
  locked — Tastenfeld n mit
  universal — Universaltastatur
  f, Normaltastenfeld n;

keyboard lock Tastensperre *f*;
— **perforator** Tastenlocher *m*;
— **transmitter** Tastengeber *m*.

key clerk Sendebeamter *m* (beim Wheatstone-Apparat);
— **controlled continuous waves** *pl* getastete ungedämpfte Wellen *pl*, *R*.

keyed aufgeteilt (to auf).

keying Tastung *f*;
— **circuit** Tastleitung *f*;
— **device** Tasteinrichtung *f*.

keyless tastenlos;
— **ringing** selbsttätiger Ruf *m* ohne Betätigung eines Rufschlüssels *F*.

key lever Tastenhebel *m*;
— **pair**, Zählabernpaar *n*;
— **relay** Tastrelais *n*;
— **sender**, — **-set call sender** Tasten-Nummerngeber *m*, *A*;
— **shelf** Schlüsselbrett *n* am Klappenschrank;
— **speed** Handtempo *n*, *T*;
— **way** Längsnute *f*, Keilnute *f* einer Welle;
— **worked** handgetastet.

kick I. stoßen, schlagen;
II. Stoß *m*, Rückschlag *m*;
back — Rückentladung *f*, Rückschlag *m*, *T*;
unbalance — Störstromstöße *pl* infolge schlechter Abgleichung beim Gegensprechen *T*.

kill a power line eine Starkstromleitung spannungslos machen.

killer, noise Drosselsatz *m*, Geräuschvernichter *m*.

kilocycle 1000 Perioden, Kiloherz *n*.

kilodyne Kilodyn *n*.

kilogram(me) Kilogramm *n*, *ab*: kg, 0,4536 kg = 1 lb.

kilogram-metre Kilogrammmeter *n*, *ab*: kgm.

kilohm 1000 Ohm.

kilometre Kilometer *n*, *ab*: km.
kilovolt Kilovolt *n*, *ab*: kV.
kilowatt Kilowatt *n*, *ab*: kW;
— **hour** Kilowattstunde *f*, *ab*: kWh.

kind of current Stromart *f*.

kinetic kinetisch;
— **energy** kinetische Energie *f*.

kink Knick *m* im Draht, Knick *m*, Haken *m* einer Kurve.

kiosk, street Straßenkiosk *m*.

kite Drachen *m*;
— **string** Drachenschnur *f*.

knead kneten.

knee Knie *n*, Knick *m*.

knife Messer *n*;
turning — Drehstahl *m*;
— **(blade) switch** Messerschalter *m*;
— **edge** Schneide *f*, Messerschneide *f*;
— — **relay** Relais *n* mit Schneibenlagerung;
— — **suspension** Schneidenaufhängung *f*.

knob Knopf *m*, Knauf *m*;
spark — Funkenstreckenelektrode *f*.

knobbed mit einem Knopf oder Knauf versehen.

knob handle, milled Kurbelknopf *m*, Kurbelgriff *m*.

knuckle joint Kniegelenk *n*.

knurled screw Kurbelschraube *f*.

KR = capacity × resistance KR *n*, Produkt *n* aus Kapazität und Widerstand eines Kabels *T*.

KR-law KR-Gesetz *n*, *T*.

krarupization Krarupisierung *f*.

krarupize krarupisieren.

Krarup winding Krarupumspinnung *f*.

k. w. = kilowatt Kilowatt *n*, *ab*: kW.

L.

Label I. mit einer Aufschrift ober Bezeichnung versehen;
II. Marke f, Bezeichnung f, Aufschrift f.
laboratory Versuchsraum m, Laboratorium n.
labour I. arbeiten (at an);
II. Arbeit f, Werk n;
— **saving** I. arbeitsparend;
II. Arbeitsersparnis f.
lac Lack m;
enamel — Email(le)lack m;
— **varnish** Lackfirnis m.
lace I. schnüren, to —out a cable ein Kabel ausformen;
II. Schnur f, Schnürband n, Tresse f.
lack Mangel m;
lacquer I. lackieren;
II. Lack m, Lackfirnis m.
lacquering stove Lackierofen m.
ladder Leiter f;
rolling — Rolleiter f;
travelling — Schiebeleiter f (of m. d. f. am Hauptverteiler).
ladle Schöpflöffel m, Löffel m;
casting — Gießlöffel m.
lag I. nacheilen (by um), to — **behind** nacheilen (current Strom);
II. Nacheilung f;
hysteretic — hysteretische Nacheilung f;
line — Leitungsverzögerung f, T;
time — Zeitunterschied m, zeitliche Nacheilung f.
lagging I. phasenverspätet, phasenverzögert, nacheilend;
II. Nacheilung f;
— **of phase** Phasenverzögerung f.
lamina pl **laminae** Blatt n, Lamelle f, Blech n eines Kerns usw., Lage f, Schicht f.

laminate blättern, lamellieren.
laminated geblättert, lamelliert, Blätter- ..., Lamellen-...;
finely — fein unterteilt, fein geblättert;
— **core** geblätterter Kern m, Blätterkern m;
— **iron core** Eisenblätterkern m, Eisenblechkern m.
lamination Lamelle f, Blatt n, Blätterung f.
lamp Lampe f, Verstärkerlampe f;
alarm — Meldelampe;
ballast — Ballastlampe;
— —, **iron filament** Eisenwiderstand m;
blow — Lötlampe;
calling — Anruflampe, Ruflampe;
carbon filament — Kohlefadenlampe;
clearing — Schluß(zeichen)lampe;
— —, **junction** Schlußlampe am B-Platz F;
engaged — Besetztlampe;
flash — Blinklampe, Signallampe, Morselampe; Taschenlampe;
gaseous conduction — Glimmlampe;
jack(s) — Stecklampe, Lampe für Steckfassung;
line — Anruflampe;
meter — Zählerkontrollampe;
pilot — Platzlampe F, (Gruppen-) Meldelampe, Signallampe;
portable — Handlampe;
resistance — Widerstandslampe;
soldering — Lötlampe;
spirit — Spiritus-Lötlampe;

supervisory (signal) — Überwachungslampe;
supervisory —, answering (calling) Schlußlampe oder Überwachungslampe des rufenden (angerufenen) Teilnehmers;
three-electrode — Verstärkerlampe, Dreielektrodenröhre *f*;
tungsten (filament) — Wolframlampe, Metallfadenlampe;
— **bracket** Lampenarm *m*;
— **cap** Lampenkappe *f*, *F*;
— **flashing** Blinkzeichen *n*, *F*;
— **fuse** Lichtsicherung *f*;
— **holder** Lampenfassung *f*, Röhrenfassung *f*;
— **jack** Steckfassung *f* für Lampen *F*;
— **resistance** Lampenwiderstand *m*;
— **socket** Lampensockel *m*, Röhrensockel *m*;
— **switchboard** Glühlampenschrank *m*;
Lamson carrier Seilpost *f*;.
land landen (a cable ein Kabel).
landing place Landungsstelle *f*.
landslide Erdrutsch *m*.
lantern Laterne *f*; Drehling *m*;
— **pinion** Hohltrieb *m*. [wickeln.
lap überlappen, umlappen, um**lapping** Überlappen *n*, Umhüllen *n*, Umwickeln *n*.
lardaceous speckig, speckartig;
— **fracture** speckiger Bruch *m* des Porzellans.
lash festmachen (on, to an), verlaschen (to mit);
back — toter Gang *m*, Spiel *n*, Spielraum *m*.
last dauern.
lat. = latitude geographische Breite *f*, lat.... ⁰ N (S) ...⁰ nördlicher (südlicher) Breite.

latch I. verriegeln, zuklinken;
II. Klinke *f*, Falle *f*, Schnepper *m*.
lateral seitlich, Seiten-...;
— **discharge** Nebenentladung *f*.
latex, rubber — Milchsaft *m* des Gummibaums.
lath Latte *f*.
wooden — Holzlatte *f*.
lathe, (turner's) Drehbank *f*.
latitude geographische Breite *f*, Breitengrad *m* v. lat.
lattice Gitter *n*, Gitterwerk *n*;
— **girder** Gitterträger *m*;
— **mast** Gittermast *m*;
— —, **steel** Eisengittermast *m*;
— —, **wood** Holzgittermast *m*;
— **plate** Gitterplatte *f* des Sammlers;
— **pole** Gittermast *m*, Gitterständer *m*.
law, Gesetz *n*;
sine — Sinusgesetz *n*.
lay I. legen, auslegen, verlegen (cables Kabel);
II. Schlag *m*, Schlaglänge *f*, Drallänge *f*;
left- (right-) handed — Rechts-(Links-)drall *m*;
length of — Schlaglänge *f*, Drallänge *f*.
layer Lage *f*, Schicht *f*;
Heaviside — Heavisideschicht *f*;
intermediate — Zwischenlage *f*,
multi- — mehrlagig;
single- — einlagig.
laying Legung *f*, Auslegung *f*, Verlegung *f*;
cable — Kabel(aus)legung *f*.
lay-out Plan *m*, Gruppierung *f*, Ausstattung *f*.
lb. *pl* **lbs.** = pound(s) englisches Pfund *n*, 1 lb. = 453,59 g.
lbs. per mile (naut) Kupfergewicht *n* des Leiters ... Pfund je englische Meile (Seemeile).

... lb./... lb. Gewicht *n* des Kupferleiters / Gewicht der Guttaperchaisolation eines Seekabels in englischen Pfund je Seemeile.

l. b. = local battery Ortsbatterie *f*, O.B. *f*.

l. b. exchange O.B.-Amt *n*.

lead I. leiten, führen, vorauseilen (by um), to — in einführen (cables Kabel); verbleien, plombieren; II. bleiern; III. Voreilung *f*, Leitung *f*, Führung *f*, Zuführung *f*, Leiter *m*; — Blei *n* (Pb).

antimonial —, **antimonious** — Antimonblei *n*;

black — Graphit *m*;

external —s *pl* Außenleitung *f*;

hard — Hartblei *n*;

instrument —s *pl* Apparatzuleitungen *pl*;

local — c-Draht *m*, c-Leitung *f*, *F*, *A*;

power — Starkstromzuführung *f*, Speiseleitung *f*;

red — Bleimennige *f* (Pb_3O_4);

ringing — Rufstromzuführung *f*;

rolled — Walzblei *n*;

soft — Weichblei *n*;

spongy — Bleischwamm *m*;

twisted and screened —s *pl* verdrillte und abgeschirmte Zuleitungen *pl*;

wandering — lose Zuführung *f*;

white — Bleiweiß *n* ($PbH_2O_2 \cdot 2\ PbCO_3$); [*m*;

angle of — Voreilungswinkel

carbonate of — kohlensaures Bleioxyd *n*, Bleikarbonat *n* ($PbCO_3$);

sulphate of — Bleisulphat *n*, schwefelsaures Blei *n* ($PbSO_4$)

— **of a coil** Herausführung *f* der Spulenenden;

— **(-covered)cable** Bleikabel *n*;

— **cap** Bleikappe *f*, *B*;

— **covering** Bleimantel *m*;

— **dust** Bleistaub *m*;

— — **storage cell** Bleistaubsammler *m*;

— **grid** Bleigitter *n*;

— **-in** Einführung *f*;

— — **wire** Einführungsdraht *m*, Zuleitungsdraht *m*;

— **-lined** mit Blei ausgeschlagen;

— **monoxide** Bleioxyd *n*, Bleiglätte *f* (PbO);

— **peroxide** Bleisuperoxyd *n* (PbO_2);

— **sheath** Bleimantel *m*;

— **-sheathed** mit Bleimantel versehen;

— **sheating** Bleimantel *m*;

—, **corrosion of the** Kabelmantelkorrosion *f*, Korrosion *f* oder Anfressung des Bleimantels *m*;

— **sleeve** Bleimuffe *f*;

— **storage battery** Bleisammlerbatterie *f*;

— — **cell** Bleisammler *m*;

— **sulphide** Bleiglanz *m* (PbS);

— — **detector** Bleiglanzdetektor *m*;

— **sulphuric acid cell** Bleisammler *m*.

leaded joint ausgebleite oder verbleite Rohrverbindung *f*.

leaden bleiern.

leader Leiter *m*, Draht *m*;

rubber-insulated — Gummiader *f*, gummiisolierte Leitung *f*;

twin — zweiadrige Leitung *f*.

leading Voreilen *n*, Voreilung *f*;

— **of phase** Phasenvoreilung *f*;

— **-in** Einführung *f*;

— — **cable** Einführungskabel *n*;

— — **insulator** Einführungsisolator *m*.

leaf Blatt *n*;
— **spring** Blattfeder *f*.
leak I. ſtreuen, lecken, leck ſein, undicht ſein; to — off abfließen;
II. Abzweig *m*, Nebenſchluß *m*, Leck *n*, Undichtheit *f*, in — in Abzweig, in Brücke geſchaltet;
electromagnetic — magnetiſcher Nebenſchluß *m*, *T*;
grid — Gitterableitung *f*, Gitternebenſchluß *m*, *V*;
magnetic — magnetiſcher Nebenſchluß *m*;
resistance — Nebenſchlußwiderſtand *m*, Ableitungswiderſtand *m*;
— **circuit** Mitleſeſtromkreis *m* des Übertragers *T*;
— **coil** Abzweigwiderſtand *m* des Übertragers *T*;
— **conductance** Ableitung *f* als Leitungskonſtante;
— **current** Leckſtrom *m*, Ableitungsſtrom *m*;
— **impedance** Querimpedanz *f*;
— **instrument** Mitleſeapparat *m*, *T*;
— **-load** I. mit Querſpulen, mit Ableitung laden oder belaſten;
II. Ladung *f* mit Ableitung, Ladung *f* mit Querſpulen;
— **-loaded** mit Querſpulen, mit Ableitung geladen oder belaſtet;
— **loading** Belaſtung *f* oder Ladung *f* mit Querſpulen, Belaſtung *f* mit vermehrter Ableitung;
— **receiver** Mitleſeempfänger *m*, *T*;
— **resistance** Nebenſchlußwiderſtand *m*; Abzweigungswiderſtand *m T*; Ableitungswiderſtand *m*;
— —, **grid** Gitterwiderſtand *m*, Gitterableitung *f*, Gitternebenſchluß *m*;
— **working** Arbeiten *n* in Zweigſchaltung oder Parallelſchaltung *T*.
leakage Ableitung *f* als Leitungskonſtante, Streuung *f*, Nebenſchließung *f*;
conductance — Ableitung /*L*;
gas — Gasaustritt *m* in Kabelbrunnen *B*;
magnetic — magnetiſche Streuung *f*;
side — Flankenſtreuung *f*;
surface — Oberflächenableitung *f*, Kriechen *n*;
— — **current** Kriechſtrom *m*;
weather — Wetternebenſchluß *m*;
— **of air** Lufteintritt *m*, Eindringen *n* von Luft (into the tube in die Röhre);
— **of current** Stromübergang *m*;
— **conductance** Ableitung *f*, *L*;
— **current** Leckſtrom *m*, Ableitungsſtrom *m*;
— **-s** *pl* Leckſtröme *pl*, vagabundierende Ströme *pl*;
— **field** Streufeld *n*;
— **flux** Streufluß *m*;
— **indicator** Erdſchlußprüfer *m*, Erdſchlußanzeiger *m*;
— **loss** Ableitungsverluſt *m*, Ableitungsdämpfung *f*;
— **path** Nebenſchließungsweg *m*;
— **resistance** Ableitungswiderſtand *m*.
leakance Ableitung *f*, *L*;
— **current** Ableitungsſtrom *m*, Leckſtrom *m*;
— **loss** Ableitungsverluſt *m*, Ableitungsdämpfung *f*.
leaky mit Ableitung behaftet, mit einem Nebenſchluß behaftet, leck, undicht, durchläſſig.

lease verpachten, vermieten; pachten, mieten.
leased wire Mietleitung *f*.
leather Leder *n*;
— **belt** Lederriemen *m*;
— —, **twisted** Leder-Rundriemen *m*.
leatherold Leatheroid *n*.
ledge Sims *m*, Leiste *f*, vorstehender Rand *m*.
left-handed linksgängig, Links- ....
leg Schenkel *m*;
two-—ged zweischenklig.
legibility Lesbarkeit *f*;
— **of signals** Güte der Zeichen.
legible lesbar.
length Länge *f*;
axial — axiale Länge *f*;
breaking — **(of a wire)** Reißlänge *f* (eines Drahtes);
cable — Kabellänge *f*, Fabrikationslänge *f*;
electrical — elektrische Länge *f*, *L*;
factory —, **manufacturing** — Fabrikationslänge *f*;
span — Spannweite *f*;
unit (of) — Längeneinheit *f*.
lengthen verlängern;
— **ed dots** *pl* breite Punkte *pl*, *T*.
lens Linse *f*.
let through hindurchlassen.
letter Buchstabe *m*, Type *f*, Brief *m*, Schreiben *n*, Urkunde *f*;
call — Rufzeichen *n*;
cross — Kabelbuchstabe *m*, bei dem positive und negative Stromstöße abwechseln *T*;
— **blank** Buchstabenweiß *n*, Buchstabenblank *n*, *T*;
— **box** Briefkasten *m*;
— **counting device** Buchstabenzähleinrichtung *f*, *T*;
— **s patent** Patentbrief *m*, Patenturkunde *f*;
— **shift** Buchstabenwechsel *m*;
— **space** Buchstabenabstand *m*, Buchstabenweiß *n*, Buchstabenblank *n*, *T*.
lettering Buchstabenbezeichnung *f*.
level I. ausrichten, nivellieren, ebnen, einebnen;
II. wagerecht, eben;
III. Höhe *f*, Niveau *n*, wagerechte Reihe *f*; Wasserwage *f*, Libelle *f*, Richtlatte *f*; Höhenreihe *f*, Höhenschritt *m*, Dekade *f* des Stromwerwählers *A*;
bubble — Libelle *f*, Wasserwage *f*;
power Energieniveau *n*, Energiehöhenlinie *f*;
road — Straßenoberfläche *f*, Straßenplanum *n*;
sea — Seehöhe *f*;
spirit — Libelle *f*;
transmission — Energieverlauf *m* auf der Leitung, Übertragungsniveau *n*;
— **chart,** — **diagram** Niveaukarte *f* Niveaulinienbiagramm *n*, Höhenlinienbarstellung *f*;
— **multiple** Höhenschrittvielfach *n*, Dekadenvielfach *n*. [be *f*;
levelling screw Nivellierschraubе
lever Hebel *m*;
adjusting — Einstellhebel;
— —, **zero** Einstellhebel am Hughesapparat, Nullhebel;
angle —, **bell crank** — Winkelhebel;
contact — Kontakthebel;
engaging — Einrückhebel;
fulcrumed — drehbar gelagerter Hebel;
oscillating — schwingender oder hin- und hergehender Hebel;
printing — Druckhebel;
selecting — Sucherhebel am Baudotapparat, Wählerhebel *T*;

lever
 speed—Reglerhebel am Wheatstoneapparat;
 starting and stopping — Ein- und Ausrückhebel;
 transmitting — Sendehebel;
 tripping — Auslösehebel, Einrückhebel;
 two-armed — zweiarmiger Hebel;
 unison — Einstellhebel am Hughesapparat, Nullstellhebel T;
 — **arm** Hebelarm m;
 — **switch** Hebelumschalter m;
 — —, **double** Doppel-Hebel(um)schalter m.
leverage Hebelwirkung f.
levy erheben (a charge eine Gebühr).
Leyden jar Leydener Flasche f;
 battery of — **—s** Leydener Flaschenbatterie.
l. f. = low frequency Niederfrequenz f, ab: Nf.
liberate freigeben, befreien (from von).
liberation Freigabe f.
license Erlaubnis f, Genehmigung f, Lizenz f;
 experimenter's — Versuchserlaubnis f, Versuchslizenz f, Experimentierlizenz f.
licensee Erlaubnisinhaber m, Lizenznehmer m.
lid Deckel m, Klappe f.
life Lebensdauer f;
 length of — Lebensdauer f.
lifeboat Rettungsboot f;
 — **wireless set** Rettungsboot-Funkeinrichtung f.
lift I. heben, aufheben, to — (off) the telephone den Hörer abnehmen oder aushängen, to — off abheben;
 II. Hebezeug m, Hebebaumen m, Fahrstuhl m.

lifting jack Winde f, Hebebock m.
light I. entzünden, anzünden, to — (up) aufleuchten;
 II. Licht n;
 anodal — Anodenlicht;
 brush — Büschellicht;
 beam of —, **ray of** — Lichtstrahl m;
 spot of — Lichtfleck m, Lichtzeiger m; [seit f;
 velocity of — Lichtgeschwindigkeit
 — **ray** Lichtstrahl m;
 — **reactive cell** lichtempfindliche Zelle f;
 — **socket**, Licht-Steckdose f.
lighting circuit Lichtleitung f;
 — **hour** Brennstunde f;
 — **mains** pl Licht-Hauptleitung f.
lightning Blitz m, the — strikes a wire der Blitz schlägt in einen Draht ein;
 side-flashing of — Abspringen n des Blitzes;
 — **arrester** Blitzableiter m;
 — —, **horn-shaped** Hörnerblitzableiter; [leiter;
 — —, **knife** Schneidenblitzab-
 — —, **pole** Stangenblitzableiter;
 — —, **plate** Plattenblitzableiter;
 — —, **point** Spitzenblitzableiter;
 — —, **vacuum** Luftleerblitzableiter;
 — —, **wedge-shaped** Schneidenblitzableiter;
 — **discharge** Blitzentladung f, Blitzschlag m;
 — **flash** Blitz m, Blitzstrahl m;
 — **protector** Blitzableiter;
 — **stroke** Blitzschlag m.
lignum vitae Pockholz n.
like gleichnamig;
 — **poles** pl gleichnamige Pole pl;
limb Schenkel m, Glied n;
 a- (b-) — a- (b-)Draht m, a-(b-)Zweig m einer Doppelleitung;
 magnet — Magnetschenkel m.

lime Kalk, Kalziumoxyd n (CaO).
limit I. begrenzen;
II. Grenze f;
  elastic — Elastizitätsgrenze f, Dehnungsgrenze f;
  lower (upper) — untere (obere) Grenze f;
  — **of error** Fehlergrenze f.
limitation Begrenzung f, Grenze f.
limiter, Begrenzer m;
  current — Strombegrenzer m.
limiting conditions pl Grenzbedingungen pl;
  — **device** Begrenzer m;
  — **filter, lower** Kondensatorkette f;
  — —, **upper,** Spulenkette f;
  — **resistance** Begrenzungswiderstand m;
  — **value** Grenzwert m, M.
line I. auskleiben, ausschlagen (with copper mit Kupfer); in eine Linie bringen; lini(i)eren;
II. Zeile f, Linie f, Leitung f, Linie f, magnetische, elektrische Kraftlinie f;
  to break down a — eine Leitung abbrechen;
  to erect a — eine Leitung herstellen; [bleiben F;
  to hold the — in der Leitung
  to pass to — in die Leitung fließen;
  to run a — **overhead** eine Leitung oberirdisch führen;
  to throw a — **on to** eine Leitung verbinden mit;
  A- (B-) — a- (b-) Leitung f;
  actual — wirkliche oder natürliche Leitung f;
  aerial — Luftleitung f, oberirdische Leitung f;
  artificial — künstliche Leitung f;
  artificial T- — Kettenleiter m zweiter Art;
  artifical π- — Kettenleiter m erster Art;
  balancing — Ausgleichsleitung f, Leitungsnachbildung f;
  carrier — Drahtfunkleitung f, Leitung f für Hf-Betrieb;
  communication — Fernmeldeleitung f;
  component — Stammleitung f, F;
  composite — aus mehreren Teilen zusammengesetzte Leitung f; simultan betriebene oder Doppelsprech-Leitung f;
  covered — versenkte Linie f;
  dash-dotted — strichpunktierte Linie f;
  dashed — gestrichelte Linie f;
  direct — (engl.) Hauptanschlußleitung f, Gegensatz zur Gesellschaftsleitung f;
  dotted — punktierte Linie f;
  double — Doppelleitung f;
  down — (engl.) von London wegführender Leitungszweig m;
  exchange — Amtsleitung f, Hauptausschlußleitung f;
  extension — Nebenanschlußleitung f;
  — —, **(artifical)** Leitungsergänzung f, Leitungsverlängerung f, K;
  finite — endliche Leitung f, Leitung von endlicher Länge L;
  full — (voll) ausgezogene Linie f;
  guy — Halteseil n, Gei f, Anker m;
  heavy — stark ausgezogene Linie f;
  heavy (gauge) — starkdrähtige Leitung f;
  high-voltage — Hochspannungsleitung f;

line
  homogeneous — homogene Leitung f;
  individual — (*am.*) Hauptanschlußleitung f im Gegensatz zur Gesellschaftsleitung;
  infinite —, (quasi-) (quasi-) unendlich lange Leitung f, L;
  international (trunk) — Auslandsleitung f;
  interoffice (trunk) — Verbindungsleitung f;
  land — Landlinie f;
  light — dünne Linie f, dünner Strich m;
  local — Ortslinie f;
  open (wire) — Freileitung f, Luftleitung f;
  overhead — oberirdische Leitung f, Luftleitung f;
  party — Gesellschaftsleitung f;
  pipe — Rohrstrang m, Rohrkanal m;
  pole — Stangenlinie f;
  power (transmission) — Starkstromleitung f, Kraftleitung f;
  primary — Hauptlinie f;
  secondary — Nebenlinie f;
  semi-infinite — quasi-unendlich lange Leitung f;
  side — Nebenlinie f;
  smooth — gleichförmige Leitung f, L;
  solid — voll ausgezogene Linie f;
  stream — Stromlinie f, Stromfaden m;
  subscriber's — Teilnehmerleitung f;
  through — durchgehende Leitung f;
  tie — Querverbindung f, F; Anschlußleitung f, Stichleitung f (Starkstromnetz);
  transmission — Übertragungsleitung f;
  transposition — Linie f mit Kreuzungen der Doppelleitungen;
  trunk — Fernleitung f, Fernlinie f;
  twisted — verdrallte Leitung f;
  whole — voll ausgezogene Linie f;
  zero — Nullinie f;
  up — (*engl.*) nach London zu verlaufende Leitung f;
  — of force Kraftlinie f;
  —s — —, direction of Kraftlinienrichtung f;
  —s — —, mean path of mittlerer Kraftlinienweg m;
  — of magnetic induction or force magnetische Kraftlinie f;
  — of no loss verlustlose Leitung f, L;
  — of pipes Rohrstrang m;
  — of print Druckzeile f;
  — angle, (hyperbolic) Fortpflanzungsgröße f, L;
  — balance Leitungsausgleich m, Leitungsnachbildung f;
  — chart, straight Fluchtentafel f, Nomogramm n;
  — conditions *pl* Leitungszustand m;
  — constant Leitungskonstante f, Leitungseigenschaft f;
  — equivalent Leitungsäquivalent n;
  — fault Leitungsfehler m;
  — feed Zeilenvorschub m, T;
  — finder Anrufsucher m, A;
  — —, subscriber's erster Anrufsucher m, A; [m, A;
  — —, trunk zweiter Anrufsucher
  — integral Linienintegral n;
  — lag Leitungsverzögerung f, Laufzeit f des Stromes über die Leitung;
  — lamp Anruflampe f, F;
  — loss Leitungsverlust m, Leitungsdämpfung f;

line man, line(s)man Störungs=
sucher *m*, Telegraphenarbei=
ter *m*;
- **material** Bauzeug *n*, Linien=
material *n*;
- **noise** Leitungsgeräusch *n, F*;
- **radio** Drahtfunk *m*;
- **relay** Linienrelais *n*;
- **shunt admittance**, komplexer
Querleitwert *m*, Quer=Schein=
leitwert *m, L*;
- — **conductance** Ableitung *f*,
Querleitwert *m, L*;
- **signal** Anrufzeichen *n, F*;
Linienstrom *m, T*;
- **speed** Telegraphiergeschwin=
digkeit *f* in Abhängigkeit von
der Leitung;
- **switch** Vorwähler *m, A*;
- —, **rotary** umlaufender Vor=
wähler *m, A*;
- —, **primary (secondary)** erster
(zweiter) Vorwähler *m, A*;
- **switchboard** Vorwählergestell
n, A;
- **theory** Leitungstheorie *f*;
- —, **long** Theorie *f* langer Lei=
tungen;
- **time** wörtlich: Linienzeit *f*,
die für die Ausnutzung einer
Leitung verfügbare Zeit *f, T*.

linear linear.

lined ausgeschlagen, ausgeklei=
det;
lead-— mit Blei ausgekleidet.

linen Leinwand *f*;
oiled — geölte Leinwand *f*,
Ölleinen *n*;

lining Futter *n*, Auskleidung *f*,
Ausfütterung *f*.

link I. verknüpfen, verketten,
to — up anschließen (with an),
to — with verkettet sein mit;
II. Zwischenglied *n*, Glied *n*,
Bindeglied *n*, Verbindungs=
stück *n*, Gelenk *n*; Innenlei=
tung *f*, Verbindungsleitung *f*
zwischen den Wählern eines Amts
A;
- **belt** Gliederkette *f*;
- **chain** Gelenkkette *f*;
- **circuit** Zwischenkreis *m*, ape=
riodischer Zwischenkreis *m*;
- **plug, U-** U=Stöpsel *m*, Ver=
bindungsklammer *f*.

linkage Verkettung *f*, Verknüp=
fung *f*, Gliederwerk *n*;
inter-valve — Röhrenkopp=
lung *f*, Kopplung zwischen
zwei Röhren.

linkwork Gliederwerk *n*.

linseed oil Leinöl *n*;

lip Lippe *f*.

Lipowitz alloy Lipowitzlegie=
rung *f* (26,7 Pb, 13,3 Sn,
50 Bi, 10 Cd).

liquid I. flüssig;
II. Flüssigkeit *f*;
- **damping** Flüssigkeitsdämp=
fung *f*;
- **jet** Flüssigkeitsstrahl *m*;
- **starter** Flüssigkeitsanlasser *m*.

listen hören, lauschen, to — in
hineinhorchen, abhören.

listener(-in) Hörer *m*, Abhören=
der *m*;

listening Hören *n*, Abhören *n*.
- **position** Hörstellung *f*, Mithör=
stellung *f*.

litharge Bleioxyd *n*, Bleiglätte *f*
[(PbO)].

lithium Lithium *n* (Li).

litzendraht Litzendraht *m, R*.

live stromführend, spannung=
führend.

load I. laden, belasten (Leitungen,
Maschinen);
II. Ladung *f*, Belastung *f*,
Last *f*, Verbraucher *m*;
on — 200 amps. bei Belastung
mit 200 A;
balanced — ausgeglichene Be=
lastung *f* (of a triphase system
eines Drehstromsystems);

load
bending — Biegebelastung *f*;
breaking — Bruchlast *f*, Bruchbelastung *f*;
condenser — kapazitive Belastung *f*;
current — Strombelastung *f*;
day — Tagesbelastung *f*;
full — Vollast *f*;
— —, **on** mit oder unter voller Last, vollbelastet;
ice — Eislast *f*;
inductance —, **inductive** induktive Belastung *f*;
leak- — I. mit Querspulen belasten oder laden, mit erhöhter Ableitung belasten K; II. Belastung *f* oder Ladung *f* mit Querspulen, Belastung *f* mit erhöhter Ableitung K;
mid-, **begin at** mit einer halben Spule beginnen L, K;
— **— characteristic impedance** Wellenwiderstand *m* einer mit halber Spule beginnenden Pupinleitung (oder Kette);
night — Nachtbelastung *f*;
no- — impedance Leerlaufimpedanz *f*;
normal — Normallast *f*, Normalbelastung *f*;
peak — Spitzenbelastung *f*;
reactive — reaktive Belastung *f*, Belastung *f* durch Kapazität oder Induktivität, Blindlast *f*;
resistive — Belastung *f* durch Ohmschen Widerstand;
snow — Schneebelastung *f*;
speed- — characteristic Tourenzahl-Belastungskennlinie *f*;
wind — Winddruck *m*;
— **circuit** Verbraucherstromkreis *m*, Entnahmekreis *m*;
— **coil** Verlängerungsspule *f*, R, Pupinspule *f*, K;
— **impedance** Verbraucherimpedanz *f*, Endimpedanz *f*;
— **range** Belastungsbereich *m*;
— **spacing** Spulenentfernung *f* Spulenabstand *m* einer Pupinleitung.

loaded belastet, geladen;
coil- — spulenbelastet;
continuously — gleichförmig oder stetig belastet K, L;
extra light — *ab*: X. L. L. besonders leicht belastet K;
heavily — stark belastet K;
inductively — induktiv belastet oder geladen;
leak- — mit Ableitung belastet, mit Querspulen belastet oder geladen;
medium heavy — *ab*: M. H. L. mittelstark geladen oder belastet K;
lump- — punktförmig belastet L;
— **for carrier** für Hochfrequenz induktiv geladen;
— **cable, composite** viererpupinisiertes Kabel *n*, Kabel *n* mit Belastung der Stamm- und Viererleitungen;
— **circuit** belastete Leitung *f*, Leitung *f* mit erhöhter Induktivität.

loading Belasten *n*, Laden *n*, Belastung *f*, Ladung *f*;
coil — Pupinisierung *f*, Spulenbelastung *f*; [sierung *f*;
composite — Viererpupini-
continuous — Krarupisierung *f*, gleichförmige Belastung *f*;
Krarup — Krarupisierung *f*;
leak — Belastung *f* durch Querspulen, Belastung *f* durch vermehrte Ableitung;
lumped — punktförmige Ladung *f*;
lumped leak — punktförmige Belastung *f* mit Querspulen;
lumped series — punktförmige Belastung *f* mit Reihenspulen;

loading
  phantom — Viererpupinisierung *f*, Viererbelastung *f*;
  series — Laden *n* durch Reihenspulen;
  superposed — Viererpupinisierung *f*;
  – **coil** Pupinspule *f*;
  – —, **aerial** Luftdraht=Verlängerungsspule *f, R*;
  – —, **elongated** längliche Pupinspule *f* für Seekabel;
  – — **case,** — — **pot** Spulenkasten *m, K*;
  – — **unit** Spulensatz *m* für Stamm= und Viererpupinis'erung;
  – **inductance** Belastungsspule *f*, Verlängerungsspule *f, R*;
  – **point** Spulenpunkt *m*;
  – —, **first** erster Spulenpunkt *m*;
  – **resistance** Ballastwiderstand *m*;
  – **(coil) section** Spulenfeld *n*, Belastungsabschnitt *m*, Spulenabschnitt *m*.
loadstone = lodestone.
local Orts=..., örtlich);
  – **busy,** ortsbesetzt *F*;
  – — **condition,** Ortsbesetztsein *n, F*;
  – **call** Ortsgespräch *n*;
  – —, **engaged on,** ortsbesetzt, *F*;
  – **circuit** Orts(strom)kreis *m*;
  – **lead** c=Draht *m, F, A*;
  – **oscillator** Überlagerer *m, R*;
  – **plant** Ortsfernsprechanlage *f*, Ortsnetz *n*;
  – **traffic** Ortsverkehr *m*.
localisation Eingrenzung *f*, Ortsbestimmung *f*;
  fault — Fehlereingrenzung *f*;
  – **test** Fehlerortsmessung *f*, Eingrenzen *n*.
locate Fehler eingrenzen, feststellen. [zung *f*.
locating, fault- Fehlereingren-

location Eingrenzung *f* eines Fehlers, Setzen *n*, Stellen *n*, Unterbringung *f*.
lock I. verschließen, zuschließen (to — up), schließen, hemmen (ein Rad);
  II. Schloß *n*, Verschluß *m*, Schleuse *f*;
  keyboard — Tastensperre *f*;
  locking device Sperrvorrichtung *f*, Sperre *f*;
  – **relay** Sperrelais *n*;
  – **ring** Spannring *m*.
lock nut, (friction) Gegenmutter *f*.
locus *pl* **loci** geometrischer Ort *m, M*.
lodestone Magneteisenstein *m*, natürlicher Magnet (Fe_3O_4).
log book Bautagebuch *n, B*.
logarithm Logarithmus *m*;
  common — gemeiner Logarithmus *m*;
  Nap(i)erian —, **natural** — natürlicher oder Napierscher Logarithmus *m* (to base e zur Basis e);
  base of —**s** Logarithmenbasis *f*.
logarithmation Logarithmierung *f*.
logarithmic(al) logarithmisch;
  – **(cross section) paper** Logarithmenpapier *n*, Papier *n* mit logarithmischer Teilung;
  – **curve, on a** nach einer logarithmischen Kurve.
long....° W (E),...° westlicher (östlicher) Länge *f*.
long-distance... Fern=..., Weit=...;
  – — **cable** Fernkabel *n*;
  – — — **system** Fernkabelnetz *n*;
  – — **circuit** Fernleitung *f*;
  – — **radio station** Großfunkstelle *f*, Radio=Großstation *f*;
  – — — **traffic** Weitverkehr *m*.

longitude geographische Länge *f*,
v. long.
longitudinal Längs-...;
— **section** Längsschnitt *m*;
— **vibrations** *pl* Longitudinal-
schwingungen *pl*.
long-range ...., Weit-....;
— **-wave** langwellig.
loop I. zur Schleife schalten
(two lines zwei Leitungen),
to — in einschleifen (an office
ein Amt);
II. Schleife *f*, Leitungsschleife
f; Rahmenantenne *f* mit einer
Windung; Schwingungs-
bauch *m*;
to work on the — in Schleifen-
schaltung betreiben;
round the — über die Schleife
hinweg, durch die Schleife;
per mile — für eine Meile
Doppelleitung;
calling — Schleife *f* des rufen-
den Teilnehmers *A*;
constant — Schleifenberüh-
rung *f*;
current — Strombauch *m*;
hysteresis —, **hysteretic** —
Hystereseschleife *f*;
oscillograph — Oszillogra-
phenschleife *f*;
permanent — Schleifenberüh-
rung *f*; [*m*;
potential — Spannungsbauch
receiving — Empfangsrahmen
m;
rotating — Drehrahmen *m R*;
subscriber's — Teilnehmer-
schleife *f*, Teilnehmer-Doppel-
leitung *f*;
suspension — Aufhängeöse *f*
am Fernhörer; [leitung *f*;
twisted — verdrallte Doppel-
wire — Drahtschleife *f*;
zero — kurze Teilnehmerlei-
tung *f*, die nahezu ohne Wider-
stand ist;

— **aerial** Schleifenantenne *f*,
Rahmenantenne *f*, Rahmen *m*
mit einer Windung;
— **effect, closed** Rahmenwir-
kung *f*, Rahmeneffekt *m*, *R*;
— **receiver** Rahmenempfänger *m*;
— **reception** Rahmenempfang *m*;
— **resistance** Schleifenwider-
stand *m* einer Doppelleitung,
Doppelleitungswiderstand *m*;
— **ringing** Durchrufen *n* in
Schleifenschaltung;
— **test, (Varley)** Erdfehler-Schlei-
fenmessung *f* (nach Varley);
— **value** Schleifenwert *m*.
looped verbunden, zur Schleife
geschaltet;
— **circuit** Doppelleitung *f*.
loose I. lösen, losmachen;
II. lose, los;
—, **to get** lose werden, sich lockern;
— **coupling** lose Kopplung *f*;
— **ly coupled** lose gekoppelt.
loosen lösen, (sich) lockern.
lorry Förderwagen *m*, offener
Güterwagen *m*.
loss Verlust *m*, (Leitungs-)
Dämpfung *f*;
free of —**es** verlustfrei, ver-
lustlos; [tung *f*;
line of no — verlustlose Lei-
a. c. —**es** *pl* Wechselstromver-
luste *pl*;
contact —Übergangsverlust *m*;
copper —**es** *pl* Kupferverluste
pl;
core —**es** *pl* Kernverluste *pl*,
Eisenverluste *pl*;
corona(l) —**es** *pl* Glimmver-
luste, Strahlungsverluste,
Koronaverluste *pl*;
current — Stromverlust *m*;
current-supply — Verringe-
rung *f* des Z.B.-Speisestromes
mit zunehmender Länge der
Teilnehmerleitung (in m.s.c.)
F;

loss
  dead-end — Verlust m in den toten Enden der Anzapfspulen R;
  dielectric — dielektrischer Verlust m;
  hysteresis —, **hysteretic** — Hysteresisverlust m, Nachwirkungsverlust m;
  internal —**es** pl Eigenverluste, innere Verluste pl;
  iron —**es** pl Eisenverluste pl;
  Joulean — Erwärmungsverlust m;
  leakance — Ableitungsverlust m, Ableitungsdämpfung f;
  line — Leitungsverlust m, Leitungsdämpfung f;
  resistance — Widerstandsverlust m, Widerstandsdämpfung f;
  telephonic frequency — Verlust m oder Dämpfung f bei Sprechfrequenz (of a coil einer Spule);
  terminal — Endverluste pl, Verlust m in der Endschaltung;
  total — Gesamtverlust m, Gesamtdämpfung f;
  transition — Übergangsverlust m, Verlust m an der Stoßstelle L;
  transmission — Dämpfung f, Übertragungsverlust m;
  — —, **overall** Restdämpfung f;
  — —, **total** Gesamtdämpfung f;
  windage — Lufttreibungsverlust m (of a rotor eines Rotors);
  — **at a junction** Übergangsverlust m an der Stoßstelle zweier Kreise;
  — **of energy** Energieverlust m;
  — **damping** Verlustdämpfung f;
  — **free** verlustfrei;
  — **resistance** Verlustwiderstand m.

loud laut.
loudness Lautstärke f.
loudspeaker Lautsprecher m;
  horn type — Trichter-Lautsprecher m.
low niedrig.;
  — **frequency** ab: l. f. Niederfrequenz f, Nf;
  — **-pass filter** Spulenkette f, Hf-Sperrkette f, Niederfrequenzsiebgebilde n;
  — **-pitched** tief von Tönen;
  — **-powered** von kleiner Leistung, Klein-...;
  — **pressure, — tension** Niederspannung f;
  — **tension side** Niederspannungsseite f;
lower senken, niederholen.
lozenge Rhombus m.
l. t. = low tension Niederspannung f.
lubricant Schmiermittel n, Fett n;
  consistent — konsistentes Fett n.
lubricate ölen, schmieren.
lubricating oil Schmieröl n.
lubrication Ölung f, Schmierung f;
  grease — Fettschmierung f;
  ring — Ringschmierung f;
  wick — Dochtschmierung f.
lubricator Öler m;
  wick — Dochtöler m.
luff tackle Flaschenzug m.
lug Vorsprung m, Lappen m, Fahne f, Ansatz m; Kabelschuh m;
  attachment —, **fastening** —, **fixing** — Befestigungslappen m;
  projecting — Vorsprung m, vorspringender Ansatz m.
lumen Lumen n;
luminous effects pl Leuchtwirkungen pl;

luminous ray Lichtstrahl m;
— **signal** Lichtsignal n.
lump I. zu einer Masse vereinigen;
II. Masse f, Klumpen m, Stück n;
distributed in —s punktförmig verteilt; [förmig;
in —s punktweise, punkt-
— **of matter** Stoffmenge f, Stoffklumpen m;
— **-loaded** punktförmig belastet;
— — **circuit** Leitung f mit punktförmiger Belastung; Pupinleitung f.
lumped punktförmig verteilt;
— **capacity (inductance)** punktförmig verteilte Kapazität (Induktivität) f;
— **loading** punktförmige Ladung f.
lumping punktförmiges Verteilen n.
lux Lux n.

M.

Macadam Makadam m, Steinschotter m.
macadamised chaussiert, mit Steinschotter belegt.
machine I. mit Maschinen bearbeiten oder herstellen;
II. Maschine f, Getriebe n;
drilling — Bohrmaschine;
milling — Fräsmaschine;
planing — Hobelmaschine;
shaping — Shapingmaschine;
— **elements** pl Maschinenelemente pl;
— **ringing** Anruf m mit Maschinenstrom, selbsttätiger Anruf m;
— **switching (telephone) system** Selbstanschlußsystem n;
— **telegraph** Maschinentelegraph m;
— **tool** Werzeugmaschine f;
— **unit** Maschineneinheit f.
machined surface bearbeitete Oberfläche f, bearbeitete Fläche f.
machinery Maschinerie f.
machining Bearbeiten n mit Maschinen.
magnesia Magnesiumoxyd n, Magnesia f, Bittererde f (MgO).
magnesium Magnesium n (Mg);

oxide of — Magnesia f (MgO);
sulphate — — Magnesiumsulfat n, Bittersalz n (MgSO$_4$).
magnet Magnet m, Elektromagnet m;
annular — Ringmagnet;
compound — zusammengesetzter Magnet, Lamellenmagnet, magnetisches Magazin n;
controlling — Richtmagnet;
correcting — Gleichlaufmagnet T;
drive —, **driving** — Antriebsmagnet, Schaltmagnet;
field — Feldmagnet;
horse-shoe — Hufeisenmagnet;
induced — induzierter Magnet;
iron-clad — Mantelelektromagnet, Topfmagnet;
line-feed — Zeilenmagnet T;
locking — Sperrmagnet;
molecular — Molekularmagnet; [gnet;
natural — natürlicher Ma-
permanent — Dauermagnet, permanenter Magnet;
polarizing — Polarisationsmagnet;
pot-shaped — Topfmagnet;
power — Magnet für große Leistung;

magnet
  powerful — ſtarker Magnet;
  printer —, **printing** — Druck=magnet T;
  punch(ing) — Stanzmagnet, T;
  release —Auslöſemagnet, Rückſtellmagnet;
  resetting — Rückſtellmagnet;
  rotary — Drehmagnet des Stromgerwählers A;
  selecting — Wählermagnet T;
  setting — Einſtellmagnet, Richtmagnet T;
  silencer — Anrufermagnet T;
  space —, **spacing** — Vorſchub=magnet T;
  start(ing) — Anlaßmagnet, Einrückmagnet;
  trigger — Auslöſemagnet, Einrückmagnet,Abzugmagnet;
  trip — Auslöſemagnet;
  — —, **printing** Druck=Auslöſe=magnet T;
  unlocking — Entriegelungs=magnet;
  vertical — Hebemagnet, Hub=magnet A;
  battery of —s Magnetmaga=zin n;
  — **coil** Elektromagnetſpule f;
  — **limb** Magnetſchenkel m;
  — **wheel** Magnetrad n.
magnetic(al) magnetiſch;
  cross- — quermagnetiſiert;
  north= — nordmagnetiſch;
  south= — ſüdmagnetiſch;
  — **after-effect** magnetiſche Nach=wirkung f;
  — **axis** Magnetachſe f;
  — **balance** magnetiſche Wage f;
  — **circuit** magnetiſcher Kreis m; Eiſenkreis m;
  — —, **closed (open)** geſchloſſener (offener) Eiſenkreis m;
  — —, **ferric** eiſengeſchloſſener Magnetkreis m;
  — **compass** Kompaß m, Ma=gnetkompaß m;
  — **component, horizontal (vertikal),** magnetiſche Horizon=tal=(Vertikal=) Komponente f;
  — **conductance** magnetiſche Lei=tung f, magnetiſches Leitver=mögen n;
  — **conductivity** ſpezifiſches ma=gnetiſches Leitvermögen n;
  — **coupling** magnetiſche Kopp=lung f;
  — **cross-flux** magnetiſche Streu=ung f, Streufluß m;
  — **cycle** Hyſtereſisſchleife f; ma=gnetiſcher Zyklus m, magne=tiſcher Kreisprozeß m;
  — **detector** Magnetdetektor m, R;
  — **dispersion** magnetiſche Streu=ung f;
  — **effect** magnetiſche Wirkung f;
  — **fatigue** magnetiſche Nachwir=kung f;
  — **field** Magnetfeld n;
  — —, **to create** or **produce a** ein Magnetfeld erzeugen;
  — —, **alternating** magnetiſches Wechſelfeld n;
  — —, **constant** magnetiſches Gleichfeld n;
  — —, **earth's** Erdmagnetfeld n;
  — —, **transverse** transverſales Magnetfeld n;
  — — **intensity** magnetiſche Feld=ſtärke f;
  — **flux** Magnetfluß m, magneti=ſcher Fluß m;
  — — **density** magnetiſche Fluß=dichte f;
  — **force** magnetiſche Kraft f;
  — **friction** magnetiſche Reibung f;
  — **hysteresis** magnetiſche Hyſte=reſe f;
  — **induction** magnetiſche In=duktion f, Magnetinduktion f;

10*

magnetic(al) layer magnetische Schicht *f*;
— **leak** magnetischer Nebenschluß *m*; induktiver Nebenschluß zu einem Relais usw. *T*;
— **leakage** magnetische Streuung *f*;
— **line of force** magnetische Kraftlinie *f*;
— **—s — —, to cut** or **intersect** magnetische Kraftlinien schneiden;
— **moment** magnetisches Moment *n*;
— **needle** Magnetnadel *f*;
— **pole** Magnetpol *m*;
— **—, induced (inducing)** induzierter (induzierender) Magnetpol *m*;
— **—, unit** magnetischer Einheitspol *m*;
— **— strength** magnetische Polstärke *f*;
— **potential** magnetisches Potential *n*;
— **return path** magnetische Rückleitung *f*;
— **reversal** Ummagnetisierung *f*;
— **shunt** magnetischer Nebenschluß *m*, Schwächungsanker *m* des Hughesapparates; induktiver Nebenschluß *m* zu einem Relais usw.;
— **stability** magnetische Beständigkeit *f*, magnetische Stabilität *f* (of coils von Spulen);
— **storm** magnetisches Gewitter *n*, magnetischer Sturm *m*.
magnetisability Magnetisierbarkeit *f*.
magnetisable magnetisierbar.
magnetisation Magnetisierung *f*;
cross — Quermagnetisierung;
longitudinal — Längsmagnetisierung;
permanent — Dauermagnetisierung;

superposed — überlagerte Magnetisierung, Vormagnetisierung;
intensity of — Magnetisierungsstärke *f*;
— **characteristics** *pl*, — **curve** Magnetisierungskurve *f*;
— **cycle** Magnetisierungszyklus *m*.
magnetise magnetisieren.
magnetised magnetisiert, magnetisch;
cross- — quermagnetisiert.
magnetising coil Feldspule *f*;
— **force** magnetisierende Kraft *f*.
magnetism Magnetismus *m*;
to reverse the — ummagnetisieren;
permanent — Dauermagnetismus *m*, permanenter Magnetismus *m*;
residual — remanenter Magnetismus *m*;
terrestrial — Erdmagnetismus *m*.
magnetite Magneteisenstein *m*, Maneteisenerz *n* (Fe_3O_4).
magneto Kurbelinduktor *m*;
automatic cut-cut of — Umschalter *m* am Kurbelinduktor;
three-bar — dreilamelliger Induktor *m*;
— **bell** Wechselstromwecker *m*;
— **- electric(al)** magnetelektrisch;
— **— machine** magnetelektrische Maschine *f*;
— **generator** Kurbelinduktor *m*, Magnetinduktor *m*;
— **-microphonic relay** Mikrophonrelais *n*;
— **switchboard** Klappenschrank *m* für Induktoranruf.
magnetometer Magnetometer *n*.
magnetometric(al) magnetometrisch.
magnetomotive magnetomotorisch;

magnetomotive force ab: m. m. f., magnetomotorische Kraft f, M. M. K f.
magnetoscope Magnetoskop n.
magnification Vergrößerung f, Verstärkung f;
  note — Tonverstärkung f;
  power — Leistungsverstärkung f.
  — **factor** Verstärkungsfaktor m, reziproker Durchgriff m, V;
magnifier Verstärker m, Magnifier m;
  Heurtley — Heurtley-Magnifier m (für Seekabel);
  note — Tonverstärker m Hörfrequenzverstärker m.
magnify verstärken, vergrößern (optisch).
magnitude Größe f, Betrag m, M;
  order of — Größenordnung f;
  — **and phase** Betrag m und Phase f.
mahogany Mahagoniholz n.
mail I. am: mit der Post senden;
  II. Briefbeutel m, Briefpost m;
  — **bag** Briefbeutel m;
  — **box** Briefkasten m.
main I. vorwiegend, hauptsächlich;
  II. Hauptleitung f, Hauptkabel n;
  d. c. —**s** pl Gleichstromnetz n, Gleichstromhauptleitung f;
  lighting —**s** pl Lichthauptleitung f;
  outer — Außenleiter m einer Dreileiteranlage;
  — **set** or **station, (subscriber's)** Hauptanschluß m, F.
mainspring Triebfeder f.
maintain erhalten, unterhalten, aufrechterhalten.
maintenance Instandhaltung f, Unterhaltung f, Unterhalt m;

  cost of — Unterhaltungskosten pl;
  routine — regelmäßige Unterhaltung f, Pflege f;
  — **standard, high** guter Zustand m von Linien und Anlagen;
  — **work** Instandhaltungsarbeiten pl.
major switch großer Strowger-Wähler m A.
make Stromkreisschließung f;
  spark at — Schließungsfunke m;
  —**s and breaks** pl Schließungen und Unterbrechungen pl;
  — **contact** Schließkontakt m, Arbeitskontakt m;
  — —, **double** Doppelarbeitskontakt m, Doppelschließkontakt m;
  — **and break contact** Wechselkontakt m;
  — **before break contact** Folgekontakt m;
  — **impulse** Schließungsimpuls m.
malleable hämmerbar;
  — **casting** Tempergußstück n, schmiedbares Gußstück n;
  — **(cast) iron** Temperguß m, schmiedbarer Guß m.
mallet Holzhammer m, Klöppel m des Wheatstonelochers.
mandrel, mandril Dorn m, Richtdorn m, B.
manganese Mangan n (Mn);
  — **chloride** Manganochlorid n ($MnCl_2$);
  — **dioxide, pebble** —, Mangansuperoxyd n, Manganbioxyd n, Braunstein m (MnO_2);
  — **sesquioxide** Manganoxyd n, Mangansesquioxyd n, (Mn_2O_3);
  — **steel** Manganstahl m.
manganin Manganin n (84 Cu, 12 Mn, 4 Ni).

manhole Kabelbrunnen *m*, Mannloch *n*, Einsteigöffnung *f*;
  cable — Kabelbrunnen *m*;
  — **cover** Deckel *m* oder Abdeckplatte *f* des Kabelbrunnens;
  — **frame** Deckrahmen *m* des Kabelbrunnens.
Manil(l)a paper Manilapapier *n*.
manipulate bedienen, handhaben;
manipulation Handhabung *f*, Bedienung *f*, Handgriff *m*.
manipulator Baudot-Handgeber *m*, *T*.
manual manuell, Hand- . . .;
  — **exchange** Handamt *n*;
  — **ringing** Wecken *n* mit der Ruftaste;
  — **working** Handbetrieb *m*.
manufactory Fabrik *f*, Fabrikgebäude *n*.
manufacture I. herstellen, fertigen, fabrizieren;
  II. Herstellung *f*, Fertigung *f*, Fabrikation *f*.
manufacturing length Fabrikationslänge *f* (of a cable eines Kabels);
  — **method** Fabrikationsmethode *f*, Herstellungsmethode *f*;
  — **process** Fabrikationsgang *m*, Fabrikationsverfahren *n*;
map Karte *f*, Landkarte *f*, Darstellung *f*;
  large scale — Karte *f* in großem Maßstabe;
  ordnance — Generalstabskarte *f*;
  — **of network** Leitungsplan *m*, Netzplan *m*.
maple Ahorn *m*, Ahornholz *n*.
marble Marmor *m*;
  — **slab** Marmortafel *f*;
  — **switchboard** Marmorschalttafel *f*.

margin I. auf einen Unterschied einstellen, to — a relay to pull up at 10 MA, ein Relais auf eine Ansprechstromstärke von 10 m A einstellen;
  II. Rand *m*, Seitenrand *m*, Spielraum *m*, Abweichung *f*.
marginal Rand- . . ., Unterschieds- . . .;
  — **operation** wörtlich: Unterschiedsbetrieb *m*, Betrieb *m* von Relais usw. mit bestimmten Grenzstromstärken oder Stromunterschieden, Grenzstrombetrieb.
mark I. bezeichnen, Zeichenstrom geben *T*; — engaged belegen *A*, Besetztspannung anlegen *F*.
  II. Marke *f*, Zeichen *n*, Merkmal *n*.
marked pair Zähladerpaar *f*, Zähladerpaar *n*.
marking Bezeichnung *f*;
  — **battery** Zeichenbatterie *f*, *T*;
  — **contact** Zeichenkontakt *m*, Arbeitskontakt *m*, *T*;
  — **current** Zeichenstrom *m*, *T*;
  — **post** Markierpfahl *m*, *B*;
  — **stop** Arbeitsanschlag *m* (Taste, Relais);
  — **wave** Zeichenwelle *f*, *R*.
marshy moorig;
  — **soil** Moorboden *m*.
mask verhüllen, verdecken.
masking Verdeckung *f*, Verdecken *n* durch Geräusche (of a tone eines Tons).
mason Maurer *m*.
masonry Mauerwerk *n*.
mass Masse *f*;
  unit — Masseneinheit *f*, Masse *f* eins;
  conservation of the — Erhaltung *f* der Masse;
  — **resistivity** spezifischer Widerstand *m* in Ohm /m, g.

mast Mast *m*, Funkmast *m*;
 lattice — Gittermast;
 — —, **steel** Stahlgittermast, Eisengittermast;
 — —, **wood** Holzgittermast;
 radio — Funkmast;
 stub — Stumpfmast;
 telescopic — Teleskopmast, zusammenschiebbarer Mast;
 tubular — Rohrmast; [mast;
 tubular steel — Stahlrohr-
 — **foundation** Mastfundament *n*.
master ... Haupt-... Steuer-;
 — **clock** Hauptuhr *f*;
 — **oscillator valve**, Steuerröhre *f* des fremdgesteuerten Röhrensenders;
 — **regulator** Hauptregler *m*;
 — **switch** Steuerschalter *m*, *A*.
mat I. mattieren, matt schleifen;
 II. matt, glanzlos, mattiert;
 III. Matte *f*, Decke *f*;
 ground — Erddrahtnetz *n*, *R*;
 insulating — isolierende Unterlage *f*, Isoliermatte *f*.
material I. wichtig, wesentlich;
 II. Stoff *m*, Werkstoff *m*, Material *n*, Bauzeug *n*;
 line — Bauzeug *n*, *B*;
 raw — Rohstoff *m*;
 consumption of —s Materialverbrauch *m*.
mathematic(al) mathematisch.
mathematics *pl* Mathematik *f*.
mathematician Mathematiker *m*.
matrix Matrize *f*.
matter Stoff *m*, Materie *f*.
maturation Alterung *f*.
 — **of a call** Bereitstellung *f* einer Verbindung, eines Gesprächs *F*.
mature Magnete usw. altern.
maxima and minima Maxima und Minima *pl*.
maximum Höchst-...; Maximal-... , Maximum *n*, Höchstgrad *m*;

 — **amplitude** Maximalamplitude *f*;
 — **value** Höchstwert *m*, Maximalwert *m*.
maxwell Maxwell *n* (Einheit des magnetischen Flusses).
m. d. f = main distribution frame Hauptverteilergestell *n*, Hauptverteiler *m*;
 horizontal side of — Leitungsseite *f* des Hauptverteilers;
 vertical — — — Amtsseite *f* des Hauptverteilers.
mean I. mittlere(r), Mittel-...;
 II. Mittel *n*, Hilfsmittel *n*;
 arithmetic — arithmetisches Mittel *n*; [Mittel *n*;
 geometric — geometrisches
 — **length** mittlere Länge *f*;
 — **radius** mittlerer Halbmesser *m*;
 — **value** mittlerer Wert *m*, Mittelwert *m*.
measurable meßbar.
measure I. messen;
 II. Maß *n*, Maßnahme *f*;
 linear — Längenmaß *n*;
 superficial — Flächenmaß *n*;
 unit of — Maßeinheit *f*.
measurement Messung *f*;
 a. c. — Wechselstrommessung;
 bridge — Brückenmessung;
 crosstalk — Nebensprechmessung;
 d. c. — Gleichstrommessung;
 quantitative — quantitative Messung;
 receiving — Empfangsmessung
 standard of — Maßeinheit *f*.
measuring circuit Meß(strom)kreis *m*;
 — **device, sound** Schallmeßeinrichtung *f*, Lautstärkemesser *m*;
 — **method** Meßverfahren *n*, Meßmethode *f*;
 — **set** Meßeinrichtung *f*; Messer *m*;

measuring set, transmission
Streckendämpfungsmesser m,
K, F;
— **technique** Meßtechnik f;
— **voltage** Meßspannung f.
mechanic Mechaniker m;
—**s** pl Mechanik f;
—**s, electro-** Elektromechanik f.
mechanic(al) mechanisch;
— **exchange** Selbstanschlußamt n, S.-A.-Amt n;
— **force, unit** Einheit f der mechanischen Kraft;
— **telephone office** Selbstanschluß-Fernsprechamt n.
mechanism Mechanismus m, Werk n;
  counting — Zählwerk n;
  selecting —**, selective** — Wählmechanismus m, Wählwerk n.
medium I. mittelmäßig, mittelstark;
  II. (pl media) Medium n, Mittel n;
  sound-propagating — Schallmedium;
  transmitting — Übertragungsmittel n (Leitung, Äther);
— **heavy loaded** mittelstark belastet K;
— **pressure** Mittelspannung f (engl. bis 650 V);
— **- sized** mittelgroß.
megadyne Megadyn n.
megaphone Lautsprecher m, Megaphon n.
megerg Megerg n.
megger Isolationsmesser m, Megger m;
  bridge — Brücken-Isolationsmesser m, Brücken-Megger m.
megohm Megohm n.
megohmite Megohmit n.
Meissner oscillator Schwingrohr n mit magnetischer (induktiver) Rückkopplung f, R.
melt schmelzen.

melting Schmelzen n, Durchschmelzen n;
— **of a fuse** Durchbrennen n oder Abschmelzen n einer Sicherung;
— **point** Schmelzpunkt m;
— **pot, — tank** Schmelztiegel m.
membrane Membran f.
mercerisation Merzerisierung f.
mercerised merzerisiert;
— **cotton** merzerisierte Baumwolle f.
mercurous sulphate schwefelsaures Quecksilber n (Hg_2SO_4).
mercury Quecksilber n (Hg);
—**, oxide of** Quecksilberoxyd n (HgO);
— **cup** Quecksilbernäpfchen n;
— **jet interrupter** Quecksilberstrahlunterbrecher m;
— **vapour** Quecksilberdampf m;
— — **lamp** Quecksilberdampflampe f, Quecksilberdampf-Gleichrichterkolben m;
— — **rectifier** Quecksilberdampfgleichrichter m.
merge mischen (A), verschmelzen.
merging of traffic Mischen n des Verkehrs A.
meridian Meridian m.
meridional plane Meridionalebene f.
merit, figure of Güteziffer f; Ansprechstromstärke f eines Relais usw., Strom m, der den Ausschlag eins erzeugt, seltener: reziproker Wert m des Stromes, der Ausschlag eins erzeugt; Güte f einer Röhre. [Bahnräder;
mesh I. eingreifen (with in) II. Glied n, Masche f einer Kette, eines Kettenleiters, Gitter n einer Röhre, Gittermasche f, Geflecht n;
  coarse — grobes Geflecht; grobmaschig;

mesh
  copper — Kupferdrahtgeflecht *n*;
  fine — feines Geflecht; feinmaschig;
  grid — Gittermasche *f*, *V*;
  multi- — mehrgliedrig, vielgliedrig (Filter);
  π-(T-) circuit — Dreiecks-(Stern)glied *n* eines Kettenleiters;
  in — with im Eingriff mit;
  --connected in Dreieckschaltung;
  --connection Dreieckschaltung *f*.
meshed, close- engmaschig;
  —, wide- weitmaschig.
mesne Mittel-..., Zwischen-.., dazwischentretend (juristisch);
  by — assignment durch Zwischenübertragung *f* (am. Patentformel).
message Telegramm *n*;
  to copy a — ein Telegramm am Klopfer oder Morse aufnehmen;
  to write up a — ein Telegramm vom Streifen abschreiben;
  to check a — ein Telegramm prüfen;
  ciphered — chiffriertes Telegramm, Telegramm in geheimer Sprache;
  news —, press — Zeitungstelegramm, Pressetelegramm;
  radiophone — Funkspruch *m*;
  service — Diensttelegramm;
  urgent — bringendes Telegramm;
  wireless — Funkspruch *m*, Radiogramm *n*;
  — blank Telegrammformular *n*;
  — desk Telegrammpult *n*;
  — form Telegrammvordruckblatt *n*;
  — rate Einzelgebühr *f*.

messenger Bote *m*;
  — wire Tragseil *n* für Luftkabel;
  — — clamp Tragseilklemme *f*, *B*;
metal Metall *n*;
  all- — ganz aus Metall hergestellt;
  anti-friction — Lagermetall;
  arcing — die Lichtbogenbildung begünstigendes Metall, bogenbildendes Metall;
  baser — unedles Metall;
  die-cast — Spritzgußmetall;
  nobler — Edelmetall;
  — -cased im Metallgehäuse.
metallic metallisch, metallisch klingend (Sprache);
  — circuit Doppelleitung *f*, doppeldrähtige Leitung *f*.
meter I. Gespräche zählen;
  II. Messer *m*, Zähler *m*, Gesprächszähler *m*;
  frequency — Frequenzmesser;
  — —, resonance Resonanzfrequenzmesser;
  position — Platzzähler *F*;
  wave — Wellenmesser;
  — battery Zählerbatterie *f*, *F*;
  — key Zähltaste *f*, *F*; [*F*;
  — lamp Zählerkontrollampe *f*,
  — rack Zählergestell *n*, *F*;
  — relay Zählrelais *n*, *F*.
metering Gesprächszählung *f*, Zählung *f*;
  zone — Zonenzählung *f*.
method Methode *f*, Verfahren *n*;
  comparison — Vergleichsmethode *f*;
  manufacturing — Herstellungsmethode *f*;
  measuring — Meßmethode *f*;
  null — Nullmethode *f*;
  testing — Prüfverfahren *n*;
  zero — Nullmethode *f*.
metre (am: meter), Meter *n*, ab: m;
  cubic — Kubikmeter *n*, ab: m^3, cbm;

metre
square — Quadratmeter n, ab: m², qm;
— **ampere** Meterampere n, R.
metric(al) metrisch.
metropolitan area Großstadtgebiet n.
mf, mfd = microfarad, Mikrofarad n, ab: μF.
mh = millihenry Millihenry n, ab: mH.
M. H. L. = medium heavy loaded mittelstark belastet oder pupinisiert K.
mho Siemens n, ab: S;
micro — Mikrosiemens n, ab: μS.
mica Glimmer m;
built-up — Mikanit n;
— — **dielectric condenser** Glimmerkondensator m;
— **sheet** Glimmerplatte f.
micanite Mikanit n.
micarta Mikarta f.
micro-ampere Mikroampere n, ab: μA.;
— — **coulomb** Mikrocoulomb n.
microfarad Mikrofarad n, ab: μF.
micrographic(al) mikrographisch. [μH.
microhenry Mikrohenry n, ab:
microhm Mikrohm n.
micrometer Mikrometer n;
spark — Funkenmikrometer n;
— **gauge** Mikrometerschraube f;
— **screw** Feinstellschraube f, Mikrometerschraube f.
micrometric(al) mikrometrisch, Mikrometer- . . .;
micromho Mikrosiemens n, ab: μS.
microphone Mikrophon n (cf. transmitter);
contact — Kontaktmikrophon;
double button — Doppelmikrophon n;

liquid jet — Flüssigkeitsstrahlmikrophon;
solid back — Solidbackmikrophon, Mikrophon mit fester Rückwand;
— **button** Mikrophonkapsel f;
— **hummer** Mikrophonsummer m.
microphonic(al) mikrophonisch, Mikrophon- . . .;
— **carbon** Mikrophonkohle f;
— **relay, magneto-,** Mikrophonrelais n.
microscope Mikroskop n.
microscopic(al) mikroskopisch.
microsecond milliontel Sekunde f.
micro-telephone Sprechhörer m, Handapparat m, Mikrotelephon n.
microvolt Mikrovolt n ab: μV.
microwatt Mikrowatt n, ab: μW.
mid-load halbe Spule f, K;
— —, **begin at** mit einer halben Spule anfangen K;
— — **characteristic impedance**, Wellenwiderstand m einer mit halber Spule beginnenden Pupinleitung;   [stellung f;
— **position** Mittellage f, Mittel-
— **portion** Mittelteil m;
— **series, terminated at** mit einem halben Längsglied beginnend L;
— **shunt, terminated at** mit einem halben Querglied beginnend L.
migrate wandern.
migration Wandern n, Wanderung f, Bewegung f;
— **of ions** Jonenbewegung f, Jonenwanderung f.
mil tausendstel Zoll m = 0,0254 mm, 1 mm = 39,37 mils;
circular — Kreisfläche f von 1 mil Durchmesser = 0,7854 sq. mils = 0,00056 mm²;

mil
  square — Quadrat=mil n, = 0,000645 mm².
mile, British — englische Meile f, = 1,60933 km;
  800 cycle — Übertragungsmaß=einheit f, Standardtabel=meile f bei 800 Perioden, $L = 0,109\ \beta l$;
  nautical — Seemeile f, = 2029 yards = 1854,965 m;
  square — Quadratmeile f = 2,5899 km²;
  statute — englische Meile f = 1,60933 km.
mileage Meilenlänge f, Länge f in Meilen.
milky milchig, trübe.
mill I. fräsen, kordeln;
  II. Mühle f, Triebwerk n, Walzwerk n;
  mouse — wörtlich: Mausmühle f, Motor m des Heberschreibers;
  rolling — Walzwerk n.
millammeter Milliamperemeter n.
millboard Pappe f.
milled gekordelt, Kordel=..., gerändelt, gefräst;
  — **knob** Kordelknopf m;
  — **nut** Kordelmutter f;
  — **out** ausgefräst.
milliampere Milliampere n, ab: mA.
milligram Milligramm n, ab: mg.
millihenry pl **millihenrys** Millihenry n, ab: mH.
millimetre Millimeter n, ab: mm.
million system sechsstelliges System n, Millionensystem n, A.
millivolt Millivolt n, ab: mV.
mineral Mineral n;
  — **oil** Mineralöl n, Erdöl n;
  — **pitch** Erdpech n.
minimise auf das kleinste Maß zurückführen.
minimum I. Minimal=..., mindeste(r); [m.
  II. Minimum n, Mindestwert
minium Bleimennige f (Pb$_3$O$_4$).
minor switch kleiner Wähler m (Vorwähler, Steuerschalter) A.
minuend Minuendus m.
minute I. klein;
  II. Minute f;
  of indefinitely — **size** von unendlich kleiner Größe;
  — **hand** Minutenzeiger m.
mirror Spiegel m;
  revolving — Drehspiegel m, rotierender Spiegel m;
  — **galvanometer** Spiegelgalvanometer n.
misfit schlecht passen, unpassend sein.
misfitting slip unpassender Sendestreifen m, T.
mis-test falsche Messung f.
mistuning schlechte Abstimmung f.
mitre wheel Kegelrad n;
  — — **gearing** Kegelrädergetriebe n, Winkelgetriebe n.
mix mischen.
mixed service gemischter Betrieb m (of p. b. x. der Nebenstellenzentrale) F.
m.m.f. = magnetomotive force, magnetomotorische Kraft f, M. M. K. f; Mikromikrofarad n, ab: $\mu\mu$ F.
mo = **mho** Siemens n, ab: S.
model Modell n;
  working — Arbeitsmodell n.
modification Modifikation f, Einschränkung f.
modify modifizieren, abändern, einschränken.
modulate modulieren, aussteuern.

modulated moduliert;
speech- — besprochen, sprachmoduliert;
— **wave** modulierte Welle *f*;
— **at audio-frequency** tonüberlagert.
modulating current Modulationsstrom *m*;
— **frequency** Modulationsfrequenz *f*;
— **tube, — valve** Modulatorröhre *f*, Modulationsröhre *f*, Steuerröhre *f*, Beeinflussungsröhre *f*; [nung *f*.
— **voltage** Modulationsspan=
modulation Modulation *f*, Aussteuerung *f*;
complete — vollständige Aussteuerung *f*; [tion *f*;
double — doppelte Modula=
amount of —, degree of — Modulationsgrad *m*, Aussteuerungsgrad *m*;
percentage of — prozentuale Modulation *f*, prozentuale Aussteuerung *f*;
amplifier — Modulation mittels Sprachverstärkers;
choke control —, constant current — Parallelröhrenmodulation;
constant potential —, Reihenröhrenmodulation;
grid — Gittersteuerung *f*, Gitterbesprechung *f*; Modulation *f* durch Änderung der Gitterspannung;
Heising — Parallelröhrenmodulation;
interrupted sine — Tonüberlagerung *f*;
plate — Modulation *f* durch Änderung der Anodenspannung;
valve absorption — Modulation in Röhrenabsorptionsschaltung.

modulator Modulator *m*;
balanced — Modulator *m*, der die freien Trägerwellen unterdrückt, Zweiröhrenmodulator *m* in Gegenschaltung zur Unterdrückung der Trägerfrequenz;
vacuum tube — Röhrenmodulator *m*;
voice actuated — Sprachmodulator *m*, besprochener Modulator *m*;
— **tube, — valve** Steuerröhre *f*, Modulatorröhre *f*, Beeinflussungsröhre *f*.
modulus Modul *m*.
moist feucht.
moisten anfeuchten.
moisture Feuchtigkeit *f*;
ingress of — Eindringen von Feuchtigkeit.
mold = mould.
molecular molekular, Molekular= . . .;
— **magnet** Molekularmagnet *m*.
molecule Molekel *f*, Molekül *n*.
molten geschmolzen.
molybdenum Molybdän *n* (Mo).
moment Moment *n*.
momentary kurzzeitig.
momentum treibende Kraft *f*, lebende Kraft *f*, mechanisches Moment *n*;
to acquire — lebende Kraft aufspeichern, erlangen;
to check the — die lebende Kraft hemmen.
monitor I. mithören;
II. Mithörender *m*, Kontrollbeamter *m*, *F*;
— **jack** Mithörklinke *f* am Verstärkergestell;
—**'s position** Kontrollplatz *m*, *F*.
monitoring coil Mithörübertrager *m*;
— **circuit** Überwachungskreis, Prüfschaltung *f*;

monitoring device Mithörein=
richtung *f*;
— **key** Mithörtaste *f*, Prüftaste *f*.
monophase einphasig.
monotelephone Monotelephon
n, abgestimmter Hörer *m*.
moorland Moorboden *m*.
Morse code Morsealphabet *n*;
— —, **American** amerikanisches
Morsealphabet *m*;
— —, **cable** Kabelalphabet *n*;
— —, **Continental or land line**
internationales Morsealpha=
bet *n*;
— **slip** Morsestreifen *m*;
— **system** Morsesystem *n*;
— —, **automatic** automatisches
Morsesystem *n*, Schnellmorse=
system *n*;
— —, **key** Handmorsesystem *n*.
mortar Mörtel *m*.
cement — Zementmörtel *m*.
motion Bewegung *f*;
 angular — Winkelbewegung,
 Drehung *f*;
 circular — Kreisbewegung;
 damped periodic — gedämpfte
 periodische Bewegung;
 downward — Abwärtsbewe=
 gung;
 lost — toter Gang *m*, Spiel *n*;
 natural — natürliche Bewe=
 gung, Eigenschwingung *f*;
 reciprocating — hin= und her=
 gehende Bewegung;
 rotary — Drehbewegung;
 to-and-fro — Hin= und Her=
 bewegung;
 upward — Aufwärtsbewe=
 gung;
 vertical — Hebbewegung,
 Heben *n*, *A*;
 vibratory — Schwing=
 bewegung;
 wave — Wellenbewegung;
 velocity of — Bewegungsge=
 schwindigkeit *f*.

motive bewegend, treibend;
— **force,** — **power** Antriebskraft *f*,
Triebkraft *f*. [*m*;
motor Motor *m*, Elektromotor
 asynchronous — Asynchron=
 motor;
 combustion —, **(internal)** Ver=
 brennungsmotor;
 commutator — Kommutator=
 motor;
 compound(-wound) — Ver=
 bundmotor, Compound=
 motor;
 — — —, **differential, differen-
 tially wound** — Verbund=
 motor mit differential ge=
 schalteten Feldspulen;
 induction — Induktions=
 motor;
 series — Reihen(schluß)motor;
 shunt — Nebenschlußmotor;
 spring (-wound) — Feder=
 motor, Federkraftantrieb *m*;
 synchronous — Synchron=
 motor;
 three phase — Drehstrom=
 motor;
— **drive** Motorantrieb *m*;
— **driven** mit Motorenantrieb.
motorgenerator Motorgenera=
tor *m*;
motor winch Motorwinde *f*, *B*.
mould I. formen;
 II. Gießform *f*, Form *f*.
moulded gepreßt, Preß= . . .;
— **insulation** gepreßte Isolier=
masse *f*, Isolierformstück *n*.
mount montieren, einbauen,
anbringen (on auf, an).
mountain Berg *m*.
mountainous bergig.
mounted montiert, angebracht;
 rigidly — fest angebracht.
mounting Platte *f*, Leiste *f*,
Tragplatte *f*;
— **plate** Grundplatte *f*, Trag=
platte *f*.

mouse mill Motor *m* des Heberschreibers.
mouthpiece Schalltrichter *m*, Mundstück *n*, Sprechtrichter *m*.
movable beweglich.
move bewegen.
movement Bewegung *f*;
  to-and-fro — Hin- und Herbewegung.
mover Antrieb *m*, Treibender *m*;
  prime — Kraftmaschine *f*.
moving coil Drehspule *f*.
m. s. c. = miles of standard cable Meilen Standardkabel *L*.
m. t. cable = multiple twin cable Dieselhorst-Martinkabel *n*, D.-M.-Kabel *n*, Mehrfach-Zwillingskabel *n*.
mud Schlamm *m*, Schlammgrund *m* des Meeres;
  battery — Elementschlamm *m*.
muddy schlammig;
— **soil** Schlammboden *m*.
muffle furnace Muffelofen *m*.
multicellular vielzellig, Multizellular- . . .
multi-channel mehrwegig, mit mehreren Absatzwegen, Mehrfach- . . . *T*;
— — **distributor** Mehrfachverteiler *m*, *T*. [Kabel *n*.
multicore cable vieladriges
multi-exchange system Ortsfernsprechnetz *n* mit mehreren Vermittlungsämtern;
— — **layer** mehrlagig;
— — **coil** mehrlagige Spule *f*;
— — **coin box call station** Münzfernsprecher *m* für verschiedene Geldsorten für Ferngespräche;
— — **mesh filter circuit** vielmaschiges oder vielgliedriges Siebgebilde *n*;
— — **office exchange** (*am.*) Ortsfernsprechnetz *n* mit mehreren Vermittlungsämtern.

multi-party line Gesellschaftsleitung *f*.
multiple I. vielfachschalten (a line eine Leitung);
  II. vielfach;
  III. Vielfaches *n*, Vielfachfeld *n*, Vielfachklinkenfeld *n*, Vielfach *n* (*m*);
  to connect in —, to join in — parallelschalten, vielfachschalten;
  to connect in series- — gemischt schalten;
  even — gerades Vielfaches *n*;
  final selector — Leitungswähler-Vielfachfeld *n*;
  integral — ganzes Vielfaches *n*;
  junction — Verbindungsleitungs-Vielfachfeld *n*;
  level — Höhenschrittvielfach *n*, Dekadenvielfach *n*, *A*;
  odd — ungerades Vielfaches;
  parallel — Vielfachfeld *n* mit Parallelklinken;
  sub- — in einer andern Zahl aufgehender Faktor *m*;
  subscribers' — Teilnehmer-Vielfachfeld *n*, Teilnehmer-Klinkenfeld *n*;
— **arc connection** gemischte Schaltung *f* von Elementen;
— **cabling** Vielfachverkabelung *f*;
— **connected** parallelgeschaltet, vielfachgeschaltet;
— **connection** Parallelschaltung *f*, Vielfachschaltung *f*;
— **field** Vielfach(feld) *n*;
— **jack** Vielfachklinke *f*;
— **s** *pl* Vielfachfeld *n*;
— **s** *pl*, **parallel** Vielfach-Parallelklinken *pl*;
— **s** *pl*, **series-** Vielfach-Unterbrechungsklinken *pl*;
— **joint** Kabel-Verzweigungsmuffe *f*, *B*;
— **switchboard** Vielfachschrank *m*;

multiple telegraph Mehrfach-
telegraph *m*;
– **transmission** Mehrfachsenden
n, R;
– **twin formation** Vielfach-
Zwillingsverteilung / der Kabel;
– – **way telegraph system** Mehr-
fachtelegraphensystem *n*;
– **wiring** Vielfachverdrahtung *f*.
multipled vielfachgeschaltet;
– **to the connector banks** an die
Vielfach-) Kontaktsätze der
Leitungswähler geführt *A*.
multiplex I. in Mehrfachschal-
tung betreiben;
II. mehrfach, Mehrfach-...;[*m*;
– **telegraph** Mehrfachtelegraph
– –, **echelon (split)** Mehrfach-
telegraph *m* in Staffel-
(Gabel)schaltung.
multiplier Voltmeter-Vorschalt-
widerstand *m*, Vervielfältiger
m;
static frequency – ruhender
Frequenzwandler *m*;
– **coil** Multiplikatorrahmen *m*.
multiply multiplizieren, ver-
vielfältigen, erweitern (by,
trough mit).

multiplying coil Multiplikator-
rahmen *m*.
multi-point switch vielstufiger
Schalter *m*, mehrwegiger
Schalter *m*.
multipolar vielpolig.
multisectional mehrteilig, mehr-
fach unterteilt.
multistage mehrstufig;
– **amplifyer** mehrstufiger Ver-
stärker *m*.
muriatic acid Salzsäure *f* (HCl).
mushroom insulator Pilzijo-
lator *m*.
music Musik *f*.
musical musikalisch;
– **note** Ton *m*, reiner Ton *m*;
– **spark transmitter** tönender
Funkensender *m*, tönender
Sender *m*, Tonfunkensender
m.
mutation Änderung *f*.
mutilate entstellen, verstüm-
meln.
mutilation Beschädigung *f*, Ent-
stellung *f*.
mutual gegenseitig, Gegen-...;
– **inductance** Gegeninduktivi-
tät *f*.

N.

Nail Nagel *m*, Stift *m*;
wire – Drahtstift *m*.
narrow schmal, eng.
natural natürlich;
– **frequency** Eigenschwingungs-
zahl *f*, Eigenfrequenz *f*;
– **oscillation** Eigenschwingung *f*.
nautical mile Seemeile *f*,
= 1,854965 km.
neck Hals *m* des Isolators;
– **groove** Halsrille *f*, seitliches
Drahtlager *n, B*.
need I. bedürfen, brauchen,
nötig sein;
II. Bedürfnis *n*.

needle Nadel *f*;
compound –**s** *pl*, **two**, astati-
sches Nadelpaar *n*;
indicator – Merkzeiger *m*;
magnetic – Magnetnadel *f*;
Nernst – Glühkörper *m* der
Nernstlampe.
selecting – Abfühlnadel *f*,
Wählernadel *f, T*;
– **effect** Spitzenwirkung *f*;
– **telegraph** Nadeltelegraph *m*;
– –, **single (double)** Ein-
(Zwei-)Nadeltelegraph *m*;
– **throw** Nadelausschlag *m*.

negative negativ;
— **with respect to the filament** negativ gegen den Heizfaden;
— **conductance** negativer Leitwert m;
— **resistance** negativer Widerstand m.

negatron Doppelgitterröhre f, Negatron n.

neglect vernachlässigen M.

neon Neon n (Ne);
— **lamp,** — **tube** Neonlampe f, Neonröhre f.

net Netz n;
guard — Schutznetz n.

netting Netz n;
wire — Drahtnetz n, B.

network Netz n, Fernsprechnetz n, Netzwerk n, Kettenleiter m;
balancing — Ausgleichsleitung f, Kunstleitung f, künstliche Leitung f, Leitungsnachbildung f;
compensating — Kompensationsschaltung f, Entzerrerschaltung f;
correcting — Entzerrerkette f;
equalizing — Ausgleichungsschaltung f, Entzerrungsschaltung f für den Dämpfungsausgleich K;
equivalent — Ersatzschaltung f, Ersatzleitung f;
excess — Leitungsverlängerung f, K;
impedance — aus Impedanzen bestehender Kettenleiter m;
junction — Verbindungsleitungsnetz n, Netzspinne f, F;
meshed — Maschenwerk n, Gitter n;
multi-mesh — mehrgliedriger Kettenleiter m, mehrgliedriges Netzwerk n;
π-— Kettenleiter m erster Art, Dreiecksglieder-Kettenleiter m, π-Netzwerk n;

radio — Funknetz n;
T-— Kettenleiter m zweiter Art, Sternglieder-Kettenleiter m, T-Netzwerk n;
terminal — End-Kunstschaltung f, Abschluß m;
map of — Leitungsplan m, Netzplan m;
mesh — — Glied n eines Kettenleiters, Masche f eines Netzwerkes;
— **rack** Nachbildungsgestell n, V, K.

neutral indifferent, neutral;
to set — Relais neutral stellen;
— **conductor, (earthed)** (geerdeter) Nulleiter m;
— **point** Nullpunkt m eines Drehstromtransformators;
— —, **grounded** geerbeter Nullpunkt m;
— **relay** polarisiertes Relais n mit mittlerer Ruhestellung des Ankers;
— **wire** Nulleiter m, Mittelleiter m.

neutrality Neutralstellung f, Neutralität f.

neutrally adjusted neutral eingestellt (polarisiertes Relais).

neutralization Neutralisierung f, Entkopplung f (of jamming von Störungen), R.

neutralize aufheben, neutralisieren, entkoppeln.

neutrodyne Empfangssystem n mit Ausgleichskondensator zur Verhinderung des Selbstschwingens;
— **receiver** Neutrodynempfänger m, R.

news circuit Zeitungsleitung f;
message Zeitungstelegramm n;
— **work** Zeitungsdienst m.

nib Schnabel m, Schreibfeder (-spitze) f.

niche Nische *f*, Einbuchtung *f*.
nick Kerbe *f*, Einschnürung *f*, Schraubenschlitz *m*.
nickel I. vernickeln;
II. Nickel *m* (Ni).
nickelin Nickelin *n* (54 Cu, 26 Ni, 20 Zn).
nickel-plated vernickelt.
night-load Nachtbelastung *f*.
— **operator** Nachtdienstbeamter *m*;
— **rate** Nachtgebühr *f*;
— **service** Nachtdienst *m*.
niobium Niobium *n* (Nb).
nippers *pl* Beißzange *f*.
nipple Warze *f*, Pimpel *m*.
nitric acid Salpetersäure *f* (HNO_3);
— **oxide** Stick(stoff)oxyd *n* (NO).
nitrogen Stickstoff *m* (N);
— **dioxide** Untersalpetersäure *f* (NO_2).
n.m. = nautical mile Seemeile *f*, = 1854,965 m = 2029 yards.
nodal Knoten-...;
— **point of vibration** Schwingungsknoten *m*.
node Knoten *m*;
current — Stromknoten *m*;
potential — Spannungsknoten *m*;
vibration — Schwingungsknoten *m*.
nodule Druse *f* im Porzellan, Knötchen *n*, Klümpchen *n*.
noise Geräusch *n*; Rauschen *n* (Schnurrfehler);
boiling — Kochen *n*, Brodeln *n*;
commutator — Kollektorgeräusch *n*;
induced — Induktionsgeräusch;
interfering — Störgeräusch;
line — Leitungsgeräusch;
scratchy — kratzendes Geräusch;
sputtering — sprudelndes Geräusch *n*;

— **killer** Geräuschvernichter *m*, Drosselsatz *m* zur Behebung des Simultangeräuschs;
— **meter** Geräuschmesser *m*;
— **ratio, signal-to-** Verhältnis *n* der Lautstärke zu den Störern;
— **standard** Geräuschnormal *n*.
noisy geräuschvoll, laut.
no-load unbelastet, Leerlauf-...;
— — **current** Leerlaufstrom *m*;
— — **cut-out** Nullausschalter *m*;
— — **work** Leerlaufarbeit *f*.
nominal nominell, Nenn-..;
— **value** Nennwert *m*.
non-arcing funkenfrei, nicht funkenbildend;
— — **property** Lichtbogensicherheit *f* von Isolatoren;
— **-capacitive** kapazitätsfrei;
— **-concentric** nicht zentrisch, exzentrisch;
— **-corrosive** unangreifbar;
— **-directional** richtwirkungsfrei, ungerichtet;
— **-distorting** verzerrungsfrei, nicht verzerrend;
— **-electric** unelektrisch;
— **-flammable** nicht entflammbar;
— **-hygroscopic** unhygroskopisch;
— **-inductive** induktionsfrei, nichtinduktiv;
— **-interchangeability** Unvertauschbarkeit *f*;
— **-interchangeable** unvertauschbar, unverwechselbar;
— — **plug** unverwechselbarer Stecker *m*;
— **-loaded** unbelastet, ungeladen;
— **-magnetic** unmagnetisch;
— **-operative** ruhend, Ruhe-...
— — **contact** Ruhekontakt *m*;
— **oscillating, —oscillatory** schwingungsfrei, aperiodisch;
— — **condition** schwingungsfreier Zustand *m*;

non-oscillating discharge aperiodische Entladung *f*;
— **-pol(ariz)ed** unpolarisiert, neutral;
— — **relay** neutrales Relais *n*;
— **-reactive** reaktionslos, rückkopplungsfrei;
— — — **coupling** reaktionslose Kopplung *f*;
— **-regenerative** rückkopplungsfrei (Funkenempfänger);
— **-repeatered circuit** Leitung *f* ohne Verstärker *F*;
— **-return** nicht umkehrbar;
— **-selective** nicht selektiv;
— **-uniform** ungleichförmig;
— **-uniformity** Ungleichförmigkeit *f*.

normal I. normal, regelrecht, in der Ruhestellung befindlich; senkrecht (to auf);
II. Senkrechte *f*, Normale *f* (to zu);
to return to — in die Ruhestellung zurückkehren oder zurückführen;
to set at — normal schalten, normal einstellen;
— **position** Normalstellung *f*, Grundstellung *f*, Regelstellung *f*.

north-magnetic nordmagnetisch.
nose Nase *f*, Schnabel *m*.
notation Bezeichnungssystem *n*;
decimal — dezimales Bezeichnungssystem *n*, *A*.
notch Einschnitt *m*, Kerbe *f*, Nute *f*.
notched mit Nuten versehen, mit Einschnitten versehen.
note Ton *m*, Tonhöhe *f*;
beat — Schwebungston;
combination — Kombinationston;
fundamental — Grundton;
high-pitched — hoher Ton;
low-pitched — tiefer Ton;
musical — reiner Ton, musikalischer Ton;
pure — reiner Ton;
ragged — unreiner Ton;
spark — Funkenton;
signal — Zeichenton;
— **magnification** Tonverstärkung *f*;
— **magnifier** Tonverstärker *m*, Hörfrequenzverstärker *m*;
— **tuning** Tonabstimmung *f*, Tonhöhenabstimmung *f*.
no-volt release Null(spannungs)auslösung *f*.
notification Bekanntmachung *f*, Anzeige *f*, Aufzeigung *f*.
nozzle Rohrstutzen *m*, Tülle *f*.
null method Nullmethode *f*;
— **point** Nullpunkt *m*, Schwingungsknoten *m*.
nullify vernichten, aufheben.
number Anzahl *f*, Zahl *f*, Nummer *f*;
dead — unbenutzte Nummer *f*, *A*, *F*;
— — **tone** Summerton *m* zur Anzeige toter Leitungen *A*;
circuit — Leitungsnummer *f*;
complex — komplexe Zahl *f*;
even — gerade Zahl *f*;
integral — ganze Zahl *f*;
imaginary — imaginäre Zahl *f*;
irrational — irrationale Zahl *f*;
negative — negative Zahl *f*;
odd — ungerade Zahl *f*;
unallotted — Reservenummer *f*, unzugeteilte Nummer *f*, *F*;
unobtainable — unausführbare Verbindung *f*, *F*, *A*;
— **indicating system** Nummerngeber *m*, *A*;
— **plate** Nummernscheibe *f* des Nummernschalters *A*.
numbered, even-(odd-) (un-)geradzahlig.
numbering Nummerngebung *f*, Numerierung *f*.

numerator Zähler *m*.
numeric(al) numerisch, zahlenmäßig, Zahlen-…;
— **order** Zahlenfolge *f*.
nut Mutter *f*;
to screw down a — eine Mutter an-, festziehen;
butterfly — Flügelmutter;
lock —, **(friction)** Gegenmutter, Kontermutter;
milled — Korbelmutter;
screwed — Schraubenmutter, Mutter;
wing ed) — Flügelmutter;
— **key** Mutterschlüssel *m*;
— **lock** Schraubensicherung *f*.
n. u. tone = number unobtainable tone Summerzeichen *n* zur Kennzeichnung unausführbarer Verbindungen *A*.

O.

Oak Eiche(nholz *n*) *f*.
oblique schief, schräg.
obliquity Neigung *f*, Neigungsgrad *m*, Schiefe *f*.
obscure I. verdunkeln;
II. dunkel, finster.
observation Beobachtung *f*, Erfahrung *f*;
error of — Beobachtungsfehler *m*;
— **desk** Dienstüberwachungsplatz *m*, *F*.
observe beobachten, wahrnehmen, bemerken, äußern.
obsolescence Veralten *n*, Überalterung *f*.
obsolescent veraltend.
obsolete veraltet.
occlude okkludieren, einschließen.
occluded gases *pl* okkludierte Gase *pl*.
occlusion Einschließung *f* von Gasen.
occur vorkommen.
occurrence Auftreten *n*.
ocelit Ozelit *n*;
— **rod** Ozelitstab *m*.
octagonal achteckig.
octave Oktave *f*.
octuple achtfach.
octuplex Achtfach-… *T*.
odd ungerade;
— **multiple** ungerades Vielfaches *n*.

oersted Orsted *n*.
office Amt *n*, Beruf *m*; Bureau *n*, Werkstätte *f*, Amt *n*;
call —, **(public)** öffentliche Sprechstelle *f*;
— —, **unattended** Münzfernsprecher *m*;
central —, (*am*.) Fernsprechamt *n*, Fernsprechvermittlungsstelle *f*;
— —, **local** Orts(fernsprech)amt *n*;
— —, **trunk** Fernamt *n*;
centre — Knotenamt *n*;
— —, **main** or **chief (minor)** Haupt- (Neben-) Knotenamt *n*;
collecting — Telegramm-Annahmestelle *f*;
delivering — Bestellanstalt *f T*;
down — (*engl*.) in der Richtung von London weg liegendes Amt *n*;
head — Hauptamt *n*;
intermediate — Zwischenamt *n*;
main — Hauptamt *n*, Vollamt *n*;
sub- — Unteramt *n*, Hilfsamt *n*;
tandem —**s** *pl* Tandemämter *pl*, hintereinander von einer Verbindungsleitung berührte Ämter *pl*, *F*, *A*;

office
  terminal — Endamt n;
  testing — Untersuchungsamt n;
  unattended — unüberwachtes Amt n, A;
  up — (engl.) in der Richtung auf London zu liegendes Amt n;
  — **cable** Amtskabel n, Zimmerleitung f;
  — **code** Amtsschlüssel m, A;
  — — **system, three-letter** dreistelliges Amtsbuchstabensystem n, A;
  — **equipment** Amtseinrichtung f;
  — **key** Amtstaste f, F;
  — **wiring** Amtsverkabelung f, Zimmerleitung f.
officer Beamter m;
  radio —, **wireless** — Funkbeamter m, Funkoffizier m;
  —**in-charge** leitender Beamter m.
official Beamter m, Amts-...;
  — **call** Dienstanruf m, Dienstgespräch n.
off-normal I. in der Arbeitsstellung befindlich;
  II. Kopfkontakt m, A;
  — — — **contact** Arbeitskontakt m, Kopfkontakt m des Strowgerwählers A.
ohm Ohm n (1,00052 abs. Ohm);
  absolute — absolutes Ohm n;
  B. A. — = British Association — British Association-Ohm n (0,9866 int. Ohm);
  International —, **standard** — internationales Ohm n (= 1,00052 abs. Ohm).
ohm-cm Ohm-cm (= 0,3937 ohm-inch).
ohm (meter, gram) Ohm je m, g (= 5710 ohm/mile, pound).
Ohm's law Ohmsches Gesetz n.
ohm method, parallel Parallelohmmethode f.

ohmic ohmisch;
  — **resistance** ohmischer Widerstand m, Ohmscher Widerstand m.
ohmmeter Ohmmeter n, Widerstandsmesser m.
oil I. ölen;
  II. Öl n;
  boiled — Leinölfirnis m;
  bone — Knochenöl;
  castor — Rizinusöl;
  coal tar — Teeröl;
  cotton seed — Baumwoll(samen)öl;
  linseed — Leinöl;
  lubricating — Schmieröl;
  mineral — Mineralöl, Erdöl;
  paraffin — Paraffinöl;
  resin — Harzöl;
  vaseline — Vaselinöl;
  — **can** Ölkanne f;
  — **cloth** Olleinen n, Öltuch n, Wachstuch n;
  — **dielectric condenser** Ölkondensator m;
  — **engine** Ölmotor m;
  — **feed, forced** Drucköluug f, Druckschmierung f;
  — **groove** Ölnute f, Schmiernute f;
  — **hole** Ölloch n, Schmierloch n;
  — **motor** Ölmotor m;
  — **ring** Schmierring m;
  — **run** Schmierloch n, Ölloch n;
  — **stone** Ölstein m;
  — **way** Ölnute f, Schmiernute f.
oiled geölt, ölgetränkt;
  — **linen** Olleinen n;
  — **paper** Ölpapier n, geöltes Papier n;
  — **silk** Ölseide f.
oily ölig.
okonite Okonit n.
omit auslassen.
omnibus circuit Leitung f III. Klasse, Omnibusleitung f.

oncoming wave einfallende Welle *f*, *R*.
ondograph Wellenschreiber *m*;
— **record** Aufzeichnung *f* des Wellenschreibers.
one-way in einer Richtung.
o. o. o. = out of order gestört.
o. o. o. tone Gestört-Summerzeichen *n*.
ooze Schlamm *m*, Schlick *m*.
oozy schlammig.
opal Opal *m*.
open I. öffnen, unterbrechen (a circuit einen Stromkreis);
II. offen, getrennt;
III. Unterbrechung *f*;
— **-circuit** unterbrechen, unterbrochen werden;
— — —, **on** geöffnet vom Stromkreis;
— — **connection** Arbeitsstromschaltung *f*;
— — **working** Arbeitsstrombetrieb *m*;
— — **-ed** geöffnet.
opening Öffnung *f*, Weite *f*.
operate betreiben, betätigen; wirken, ansprechen (on auf), arbeiten;
to — on an automatic system nach einem automatischen System betreiben;
— — **on a wavelength of 600 m** auf Welle 600 arbeiten.
operated position Arbeitsstellung *f*.
operating ansprechend (*v*. acting, release);
quick (slow) — schnell (langsam) ansprechend;
— **conditions** *pl* Betriebsbedingungen *pl*;
— **current** Betriebsstrom *m*;
— —, **minimum** Mindestansprechstrom *m*, Mindestbetriebsstrom *m*;
— —, **normal** normaler Betriebsstrom *m*, Regelstrom *m*;

— **room** Betriebsraum *m*, Betriebssaal *m*;
— **skill** Handfertigkeit *f*;
— **table** Apparattisch *m*;
— —, **quartette** vierteiliger Apparattisch *m*, *T*;
— **time** Ansprechzeit *f* eines Relais;
— **voltage** Betriebsspannung *f*;
— **wavelength** Betriebswelle *f*, Betriebswellenlänge *f*.
operation Betrieb *m*, Verfahren *n*, Verrichtung *f*, Wirken *n*; Operation *f*, *M*;
four-wire — Vierdrahtbetrieb *m*, *F*;
manual — Handbetrieb *m*;
marginal — Grenzstrombetrieb *m* von Relais, *F*;
parallel — Parallelbetrieb *m* (of valves von Röhren);
method of — Arbeitsweise *f*, Betriebsweise *f*;
rules *pl* — — Betriebsvorschrift *f*;
schedule — — Arbeitsschema *n*;
switching — Schaltvorgang *m*;
two-wire — Zweidrahtbetrieb *m*, *F*; Doppelleitungsbetrieb *m*.
operative wirksam, arbeitend;
— **position** Arbeitslage *f*.
operator Beamter *m*, Beamtin *f*, Apparatbeamter *m*; Operator *m*, *M*;
A- — A-Beamtin *f*, *F*;
B- — B-Beamtin *f*, *F*;
idle — freie Beamtin *f*;
night — Nachtdienstbeamtin *f*;
perforator — Stanzbeamtin *f*, *T*;
receiving — Empfangsbeamter *m*, *T*;
record (table) — (An-)Meldebeamtin *f* im Fernamt;
record table transfer — Spitzenplatz-Meldebeamtin *f*;

operator
transmitter — Sendebeamter m, T;
trunk — Fern(schrank)beamtin f;
— **-in-charge** Gruppenführer m, Apparataufsicht f;
—**'s jack** Anschalteklinke f, F;
—**'s (phone) set** Sprecheinrichtung f, Abfragegarnitur f;
—**'s position** Arbeitsplatz m, Schrankplatz m;
—**'s telephone** Abfragegarnitur f.
oppose entgegenwirken.
opposed currents pl entgegengesetzt gerichtete Ströme pl.
opposing, two coils in series zwei in Reihe geschaltete, entgegengesetzt wirkende Spulen pl;
— **e. m. f.** Gegen-EMK f;
— **force** Gegenkraft f;
— **spring** Abreißfeder f.
opposite entgegengesetzt.
opposition Entgegensetzung f, Gegensatz m, Widerspruch m, Opposition f (Verschiebung um 180°);
in — entgegengesetzt gerichtet;
— **of phase** entgegengesetzte Phasenstellung f, Gegenphasigkeit f.
optical optisch.
optics pl Optik f.
orange orangefarben.
order Ordnung f, Größenordnung f, Zustand m;
of the — of in der Größenordnung von;
of the nth — nter Ordnung;
in consecutive — in der Nummernfolge;
in working — in betriebsfähigem Zustand, betriebsbereit;
numerical — Zahlenfolge f;
out of — ab: o. o. o. gestört, in Unordnung;

— **of magnitude** Größenordnung f;
— **wire** Sprechleitung f für dienstliche Zwecke;
— — **(circuit)** Dienstleitung f, F;
— — —, **split** mehreren Ämtern gemeinsame Dienstleitung f, Sammelbienstleitung f, F;
— — —, **straight** unmittelbare Dienstleitung f, F;
— — **junction** Verbindungsleitung f für Dienstleitungsbetrieb F;
— — **key** Dienstleitungstaste f, F;
— — **trunking** Dienstleitungsbetrieb m, F.
ordinate Ordinate f.
ordnance map Generalstabskarte f.
organization Organisation f.
organize organisieren.
orientation (of the type wheel) durch Leitungsverzögerung verursachter Phasenunterschied zwischen Geber und Empfänger T.
origin Ursprung m, Anfangspunkt m, Nullpunkt m, M.
originate entspringen, beginnen, einleiten, to — a call ein Gespräch einleiten.
originating traffic Ursprungsverkehr m, ausgehender Verkehr m.
oscillate schwingen;
— **about an average value** um einen Mittelwert schwingen.
oscillating circuit Schwingungskreis m;
— —, **closed (open)** geschlossener (offener) Schwingungskreis m;
— **current** oszillierender Strom m, schwingender Strom m;
— **detector** Schwingaudion n;
— **discharge** Schwingentladung f, oszillierende Entladung f;
— **field** schwingendes Feld n, (schnelles) Wechselfeld n;

oscillating tube Schwingrohr *n*;
— —, **self-excited** selbsterregtes Schwingrohr *n*.
oscillation Schwingung *f*;
to set into – in Schwingung versetzen;
to set up continuous –s *pl* ungedämpfte Schwingungen bilden oder erzeugen;
capable of –s schwingfähig;
arc –s *pl* **type I** Lichtbogenschwingungen *pl* erster Art;
— —s, **type II** Lichtbogenschwingungen zweiter Art;
— —s, **type III** Lichtbogenschwingungen dritter Art;
constrained –s *pl* erzwungene Schwingungen *pl*;
damped –s *pl* gedämpfte Schwingungen *pl*;
dying-out – abklingende Schwingung *f*;
forced –s *pl* erzwungene Schwingungen *pl*;
free –s *pl* freie Schwingungen *pl*;
fundamental – Grundschwingung *f*;
harmonic – Sinusschwingung *f*, harmonische Schwingung *f*;
— —, **first** Grundschwingung *f*;
— —, **second (third)** zweite (dritte) Oberschwingung *f*;
high-frequency –s *pl* Hochfrequenzschwingungen *pl*;
incoming –s *pl* ankommende oder einfallende Schwingungen *pl*;
local –s *pl* Überlagerungsschwingungen *pl*;
longitudinal –s *pl* Longitudinalschwingungen *pl*;
natural – Eigenschwingung *f*;
persistent –s *pl* ungedämpfte Schwingungen *pl*;
self-(sustained) – Selbstschwingen *n*; Pfeifen *n V*;

semi- – Halbperiode *f*;
spurious –s *pl* durch Nebenkopplungen verursachte Schwingungen *pl*;
sustained –s *pl*, **undamped** –s *pl* ungedämpfte Schwingungen *pl*;
generation of –s Schwingungserzeugung *f*;
period – – Schwingungsdauer *f*, Periode *f*;
— — —, **natural** Eigenperiode *f*;
time of – Schwingungsdauer *f*;
— **detector** Schwingungsanzeiger *m*, Wellenanzeiger *m*;
— **energy** Schwingungsenergie *f*;
— **generator** Schwingungserzeuger *m*;
— —, **heterodyne** Überlagerer *m*;
— **transformer** Schwingungstransformator *m*, R, Teslatransformator *m*, Hochfrequenztransformator *m*.
oscillator Schwinger *m*, Oszillator *m*;
Colpitts – Schwingrohr *n* mit kapazitiver Rückkopplung;
Hartley – Schwingrohr *n* mit induktiver Rückkopplung;
Hertzian – Hertzscher Schwinger *m*, Hertzscher Oszillator *m*;
local – Überlagerer *m*, örtlicher Schwingungserzeuger *m*;
— —, **heterodyne** Überlagerer *m*;
master – Steuerröhre *f.* des fremdgesteuerten Röhrensenders;
Meissner – Schwingrohr *n* mit magnetischer (induktiver) Rückkopplung;
open – offener Schwinger *m*, offener Oszillator *m*;
straight – geradliniger Oszillator *m*, stabförmiger Oszillator *m*;

oscillator tube, oscillator valve Schwingröhre *f*;
— —, **self- (separately) excited** selbst-(fremd)erregte Schwingröhre;
oscillatory circuit Schwingungskreis *m*;
— —, **closed (open)** geschlossener (offener) Schwingungskreis *m*;
— **current** oszillierender Strom, schneller Wechselstrom *m*;
— **discharge** oszillierende Entladung *f*, Schwingentladung *f*
— **field** schwingendes Feld *n*, schnelles Wechselfeld *n*;
— **power** Schwingleistung *f*.
osclllion Dreielektrodenröhre *f*
oscillogram Oszillogramm *n*.
oscillograph Oszillograph *m*;
Braun tube — Braunsche Röhre *f*;
cathode ray — Kathodenstrahlenoszillograph;
string — Saitenoszillograph;
— **curve** Oszillogramm *n*;
— **loop** Oszillographenschleife *f*;
— **record** Oszillogramm *n*, Oszillographenaufnahme *f*;
— **vibrator** Oszillographenschleife *f*. [phisch.
oscillographic(al) oszillographisch.
osmium Osmium *n* (Os).
osmose, osmosis Osmose *f*.
osmotic(al) osmotisch.
ounce *ab*: oz. Unze *f*, = 28,3495 g, 1 g = 0,035274 oz.
outfit Ausrüstung *f*.
outgas entgasen.
outgassing Entgasen *n*, Entgasung *f*.
outgoing abgehend;
— **current** abgehender Strom *m*;
— **trunk** abgehende Verbindung *f*, *A*.
outlet Ausgang *m*, Auslaß *m*; abgehende Verbindung *f*, *A*;
— **transformer** Nachübertrager *m*.
outline I. entwerfen, skizzieren; II. Umriß *m*, Skizze *f*.
output abgegebene Leistung *f*, entnommene Leistung *f*;
limiting — Grenzleistung *f*;
maximum — Maximalausbeute *f*, Höchstleistung *f*;
power — abgegebene Leistung *f*;
useful — abgegebene Nutzleistung *f*;
— **circuit** Ausgangskreis *m*, Entnahmekreis *m*;
— **impedance** Ausgangskreisimpedanz *f*;
— **resistance, internal** innerer Widerstand *m* des Anodenkreises einer Röhre *V*;
— **terminals** *pl* Entnahmepunkt *m*;
— **transformer** Nachübertrager *m*, Ausgangsübertrager *m*.
outrigger Ausleger *m*, Spreize *f*.
overall dimension größte Abmessung *f*;
— **test** Streckenmessung *f* (Leitung einschließlich Apparate) *F*, *K*; Messung *f* der Gesamteinrichtung.
overcharge I. überladen (Sammler); II. Überladung *f*.
overcharged überladen.
over-compound überkompoundieren.
overexcitation Übererregung *f*.
overexcite übererregen.
overfeed I. zu weit vorrücken (z. B. Lochstreifen); II. zu weites Vorrücken *n*.
overhaul überholen, durchprüfen.
overhead line oberirdische Linie *f*.
overhear mithören.
overhearing Mitsprechen *n*, *K*, *F*.

overheat überhitzen, zu stark beheizen.
overheating Überhitzung *f*, Überheizung *f*, V.
overhouse construction Dachgestänge *n*, Dachgestängebau *m*.
overhung überhängend.
overlap überlappen, übereinandergreifen, sich teilweise decken.
overlap(ping) Überlappen *n*, Übereinandergreifen *n*, Überlappung *f*;
— **of groups** Übereinandergreifen *n* von Gruppen *A*;
— — **wave trains** Überlappen *n* der Wellenzüge *R*.
overload I. überlasten; II. Überlast *f*;
— **circuit breaker** Überstromausschalter *m*, Maximalausschalter *m*;
— **relay** Überstromrelais *n*.
overmodulate übermodulieren, verzerren.
overmodulation übertriebene Modulation *f*.
overshoot hinausschießen (über), überschleudern, sich zu weit bewegen.

overshooting Hinausschießen *n* (über), Überschleudern *n*, zu weite Bewegung *f*.
overtension Überspannung *f*.
overthrow zu weit ausschlagen vom Heberschreiber usw.
overthrowing zu weites Ausschlagen *n*. [welle *f*;
overtone Oberton *m*, Ober- —**s** *pl* Obertöne *pl*, Oberschwingungen *pl*.
overvoltage Überspannung *f*.
o. w. = order wire Dienstleitung *f*.
oxidation Oxydation *f*.
oxide Oxyd *n*;
— **cathode** Oxydkathode *f*;
— **(coated) filament** Oxydfaden *m*;
— — — **vacuum** (or **electron**) **tube** Oxyd(kathoden)röhre *f*.
oxidizability Oxydierbarkeit *f*.
oxidizable oxydierbar.
oxidize oxydieren.
oxygen Sauerstoff *m* (O).
oxyhydrogen Knallgas *n*;
— **blow pipe** Knallgasgebläse *n*.
oz. = ounce Unze *f*.
ozokerite Ozokerit *n*, Erdwachs *n*.
ozone Ozon *n* (O_3).
ozonize ozonisieren.

P.

P. A. B. X. = private automatic branch exchange Selbstanschluß-Nebenstellenzentrale *f*.
pack I. packen, schichten, to — up Kabel unterstopfen;
II. Ballen *m*, Bündel *n*, Paket *n*.
packing Packung *f*;
jute — Jutepackung *f*.
packthread Bindfaden *m*.
pad I. auspolstern;
II. Kissen *n*, Stoßkissen *n*, Puffer *m*; Verlängerungsleitung *f* einer Fernkabelader;
cork — Korkklotz *m* des Hughes-Reglers usw.
stamp — Stempelkissen *n*.
padding Polsterung *f* eines Relais gegen Stöße *T*.
page I. paginieren; to — up beim Blattdrucktelegraphen den Seitenvorschub ausführen;
II. Seite *f*, Blatt *n*;

page-feed Blattvorschub m Seitenvorschub m, T;
— **printer** Blattdrucker m, Seitendrucker m, T;
— **printing** Abdruck m auf Blättern T.
paint I. (an)streichen;
II. Anstrich m;
fire-resisting — feuersicherer Anstrich,
pair Paar n, Abernpaar n, Doppelaber f;
crossed — gekreuzte Doppelaber f;
key —, **marked** — Zählabernpaar n;
twisted — verdrallte Doppelaber f;
two – core Doppelzwilling m, D. M. Vierer m, Dieselhorst-Martinvierer m, K;
worming — Trensenadernpaar n zum Ausfüllen von Lücken zwischen den Viererbündeln usw.
palladium Palladium n (Pd).
pamphlet Schrift f, Beschreibung f.
pancake coil quadratische Flachspule f, R.
panel Brett n, Tafel f, Feld n, Tafelfeld n, Paneel n;
jack — Klinkenfeld n;
fuse — Sicherungsbrett n, Sicherungstafel f;
— **type selector, — switch** Stangenwähler m, A;
— **wiring** vorderseitiger Anschluß m einer Schalttafel.
pantelephone Pantelephon n, verzerrungsfreier Fernhörer m.
paper Papier n;
body — Grundpapier, Trägerpapier eines Kondensators;
carbon — Kohlepapier;
coordinate — Koordinatenpapier;

drawing — Zeichenpapier;
emery — Schmirgelpapier;
glass — Glaspapier;
Japanese — Japanpapier;
Manil(l)a — Manilapapier;
oiled — Ölpapier n;
paraffined — paraffiniertes Papier;
ruled — liniertes Papier, Koordinatenpapier;
sensitised — lichtempfindliches Papier;
squared — gekästeltes Papier, Millimeterpapier;
test — Reagenspapier;
tinfoil — Stanniolpapier;
tracing — Pauspapier;
waxed — Wachspapier;
wood-pulp — Holzpapier;
— **blank** Papierblatt n, Vordruckblatt n, Formular n;
— **(core) cable** Papieretikel n;
— **drawer** Streifen(schub)lade f des Farbschreibers;
— **feeding** Streifenvorschub m, Papiervorschub m, T;
— — **device** Streifenvorschubeinrichtung f, T;
— — **lever** Papierführungshebel m am Hughesapparat;
— **guide** Papierführung f, T;
— **sleeve** Papierhülse f, Papierröhrchen n, B; [m, T;
— **slip, — tape** Papierstreifen
— **web** Papierrolle f besonders für Blattdrucktelegraphen.
parabola Parabel f.
parabolic(al) parabolisch, Parabol- ...;
— **mirror** Parabolspiegel m.
paraffin(e) I. paraffinieren;
II. Paraffin n;
soft — Weichparaffin n;
— **oil** Paraffinöl n;
— **wax** (festes) Paraffin n.
paraffined paper paraffiniertes Papier n.

parallactic(al) parallaktisch.
parallax Parallaxe f.
parallel I. parallel, Parallel-...
II. Parallele f;
in — with parallel zu, parallelgeschaltet zu;
— —, **to connect** or **join** parallelschalten, nebeneinanderschalten;
— — **connected** parallelgeschaltet, nebeneinandergeschaltet;
— **connection** Parallelschaltung f, Zweigschaltung f, Nebeneinanderschaltung f;
— **jack** Parallelklinke f;
— **operation** Parallelbetrieb m (of valves von Röhren);
— — **series connection** gemischte Schaltung f.
paralleled parallel geschaltet.
paralleling gleichlaufend, parallel.
parallelism Parallelverlauf m.
parallelogram Parallelogramm n.
paramagnetic(al) paramagnetisch.
paramagnetism, Paramagnetismus m.
parameter Parameter m, Bestimmungsgröße f.
Para rubber Gummi m (n), Paragummi m (n).
parasitic Luftstörungs-...;
anti- — system Einrichtung f zur Störbefreiung.
parchment Pergament n.
parenthesis Klammer f, M.
partial teilweise, Teil-...;
— **wave** Kopplungswelle f, R.
particle Teilchen n, Partikel n.
partition Zwischenwand f, Verschlag m, Regal n, Fach n.
parting of lead sheath Abreißen n des Bleimantels.
party Teilnehmer m;

called — angerufener Teilnehmer m, verlangter Teilnehmer m;
calling — (an)rufender Teilnehmer m;
— **line** Gesellschaftsleitung f;
— —, **four (ten)** Gesellschaftsleitung mit vier (zehn) Anschlüssen;
— —, **multi-** Gesellschaftsleitung.
pass (through) durchlassen, hindurchgehen, **to — to line** in die Leitung fließen.
passage Durchgang m, Übergang m.
paste Kleister m, Paste f;
active — aktive Masse f, wirksame Masse f im Trockenelement;
exciting — Erregermasse f;
filling — Füllmasse f, Füllpaste f;
white — Erregerpaste f für Elemente.
pasted plate Masseplatte f des Sammlers.
patent I. patentieren;
II. patentiert;
III. Patent n;
to apply for a — ein Patent beantragen, ein Patent anmelden;
to infringe (up)on a — ein Patent verletzen;
to take out a — ein Patent nehmen (for auf), patentieren lassen;
expired — abgelaufenes Patent;
letters — Patentbrief m, Patenturkunde f;
pending — schwebendes Patent;
pioneer — Pionierpatent;
void — verfallenes Patent;
— **application** Patentanmeldung f, Patentgesuch n;

patent fee Patentgebühr *f*;
— **infringement** Patentverletzung *f*;
— **law** Patentgesetz *n*;
— **office** Patentamt *n*;
— **renewal fee** Patent=Verlängerungsgebühr *f*, Patent=Jahresgebühr *f*;
— **right** Patentrecht *n*;
— **rolls** *pl* Patentrolle *f*, Patentregister *n*;
— **specification** Patentbeschreibung *f*.

patentable patentierbar, patentfähig.

patented at home and abroad im In= und Auslande patentiert.

patentee Patentinhaber *m*.

path Weg *m*, Bahn *f*, Stromweg, Strombahn *f*;
air — Luftweg *m*;
closed — geschlossener Eisen=Weg *m*;
current — Strombahn *f*, Stromweg *m*, Stromfaden *m*;
flux — magnetischer Kraftlinienweg *m*;
gas(eous) — Gasstrecke *f*;
leakage — Nebenschließungsweg *m*;
magnetic return — magnetische Rückleitung *f*;
(mean) — of lines of force (mittlerer) Kraftlinienweg *m*;
return — Rückweg *m*, Rückleitung *f*;
selecting — Einstellweg *m A*;
talking — Sprechweg *m F, A*;
— **of rest (work)** Ruheweg *m* (Arbeitsweg *m*) des Baudotkombinators;
— **difference** Gangunterschied *m* (of waves der Wellen).

patrol begehen.

patrolling Begehen *n* (of lines von Leitungen).

pattern Muster *n*, Modell *n*.
pave pflastern.
pavement Pflaster *n*;
— **work** Pflasterarbeiten *pl*.
paving Pflaster *n*; Pflastern *n*.
pawl Sperrklinke *f*, Sperrhaken *m*, Stoßklinke *f*;
driving — Stoßklinke;
holding —, **lock(ing)** Sperrklinke, Sperrhaken;
propelling —, **thrust** — Stoßklinke;
pair of —s Doppelsperrklinke des Stromgerwählers.

P. A. X. = private automatic exchange Selbstanschluß=Privatzentrale *f*.

pay out auslegen, abrollen (cable Kabel);
— **station** (*am.*), öffentliche Sprechstelle *f*, ·Münzfernsprecher *m*.

paying-out machine Auslegemaschine *f* für Seekabel.

P. B. X. = private branch exchange Nebenstellenzentrale *f*;
50 line 6 trunk — Nebenstellenzentrale mit 6 Amtsleitungen und 50 Nebenstellen;
— **final selector** Mehrfachleitungswähler *m, A*.

P. C. (= paper core) **cable**, Papierkabel *n*, papierisoliertes Kabel *n*.

p. d. = potential difference Spannungsunterschied *m*, Potentialdifferenz *f*.

peak Spitze *f*, Amplitude *f*, Scheitelwert *m*, Berg *m* (of a wave einer Welle);
resonance —, **resonant** — Resonanzspitze *f*;
voltage — Scheitelspannung *f*;
— **load** Spitzenbelastung *f*;

peak, power Höchstleistung f, Spitzenleistung f;
— **value** Spitzenwert m, Scheitelwert m.
peaked curve spitze Kurve f;
double- — — zweispitzige Kurve f.
peaky spitz.
peat(y) soil Torfboden m.
pebble Kiesel(stein) m, Geröll n, Geschiebe n;
— **manganese** Braunstein m, Mangansuperoxyd n (MnO₂).
pebbly kieselig, Kiesel- ...
— **bottom,** Kieselgrund m der See.
pecker Abfühlnadel f im Streifensender.
pedal Pedal n, Fußtritt m;
foot — Fußtritt m;
— **dynamo** Tretdynamo f.
pedestal Bock m, Fuß m Ständer m;
pole — Mastfuß m, Stangenfuß m, B;
— **desk telephone set** Ständer-Tischfernsprecher m.
peel (sich) ablösen, abschilfern.
peg I. mit Pfählen bezeichnen, to — out a line eine Linie abpfählen;
II. Stöpsel m; Hinweisungsstöpsel m, F; Markierpfahl m, Dübel m, Pflock m;
brass — Messingstöpsel m.
pen Feder f, Schreibröhrchen n;
drawing — Reißfeder f;
recording — Schreibfeder f.
pending patents angemeldete Patente.
pendulum Pendel n;
— **governor, (conical)** Pendelregler m.
penetrate durchdringen, einbringen (into in).
penetration Durchdringung f, Eindringen n;
— **depth** Eindringtiefe f.

pentode Fünfelektrodenröhre f.
per cent I. prozentig, prozentual;
II. Prozent n;
— — **by volume** Volumprozent n;
— — **by weight** Gewichtsprozent n.
percentage I. prozentual;
II. Gehalt m, Prozentsatz m;
— **change** prozentuale Änderung f;
— **increase** prozentuale Zunahme f.
perceive wahrnehmen, bemerken.
perceptible wahrnehmbar.
perception Wahrnehmung f.
perfect circuit betriebsfähige Leitung f.
perforate lochen, durchlochen, stanzen. [T;
perforated tape Lochstreifen m, **lengthways** — — Längslochstreifen m, T;
cross- — — Querlochstreifen m, T.
perforation Lochung f, Lochen n, —s pl Konfetti pl, T.
perforator Locher m;
keyboard — Tastenlocher m;
(tape) receiving — Empfangslocher m, Lochstreifenempfänger m;
Wheatstone — Wheatstone locher m.
— **operator** Stanzbeamter m, Stanzbeamtin f.
perform verrichten, ausführen, arbeiten.
performance Wirken n, Arbeiten n eines Apparates;
constancy of — Betriebssicherheit f eines Wählers usw.;
— **characteristics** pl Arbeitskenngrößen pl (eines Relais usw.).

Perikon rectifier Perikondetektor m, Rotzinkerz-Kupferkies-Detektor m.
period Periode f, Schwingung f, Schwingungsdauer f;
- **free** — freie Schwingung f;
- **fundamental** — Grundschwingung f;
- **half** — Halbperiode f;
- **impulse** — Impulsperiode f, A;
- **natural** — Eigenschwingung f, Eigenperiode f;
- **quarter** — Viertelperiode f;
- **semi-** — Halbperiode f.

periodic(al) periodisch;
- **component** periodische Komponente f;
- **e. m. f.**, periodische EMK f;
- **(recurrent) structure** aus gleichen Gliedern bestehender Aufbau m; Kettenleiter m;
- **time** Schwingungsdauer f.

periodicity Periodizität f, regelmäßige Wiederkehr f, Periodenzahl f, Frequenz f.

peripheral Umfangs- ...;
- **speed** Umfangsgeschwindigkeit f.

peripheric(al) peripherisch.

periphery Umfang m, Peripherie f.

permalloy Permalloy n, Eisen-Nickellegierung f (78,5% Ni, 21,5% Fe).

permanent permanent, Dauer-..
- **current** Dauerstrom m;
- **magnet** Dauermagnet m;
- **(internal) wiring** feste Verdrahtung f (of an exchange eines Amtes).

permeability Durchdringbarkeit f, Permeabilität f, magnetische Leitfähigkeit f;
- **differential** — differentielle Permeabilität;
- **incremental** — zusätzliche Permeabilität;
- **initial** — Anfangspermeabilität; [meabilität;
- **magnetic** — magnetische Permeabilität;
- **reversible** — reversible oder umkehrbare Permeabilität;
- **bridge** magnetische Brücke f.

permeable durchlässig, durchbringbar, permeabel.

permeameter Permeameter n;
- **hot** — Permeameter n für Messungen bei erhöhter Temperatur. [fähigkeit f.

permeance magnetische Leitfähigkeit

permeate durchbringen.

permittivity Dielektrizitätskonstante f.

permutation Vertauschung f, Permutation f;
- **bar** Wählerschiene f T;
- **disc** Wählerscheibe f, T;
- **plate** Wählerkamm m, T.

permute austauschen, vertauschen, permutieren.

peroxide Superoxyd n. [auf);

perpendicular senkrecht (to zu);
- **sides** pl Katheten pl, M.

personnel Personal n.

perspective I. perspektivisch; II. Perspektive f;
- **in** — perspektivisch.

perturb stören.

perturbance Störung f.

perturbation Störung f;
- **magnetic** — magnetische Störung.

petrol engine, — **motor** Petroleummotor m;

petroleum Petroleum n, Erdöl n;
- **jelly** Vaseline f, Vaselin n.

petticoat insulator Glockenisolator m;
- **double** — — Doppelglocke f, Doppelglockenisolator m.

phantom I. zum Vierer schalten, zum Phantomkreis schalten; II. Phantomschaltung f, Viererschaltung f;

phantom aerial künstliche Antenne *f*, Ersatzantenne *f*;
— **cable** viererverseiltes Kabel *n*;
— **circuit** Phantomleitung *f*, Vierer *m*, Viererleitung *f*, Simultanverbindung *f*;
— (—) **coil** Viererspule *f, K*;
— **loading** Viererpupinisierung *f*, Viererbelastung *f*;
— **pair** Viererleitung *f*, Viererkreis *m, F*;
— **-to-side unbalance** Mitsprechkopplung *f, K*.

phase Phase *f*;
in — phasengleich, in (gleicher) Phase (with mit);
out of — phasenverschoben;
magnitude and — Betrag und Phase.
balanced —s *pl* gleichbelastete Phasen *pl*;
displaced — verschobene Phase
mono— einphasig;
two- — zweiphasig;
three- — dreiphasig;
quarter- — vierphasig;
poly— mehrphasig.
correction of — Berichtigung *f* der Phase; Phasenentzerrung *f, K*;
difference — — Phasenunterschied *m*;
lagging — — Phasenverzögerung *f*;
leading — — Phasenvoreilung *f*;
opposition — — entgegengesetzte Phasenstellung *f*, Gegenphasigkeit *f*;
shift in — Phasensprung *m*;
— **angle** Phasenwinkel *m*;
— — **difference of a condenser** dielektrischer Verlustwinkel *m* (eines Kondensators);
— **balance** Phasenbilanz *f, R*;
— **change** Phasenänderung *f*;
— **changer** Phasenschieber *m*;
— **coincidence** Phasengleichheit *f*;
— **current, out-of —** phasenverschobener Strom *m*;
— **difference** Phasenunterschied *m*, Gangunterschied *m* (von Wellen);
— — **of a condenser** dielektrischer Verlustwinkel *m* eines Kondensators *f*;
— **displacement** Phasenverschiebung *f*;
— **distortion** Phasenverlagerung *f*, Phasenverzerrung *f*;
— **indicator** Phasenanzeiger *m*, Phaseninditator *m*;
— **opposition** Gegenphasigkeit *f*;
— **quadrature, in —** um 90° phasenverschoben;
— **relation** Phasenbeziehung *f*;
— **retardation** Phasenverzögerung *f*; Phasensprung *m* (per section of a filter für jedes Glied eines Kettenleiters);
— **reversal** Phasenumkehr *f*;
— **shift** Phasenverschiebung *f*; Winkelmaß *n* einer Leitung;
— **constant** Wellenlängenkonstante *f, L*;
— **shifting transformer** Phasenschiebertransformator *m*;
— **splitting** Phasenteilung *f*;
— — **device** Phasenteiler *m*;
— **swinging** Pendeln *n* (of rotor des Rotors);
— **wave, out-of —** phasenverschobene Welle *f*;
phasing signal Gleichlaufzeichen *n, T*.
phenomenon Erscheinung *f*, Phänomen *n*.
phenol fibre bakelisierter Faserstoff *m*, Phenolfiber *f*.
phone I. fernsprechen, telephonieren;
II. = telephone Fernhörer *m*;
— **cord** Fernhörerschnur *f*;

phone cushion, Fernhörerkissen *n;*
— **set, operator's** Sprecheinrichtung *f,* Abfragegarnitur *f.*
phonic(al) phonisch;
— **motor,** — **wheel** phonisches Rad *n,* phonischer Motor *m.*
phonogram circuit Fernsprech-Telegraphenleitung *f,* Sp-Leitung *f;* Leitung *f* zur Fernsprech-Telegrammaufnahme;
— —, **rural** Sp-Leitung *f,* Telegraphenleitung *f* mit Fernsprechbetrieb.
phosphor bronze Phosphorbronze *f.*
phosphorous phosphorhaltig, Phosphor- ...
phosphorus Phosphor *m* (P).
photo Lichtbild *n,* Photo *n;*
— **-electric** photoelektrisch, lichtelektrisch;
— — — **cell** lichtelektrische Zelle *f;*
— — **printing telegraph** Telegraph *m* mit photographischem Zeichendruck;
— **sensitivity** Lichtempfindlichkeit *f.*
photograph Photogramm *n,* Lichtbild *n,* Photographie *f.*
photographic(al) photographisch;
— **recorder** Lichtschreiber *m.*
photomicrograph Mikrophotogramm *n.*
photomicrographic(al) mikrophotographisch.
photoprint copy Photogramm *n.*
physic(al) physikalisch.
physics *pl* Physik *f.*
physicist Physiker *m,* Naturforscher *m.*
pick I. **to** — **up** auffangen (Zeichen), aufnehmen (Seekabel);
II. Picke *f,* Hacke *f;*
— **-up transmitter** Aufnahmemikrophon *n R.*

picking-up Aufnehmen *n* (of a cable) eines Kabels.
picture Bild *n,* Zeichnung *f;*
— **telegraph** Bildtelegraph *m;*
— **telegraphy** Bildtelegraphie *f;*
— **transmission** Bildübertragung *f.*
piece Stück *n,* Teil *m;*
to take to — **s** auseinandernehmen;
distance — Abstandstück *n,* Klebstift *m* am Relais.
piercer Durchschlag *m.*
piezo-electric(al) piezoelektrisch;
— — **crystal** piezoelektrischer Kristall *m;*
— — **electricity** Piezoelektrizität *f.*
pile I. stapeln;
II. Stapel *m,* Stoß *m,* Batterie *f,* Säule *f;*
voltaic — Voltasche Säule;
Zamboni (dry) — Zambonische Säule.
pillar Säule *f,* Pfeiler *m;*
— **test box** Untersuchungssäule *f.*
pilot I. führen, leiten;
II. Führer *m,* Leiter *m,* Pilot *m;*
— **cable** Leitkabel *n,* Lotsenkabel *n;*
— **indicator** (Gruppen-) Meldezeichen *n,* Signal *n;* Platzlampe *f, F;*
— **lamp** Meldelampe *f,* Signallampe *f;* Platzlampe *f, F;*
— **oscillator** Steuerröhre *f, R;*
— **pair** Zähladernpaar *n;*
— **relay** Platzlampenrelais *n,* Melderelais *n;*
— **signal** Überwachungslampe *f,* (Gruppen-) Meldezeichen *n,* Gruppen-) Leitsignal *n;*
— **wire** Prüfdraht *m;* Steuerdraht *m.*
pin I. verstiften (to auf mit), aufstiften;
II. Stift *m,* Niet *m;*

pin
guide — Führungsstift *m*;
insulator — gerade Isolatorstütze *f*;
soldering — Lötstift *m*;
split — Splint *m*;
taper — konischer Stift *m*;
— **barrel** Stiftbüchse *f* am Hughesapparat;
— **type insulator** Stützisolator *m*, Isolator mit gerader Stütze;
— **plate** Deckplatte *f* der Stiftbüchse *T*;
— **wheel** Stiftrad *n*, Sternrad *n*, *T*.
pine Fichte *f*, Fichtenholz *n*.
pitch — Pitchpineholz *n*;
— **resin** Fichtenharz *n*.
pinion Trieb *n*;
lantern — Hohltrieb *n*.
pink rosa.
pinned (to) aufgestiftet (auf), verstiftet (mit).
pint Pinte *f*, = 1/8 gallon = 0,5679 *l*;
pipe Röhre *f*, Rohr *n*, Kanalöffnung *f*;
blow — Lötrohr *n*;
— —, **oxyhydrogen** Knallgasgebläse *n*;
concrete — Betonrohr *n*, Zementrohr *n*;
soil — Erdrohr *n*;
split — zweiteiliges Rohr *n*;
ventilation — Lüftungsrohr *n*;
— **flange** Rohrflansch *m*;
— **hook** Rohrhaken *m*;
— **line** Rohrstrang *m*;
— **scraper** Rohrkratzer *m*;
— **socket** Muffe *f* der Röhre, Rohrflansch *m*;
— **wrench** Rohrzange *f*;
— **yarn** Weißstrick *m*.
pipette Pipette *f*, Tropfglas *n*.
piping Rohrnetz *n*.
piston Kolben *m*;
— **valve** Kolbenventil *n*.

pit Schacht *m*, Grube *f*, Vertiefung *f*;
brick — gemauerter Schacht *m*.
pitch Pech *n*; Tonhöhe *f*; Teilung *f* der Pole, Zähne, Zahnlänge *f*, Gewindesteigung *f*;
constancy of — Tonkonstanz *f*;
half a tooth — **apart** eine halbe Zahnbreite auseinander;
mineral — Erdpech *n*;
pole — Polteilung *f*;
— **of the beat note** Tonhöhe *f* der Überlagerung, Schwebungstonhöhe *f*, *R*;
— — **signal note** Zeichentonhöhe *f*, *R*; [Sprache;
— — **speech** Tonhöhe *f* der
— — **tone** Tonhöhe *f*;
— — **turns** Ganghöhe *f* der Windungen einer Spule;
— — **winding** Steigung *f* der Windung;
— **pine** Pitchpineholz *n*;
pitched note, high- hoher Ton *m*;
— —, **low-** tiefer Ton *m*.
pith ball Holundermarkkügelchen *n*.
pitted löcherig, mit Vertiefungen versehen;
— **contacts** *pl* ausgefressene Kontakte *pl*. [bar lagern;
pivot I. in Zapfen lagern, drehII. Drehpunkt *m*, Drehzapfen *m*, Zapfen *m*, Angel *f*;
— **point** Lagerspitze *f*;
— **suspension** Spitzenaufhängung *f*, Spitzenlagerung *f*.
pivoted, drehbar gelagert (on auf).
place I. setzen, legen, stellen, schalten (across in Brücke zu); II. Platz *m*, Stelle *f*;
decimal — Dezimalstelle.
plain I. einfach, gewöhnlich, eben glatt;
II. Ebene *f*, Fläche *f*.

plait falten, flechten, verflechten.
plan I. entwerfen, planen.
II. Plan *m*, Riß *m*, Grundriß *m*, Draufsicht *f*;
on the ... plan nach Art der ..;
circuit — Leitungsplan *m*;
floor — Grundriß *m*;
general — Lageplan *m*;
ground — Grundriß *m*;
— **of study** Studienplan *m*;
— **view, top** Ansicht *f* von oben.
plane I. hobeln, ebnen, glätten;
II. eben, flach);
III. Ebene *f*, ebene Fläche *f*, Hobel *m*;
equatorial — Äquatorialebene *f*;
inclined — schiefe Ebene *f* am Hughesapparat;
meridian —, **meridional** — Meridionalebene *f*;
— **of frame** Rahmenebene *f*, *R*;
— — **symmetry** Symmetrieebene *f*;
— **coil, square** quadratische Flachspule *f*;
— **parallel** planparallel.
planimeter Planimeter *n*.
plano-convex plankonvex.
plant Anlage *f*;
external — Außenanlage, Netz *n*;
internal — Innenanlage, Amtsanlage ;
local — Ortsfernsprechanlage;
power — Kraftanlage, Starkstromanlage;
provisional — vorläufige Anlage, Notanlage;
radio — Funkanlage;
telegraph — Telegraphenanlage;
temporary — fliegende oder zeitweilige Anlage;
toll — Fernleitungsanlage;
wire — Leitungsanlage.

plaster I. verputzen, vergipsen;
II. Verputz *m*, Putz *m*, Mörtel *m*, Gips *m*.
plastic(al) plastisch.
plate Platte *f*, Tafel *f*, Anode *f* der Röhre, Scheibe *f* eines Verteilers T;
core — Kernplatte *f* des Sammlers;
earth — Erdplatte *f*, *B*;
enamelled — Emailleschild *n*;
face — Verteilerscheibe *f*, T;
fixed — feste Scheibe *f* des Verteilers T;
formed — formierte Platte *f*;
front — vordere Scheibe *f* des Verteilers T;
grid — Gitterplatte *f* des Sammlers;
lattice — Gitterplatte *f* des Sammlers;
movable — bewegliche Scheibe *f* des Verteilers T;
number — Nummernscheibe *f* des Nummerngebers A;
pasted — Masseplatte *f*;
permutation — Wählerkamm *m*, T;
rear — hintere Verteilerscheibe *f*, T;
side — Wange *f*, Platine *f* eines Apparates;
spare — Ersatzplatte *f*;
top — Deckplatte *f*;
tuned — **coupling** Kopplung *f* durch abgestimmten Anodenkreis V;
— **circuit** Anoden(strom)kreis *m*;
— **condenser** Plattenkondensator *m*;
— —, **corrugated** Wellplattenkondensator *m*;
— —, **rotating** Dreh(platten)kondensator *m*;
— **current** Anodenstrom *m*;
— — **variation** Anodenstromänderung *f*;

plate filament circuit Anoden-
(strom)kreis *m*, Ausgangs-
kreis *m* einer Röhre;
— **lightning arrester** Platten-
blitzableiter *m*;
— **modulation** Modulation *f*
durch Änderung der Anoden-
spannung;
— **spring** Blattfeder *f*;
— **voltage** Anodenspannung *f*.
plateau Scheibe *f* des Verteilers
T; Platte *f*.
platen Schreibmaschinen-Walze *f*,
Druckrolle *f* des Hughesappa-
rates, Druckplatte *f*;
plateless valve anodenlose Röhre
f.
platform Bühne *f*;
 tape — Streifenbahn *f* am
 Sender *T*.
platinoid Platinoid *n* (Wider-
standsmaterial aus W, Ni,
Cu, Zn).
platinum Platin *n* (Pt).
play Spielraum *m*, Spiel *n*;
— **of tongue** Ankerspiel *n*, An-
kerhub *m*.
pliability Biegsamkeit *f*.
pliable biegsam, geschmeidig.
pliant biegsam.
pliers *pl* Kluppe *f*, Zange *f*,
Drahtkluppe *f*, *B*;
 bending — Biegezange *f*;
 cutting — Beißzange *f*;
 flat nose — Flachzange *f*;
 round nose — Rundzange *f*;
 twisting — Windeisen *n*.
pliodynatron Doppelgitterröhre
f, Pliodynatron *n*.
pliotron (Hochvakuum-) Elektro-
nenröhre *f*, (Hochvakuum-)
Dreielektrodenröhre *f*, Plio-
tron *n*.
plot zeichnen, aufnehmen (a
curve eine Kurve) in Kurven-
form darstellen;
 to — a value against another

value einen Wert in Abhän-
gigkeit von einem anderen
Wert darstellen.
plotting (of curves) Aufnahme *f*
von Kurven, Darstellung *f* in
Kurvenform.
plug I. **to — in** einen Stöpsel
einführen, stöpseln, mit Stöp-
seln einschalten, to — up, zu-
stöpseln;
II. Stöpsel *m*, Pfropfen *m*,
Stopfen *m* (z. B. aus Isolier-
masse im Papierkabel);
 to insert a — einen Stöpsel
 einsetzen oder einführen;
 to remove or **withdraw a**
 — einen Stöpsel heraus-
 ziehen;
 answering — Abfragestöpsel *m*;
 cable distribution — Kabel-
 abschlußmuffe *f*, Kabelver-
 zweigungsmuffe *f*;
 calling — Verbindungsstöpsel
 m;
 connecting — Stöpsel *m*,
 Stecker *m*;
 contact — Kontaktstöpsel *m*;
 cord and —s *pl*, **loose** lose
 Stöpselschnur *f*, Schnur *f* mit
 zwei Steckern;
 double — Doppelstöpsel *m*,
 Doppelstecker *m*;
 dummy — Blindstöpsel *m*;
 infinity — Trennstöpsel *m*;
 insulating — Isolierstöpsel *m*;
 junction — Verbindungslei-
 tungsstöpsel *m*;
 non-interchangeable — un-
 verwechselbarer Stecker *m*;
 point —, **two- (three-)** zwei-
 (drei-)teiliger Stöpsel *m*;
 ringing — Verbindungs-
 stöpsel *m*;
 rubber — Gummistopfen *m*;
 safety — Sicherungsstöpsel *m*;
 screwed — Schraubstöpsel *m*;
 spark(ing) — Zündkerze *f*;

plug
split — geschlitzter Stöpsel *m*;
test — Prüfstöpsel *m*;
three-pin — Dreifachstecker *m*;
two-pin — Zweifachstecker *m*, Zwillingstecker *m*, Doppelstecker *m*;
U-link — U=Stöpsel *m*, Verbindungsklammer *f*;
wall — Steckdose *f*, Dübel *m*;
way —, **two- (three-)** zwei-(drei=)teiliger Stecker *m*;
cover of a — Stöpselhülse *f*;
insertion — — — Einführen *n* oder Einsetzen *n* eines Stöpsels;
pair of —s Zwillingstecker *m*;
ring — — Stöpselring *m*;
sleeve — — Stöpselhals *m*; Stöpselhülse *f*;
tip — — Stöpselspitze *f*;
— **commutator** Stöpselumschalter *m*;
— - **ended** in einem Stöpsel endigend;
— - — **cord** Stöpselschnur *f*;
— **fuse** Stöpselsicherung *f*;
— **handle** Stöpselgriff *m*;
— **hole** Stöpselloch *n*;
— - **in coil** Steckspule *f*, Aufsteckspule *f*;
— **inductor**, Steckspule *f*;
— **restored shutter** Rückstellklappe *f*;
— **shelf** Stöpselbrett *n*;
— **sleeve** Stöpselhals *m*; Stöpselhülse *f*;
— **socket** Steckerbuchse *f*;
— **switch** Stöpsel(um)schalter *m*;
— **tip** Stöpselspitze *f*.
plumb I. loten, abloten; — Kabelmuffen verlöten, verbleien;
II. lotrecht, senkrecht;
III. Lot *n*, Richtlot *n*; Senkrechte *f*.
plumber Blei(kabel)löter *m*;

—**'s (wiped) joint** Lötwulst *m* oder Plombe *f* der Bleikabelmuffe;
— **jointer** Bleikabellöter *m*.
plunge tauchen, eintauchen.
plunger Kolben *m*, Tauchkern *m*; Pimpel *m* (of jack spring der Klinkenfeder);
— **relay** Tauchkernrelais *n*.
plus circuit Simultanleitung *f*, Viererleitung *f*.
pneumatic(al) pneumatisch, Luftdruck= . . .;
— **(dispatch) tube** Rohrpost *f*;
— **tube installation** or **plant** Rohrpostanlage *f*;
pocket, radio abgeschirmte oder abgedeckte Stelle *f*, Empfangsloch *n*, *R*.
point I. anspitzen, zuspitzen; zeigen, weisen (at auf, to nach);
II. Punkt *m*, Spitze *f*;
boiling — Siedepunkt *m*;
contact — Kontaktspitze *f*;
dead — Totpunkt *m*;
distributing — Verteilungspunkt *m*;
relay —**s** *pl* Relaiskontakte *pl*;
section — Festpunkt *m* (für Leitungskreuzungen, für Pupinisierung);
yield — Streckgrenze *f*, Fließgrenze *f*;
zero — Nullpunkt *m*;
— **de repère** Merkpunkt *m*, Point-de-Repère *m* am Baudotverteiler *T*;
— **discharge** Spitzenentladung *f*;
— **jack, four-** vierteilige Klinke *f*;
— **plug, five-** fünfteiliger Stöpsel *m*;
— **selector, ten-** zehnteiliger Wähler *m*, Wähler *m* mit zehn Richtungen *A*.
pointed spitz.

pointer Zeiger *m*.
pointsman lever Winkelhebel *m* des Baudot-Empfängers *T*.
polar polarisiert, gepolt, polar, Polar-..., Pol-...;
— **surface, active** wirksame Polfläche *f*;
—, **single- (two-, three-)** einpolig (zweipolig, dreipolig).
polarity Polarität *f*;
— **reversal of** Umpolung *f*, Umkehr *f* der Polarität;
— **indicator** Stromrichtungsanzeiger *m*.
polarizable polarisierbar.
polarization Polarisation *f*;
dielectric — dielektrische Polarisation *f*;
e. m. f. of — Polarisationsspannung *f*;
reversal — — Umpolarisierung *f*;
— **cell** Polarisationszelle *f*;
— **current** Polarisationsstrom *m*.
polarize polarisieren.
polarized gepolt, polarisiert;
— **relay** polarisiertes Relais *n*;
— —, **non-** neutrales oder unpolarisiertes Relais *n*.
polarizing current Polarisationsstrom *m*, Magnetisierungsstrom *m*;
— **magnet** Polarisationsmagnet *m*.
pole I. polen;
II. Pol *m*; Stange *f*, Ständer *m*, Mast *m*;
to produce — Pole erzeugen;
to set a — eine Stange aufstellen;
to shift the —**s** die Pole einer Dynamo verstellen oder versetzen;
A- — Spitzbock *m*, *B*;
angle — Winkelstange *f*;
auxiliary — Hilfspol *m*;
carbon — Kohlepol *m*;

concrete — Betonmast *m*;
consequent —**s** *pl* Folgepole *pl*;
copper — Kupferpol *m*;
creosote(d) — mit Kreosot getränkte Stange *f*;
distributing — Überführungsstange *f*, Verteilungsmast *m*;
four- — vierpolig;
girder — Gittermast *m*;
H- — Doppelgestänge *f*;
horn-shaped —**s** *pl*, Hörnerpole *pl*;
induced —**s** *pl* induzierte Pole *pl*;
inducing —**s** *pl* induzierende Pole *pl*;
inter- — Wendepol *m*, Zwischenpol *m*;
iron — Eisenmast *m*;
lattice(d) — Gittermast *m*, Gitterständer *m*; [*pl*;
like —**s** *pl* gleichnamige Pole
magnetic — Magnetpol *m*;
— —, **unit** magnetischer Einheitspol *m*;
medium — Stange *f* Nr. II, mittelstarke Stange *f*, *B*;
north — Nordpol *m*;
north-seeking — nordsuchender Pol *m*;
non-salient — Dynamo-Pol *m* mit gleichbleibendem Luftspalt;
opposite —**s** *pl*, ungleichnamige Pole *pl*, entgegengesetzte Pole *pl*;
plain — rohe Stange *f*, unzubereitete Stange;
reversing — Wendepol *m*;
roof — Dachständer *m*;
shoed — angeschuhte Stange *f*;
salient — Dynamo-Pol *m* mit nach den Kanten zu erweitertem Luftspalt;
similar —**s** *pl* gleichnamige Pole *pl*;

pole
  single- — einpolig;
  skewed — tips *pl* abgeschrägte Polränder *pl*;
  south — Südpol *m*;
  south-seeking — südsuchender Pol *m*; [Funkmaste usw.);
  span — Abspannpfahl *m* (für
  stay — Abspannstange *f*;
  stayed — verankerte Stange *f*;
  steel —, wrought Stahlrohrmast *m*, Stahlrohrständer *m*;
  stout — Stange *f* Nr. I, starke Stange *f*;
  strutted — verstrebte Stange *f*;
  terminal — Überführungsstange *f*, Abspannstange *f*, B;
  three-pole dreipolig;
  tube — Rohrmast *m*, Rohrständer *m*; [Rohrmast *m*;
  — —, **parallel** zylindrischer
  — —, **tapered** nach oben verjüngter Rohrmast *m*;
  tubular — Rohrmast *m*, Rohrständer *m*;
  two- — zweipolig;
  unlike —s *pl* ungleichnamige Pole, entgegengesetzte Pole *pl*;
  untreated (wooden) — unzubereitete Stange *f*, rohe Stange *f*;
  wood(en) — Holzstange *f*;
  zinc — Zinkpol *m*;
  number of —s Polzahl *f*;
  pair — —s Polpaar *n*;
  strength — —s Polstärke *f*;
  — **and stay** verankerte Stange *f*;
  — **arc** Polbogen *m*;
  — **butt, Unterende** *n*, Stammende *n* der Stange;
  — **changer** Polwechsler *m*;
  — **changing spring** Feder *f* des Polwechslers;
  — **clearance** Pollücke *f*, Polzwischenraum *m*, Polabstand *m*;
  — **diagram** Stangenbild *n*;
  — **distance** Polabstand *m*; Stangenabstand *m*;
  — **fittings** *pl* Stangenausrüstung *f*;
  — **footing** Mastfuß *m*, Stangenfuß *m*;
  — **foundation** Mastfundament *n*;
  — **hole** Stangenloch *n*;
  — **horn** Polschuhspitze *f*;
  — **lightning arrester** Stangenblitzableiter *m*;
  — **line** Stangenlinie *f*;
  — —, **carried on a** an einer Stangenlinie geführt;
  — **(finding) paper** Pol(reagenz)papier *n*;
  — **pedestal** Stangenfuß *m*;
  — **piece** Polschuh *m*;
  — **pitch** Polteilung *f*;
  — **roof** Stangenabdachung *f*;
  — **shoe** Polschuh *m*; Stangenschuh *m*;
  — **step** Steigeisen *n*, Stufe *f* an der Stange;
  — **strength, magnetic** magnetische Polstärke *f*;
  — **teeth** *pl* Polzähne *pl*;
  — **terminal** Polklemme *f*;
  — **test box** Stangenuntersuchungskasten *m*;
  — **timber** Stangenholz *n*.
poled gepolt, gerichtet;
poling switch Umkehrschalter *m*, Kopplungswechsler *m* am Fernsprech-Zwischenverstärker.
polish I. polieren, abschmirgeln; II. Politur *f*, Glätte *f*, Glanz *m*.
polished, highly hochglanzpoliert.
polygon Vieleck *n*, Polygon *n*.
polygonal vieleckig, polygonal.
polyphase mehrphasig.
pond, cooling Kühlwasserteich *m*.
ponderous schwer.
poor schlecht;

poor conductor schlechter Leiter m.
poplar Pappelholz n.
population Bevölkerung f;
　density of – Bevölkerungsdichte f.
porcelain Porzellan n;
　hard – Hartporzellan n;
　soft – Weichporzellan n;
　– insulator Porzellanisolator m.
pore Pore f.
porosity Porosität f.
porous porös;
　– pot poröse Zelle f.
portability Tragbarkeit f.
portable tragbar, transportabel;
　– accumulator tragbarer Sammler m.
portion Teil m, Menge f;
　major (minor) – größerer (kleinerer) Teil m;
　mid- – Mittelteil m.
position I. richten, einstellen, in Stellung bringen;
　II. Stellung f, Standort m, Lage f, Arbeitsplatz m;
　to secure in – sichern, festlegen;
　A- – Teilnehmerplatz m, A-Platz m, F;
　angular – Winkelstellung f;
　answering – Abfrageplatz m, Teilnehmerplatz m, F; Abfragestellung f, F;
　attracted – Anzugsstellung f;
　B- – B-Platz m, Zuleitungsplatz m, F;
　disconnected – Trennstellung f;
　enquiry – Auskunftplatz m, F;
　home – Abfrageplatz m, F; Ruhestellung f, Ausgangsstellung f, Nullstellung f eines Wählers usw.;
　listening – Mithörstellung f, F
　mid- – Mittelstellung f, Mittellage f;
　normal – Regelstellung f, Ruhestellung f, Normalstellung f, Grundstellung f;
　off- – Ausschaltstellung f;
　on- – Einschaltstellung f;
　operated – Arbeitsstellung f, Arbeitslage f;
　operator's – Arbeitsplatz m, Schrankplatz m, F;
　record – Meldeplatz m, F;
　record transfer – Meldespitzenplatz m, F;
　rest(ing) –, Ruhelage f, Ruhestellung f;
　speaking – Sprechstellung f, F;
　supervisor's – Aufsichtsplatz m, Kontrollplatz m, F;
　test(ing) – Prüfplatz m, Untersuchungsplatz m, Prüfstelle f, F;
　through – Durchsprechstellung f;
　ticket distribution – (Rohrpost-) Zettelverteiler m
　trunk – Fernplatz m;
　unoperated – Ruhestellung f;
　– finding, wireless drahtlose Ortsbestimmung f;
　– meter Platzzähler m, F;
　– switching key Platzumschalter m, F.
positive positiv.
post Mast m, Pfahl m, Stange f;
　binding – Klemme f, Anschlußklemme f;
　marking – Markierpfahl m;
　– hole Stangenloch n;
　– – drilling machine Stangenloch-Bohrmaschine f.
pot Topf m, Tiegel m;
　loading-coil – Spulenkasten m, K;
　melting – Schmelztiegel m;
　porous – poröse Zelle f, poröses Gefäß n.
potassium Kalium n (K);

potassium
  chlorate of — Kaliumperchlorat n (KClO$_4$);
  —**carbonate** Pottasche f, kohlensaures Kali n (K$_2$CO$_3$).
potential I. potentiell, Potential-...;
  II. Potential n, Spannung f (across zwischen);
  a. c. —, **alternating** — Wechselspannung f;
  biasing — Vorspannung f, V;
  contact — Kontaktspannung f;
  d. c. — Gleichspannung f;
  discharge — Entladungsspannung f, Entladungspotential n;
  earth — Erdpotential n;
  electrical — elektrisches Potential n;
  grid — Gitterspannung f, Gitterpotential n;
  — —, **biasing** or **priming** Gittervorspannung f;
  ionisation —, **ionising** — Jonisationsspannung f;
  spark — Funkenpotential n;
  terminal — Klemmenspannung f;
  unit — Potentialeinheit f;
  zero — Nullpotential n;
  drop of — Spannungsabfall m;
  rise — — Spannungsanstieg m;
  —**antinode** Spannungsbauch m;
  —**difference** Potentialdifferenz f, Spannungsunterschied m;
  —**fall** Spannungsabnahme f, Spannungsabfall m;
  —**gradient** Spannungsgradient m;
  — —, **(non-) uniform** (un)gleichförmiger Spannungsgradient m;
  —**loop** Spannungsbauch m;
  —**node** Spannungsknoten m.
potentiometer Potentiometer n, Spannungsteiler m; Schwächungswiderstand m beim Fernsprechverstärker m;
  —**resistance** Potentiometerwiderstand m.
pothead Abschlußmuffe f;
  cable — Kabelabschlußmuffe f;
  —**insulator** Einführungsisolator m mit vergossenem Kabelaberende, Überführungsisolator m mit Vergußkammer;
  —**tail** Bleirohrkabelstück n zwischen Verzweigungsmuffe und Freileitung;
  —**terminal** Kabelendmuffe f.
pottery Steingut n;
  —**ware** Steingutware f.
pound ab: lb. englisches Pfund n, = 453,59 g;
  foot- — Fußpfund n.
pouring-in hole Eingußöffnung
powder I. pulverisieren; [f, B.
  II. Pulver n;
  —**core, compressed iron** gepreßter Eisenpulverkern m, Massekern m;
  —**transmitter, carbon** Kohlenpulvermikrophon n.
power Leistung f; Kraft f; Potenz f, M;
  to raise to the nth — in die nte Potenz erheben;
  to decrease (increase) the — die Spannung verringern (erhöhen) T;
  to expend — eine Leistung aufwenden;
  apparent — Scheinleistung f;
  attractive — Anziehungskraft f;
  average — mittlere Leistung f;
  candle — Kerzenstärke f;
  filament — Heizleistung f, V;
  high-power Hochleistungs-.., Groß-...;
  horse — ab: h. p. Pferdestärke f, Pferdekraft f, P. S.;
  incoming — Empfangsleistung f, R;

power
lifting — Zugkraft *f* (of a magnet eines Magnets);
low- — Klein-..., von kleiner Leistung;
motive — Triebkraft *f*;
radiated — Strahlungsleistung *f*, *R*;
real — Wirkleistung *f*;
received — Empfangsleistung *f*, *R*;
sending — Sendeleistung *f*;
two- — **signals** *pl* zweiwertige Zeichen *pl*, Zeichen *pl* mit zwei verschiedenen Stromstärken *T*;
unit (of) — Leistungseinheit *f*;
— **board** Kraftschalttafel *f*;
— **circuit** Kraftleitung *f*, Starkstromleitung *f*;
— —, **single phase electric railway** Einphasenbahn-Speiseleitung *f*;
— **condenser** Kondensator *m* für große Leistung;
— **current** Starkstrom *m*;
— **delivery** Leistungsabgabe *f*;
— **dissipation** Leistungszerstreuung *f*, Leistungsverbrauch *m*;
— **driven** Motor-...;
— — **winch** Motorwinde *f*, *B*;
— **equation** Arbeitsgleichung *f*;
— **factor** Leistungsfaktor *m*;
— **house** Maschinenhaus *n*;
— **input** Leistungsaufwand *m*, aufzuwendende Leistung *f*;
— **jack** Batterieklinke *f*, *T*;
— **lead** Starkstromzuführung *f*, Speiseleitung *f*;
— **level** Energie-Niveaulinie *f*;
— **line** Kraftleitung *f*, Starkstromleitung *f*;
— —, **to kill** a eine Kraftleitung spannungslos machen;
— —, **to make alive a** eine Kraftleitung unter Spannung setzen;

— **magnification** Leistungsverstärkung *f*, *V*;
— **measurement** Leistungsmessung *f*;
— **output** abgegebene Leistung *f*, entnommene Leistung *f*;
— **panel** Kraftschalttafel *f*;
— **plant** Kraftanlage *f*, Starkstromanlage *f*;
— **ratio** Leistungsverhältnis *n*;
— **ringing** Wecken *n* mit Maschinen- oder Polwechselstrom *F*;
— **switchboard** Kraftschalttafel *f*;
— **station** Kraftwerk *n*;
— **system** Kraftanlage *f*;
— **transmission** Kraftübertragung *f*;
— — **system** Kraftübertragungsanlage *f*;
— **tube** Hochleistungsröhre *f*, Kraftröhre *f*, *V*, *R*;
— **wire** Starkstromleitung *f*.
powerful kräftig (Magnet usw.).
p. p. s. = periods per second Perioden in der Sekunde, Hertz.
practice I. (sich) üben, ausüben, verrichten;
II. Praxis *f*, Übung *f*.
preamble Kopf *m* eines Telegramms.
preassign zuteilen.
precipitate I. fällen, niederschlagen, steil abfallen;
II. steil abfallend;
III. Niederschlag *m*.
precipitation Niederschlag *n*; steiler Abfall *m*.
precise bestimmt, genau.
precision Genauigkeit *f*, Präzision *f*; Präzisions-...;
within the — of the test innerhalb der Genauigkeit des Versuchs;
— **instrument** Präzisionsinstrument *n*.

predetermination Vorausbe-
rechnung *f*, Vorausbestim-
mung *f*.
predetermine vorherbestimmen.
predominate vorherrschen.
preface Kopf *m* eines Telegramms.
preparation Vorbereitung *f*.
prepare vorbereiten, herstellen.
prepay vorausbezahlen.
prepayment Vorauszahlung *f*.
preponderance Überwiegen *n*,
Vorherrschen *n*.
preponderate überwiegen.
preselection Vorwahl *f*, *A*;
 tandem — doppelte Vorwahl
 f, *A*.
preselector Vorwähler *m*, *A*;
 first — erster Vorwähler;
 relay — Relaisvorwähler;
 rotary — umlaufender Vor-
 wähler;
 second — zweiter Vorwähler.
preservative I. erhaltend,
 Schutz- . . .;
 II. Schutzmittel *n*;
 treatment Schutzbehandlung *f*
 der Stangen *B*.
press I. pressen, drücken;
 II. Presse *f*, Stempel *m* der
 Lampe, Röhre;
 hydraulic — Wasserdruck-
 presse *f*; hydraulische Presse *f*.
pressboard Preßspan *m*.
press button Druckknopf *m*;
 message Zeitungstelegramm
 n, Pressetelegramm *n*.
presspan Preßspan *m*.
pressed iron case gepreßtes
 Eisengehäuse *n*.
pressing Pressen *n*, Drücken *n*;
 Preßstück *n*;
 die — Preß(guß)stück *n*.
pressure Spannung *f*, Druck *m*;
 in terms of mm mercury
 Druck *m* in mm Quecksilber-
 säule;

 atmospheric — Luftdruck *m*,
 Atmosphärendruck *m*;
 barometric — Barometer-
 stand *m*, Luftdruck *m*;
 contact — Kontaktdruck *m*;
 extra high — Höchstspannung *f*;
 high — Hochspannung *f*;
 low — Niederspannung *f*;
 solution — Lösungsdruck *m*;
 wind — Winddruck *m*;
 fluctuation of — Druckschwan-
 kung *f*; [meter *n*.
 gauge Druckmesser *m*, Mano-
presuppose voraussetzen.
presupposition Voraussetzung *f*.
primary I. primär, Primär- . . .,
 Erst- . . .;
 II. Primärwicklung *f*, Erst-
 wicklung *f*;
 cell Primärelement *n*;
 winding Primärwicklung *f*,
 Erstwicklung *f*.
priming grid voltage Gittervor-
spannung *f*.
principle Grundsatz *m*, Prinzip *n*.
print I. drucken, abdrucken;
 II. Abdruck *m*;
 blue- — I. Blaupausen her-
 stellen, pausen, ablichten;
 II. Blaupause *f*;
 flying — Abdruck *m* im Fluge,
 fliegender Abdruck *m*, *T*;
 rolling — Abdruck *m* durch Ab-
 wälzen *T*;
 line of — Druckzeile *f*, *T*.
printed characters *pl* Druckbuch-
staben *pl*, Druckschrift *f*.
printer Drucker *m*, Druck-
apparat *m*, *T*, Morse-Farb-
schreiber *m*, *T*;
 control — Mitlesedrucker *m*,
 Kontrollempfänger *m*, *T*;
 page — Seitendrucker *m*, Blatt-
 drucker *m*, *T*;
 tape — Streifendrucker *m*, *T*.
printing Drucken *n*, Abdruck *m*;
 Druck- . . .;

printing
page — Abdruck *m* auf Blättern, Blattdruck= ...,*T*;
tape — Abdruck *m* auf Streifen, Streifendruck= ...,*T*;
act of — Druckvorgang *m*;
— **cam** Druckdaumen *m* am Hughesapparat;
— **hammer** Druckhammer *m*;
— **lever** Druckhebel *m*;
— **magnet** Druckmagnet *m*;
— **shaft** Druckachse *f* am Hughesapparat;
— **telegraph** Drucktelegraph *m*.
prior use Vorbenutzung *f*.
priority Vorrang *m*, Priorität *f*.
prism Prisma *n*.
private bank c=Kontaktsatz *m*, c=Kontaktbank *f*, *A*;
— **wiper** c=Bürste *f*, Steuerbürste *f*, *A*;
— **wire** Privattelegraphenleitung *f*, Privatfernsprechleitung *f*, Privatnebenstellenleitung *f*.
probability theory Wahrscheinlichkeitsrechnung *f*.
process Vorgang *m*, Verfahren *n*, Prozeß *m*;
manufacturing—Herstellungsgang *m*, Herstellungsweise *f*;
modern factory — neuzeitliches Herstellungsverfahren *n*.
produce hervorbringen, erzeugen. [*M*;
product Erzeugnis *n*; Produkt *n*,
— **of amperes by volts** Produkt aus Ampere und Volt;
German factory — deutsches Erzeugnis *n*.
productiveness Rentabilität *n*.
production Erzeugung *f*, Hervorbringung *f*;
— **of oscillations** Schwingungserzeugung *f*.
profile Profil *n*, Seitenansicht *f*, Durchschnitt *m*;

— **iron** Formeisen *n*, Profileisen *n*.
progress I. fortschreiten;
II. Fortschritt *m*.
progression Vorrücken *n*, Fortschreiten *n*; Progression *f*, Reihe *f*, *M*;
geometrical — geometrische Progression *f*;
velocity of — Laufgeschwindigkeit *f*.
progressive fortschreitend;
— **diminution** fortschreitende Abnahme *f*.
prohibition equipment (of p. b. x.) Einrichtung *f* zur Verhinderung des Verkehrs von Privatnebenstellen über das Amt *F*.
prohibitory verhindernd, Schutz= ...;
— **circuit, exchange** Schaltung *f* zur Verhinderung des Verkehrs von Privatnebenstellen über das Amt, *F*.
project I. Licht werfen (on to auf); herausragen, hindurchtreten (through durch);
II. Entwurf *m*, Projekt *n*.
projecting ausladend, vorspringend;
— **lug** Vorsprung *m*, Ansatz *m*, vorspringender Lappen *m*.
projection Ausladung *f*, Vorsprung *m*; Projektion *f*, *M*;
field — Magnetzahn *m*.
projector großer Schalltrichter *m*, Projektionsapparat *m*.
prolong verlängern.
prolongation Verlängerung *f*, Ansatz *m*, Fortsatz *m*.
prong Zinke *f* einer Gabel.
pronged, double- zweizinkig (Stimmgabel usw).
pronounce (deutlich) aussprechen.
pronounced ausgesprochen, hervortretend, deutlich (Sprache).

pronunciation (deutliche) Aussprache *f*.
proof Beweis *m*;
  rigorous — strenger Beweis.
prop I. verstreben, versteifen;
  II. Strebe *f*, Verstrebung *f*, Steife *f*.
propagate (sich) fortpflanzen (sich) ausbreiten.
propagating medium Fortpflanzungsmittel *n*, Medium *n*.
propagation Ausbreitung *f*, Fortpflanzung *f*;
  wave — Wellenausbreitung *f*;
  direction of — Fortpflanzungsrichtung *f*;
  velocity — — Fortpflanzungsgeschwindigkeit *f*;
  — **coefficient,** — **constant** Fortpflanzungskonstante *f*, Fortpflanzungsgröße L;
  — **segment** Verzögerungssegment *n* am Baudotverteiler.
property Eigenschaft *f*.
proportion I. anpassen, in ein Verhältnis bringen;
  II. Verhältnis *n*, Proportion *f*, M;
  increase in — with the square of frequency Anwachsen *n* mit dem Quadrat der Frequenz.
proportional I. proportional;
  II. Proportionale *f*;
  inversely — umgekehrt proportional. [tät *f*;
proportionality Proportionalität *f*;
  constant of — Proportionalitätskonstante *f*.
proportionate proportional.
propose vorschlagen, beantragen.
propping Verstrebung *f*, Verstreben *n*.
protect sichern, schützen.
protecting cap or **cover** Schutzhaube *f*, Schutzkasten *m*;
  — **choke**, Schutzdrossel *f*;

  — **network** Schutznetz *n*, B;
  — **sheet** Schutzblech *n*.
protection Schutz *m*, Schützung *f*;
protective schützend, Schutz- ....
  — **choke** Schutzdrossel *f*;
  — **device** Schutzvorrichtung *f*;
  — **method** Schutzmaßnahme *f*.
protector Blitzableiter *m*;
  carbon — Kohlenblitzableiter;
  combined — **heat coil and fuse** Sicherungskästchen *n*;
  lightning — Blitzableiter, Blitzschutzvorrichtung *f*;
  reel — etwa: Spindelblitzableiter;
  tablet — vereinigter Spindel- und Plattenblitzableiter;
  — **heat coil and fuse** 2/2 Sicherungskästchen *n* für Doppelleitung;
  — **strip** Blitzableiterstreifen *m*;
  — —, **heat coil and** Sicherungsleiste *f*, F. [Grabbogen *m*.
protractor Transporteur *m*,
protrude herausragen.
prove beweisen M. [risch);
provisional vorläufig, provisorisch;
  — **plant** vorläufige Anlage *f*, Notanlage *f*. [stand *m*.
proximity Nähe *f*, geringer Abstand *m*.
public I. öffentlich, offenkundig, Staats- ...; [kum *n*;
  II. Öffentlichkeit *f*, Publikum *n*;
  — **exchange** öffentliches Fernsprechamt *n*;
  — **mains** *pl* öffentliches (Starkstrom-) Netz *n*;
  — **supply** Netzanschluß *m*, öffentliches Starkstromnetz *n*.
pull I. ziehen, to — **in** einziehen (cables Kabel), to — **back** zurückziehen, to — **up** ansprechen, anziehen (Magnet, Relais);
  II. Zugkraft *f*, Zug *m* (of a magnet on eines Magnets auf);

pull
  to — round the dial switch die Nummernscheibe aufziehen A;
  lateral — Seitenzug f auf eine Stange, seitlicher Zug m, B;
  tractional — Zug m;
  — of wire Drahtzug m, B;
  — rod Zugstange f.
pulley Riemenscheibe f, Rolle f;
  guide —, guiding — Führungsrolle f, Leitrolle f, Packrolle f, B;
  — weight Rollgewicht n der Schnüre F.
pulling-in Einziehen n (of cable des Kabels).
pulsate pulsieren.
pulsating pulsierend;
  — current pulsierender Strom m;
  — voltage pulsierende Spannung f;
  — wave gleichstromüberlagerte Welle f, pulsierende Welle f.
ulsation Pulsieren n, Pulsation f, **—s** pl Stromstoßreihe f;
  — of current Strompulsation f.
pulse Stromstoß m, Stromschritt m T;
  atmospheric — atmosphärische Entladung f;
  current — Stromstoß m, Stromimpuls m;
  — excitation Stoßerregung f, R.
pulsatory = pulsating.
pump I. pumpen;
  II. Pumpe f;
  (mercurial) air — (Quecksilber-)Luftpumpe f.
pun feststampfen.
punch I. lochen, stanzen;
  II. Durchschlag m, Stanze f, Stanzstempel m;
  hollow — Locheisen n, hohler Stanzstempel m;
  gang of —es Stempelsatz m;
  — block Stanzblock m;
  — magnet Stanzmagnet m.
punched gestanzt.
punching Stanzen n;
  — handle Klöppel m des Wheatstonelochers;
  — magnet Stanzmagnet m.
punctuation mark Interpunktionszeichen n, Satzzeichen n.
puncture I. durchschlagen, durchschlagen werden;
  II. Durchschlag m der Isolation, Durchbruch m.
puncturing Durchschlagen n.
pupinization Pupinisierung f, Pupinisation f;
  —, heavy (medium-heavy, light, extra light) starke (mittelstarke, leichte, besonders leichte) Pupinisierung f;
  — section Ladungsabschnitt m, Spulenabschnitt m.
pupinize pupinisieren, mit Spulen belasten.
pure rein;
  chemically — chemisch rein.
purity Reinheit f;
  — of tone Tonreinheit f.
purple purpurrot.
push I. stoßen, schieben;
  II. Stoß m, Schub m; Druckknopf m;
  door — Türkontakt m;
  — button Druckknopf m;
  — key Druckknopf m, Taste f;
  -pull amplifier Druck-Zug-Verstärker m;
  — — repeater Verstärker m mit zwei gegeneinander geschalteten Röhren, Druck-Zug-Verstärker m;
  — — transmitter Doppelmikrophon n, Druck-Zugmikrophon n;
  — rod Stoßstange f, Stößer m.
put setzen, stellen, legen;
  — through durchschalten, durchverbinden;

put to line an die Leitung legen.
putty I. verkitten;
II. (Glaser=)Kitt m.
P. X. = private exchange Privatzentrale f. [Mast m.
pylon, Turm m, freitragender

pyramid Pyramide f.
pyrite Schwefelkies m, Pyrit m;
— **iron** — Eisenkies m, Eisenpyrit m (FeS_2).
pyroelectric(al) pyroelektrisch;
pyroelectricity Pyroelektrizität f.

Q.

quad I. Quadruplex=...;
II. Vierer m, Viererbündel n;
— **central** — Kernvierer m;
— **spiral** —, **star** — Sternvierer m, Spiralvierer m;
— —**cable** Sternviererkabel n, Kabel n mit Sternverseilung.
quadded viererverseilt.
quadrant Quadrant m; Henry n;
— **electrometer** Quadrantenelektrometer n.
quadratic quadratisch;
— **equation** quadratische Gleichung f. [rung f, M;
quadrature Quadratur f, Vierin — **to each other** senkrecht zueinander; [verschoben;
in phase — um 90° phasenin **space** — (räumlich) senkrecht zueinanderstehend.
— **field** Feld n aus zwei senkrecht zueinander befindlichen Komponenten.
qnadruple vierfach, Vierfach=...;
pair cable Vierfach=Zwillingskabel n, achterverseiltes Kabel n;
— **twin** Vierfach=Zwilling m, Achter m, K. [fach=...;
quadruplex I. vierfach, Vier-
II. Doppelgegensprech=..., Quadruplex=...T; [stem nT.
— **system** Doppelgegensprechsy-
qualitative qualitativ.
quality Güte f.
quantitative quantitativ.
— **measurement** quantitative Messung f.

quantity Menge f, Größe f;
— **approximate** — Näherungsgröße f, Näherungswert m;
— **complex** — komplexe Größe f;
— —, **conjugate** konjugiert komplexe Größe f;
— **directional** — Richtgröße f, gerichtete Größe f;
— **unknown** — unbekannte Größe f;
— **vector** — Vektorgröße f.
quarter-phase vierphasig;
— **turn** Vierteldrehung f.
quartz Quarz n.
quasi-infinite line quasi=unendlich lange Leitung f, L.
quasistationary quasistationär.
quench löschen, auslöschen, Stahl abschrecken;
— **condenser**, **spark** Funkenlöschkondensator m.
quenched gelöscht, Lösch=...;
— **spark** Löschfunken m;
— (—) **gap** Löschfunkenstrecke f;
— — **transmitter** Löschfunkensender m. [tung f;
quenching action Löschwir-
— **choke** Löschdrossel f;
— **circuit** Löschkreis m;
— **spark gap** Löschfunkenstrecke f.
quickaction switch Momentschalter m.
quicklime Ätzkalk m, gebrannter ungelöschter Kalk m;
— **slaked** — gelöschter Kalk m.
quicksilver Quecksilber n (Hg).
quintuple fünffach.
quotient Quotient m.

R.

Race durchgehen (Motor);
— **ball** — Laufring m des Kugel=
lagers;
— **tape** — Streifenbahn f am
Sender T.
rack I. dehnen, strecken, recken;
II. Zahnstange f; Gestell n,
Gerüst n; Spanner m;
— **battery** — Batteriegestell n;
— **cable** — Kabelrost m, Kabel=
gestell n;
— **coil** — Spulengestell n;
— **meter** — Zählergestell n;
— **network** — Nachbildungs=
gestell n, V;
— **relay** — Relaisgestell n;
— **repeater** — Verstärkergestell
n, F;
— **repeating coil** — Übertrager=
gestell n, Spulengestell n;
— **segmental** — Zahnsegment n;
— **switch** — Wählergestell n, A;
— **toothed** — Zahnstange f;
— **unit** — Einheitsgestell n.
racking Strecken n, Recken n.
radial radial, Radial=....
radian Einheit f der Winkelge=
schwindigkeit ($360^0 : 2\pi =$
$57^0\ 14'\ 45''$);
— **frequency in** —s Kreisfre=
quenz f.
radiate strahlen, ausstrahlen.
radiated energy ausgestrahlte
Energie f, Strahlungsener=
gie f;
— **power** Strahlungsleistung f.
radiating capacity Ausstrah=
lungsvermögen n;
— **circuit** Strahlungskreis m,
open — — offener Schwin=
gungskreis m;
— **system** Strahler m, Luft=
drahtgebilde n.
radiation Strahlung f, Aus=
strahlung f;

— **electromagnetic** — elektro=
magnetische Strahlung;
— **heat** — Wärmestrahlung;
— **efficiency of** — Strahlungs=
wirkungsgrad m, Strahlungs=
ökonomie f; [den Raum;
— **into space** Ausstrahlung in
— **constant** Produkt aus Strah=
lungshöhe und Antennen=
strom, Meterampere n;
— **effect** Fernwirkung f;
— **factor** Verhältnis n der Meter=
amperezahl zur Wellenlänge;
— **(magnetic) field** (magneti=
sches) Strahlungsfeld n;
— **height** Strahlungshöhe f;
— **resistance** Strahlungswider=
stand m.
radiative Strahlungs=....
radiator Strahler m, Strahler=
gebilde n.
radical Wurzel=..., Wurzel=
zeichen n, M.
radio Funk=..., Radio=...;
— **line** — Drahtfunk m.
radioactive radioaktiv.
radioactivity Radioaktivität f.
radio beacon Peilfunksender m
mit gekreuzter Doppelantenne,
Funkleitsender m;
— **cable** Hochfrequenzlitze f, Hoch=
frequenzkabel n;
— **communication** Funkverbin=
dung f, drahtlose Verbin=
dung f;
— **compass** Funkkompaß m;
— **-electric** radio=elektrisch;
— **-engineering** Funktechnik f;
— **-frequency** Funkfrequenz f,
Radiofrequenz f, Hochfre=
quenz f;
— — **amplifier** Hochfrequenz=
verstärker m;
— — **range** Funkfrequenzbe=
reich m;

radio frequency, ultra- Über-Funkfrequenz *f.*
radiogoniometer Radiogoniometer *n.*
radiogoniometric(al) radiogoniometrisch.
radiogoniometry Radiogoniometrie *f.*
radio mast Funkmast *m*;
— **network** Funknetz *n*;
— **officer** Funkoffizier *m.*
radiophone Funksprecher *m*, Funksprech- ...;
— **message** Funkspruch *m.*
radiophonic(al) funktelephonisch, Funksprech- ....
radio plant Funkanlage *f*;
— **receiver** Funkempfänger *m*;
— **repeating** Wallsenden *n*;
— **shadow** abgeschirmte oder abgedeckte Stelle *f*, Empfangsloch *n*, *R*;
— **station** Funkstelle *f*, Funkstation *f*;
— —, **cart type** fahrbare Funkstation *f*, Karrenstation *f*;
— —, **coastal** Küstenfunkstelle *f*;
— —, **long-distance or high-power** Großfunkstelle *f*;
— —, **ship** Bordfunkstelle *f*;
— **telegraphy** drahtlose Telegraphie *f*, Funktelegraphie *f.*
radiotelegraphic(al) funktelegraphisch.
radio telephony drahtloses Fernsprechen, drahtlose Telephonie *f*, Funkfernsprechen *n.*
radiotelephonic(al) funktelephonisch;
— **transmitter** Telephoniesender *m*;
radio tower Funkturm *m*;
— **transmission** drahtloses Senden *n*;
— —, **double** gleichzeitiges Senden *n* auf zwei Wellen;
— **transmitter** Funksender *m.*

radius Halbmesser *m*, Radius *m*, Kreishalbmesser *m*;
inner (outer) — innerer (äußerer) Halbmesser *m*;
mean — mittlerer Halbmesser *m.*
rafter Sparren *m*, Dachsparren *n.*
rag bolt Steinschraube *f.*
ragged note unreiner Ton *m.*
rail Schiene *f*;
— **s** *pl*, **slide** Spannschienen *pl*;
— **bond** Schienenstoß *m*;
— **contact** Gleiskontakt *m*, Schienenkontakt *m*;
— **return** Schienenrückleitung *f.*
railroad (*am.*) Eisenbahn *f.*
railway Eisenbahn *f*;
electric — elektrische Eisenbahn;
— —, **single phase** Einphasenbahn *f*;
— — **power circuit, single phase** Einphasenbahn-Speiseleitung *f*;
electrified — elektrisierte Eisenbahn *f*;
narrow gauge — Schmalspurbahn *f*;
normal or **standard gauge** — Normalspurbahn *f*;
single (double) track — ein-(zwei)gleisige Bahn *f.*
raise heben, erheben, erhöhen;
to — **to the nth power** in die n^{te} Potenz erheben.
ram I. rammen;
II. Ramme *f.*
range I. ordnen, einreihen, eine Reichweite haben von, sich erstrecken (from von, to bis);
II. Bereich *m*, Reichweite *f*, Meßbereich *m*;
day(light) — Tagesreichweite *f*, *R*;
load — Belastungsbereich *m*;
long- — Weit- ...;

range
  measuring — Meßbereich *m*;
  night — Nachtreichweite *f*;
  nominal — Nennreichweite *f*;
  resonant — Resonanzbereich *m*, Resonanzlage *f*;
  short- — Nah-...;
  speaking — Sprachreichweite *f*, *F*;
  speech frequency — Sprechfrequenzenbereich *m*;
  speed — Geschwindigkeitsbereich *m*;
  transmission — Sendebereichweite *f*, Übertragungsbereich *m*.
  transmitted — **of frequencies** übertragener Frequenzbereich *m*, Durchlässigkeitsbereich *m*, Lochbreite *f* eines Siebgebildes;
  — **of frequencies** Frequenzbereich *m*, Frequenzband *n*;
  — — **free transmission** Durchlässigkeitsbereich *m*.
rank Rang *m*, Ordnung *f*, Reihe *f*;
  — **of switches**, Wählerstufe *f*, *A*.
rapid schnell.
rapidity Schnelligkeit *f*, Geschwindigkeit *f*; [keit *f*.
  — **of action** Arbeitsgeschwindigkeit
rare dünn, selten;
  — **gas** Edelgas *n*.
rarefaction Verdünnung *f*.
rarefy verdünnen (Gas, Luft).
rasp I. raspeln, sich reiben (against an);
  II. Raspe *f*.
ratch Zahnstange *f*, gezahnte Sperrstange *f*.
ratchet Sperrklinke *f*, Sperrkegel *m*, Sperrhaken *m*; Zahngesperre *n*;
  — **drill** Bohrknarre *f*, Rätsche *f*;
  — **drum** Sperrzahnkranz *m*;
  — **step** Zahn *m* eines Steigrades;

  — **wheel** Steigrad *n*, Sperrrad *n*.
rate I. anschlagen, veranschlagen, schätzen, rechnen;
  II. Maß *n*, Maßstab *n*, Verhältnis *n*, Satz *m*, Gebühr *f*;
  at a — **of** mit einer Geschwindigkeit von;
  day — Tagesgebühr *f*;
  flat — Pauschgebühr *f*;
  graduated — Staffelgebühr *f*;
  measured — Einzelgebühr *f*, Zeitgebühr *f*;
  message — Einzelgebühr *f*, Gesprächsgebühr *f*;
  night — Nachtgebühr *f*;
  subscription — Abonnementsgebühr *f*;
  zone — Zonengebühr *f*.
rated current zulässige Stromstärke *f*.
ratio Verhältnis *n*;
  direct — gerades Verhältnis;
  gear(ing) — Übersetzungsverhältnis eines Getriebes;
  inverse — umgekehrtes Verhältnis;
  transformation — Übersetzungsverhältnis eines Transformators;
  unity — Verhältnis 1:1;
  — **arms** *pl* feste Brückenarme *pl*.
rational rational *M*.
rationalize rational machen.
rattle I. rasseln, klappern;
  II. Rasseln *n*.
raw roh, rauh, unbearbeitet;
  — **hide** Rohhaut *f*;
  — **material** Rohstoff *m*.
ray Strahl *m*; [*m*.
  light -, **luminous** — Lichtstrahl
r. c. = reaction coupling Rückkopplung *f*.
react rückwirken, einwirken (on auf).
reactance Reaktanz *f*, Blindwiderstand *m*;

reactance
  capacity —, condensive — kapazitiver Blindwiderstand m, kapazitive Reaktanz f, Kapazitanz f;
  effective — effektiver Blindwiderstand m, Verhältnis n von Blindspannung zum Gesamtstrom;
  inductance — induktiver Blindwiderstand m, induktive Reaktanz f, Induktanz f;
  negative — negativer oder kapazitiver Blindwiderstand m;
  positive — positiver oder induktive Reaktanz f, Induktanz f;
  — component Blindkomponente f;
  — current Blindstrom m;
  — regulator veränderliche Drosselspule f;
  — voltage Blindspannung f.
reaction Gegenwirkung f, Rückwirkung f, Rückkopplung f;
  armature — Ankerrückwirkung f;
  — of a valve circuit Rückkopplung f einer Röhrenschaltung;
  — — — — —, negative negative Rückkopplung f einer Röhrenschaltung;
  — coefficient Rückkopplungsgrad m;
  — coil Rückkopplungsspule f; Drosselspule f;
  — condenser Rückkopplungskondensator m;
  — coupling Rückkopplung f;
  — method Rückkopplungsmethode f;
  — principle Rückkopplungsprinzip n;
  — transformer Rückkopplungstransformator m.
reactive rückwirkend, gegenwirkend;
  — circuit mit Blindwiderstand behafteter Stromkreis m;
  — coil Drosselspule f;
  — component Blindkomponente f;
  — effect Rückwirkung f;
  — impedance Blindkomponente f der Impedanz, Blindwiderstand m;
  — load Blindlast f, reaktive Belastung f.
reactor Drosselspule f, Induktanzspule f.
read lesen, to — off ablesen.
reading Ablesung f;
  to take a — ablesen, eine Ablesung nehmen;
  direct — I. mit direkter Ablesung;
  II. direkte Ablesung f;
  mirror — Spiegelablesung f;
  test — Meßergebnis n, Ablesung f;
  — condenser Maxwellanordnung f, T.
readjust neu einstellen, wiedereinstellen, nachregeln.
readjustment Nachregelung f, Neueinstellung f.
real reell M, wirklich;
  — component reelle Komponente f;
  — part of the complex attenuation constant reeller Teil m der (komplexen) Fortpflanzungskonstante.
reamplify wiederverstärken, weiterverstärken.
rear Rückseite f, Rück-...;
  at the — hinten;
  — view Rückansicht f.
rearrange ordnen M.
rearrest wieder anhalten.
rebalance I. neu ausgleichen; II. neue Ausgleichung f.
rebore aufbohren, nachbohren.
re-broadcasting Ballsenden n.

rebuild wiederaufbauen, wiederherstellen.
recalibrate nacheichen.
recalibration Nacheichung *f.*
recall I. zurückrufen; II. Rückruf *m, F.*
receive aufnehmen, empfangen.
receiver Empfänger *m;* Fernhörer *m,* Hörer *m;* (*cf.* reception);
automatic — Maschinenempfänger *T;*
autodyne (beat) — Selbstüberlagerungsempfänger *R;*
beat — Schwebungsempfänger, Interferenzempfänger *R;*
bipolar — zweipoliger Fernhörer;
broadcast — Rundfunkempfänger;
c. b. — Z.B.-Hörer *F;*
c. w. — Empfänger für ungedämpfte Wellen *R;*
damped wave — Empfänger für gedämpfte Wellen;
direction finding — Peilfunkempfänger;
directional — Richtempfänger *R;*
double circuit — Sekundärempfänger, Zweikreisempfänger *R;* [Hörer *F;*
double pole — zweipoliger
dual — Reflexempfänger *R;*
head (gear) — Kopffernhörer;
heterodyne — Überlagerungsempfänger, Heterodynempfänger *R;*
— —, **self**- Überlagerungsempfänger mit Selbsterregung, Schwingaudion *n, R;*
— —, **separate** Überlagerungsempfänger mit Fremberregung *R;*
h. g. — Kopffernhörer;
impulse — Stromstoßempfänger *A;*

l. b. — O.B.-Fernhörer;
leak — Mitleseempfänger der Telegraphenübertragung.
neutrodyne — Neutrodynempfänger *R;*
radio — Funkempfänger;
reflex —, **(regenerative)** Reflexempfänger, (Ein-)Röhrenempfänger für gleichzeitig Hoch- und Niederfrequenzverstärkung *R;*
regenerative —, **retroactive** — Rückkopplungsempfänger *R;*
second — zweiter Fernhörer *F;*
single-circuit — Einkreisempfänger, Primärempfänger *R;*
single-pole — einpoliger Fernhörer;
solodyne — Einquellempfänger *R;*
sound — Schallempfänger;
— —, **subaqueous** Unterwasser-Schallempfänger;
spark — Empfänger für gedämpfte Wellen;
super (-regenerative) — Hilfsfrequenz-Rückkopplungsempfänger, Superregenerativempfänger *R;*
telephone — Fernhörer, Hörer;
transposition — Transpositionsempfänger, Zwischenfrequenzempfänger *R;*
two-pole — zweipoliger Hörer;
undamped wave — Empfänger für ungedämpfte Wellen;
watch — Dosenfernhörer;
removal of the — Abheben *n* des Fernhörers;
to remove or **lift off the** — den Fernhörer abheben;
restoring of the — Auflegen *n* oder Einhängen *n* des Fernhörers;
to replace or **restore the** — den Fernhörer auflegen oder einhängen;

13*

receiver decrement Empfängerdekrement *n*;
— **standard** Fernhörernormal *n*, Normalfernhörer *m*;
— **transmitter amplifier** Mikrophonrelais *n*. [richtung *f*;
receiving device Empfangsein
— **end** Empfangsende *n*, Empfängerende *f*, Empfangsseite *f*;
— **operator** Empfangsbeamter *m*;
— **set** Empfangssatz *m*, Empfänger *m*, Empfangsgerät *n*;
— —, **coupled (type)** or **double circuit** Sekundärempfänger *m*, *R*;
— —, **single circuit** Primärempfänger *m*, Einkreisempfänger *m*, *R*;
— **station** Empfangsstelle *f*.
receptacle Behälter *m*;
coin — Münzbehälter *m*.
reception Aufnahme *f*, Empfang *m*;
audible — Hörempfang;
autodyne — Selbstüberlagerungsempfang, Autodynempfang, Schwingaudionempfang;
beat — Schwebungsempfang, Interferenzempfang;
— —, **zero-** Empfang mit Wiedereinführung der unterdrückten Trägerfrequenz, Homodynempfang;
directional —, **directive** — Richtempfang, gerichteter Empfang;
double — Doppelempfang, gleichzeitiger Empfang zweier Wellen;
dual — Reflexempfang, (Ein-) Röhrenempfang mit gleichzeitiger Hoch- und Niederfrequenzverstärkung;
heterodyne — Überlagerungsempfang, Heterodynempfang;
— —, **self** Schwingaudionempfang, Überlagerungsempfang mit Selbsterregung;
— —, **separate** Überlagerungsempfang mit Fremderregung, Schwebungsempfang mit besonderem Überlagerer;
— —, **supertonic** Überlagerungsempfang mit Überhörfrequenz;
homodyne — Homodynempfang, Empfang mit Wiedereinführung der Trägerfrequenz;
primary — Primärempfang Einkreisempfang;
reflex — Reflexempfang, Röhrenempfang mit gleichzeitiger Hoch- und Niederfrequenzverstärkung;
regenerative —, **retroactive** — Rückkopplungsempfang, Empfang mit unterkritischer Rückkopplung;
— —, **super-** Rückkopplungsempfang mit Hilfs-(Lösch-) frequenz, Superregenerativempfang;
secondary — Sekundärempfang, Zweikreisempfang;
solodyne — Einquellempfang *R*;
transposition — Transponierungsempfang, Zwischenfrequenzempfang;
uni-directional — einseitig gerichteter Empfang *m*;
visual — Schreibempfang;
zero beat frequency — Empfang mit Überlagerung der Trägerfrequenz;
— **measurement** Empfangsmessung *f*;
— **test** Empfangsversuch *m*.
receptivity Aufnahmefähigkeit *f*, Aufnahmevermögen *n*.

recess Nische f, Vertiefung f, Einbrehung f, Kreisnut f, Einschnürung f.
recharge I. (wieder)aufladen; II. Wiederauflabung f, Auflabung f.
reciprocal I. reziprof; II. reziproker Wert m.
reciprocate hin- und hergehen; in Wechselwirkung stehen.
reciprocating motion hin- und hergehende Bewegung f.
record I. aufzeichnen, vermerken; II. Aufzeichnung f, Schrift f T; [Gespräch] zählen;
— **a call on the meter** ein **disc** — Grammophon-Schallplatte f;
— **home** — Kontrollschrift f, Kontrollbruck m, Mitlesestreifen m, Kontrollstreifen m, T;
— **oscillograph** — Oszillogramm n, Oszillographenaufnahme f;
— **card system** Karteisystem n;
— **circuit** Fernamtsmeldeleitung f;
— **operator** Meldebeamtin f, F;
— **position** Meldeplatz m, F;
— **table** Anmeldetisch m, F;
— — **operator** Anmeldebeamtin f, F;
— **transfer operator** Spitzenplatzbeamtin f am Anmeldetisch F;
— — **position** Spitzenplatz m am Anmeldetisch F.
recorder Schreiber m, Rekorder m;
— **photographical** — Lichtschreiber m, photographischer Empfänger m;
— **syphon** — Heberschreiber m;
— **traffic** — Verkehrsschreiber m, F;
— **wave-line** — Wellenlinienschreiber m.
recording schreibend, registrierend, Schreib-...;

— **self-** — selbstschreibend;
— **toll** — Gesprächsanmeldung f, Anmelden der Ferngespräche;
— **ammeter** Schreibstrommesser m, registrierender Strommesser m;
— **machine, traffic** Maschine f zur Verkehrsbeobachtung F;
— **pen** Schreibfeder f.
recover sich erholen (Element).
recovery Erholung f.
rectangle Rechteck n;
rectangled rechteckig, rechtwinklig.
rectangular rechtwinklig.
rectification Gleichrichtung f;
— **double wave** — Gleichrichtung beider Halbwellen;
— **half-wave** — Gleichrichtung einer Halbwelle.
rectifier Gleichrichter m;
— **crystal** — Kristallgleichrichter;
— **electrolytic** — Elektrolytgleichrichter, elektrolytischer Gleichrichter;
— **mercury arc** — Quecksilberdampfgleichrichter;
— **tungar** — Edelgas-Glühkathodengleichrichter;
— **vacuum tube** — Röhrengleichrichter;
— **vibrating** — Pendelgleichrichter, schwingender Gleichrichter, Pendelumformer m;
— **triode** Audion n;
— **tube** or **valve** Gleichrichterröhre f.
rectify gleichrichten.
rectifying action Gleichrichterwirkung f;
— **crystal** Gleichrichterkristall n;
— **valve** Gleichrichterröhre f.
rectilinear geradlinig.
recuperate wiedergewinnen.
recuperation Erholung f der Sammler, Auffrischung f.
recur wiederkehren.

recurrent wiederkehrend, periodisch;
— **structure, periodic** aus gleichen Gliedern bestehender Aufbau m, periodisch wiederkehrender Aufbau m.
red rot;
 bright — hellrot;
 cherry —kirschrot;
 dull — dunkelrot;
 ultra- — ultrarot;
— **heat-** Rotglut f;
— —, **bright (dull)** Hell-(Dunkel-)rotglut f;
— **hot** rotwarm, rotglühend.
redistribute wiederverteilen, von neuem verteilen.
redistribution Wiedereinteilung f, Neuverteilung f.
redress gleichrichten.
reduce herabsetzen, vermindern, absetzen.
reduced shaft end abgesetztes Wellenende n.
reducing socket or **bush** Reduktionsmuffe f.
reduction Beschränkung f, Einschränkung f, Reduktion f;
— **factor** Umrechnungsfaktor m, Reduktionsfaktor m;
— **gear** Reduktionsgetriebe n;
— **table** Umrechnungstafel f.
redwood rotes Sandelholz n.
reed schwingende Zunge f, schwingender Stab m;
 forked — Stimmgabel f;
 steel — Stahlstift m, Stahlzunge f;
 vibrating — schwingende Zunge f;
— — **transmitter** Stimmgabelsender m, T;
— **control of speed** Geschwindigkeitsregelung f mittels Stimmgabel T;
— **hummer** Zungensummer m, Stimmgabelsummer m;

— **pipe** Zungenpfeife f.
reel I. **to** — in aufrollen, aufhaspeln; [Wickel m;
II. Haspel m, Trommel f,
 cable — Kabeltrommel f;
 condenser — Kondensatorwickel m.
re-establish wiederherstellen.
re-establishment Wiederherstellung f.
reference Bezug m, Bezugnahme f (to auf);
— **circuit** Vergleichsleitung f, Bezugsstromkreis m;
— **instrument** Etalonapparat m, Vergleichsapparat m;
— **resistance** Vergleichswiderstand m;
— **telephone circuit, standard** Fernsprech-Normalstromkreis m, Fernsprech-Vergleichsstromkreis m.
refine raffinieren.
reflect spiegeln, reflektieren.
reflecting galvanometer Spiegelgalvanometer n.
reflection Spiegelung f, Reflexion f.
reflector Reflektor m.
reflex amplification Einrohr-Hoch- und Niederfrequenzverstärkung f.
— **receiver** Reflexempfänger m, (Ein-)Röhrenempfänger m für gleichzeitige Hoch- und Niederfrequenzverstärkung;
— **reception** Reflexempfang m.
refract brechen.
refraction Brechung f.
refractory strengflüssig, schwer schmelzbar.
regeneration Neubildung f, Regenerierung f, Rückkopplungsverstärkung f, Dämpfungsverminderung f;
 super- — erhöhte Entdämpfung.

regenerative erneuernd, wiedererzeugend, Rückkopplungs-...;
- **amplification** Rückkopplungsverstärkung *f*;
- **audion,** — **detector** Rückkopplungsaudion *n*;
- **receiver** Rückkopplungsempfänger *m*;
- **reception** Rückkopplungsempfang *m*, Empfang *m* mit unterkritischer Rückkopplung;
- —, **super-** Rückkopplungsempfang *m* mit Hilfsfrequenz, Superregenerativempfang *m*, Hilfsfrequenz-Rückkopplungsempfang *m*;
- **reflex receiver** Reflexempfänger *m*;
- **repeater** entzerrende Telegraphenübertragung *f*, Telegraphenübertragung *f*, die die Zeichenform berichtigt.

region Gegend *f*, Zone *f*.

register I. aufzeichnen, aufspeichern;
II. Register *n*; Speicher *m*, Impulsspeicher *m*, *A*;
in — in richtiger Stellung;
office code — Amtsbezeichnungsspeicher *m*, *A*;
numerical — Nummernspeicher *m*, *A*;
- **control** Steuerung *m* der Wähler durch den Speicher *A*.

regulable regelbar, regulierbar.

regular regelmäßig, regelrecht.

regularity Regelmäßigkeit *f*, Gleichförmigkeit *f*.

regulate regeln, regulieren.

regulation Regelung *f*, Regulierung *f*;
smooth — gleichförmige Regelung.
- **in steps** sprungweise oder stufenweise Regelung;

regulator Regler *m*, Regulator *m*;

field — Feldregler;
gain — Verstärkungsregler, Schwächungswiderstand *m*, *V*, *K*;
master — Hauptregler;
reactance — veränderliche Drosselspule *f*;
shunt — Nebenschlußregler;
speed — Geschwindigkeitsregler;
voltage — Spannungsregler;
volume — Lautstärkeregler *R*.

reignite wieder (an)zünden, the arc —s der Lichtbogen zündet wieder.

reignition Wiederzündung *f*, Neuzündung *f*.

reinforce verstärken, armieren.

reinforced concrete armierter Beton *m*, Eisenbeton *m*.

reinforcement Verstärkung *f*, Armierung *f*.

reinstate wieder instandsetzen.

reinstatement Wiederherstellung *f*.

reintroduce wiedereinführen.

reintroduction Wiedereinführung *f* (of carrier der Träwelle).

reject verwerfen, zurückweisen, abweisen.

rejection Verwerfung *f*, Abweisung *f*.

rejective circuit Sperrkreis *m*.

rejector Rückwerfer *m*, Stößer *m* am Schlitten des Hughesapparates;
- **circuit** Sperrkreis *m*, Sperrfilter *n*, Resonanz-Drosselkreis *m*.

relatch wieder verriegeln.

relatching Wiederverriegelung *f*.

relate in Beziehung stehen, -in Beziehung setzen, (sich) beziehen (to auf).

relation Beziehung *f*;
phase — Phasenbeziehung *f*;

relation
   traffic — Verkehrsbeziehung f.
relationship Beziehung f.
relative bezüglich, relativ.
relay I. mit Relais übertragen;
II. Relais n, Schütz n, Selbstschalter m;
   the — marks das Relais liegt auf der Zeichenseite T;
   — — **pulls up,** — — **is pulled up** das Relais spricht an oder zieht an oder wird erregt;
   — — **releases,** — — **is released** das Relais fällt ab;
   — — **spaces** das Relais liegt auf Trennseite T;
   a. c. — Wechselstromrelais;
   box — Dosenrelais;
   calling — Rufrelais;
   clearing — Schlußzeichenrelais;
   clear-out — Rückführrelais, Auflöserelais, Auslöserelais;
   copper collar — Verzögerungsrelais, Kupferringrelais;
   coppered — Kupfermantelrelais, Verzögerungsrelais;
   correcting —, **corrector** — Gleichlaufrelais T;
   cut-in — Einschaltrelais;
   cutt-off — Abtrennrelais, Trennrelais;
   dashpot — Relais mit Bremszylinder, Zeitrelais;
   differential — Differentialrelais;
   double-break — Doppelunterbrechungsrelais, Doppeltrennrelais;
   double-break and double-make — Relais mit zwei Wechselkontakten;
   double-make — Doppelschließrelais, Relais mit zwei Schließkontakten;
   double-spool — zweispuliges Relais;
   electron — Elektronenrelais;
   gas discharge — Gasentladungsrelais, Elektronenrelais;
   gold-wire — Goldbrahtrelais für Seekabel;
   Gulstad — Gulstabrelais;
   impulse —, **impulsing** — Stromstoßrelais, Impulsrelais A;
   jet — Flüssigkeitsstrahlrelais für Seekabel;
   key(ing) — Tastrelais;
   knife-edge — Schneidenrelais, Relais mit Schneidenlagerung;
   line — Linienrelais;
   local — Ortsrelais;
   locking — Sperrelais;
   magneto-microphonic — Mikrophonrelais;
   main (line) — Linienrelais T;
   meter(ing) — Zählrelais F;
   moving coil — Drehspulrelais;
   neutral — polarisierter Relais mit mittlerer Ruhestellung des Ankers T;
   non-polarized — nicht polarisiertes oder neutrales Relais, unpolarisiertes Relais;
   overload — Überstromrelais;
   pilot — Platzlampenrelais F, Überwachungsrelais, Melderelais;
   plunger — Tauchkernrelais;
   polar(ized) — polarisiertes Relais;
   P. O. standard — englisches Postrelais;
   print(er) —, **printing** — Druckrelais T;
   punching — Stanzrelais T;
   receiving — Empfangsrelais, Aufnahmerelais;
   resonance — Resonanzrelais;
   reverse current — Gegenstromrelais (Sammlerladung);
   sending — Senderelais T;

relay
 signal(l)ing — Rufrelais, Durchrufrelais F; Senderelais T;
 slow-acting — Verzögerungsrelais;
 slow-releasing —, slow-to-release — langsam abfallendes Relais;
 storing — Speicherrelais;
 supervision —, supervisory — Überwachungsrelais, Kontrollrelais, Schlußzeichenrelais F;
 supervisory —, answering (calling) Schlußzeichenrelais für den rufenden (verlangten) Teilnehmer F;
 supply — Speiserelais;
 switching — Schaltrelais; Verteilerrelais des S. & H. Schnelltelegraphen;
 telephone —, telephonic — Fernsprechrelais;
 testing — Prüfrelais;
 thermionic — Elektronenrelais, Thermionenrelais;
 third-conductor — c-Relais F;
 through-ringing — Durchrufrelais F, K;
 time-delay — Zeitrelais, Verzögerungsrelais;
 translating — Übersetzerrelais T;
 transmitting — Senderelais T;
 trigger — wörtlich: Abzugrelais, das nach dem Ansprechen in der Arbeitslage verharrt;
 tripping — Auslöserelais, Einschaltrelais;
 universal — Einheitsrelais;
 vane armature — Flügelankerrelais;
 vibrating — Vibrationsrelais;
 valve — Elektronenrelais;
 voltage control — Spannungsreglerrelais;
 — **chain** Relaiskette f, A;
 — **finder** Relaisanrufsucher m;
 — **key** Tastrelais n;
 — **points** pl Relaiskontakte pl;
 — **rack** Relaisgestell.
relayed mit Relais versehen, mit Verstärkern versehen;
 — **ringing** Rufen n mit Durchrufrelais. [Relaisstation f.
relaying station Relaisstelle f,
relax entspannen (a spring eine Feder). [mantel versehen.
re-lead mit einem neuen Blei-
release I. loslassen, abfallen (Relais), den Anker abwerfen, auslösen, die Wählerscheibe ablaufen lassen;
 II. Rückstellung f, Auslösung f, Auflösung (einer Verbindung A); Abfallen n, Abwerfen n des Ankers;
 back — Rückauslösung f, rückwärtige Auflösung f einer Verbindung A;
 calling-party — Auslösung f beim Einhängen des anrufenden Teilnehmers, Vorwärtsauslösung f, A;
 first-party — Auslösung f, sobald einer von beiden Teilnehmern einhängt, Vor- und Rückwärtsauslösung f, A;
 no-load — Null(strom)auslösung f;
 no-volt(age) — Null(spannungs)auslösung f;
 premature — vorzeitige Auslösung f, A;
 quick — schnell auslösend, v. acting, operating;
 slow (to) — langsam auslösend, v. acting, operating;
 — — **relay** langsam abfallendes Relais n;
 telephonist — Auslösung f durch Eingreifen der Beamtin A;

release key Auslösetaste *f*;
— **magnet** Auslösemagnet *m*, Rückstellmagnet *m*. [*m*;
releasing cam Auslösedaumen
— **relay, slow-** langsam abfallendes Relais *n*.
reliability Zuverlässigkeit *f*;
— **test** Zuverlässigkeitsprüfung *f*;
— **of operation** Betriebssicherheit *f*.
reliable zuverlässig;
— **in operation** betriebssicher.
relieve helfen, abhelfen, im Dienste ablösen;
reluctance Reluktanz *f*, magnetischer Widerstand *m*.
reluctivity spezifischer magnetischer Widerstand *m*, reziproker Wert *m* der Permeabilität, Reluktivität *f*.
remainder Rest *m*.
remanence Remanenz *f*.
remanent remanent, bleibend.
remote fern, weit, entlegen;
— **control** Fernsteuerung *f*, Fernschaltung *f*;
— — **switch** Fernschalter *m*;
— **controlled** ferngesteuert;
— — **switch** Fernschalter *m*.
removable abnehmbar.
removal Aufnehmen *n* des Fernhörers, Beseitigung *f*;
— **of faults** Fehlerbeseitigung *f*.
remove abnehmen, entfernen, beseitigen, abstellen (Fehler);
to — **a cable** ein Kabel herausziehen oder aufnehmen;
— — **a plug** einen Stöpsel herausnehmen oder herausziehen.
remunerate vergüten.
remuneration Vergütung *f*, Entgeltung *f*.
renew erneuern.
renewal Erneuerung *f*, Ersatz *m*.
— **fee** Erneuerungsgebühr *f*, Verlängerungsgebühr *f*.

repair I. instandsetzen, reparieren;
II. Instandsetzung *f*, Reparatur *f*, Reparierung *f*;
— **gang** Instandsetzungstrupp *m*, Störungstrupp *m*, *B*;
— **work** Instandsetzungsarbeiten *pl*.
repeat wiederholen, to — on weitergeben.
repeater. Relaisübertragung *f*, (Telegraphen-)Übertragung *f*, Übertrager *m*, (Fernsprech-)Verstärker *m*;
alarm — Übertragung *f* mit Anrufer *T*;
cord circuit — Schnurverstärker *m*; [stärker *m*;
double relay — Zweirohrverstärker *m*;
duplex — Gegensprechübertragung *f*, *T*; Zweiwegeverstärker *m*, *F*;
forked — Gabelübertragung *f*, Übertragung *f* mit einer ankommenden und zwei abgehenden Richtungen *T*;
impulse — Stromstoßübertrager *m*, Impulsübertrager *m* *A*; [stärker *m*;
intermediate — Zwischenver-
— —, **two-valve two-wire** Zweidraht- Zweirohr- Zwischenverstärker *m*, Zweidraht-Doppelrohrzwischenverstärker *m*; [*m*;
one-way — Einwegeverstärker
push-pull — Verstärker *m* mit zwei gegeneinander geschalteten Röhren, Druck-Zug-Verstärker *m*;
rectifying — entzerrender Verstärker *m*;
regenerative — Telegraphenübertragung *f*, welche die Zeichenform berichtigt, entzerrende Telegraphenübertragung *f*;

repeater
rotary — umlaufende Übertragung *f*, *T*;
— —, **regenerative** umlaufende Übertragung *f* mit Berichtigung der Stromkurve *T*;
selector — Gruppenwähler *m* mit Stromstoßübertrager *A*;
simplex — Einwegeverstärker *m*;
single relay —, **single valve** — Einrohrverstärker *m*;
telegraph — Telegraphenübertragung *f*;
telephone — Fernsprechverstärker *m*;
— — **tube** or **valve** Fernsprechverstärkerröhre *f*;
telephonic — Fernsprechverstärker *m*;
terminal — Endverstärker *m*;
through-line — Zwischenverstärker *m*;
two-valve — Zweirohrverstärker *m*, Doppelrohrverstärker *m*;
two-way — Zweiwegeverstärker *m*;
— **bay** Verstärkerbucht *f*;
— **circuit** Verstärkerschaltung *f*;
— **gain** Entdämpfung *f*, Verstärkung *f*;
— **operation, telephonic** Fernsprechverstärkerbetrieb *m*;
— **rack** Verstärkergestell *n*;
— **section** Verstärkerfeld *n*, Verstärkerabschnitt *m*;
— **spacing** Verstärkerabstand *m*;
— **station** Verstärkeramt *n F*, Übertragungsamt *n T*, Ballstation *f R*;
— **unit, (basic)** (Normal-)Verstärkersatz *m*, (Normal-)Verstärkereinheit *f*.
repeatered (toll cable) circuit (Fernkabel-)Leitung *f* mit Sprechstromverstärkern;

non- — **toll circuit** Fernleitung *f* ohne Verstärker.
repeating, radio- Ballsenden *n*;
— **coil** Übertrager *m*, Übertragerspule *f*;
— —, **diffential** Differentialübertrager *m*;
— —, **toroidal** Ringübertrager *m*;
— **resistance** Kopplungswiderstand *m* zwischen zwei Röhren;
— **station** Übertragungsamt *n*, Ballstation *f, R*;
— **transformer** Kopplungstransformator *m*.
repel abstoßen.
reperforation Empfangslochung *f, T*; Neulochung *f, T*.
reperforate wieder lochen, von neuem lochen, mit Empfangslocher aufnehmen.
reperforator Empfangslocher *m*, Lochstreifenempfänger *m*.
repetition Wiederholung *f*, Übertragung *f* durch Relais.
replace auswechseln, ersetzen, wieder an seinen Ort setzen;
to — **the telephone** den Fernhörer auflegen oder einhängen.
replaceable auswechselbar, ersetzbar;
— **inset** auswechselbarer Einsatz *m*.
replacement Rückstellung *f* einer Klappe, Auswechselung *f*, Ersetzung *f*.
replacing Auswechseln *n*.
reply I. antworten, beantworten; II. Antwort *f*;
— **no** — **call** unbeantworteter Ruf *m, F*;
repose, state of Ruhezustand *m*.
represent darstellen.
representable darstellbar.
representation Darstellung *f*.
reproduce wiedergeben, reproduzieren.
reproducible reproduzierbar.

reproduction Wiedergabe *f*;
  faithful — treue oder genaue Wiedergabe *f*;
  faithfulness of — Treue *f* oder Genauigkeit *f* oder Richtigkeit *f* der Wiedergabe;
  signal — Zeichenwiedergabe *f*.
repulsion Abstoßung *f*;
  force of — Abstoßungskraft *f*.
repulsive abstoßend;
  — force Abstoßungskraft *f*.
repunch nochmals stanzen, von neuem stanzen *T*.
request I. rückfragen, Rückfrage halten;
  II. Rückfrage *f*.
require erfordern.
required erforderlich.
requirement Erfordernis *n*, Bedarf *m*, Anforderung *f* (to an);
  energy — Energiebedarf *m*.
requisite I. erforderlich;
  II. Erforderliche *n*, Notwendige *n*;
  — length erforderliche Länge *f*.
re-radiate wieder aussenden.
re-radiation Wiederausstrahlung *f*, Ballsenden *n*, *R*.
re-regulation Neueinstellung *f*, Neu(ein)regelung *f*.
re-run nochmals senden *T*.
research I. untersuchen;
  II. Untersuchung *f* (into), Forschung *f*;
  — work Forschungsarbeit *f*.
reserve Ersatz *m*, Reserve *f*;
  — unit Ersatzeinheit *f*.
reservoir Behälter *m*;
  — condenser Speicherkondensator *m*, Vorratskondensator *m*.
reset (zu)rückstellen, zurückführen.
resetting cam Rückführdaumen *m*;
  — key Rückstelltaste *f*, Auslösetaste *f*.

residential district Wohngegend *f*.
residual übrig, zurückbleibend;
  — air Luftrückstand *m*;
  — gas Gasrückstand *m*;
  — magnetism remanenter Magnetismus *m*.
residue, residuum Rückstand *m*.
resilience, resiliency Abprallen *n*, Zurückspringen *n*.
resilient support erschütterungsfreie Unterlage *f*.
resin Harz *n*;
  extraction of — Entharzung *f*, Harzentziehung *f*;
  percentage — — Harzgehalt *m*;
  pine — Fichtenharz *n*;
  — oil Harzöl *n*;
  — solder Harzlot *n*.
resinous harzig.
resistance Widerstand *m*;
  wound to a — of ... ohms auf ... Ohm gewickelt;
  to cut out — Widerstand ausschalten;
  to insert — Widerstand einschalten;
  to offer a — Widerstand besitzen, Widerstand entgegensetzen (to);
  to switch in — Widerstand einschalten;
  a. c. — Wechselstromwiderstand;
  aerial — gesamter effektiver Luftleiterwiderstand;
  air — Luftwiderstand;
  alternating current — Wechselstromwiderstand;
  apparent — scheinbarer Widerstand;
  asymmetrical — gerichteter Widerstand (z. B. Kristall);
  ballast — Ballastwiderstand;
  c. c. — Gleichstromwiderstand;
  combined — kombinierter Widerstand;

resistance
  compensating — Ausgleichs=
widerstand, Kompensations=
widerstand, Ayrtonscher Ne=
benschluß m;
  conduction — Leit(er)wider=
stand;
  conductor — Leiterwiderstand;
  conductor loop — Schleifen=
widerstand einer Doppelleitung;
  contact — Übergangswider=
stand;
  critical — Grenzwiderstand,
kritischer Widerstand eines
Schwingungskreises;
  d. c. — Gleichstromwiderstand
  decade —, **decimal** — Dekaden=
widerstand; [stand;
  dielectric — Isolationswider=
  diffusion — Ausbreitungs=
widerstand;
  direct current — Gleichstrom=
widerstand;
  earthing — Erdungswider=
stand; B. W., Batteriewider=
stand bei der Gegensprechtele=
graphie;
  effective — effektiver Wider=
stand;
  equivalent — äquivalenter
Widerstand, Widerstandsäqui=
valent n;
  equivalent series — (Reihen=)
Verlustwiderstand (of a con-
denser eines Kondensators);
  external — äußerer Wider=
stand;
  fault — Fehlerwiderstand;
  filament — Fadenwiderstand,
Heizwiderstand V;
  grid leak — Gitternebenschluß
m, Gitterableitung f, Gitter=
widerstand;
  ground — Erdungswiderstand;
  high-— ... hochohmig;
  input —, **internal** Faden=
Gitterwiderstand V;

  insulation — Isolationswider=
stand;
  internal — innerer Wider=
stand, Innenwiderstand;
  joint — kombinierter Wider=
stand;
  lamp — Lampenwiderstand;
  leak — Abzweig(ungs)wider=
stand, Ableitungswiderstand,
Nebenschließungswiderstand;
  leakage — Ableitungswider=
stand;
  limiting — Begrenzungswider=
stand;
  loading — Belastungswider=
stand, Ballastwiderstand;
  loop — Schleifenwiderstand,
Doppelleitungswiderstand;
  loss — Verlustwiderstand;
  magnetic — magnetischer Wi=
berstand, Reluktanz f;
  negative — negativer Wider=
stand;
  non-reactive — reiner Ohm=
scher Widerstand;
  ohmic — ohmischer oder Ohm=
scher Widerstand;
  output —, **internal** Faden=
Anodenwiderstand, innerer
Widerstand V;
  parallel — Parallelwiderstand;
  plain — induktionsfreier Wi=
derstand;
  potentiometer — Potentio=
meter n, Spannungsteiler m;
  protective — Schutzwiderstand,
Batteriewiderstand;
  radiation — Strahlungswider=
stand;
  reference — Vergleichswider=
stand;
  repeating — Kopplungswider=
stand zwischen zwei Röhren;
  resultant — resultierender Wi=
berstand;
  separate —**s** pl Einzelwider=
stände pl;

resistance
  series — Reihenwiderstand, Vorschaltewiderstand;
  — —, **equivalent** Reihen-Verlustwiderstand (of a condenser eines Konbensators);
  specific — spezifischer Widerstand;
  standard — Normalwiderstand, Vergleichswiderstand;
  steady (current) — Gleichstromwiderstand;
  surface — Oberflächenwiderstand;
  surge — Wellenwiderstand, L;
  terminal — Abschlußwiderstand, Endwiderstand,
  third-class — negativer Widerstand;
  timing — Verzögerungswiderstand;
  total — Gesamtwiderstand;
  true — wahrer Widerstand;
  tube — Röhrenwiderstand;
  useful — Nutzwiderstand, Nutzdämpfung f;
  water — Flüssigkeitswiderstand, Wasserwiderstand;
  increase of —, **apparent** scheinbare Widerstandserhöhung;
  – **balance** Widerstandsausgleich m, Widerstandssymmetrie f;
  – **box** Widerstandskasten m;
  – **cell** Mikrophonkapsel f;
  – **coefficient** Widerstandskoeffizient m;
  – **coil** Widerstandsspule f;
  – **component** Widerstandskomponente f;
  – **constant** wörtlich: Widerstandskonstante f (Widerstand von solcher Größe, daß 1 V im Galvanometer 1° Ausschlag hervorbringt);
  – **-coupled** widerstandsgekoppelt, über einen Widerstand gekoppelt;
  – **-coupling** Widerstandskopplung f;
  – **lamp** Widerstandslampe f;
  – **leak** Ableitungswiderstand m, Nebenschlußwiderstand;
  – **loss** Widerstandsverlust m, Widerstandsbämpfung f;
  – **spool** Widerstandsspule f;
  – **standard** Widerstandsnormal n;
  – **step** Widerstandsstufe f;
  – **winding, high- (low-)** hoch- (nieber)ohmige Wicklung f;
  – **wire** Widerstandsdraht m.
resistanceless widerstandslos.
resistive mit Widerstand behaftet, Widerstands- ...;
  – **coupling** Widerstandskopplung f;
  – **load** Belastung f durch Widerstand.
resistivity spezifischer Widerstand m;
  mass – spezifischer Widerstand m in Ohm/m, g;
  volume – spezifischer Widerstand in Microhm/cm³. [m.
resistor Widerstand m, Rheostat
resolution Zerlegung f, Auflösung f, M.
resolve (into) auflösen, zerlegen (in) M.
resonance Gleichklang m, Resonanz f;
  in — **with** in Resonanz mit;
  condition of — Resonanzbedingung f, Resonanzzustand m;
  parallel — Nebenschlußresonanz f, Parallelresonanz f;
  series — Reihenresonanz f;
  sharpness of — Resonanzschärfe f, Abstimmschärfe f;
  tuned to — auf Resonanz abgestimmt;
  – **curve** Resonanzkurve f, Resonanzverlauf m;

resonance effect Resonanzwirkung *f*; [*f*;
— **frequency** Resonanzfrequenz
— **indicator** Resonanzanzeiger
— **peak** Resonanzspitze *f*; [*m*;
— **phenomenon** Resonanzerscheinung(en *pl*) *f*;
— **range** Resonanzlage *f*, Resonanzbereich *m*;
— **relay** Resonanzrelais *n*;
— **transformer** Resonanztransformator *m*.
resonant in Resonanz befindlich, Resonanz-..., mitschwingend, frequenzabhängig;
anti- — der Resonanz entgegenwirkend, entzerrend;
— — **coil** Entzerrungsdrossel *f*;
non- — außer Resonanz befindlich, nicht mitschwingend, aperiodisch;
— **circuit** Resonanzkreis *m*;
— —, **branched** or **multiple** or **parallel** Parallelresonanzkreis *m*, Drosselkreis *m*, Schwungradkreis *m*, Sperrkreis *m*, Spannungsresonanzkreis *m*;
— —, **series** (Reihen-)Resonanzkreis *m*, Stromresonanzkreis *m*;
— —, **series-multiple** Resonanz- und Drosselkreis *m* in Reihe;
— **combination** Resonanzgebilde *n*;
— **condition** Resonanzbedingung *f*, Resonanzzustand *m*;
— **effect** Resonanzwirkung *f*;
— **frequency** Resonanzfrequenz *f*;
— **rise** Aufschaukeln *n*, Hinaufpendeln *n*; [*m*.
— **shunt** Resonanznebenschluß
resonate mitschwingen, resonieren, in Resonanz sein.
resonating frequency, first Resonanz-Grundfrequenz *f*;
— **method** Resonanzmethode *f*.
resonator Resonator *m*.

respond ansprechen (to auf).
responder (elektrolytischer) Detektor *m*, Anzeiger *m*.
response Ansprechen *n* (to auf);
— **characteristic, frequency-** Frequenz-Empfindlichkeitskurve *f*.
responsive to ansprechend auf, empfindlich für ober gegen;
to be — — ansprechen auf, empfindlich sein gegen.
rest I. übrig bleiben; ruhen, to — against sich legen an, sich lehnen gegen;
II. Ruhe *f*, Rast *f*, Auflage *f*, Stütze *f*; Rest *m*;
at — in der Ruhelage;
foot — Fußleiste *f*, Fußbrett *n*;
path of — Ruheweg *m* am Baudotkombinator *T*;
position — — Ruhestellung *f*;
state — — Ruhezustand *m*.
resting position Ruhelage *f*, Ruhestellung *f*.
restoration Instandsetzung *f*, Wiederherstellung *f*.
restore erneuern, wiederherstellen; abfallen (Relais);
to — **the receiver** den Hörer auflegen, an-, einhängen;
— — — **shutter** die Klappe aufrichten.
restorer Wiederhersteller *m*, Kabel-Reparaturschiff *n*.
restoring spring Rückführfeder *f*.
restrain hemmen, hindern (from an).
restrict beschränken, einschränken (to auf).
restriction Einschränkung *f*, Vorbehalt *m*;
space — Raummangel *m*.
result I. sich ergeben, entstehen;
II. Ergebnis *n*.
resultant I. resultierend, zusammengesetzt;
II. Resultante *f*.

retain festhalten, zurück(be)-
halten.
retaining circuit Haltestrom-
kreis *m*;
— **current** Haltestrom *m*.
retard I. verzögern, hemmen,
zurückhalten;   [*m*;
II. Verzögerungswiderstand
— **coil** Drosselspule *f*, Induktanz-
spule *f*.
retardation Verzögerung *f*, Hem-
mung *f*;
phase — Phasenverzögerung *f*;
— **angle** Verzögerungswinkel *m*,
Phasensprung *m*;
— **coil** Drosselspule *f*, Induk-
tanzspule *f*; Verzögerungs-
widerstand *m, T*.
retentive festhaltend, zurück-
haltend;
— **force, electrostatic** elektrische
Klebkraft *f*.
retentivity Koerzitivkraft *f*.
re-test I. nochmals oder wieder-
untersuchen;
II. Wiederuntersuchung *f*;
on — bei nochmaliger Unter-
suchung.
retort carbon Retortenkohle *f*.
retract zurückziehen.
retracting spring Rückführfeder
f, Abreißfeder *f*.
retraction Zurückführung *f*,
Zurückziehung *f*.
retransfer I. rückübertragen;
II. Rückübertragung *f* (of
energy von Energie).
retranslate (zu)rückübersetzen,
rückverwandeln.
retranslation Rückübersetzung *f*.
retransmission Weitergabe *f*,
Weitersendung *f*, Umtelegra-
phierung *f, T*;
automatic — selbsttätige Wei-
tergabe *f, T*;
manual — Weitergabe *f* mit
der Hand *T*.

retransmit weitersenden, weiter-
geben, weiterbefördern *T*.
retransmitter Weitergeber *m*,
Retransmetteur *m*, Zwischen-
sender *m, T*.
retroact (zu)rückwirken.
retroaction Rückwirkung *f*.
retroactive rückwirkend, rück-
gekoppelt *R*;
— **amplification** Rückkopplungs-
verstärkung *f, R*;
— **coupling** Rückkopplung *f, R*;
— **reception** Rückkopplungsemp-
fang *m, R*;
— **valve detector** Rückkopplungs-
audion *n, R*;
— **receiving circuit** Rückkopp-
lungs-Empfangsschaltung *f,
R*.
retroactively coupled rückgekop-
pelt *R*.
retrogression Rückgang *m*, rück-
läufige Bewegung *f*.
retrogressive rückwärtsschreitend
retrogressiv.
return I. zurückkehren, (wieder)
zurückführen;
II. Rückführung *f*, Rückkehr *f*,
Heimlauf *m*;
to — **to normal** heimlaufen
(Wähler), in die Grundstellung
zurückkehren, in die Grund-
stellung zurückführen;
common — gemeinsame Rück-
leitung *f*;
earth —, **ground** — Erdrück-
leitung *f*;
metallic — metallische Rück-
leitung *f*;
— — **circuit** Doppelleitung *f*;
non-— nicht umkehrbar;
rail — Schienenrückleitung *f*;
sea — Seerückleitung *f*;
— **conductor** Rückleiter *m*;
— **current** Rückstrom *m*;
— **path** Rückweg *m*, Rückleitung *f*;
— **stroke** Rückhub *m*, Rücklauf *m*;

return wire Rückleiter *m*.
returning Rücklaufen *n*, Rückkehr *f*;
— **of the dial** Ablaufen *n* der Nummernscheibe *f*, *A*.
reverberate Licht, Schall usw zurückwerfen, zurückgeworfen werden.
reverberation Zurückwerfen *n*, Zurückwerfung *f*.
reversal Umkehr *f*, Umkehrung *f*, Umsteuerung *f*;
— **s** *pl* Wechsel, Stromwechsel *pl*, *T*;
ink ribbon — Farbbandumkehr *f*, Farbbandumsteuerung *f*;
magnetic — Ummagnetisierung *f*;
phase — Phasenumkehr *f*;
— **of polarity** Umpolung *f*, Umkehr *f* der Polarität.
reverse (sich) umkehren, umsteuern, umlegen;
— **the magnetism** ummagnetisieren;
— **a relay** ein Relais umlegen.
reversed currents *pl* Stromwechsel *pl*, *T*;
— **impulsing** rückwärtige Stromstoßgabe *f*, *A*.
reversibility Umkehrbarkeit *f*.
reversible umkehrbar.
reversing key Umkehrtaste *f*, Kabeltaste *f*, *T*;
— —, **ringing-** Rufstrom-Umkehrtaste *f* für Gesellschaftsleitungen;
— **pole** Wendepol *m*.
revert umkehren, sich zurückwenden.
reverting call- Rückruf *m* auf eigene Leitung *A*, Anruf *m* zwischen zwei Teilnehmern einer Gesellschaftsleitung *F*.
revolution Umlauf *m*, Umdrehung *f*;

number of —s Umlaufzahl *f*, Umdrehungszahl *f*, Drehzahl *f*, Tourenzahl *f*;
— **counter** Umlaufzähler *m*, Tourenzähler *m*.
revolve umlaufen, rotieren, (sich) umdrehen.
rewind umwickeln, neu wickeln (a coil eine Spule).
r. f. = radio frequency Radiofrequenz *f*, Funkfrequenz *f*, Hochfrequenz *f*.
rheostat Widerstand *m*, Rheostat *m*, Reglerwiderstand *m*, Regler *m*;
filament — Heizwiderstand *m*;
field — Feldregler *m*, Feldwiderstand *n*;
slide — Schieberwiderstand *m*.
rheotan Rheotan *n*.
rhodium Rhobium *n* (Rh).
rhumb (Kompaß-)Strich *m*.
rhythm Rhythmus *m*, Zeitmaß *n*.
rib Rippe *f*.
ribbed gerippt, mit einer Rippe versehen, Rippen- . . . .
ribbon Band *n*, Streifen *m*;
copper — Kupferband *n*;
ink — Farbband *n*;
— — **reversal** Farbbandumsteuerung *f*, Farbbandumkehr *f*;
metallic — Metallband *n*;
— **cable,** Bandkabel *n*, *A*;
— **coil** Bandspule *f*;
— —, **edgewise wound** hochkant gewickelte Bandspule;
— —, **flatwise wound** flach gewickelte Bandspule *f*;
— **-shaped cable** Flachkabel *n*, Bandkabel *n*;
— **steel** Bandstahl *m*.
ridge Rücken *m*, (Dach-)First *m*.
rig I. auftakeln, vertakeln, takeln. II. Takelung *f*.
rigging Vertakelung *f*.

right-angled rechtwinklig;
— **-handed** rechtsgängig (Schraube), Rechts- ...;
— **of way** Wegerecht n.
rigid kräftig, fest, unverrückbar, unbiegsam.
rigidity Starrheit f, Steifheit f, Straffheit f.
rigorous streng, fest.
rim Kranz m, Radkranz m.
rime I. reifen, bereifen; II. Reif m, Rauhfrost m.
rimy bereift.
ring I. rufen, wecken, läuten, to — off abläuten, abklingeln, to — the exchange das Amt anrufen, to — up anrufen; II. Ring m; Läuten n, Wecken n, Rufen n, Anruf m, Ruf m, Rufstrom m;
clamping — Klemmring m, Schelle f;
collecting —, **collector** — Sammelring m, Kollektorring m;
correcting — Gleichlaufring m, T;
drip — Tropfring m;
guard — Schutzring m;
local — Ortsring m, T;
locking — Spannring m;
oil — Schmierring m;
receiving — Empfangsring m, T;
segmented — geteilter Ring m, Segmentring m, T;
shrunk-on — Schrumpfring m;
slip — Schleifring m;
solid — ungeteilter Ring m, Vollring T;
threaded — Gewindering m;
transmitting — Sendering m, T;
code of —s Rufschlüssel m;
— **armature** Ringanker m;
— **-back key** Rückruftaste f;
— **-like** ringförmig;
— **lubrication** Ringschmierung f;
— **-off indicator** Schlußklappe f;
— — **signal** (Induktor-)Schlußzeichen n, Abläutezeichen n;
— **-shaped** ringförmig;
— **wire** Verbindung f zum Stöpselring, b-Ader f, F.
ringer Wecker m; Rufstrommaschine f;
battery — aus der Z.B. gespeiste Rufstrommaschine f.
ringing Rufen n, Wecken n, Anruf m;
battery — Batterieanruf m;
code — wahlweises Rufen n nach einem Rufschlüssel;
composite — Durchrufen n in Simultanschaltung;
differential earth — Durchrufen n in Simultanschaltung mit Erdrückleitung;
interrupted — intermittierendes Rufen n, selbsttätig wiederholter Ruf m;
keyless — selbsttätiger Anruf m ohne Betätigung eines Rufschlüssels;
lcop — Durchrufen n in Schleifenschaltung;
machine — selbsttätiger Anruf m, Anruf mit Maschinenstrom; [Ruftaste;
manual — Rufen n mit der
power — Anruf m mit Maschinen- oder Polwechselrstrom;
relayed — Rufen n mit Durchrufrelais;
selective — Wahlanruf m, selektiver Anruf m, wahlweiser Anruf m;
— —, **harmonic** abgestimmter Wahlanruf m, Rufen n mit abgestimmten Einrichtungen;
superposed — Rufen n mit gleichstromüberlagertem Wechselstrom;

ringing
through- — Durchrufen *n*;
— —, **composite** Durchrufen *n* in Simultanschaltung;
— — **scheme** Durchrufschaltung *f*;
tuned — abgestimmter Anruf *m*;
— **current** Rufstrom *m*;
— **dynamo** Rufstromdynamo *f*, Rufstrommaschine *f*;
— **key** Rufschlüssel *m*, Ruftaste *f*;
— **lead** Rufstromzuführung *f*;
— **machine** Ruf(strom)maschine *f*;
— **plug** Verbindungsstöpsel *m*;
— **relay** Rufrelais *n*;
— —, **through-** Durchrufrelais *n*;
— **reversing key** Rufstrom-Umkehrtaste *f* für Gesellschaftsleitungen; [*n*, *A*;
— **signal, (audible)** Freizeichen
— **source** Rufstromquelle *f*, Rufstromerzeuger *m*;
— -**through scheme** Durchrufschaltung *f*;
— **tone** Freizeichen *n*, *A*;
— **vibrator** Rufstromanzeiger *m*; Polwechsler *m*.
ripple I. kleine Wellen bilden; II. Kräuselung *f*, kleine Welle *f*, Welligkeit *f* eines Gleichstromes;
commutation —*s pl*, **commutator** —*s pl* Kommutierungswellen *pl*, Kollektorwellen *pl*;
current —*s pl* Stromwellen *pl*;
p. d. — Spannungswellen *pl*;
slot — Ankernutenwellen *pl*, Ankernutenwelligkeit *f*;
— **current** welliger Strom *m*;
— **frequency** Welligkeitsfrequenz *f*; Kommutierungsfrequenz *f*;
— **voltage** wellige Spannung *f*;
— **of** *n* **percent** Welligkeit *f* von *n* %;
rise I. steigen, ansteigen, anwachsen, zunehmen;

II. Anstieg *m*, Anwachsen *n*, Zunahme *f*;
resonant — Hinaufpendeln *n*, Aufschaukeln *n*.
risk I. gefährden, wagen; II. Gefahr *f*, Risiko *n*;
fire — Feuersgefahr *f*.
river bed Flußbett *n*;
— **cable** Flußkabel *n*;
— **crossing** Flußkreuzung *f*.
rivet I. annieten (to an), vernieten;
II. Niet *m*, Niete *f*;
— **head** Nietkopf *m*;
— **joint** Nietverbindung *f*.
r. m. s. = root mean squares quadratischer Mittelwert *m*;
— **value** quadratischer Mittelwert *m*, Effektivwert *m*;
— **voltage** Effektivspannung *f*.
road Fahrstraße *f*, Landstraße *f*, Straße *f*; Reede *f*;
public — öffentliche Straße *f*, öffentlicher Weg *m*;
— **level** Straßenoberfläche *f*, Straßenplanum *n*.
roadway Fahrbahn *f*, Fahrdamm *m*.
road work Straßenarbeit *f*.
robust unempfindlich.
Rochelle salt Seignettesalz *n* ($NaKC_4H_4O_2 + 4H_2O$).
rock I. (sich) hin- und herbewegen, schwingen, oszillieren (besonders mechanisch);
II. Schaukeln *n*, Hin- und Herschwingen *n*; Klippe *f*, Fels *m*, Felsen *m*;
— **shaft** schwingende Welle *f*, hin- und herdrehende Welle *f*.
rocker Wiege *f*, Wippe *f*.
rocking beam Wippe *f* am Wheatstone-Sender.
rocky felsig.
rod Stab *m*, Stange *f*;
pull — Zugstange *f*;
push — Stoßstange *f*;

14*

rod
  stay — Ankerpfahl *m*;
  sweep' s—s *pl* Schiebegestänge *n, B*.
roll I. rollen, wälzen; (aus)walzen;
  II. Rolle *f*;
  tape — Streifenrolle *f, T*;
  — of slip Streifenrolle *f, F*;
  — holder Rollenhalter *m, T*.
rolled (out) (aus)gewalzt, abgewickelt gezeichnet;
  bright — blank gewalzt;
  cold — kalt gewalzt;
  — section Walzprofil *n*.
roller Rolle *f*, Walze *f*;
  grooved — Rillenrolle *f*, Schnurrolle *f*;
  guide — Leitrolle *f*, Führungsrolle *f*;
  impression — Druckrolle *f* am Hughesapparat;
  ink(ing) — Farbrädchen *n*, Farbröllchen *n*, Auftragerröllchen *n*;
  jockey — Reiterröllchen *n*;
  milled — Korbelrolle *f*;
  — bearing Rollenlager *n*, Walzenlager *n*.
rolling mill Walzwerk *n*.
roof Dach *n*;
  — end standard Abspann-Dachgestänge *n, B*;
  — -like dachartig;
  — pole Dachständer *m, B*;
  — standard Dachständer *m*, Dachgestänge *n, B*;
  — timber Dachgebälk *n*.
roofing Abdachung *f*.
room Zimmer *n*, Raum *n*, Platz *m*;
  auto- — Apparatsaal *m*, Wählerraum *m*, Wählersaal *m, A*;
  damp —s *pl* feuchte Räume *pl*;
  dry —s *pl* trockene Räume *pl*;
  switch — (Fernsprech-)Apparatsaal *m*, Schaltraum *m, F*.

root Wurzel *f*;
  — of an equation Wurzel einer Gleichung;
  cube — Kubikwurzel, dritte Wurzel;
  square — Quadratwurzel, zweite Wurzel;
  third power — dritte Wurzel (of aus);
  — mean squares *ab*: r. m. s. quadratischer Mittelwert *m*;
  — sign Wurzelzeichen *n*.
rope Seil *n*, Tau *n*, Strick *m*, Strang *m*;
  hemp — Hanfseil *n*, Hanftau *n*;
  manila — (Manila-)Hanfseil *n*;
  span — Abspannseil *n*, Pardune *f* des Funkenmasts;
  steel — Stahldrahtseil *n*;
  wire — Drahtseil *n*.
rot I. verrotten, verfaulen, faulen;
  II. Fäule *f*, Fäulnis *f*;
  anti- — fäulnishindernd, fäulniswidrig.
rotary umlaufend, rotierend, Dreh-..., Umlauf-...;
  — (converter) Einankerumformer *m*;
  — magnet Drehung *m* des Stromwählers;
  — selector Drehwähler *m, A*;
  — step Drehschritt *m, A*;
  — switch Drehschalter *m*.
rotatable drehbar, Dreh-...;
  — coil Drehrahmen *m, R*.
rotate (sich) drehen, umlaufen, rotieren, antreiben.
rotating field Drehfeld *n*;
  — plate condenser Dreh(platten)kondensator *m*.
rotation Drehung *f* (by *n* degrees um $n°$), Rotation *f*, Drehrichtung *f*;
  — to the right (left) Rechts-(Links)drehung) *f*;

rotation
  clockwise — Rechtsdrehung f; Drehung f im Uhrzeigersinn;
  counter-clockwise — Linksdrehung f, Drehung f entgegengesetzt zum Uhrzeigersinn;
  centre of — Drehpunkt m;
  direction — — Drehsinn m, Drehrichtung f;
rotational Umlauf-…, Dreh-…;
  - speed Umlaufzahl f, Umlaufgeschwindigkeit f.
rotative = rotary.
rotator Rotor m.
rotor Läufer m, Rotor m;
  slip-ring — Schleifringanker m;
  squirrel-cage — Käfiganker m;
  variometer — drehbare Variometerspule f.
rotting Faulen n, Fäulnis f.
rough rauh.
roughen aufrauhen, rauh werden.
roughening Aufrauhen n, Rauhwerden n.
roughness Rauhigkeit, Rauheit f.
round I. rund machen, to — off abrunden (Stromkurve);
  II. rund, voll(tönend);
  --headed rundköpfig.
route I. leiten, einen Leitweg geben;
  II. Weg m, Reiseweg m, Leitweg m;
  to — a call over a trunk ein Gespräch über eine Leitung leiten; [rung f;
  duct — (Kabel-)Kanalführung f;
  telegraph — Telegraphierweg m, Leitweg m, T.
routine gewohnheitsmäßig, regelmäßig;
  — maintenance Pflege f, regelmäßige Unterhaltung f;
  — repair work laufende Instandhaltungsarbeiten pl;
  — test regelmäßige Messung f, Überwachungsmessung f;
  — work laufende Arbeiten pl.
routining periodische Prüfung f, laufende Überwachung f.
row Reihe f;
  in one — einreihig, in einer Reihe;
  in two —s zweireihig, in zwei Reihen;
  bottom — untere Reihe;
  central — Mittelreihe, Führungslochreihe des Wheatstonestreifens;
  top — obere Reihe;
  — of keys Tastenreihe.
r. p. m. = revolutions per minute Umläufe pl in der Minute.
r. p. s. = revolutions per second Umläufe pl in der Sekunde, Hertz.
rq. = request Rückfrage f, T.
rub reiben;
  —out Irrung f, T;
  — — signal Irrungszeichen n.
rubber Gummi m (n), Kautschuk m (n);
  hard — Hartgummi;
  India — Kautschuk;
  iron — Eisengummi;
  Para — Paragummi;
  raw — Rohgummi;
  soft — Weichgummi;
  sponge — Schwammgummi;
  -covered wire Gummiader f;
  gloves pl, **(India-)** Gummihandschuhe pl;
  — insulated leader Gummiader f, gummiisolierte Leitung f;
  — latex Milchsaft m der Gummipflanzen;
  — mat Gummidecke f;
  — plug Gummistopfen m;
  — varnish Gummilack m.

Ruhmkorff coil Funkeninduktor m. [Regel f, Vorschrift f;
rule Maßstab m, Richtmaß n;
safety —s pl Sicherheitsvorschriften pl;
slide — Rechenschieber m;
— s pl **of operation** Betriebsvorschrift f.
ruler Lineal n.
run I. laufen, umlaufen, betreiben, antreiben, **to —** away durchgehen (Motor); **to —** down, Sammler überentladen oder auspumpen, vom Motor auslaufen oder stehen bleiben; **to —** hot sich heiß laufen, sich warm laufen; **to —** together zusammenlaufen (Zeichen);
to — **a line overhead** eine Leitung oberirdisch führen;
— from a battery aus einer Batterie betrieben;
II. Rinne f, Schacht m, Verlauf m, Führung f;
cable — Kabelführung f, Kabelverlauf m; Kabelschacht m;

oil — Ölloch n, Schmierloch n.
running Lauf m, Gang m, Laufen n;
— -together Zusammenlaufen n (of signals der Schrift) T.
rupture I. brechen, zerreißen; durchschlagen;
II. Zerreißen n, Durchschlag m der Isolation;
rupturing strength Durchschlagfestigkeit f.
rural ländlich;
— phonogram circuit Sp=Leitung f, Telegraphenleitung f mit Sprechverkehr.
rush Andrang m, Ansturm m;
current — scharf ansteigender Stromstoß m;
— hours pl Stunden oder Zeiten pl starken Verkehrs, Hauptverkehrszeiten pl.
rust I. rosten, verrosten;
II. Rost m.
rustfree rostfrei, nichtrostend.
rust-proof rostsicher, nichtrostend.

S.

Sack Sack m, Beutel m;
— cell Beutelelement n.
saddle Sattel m;
— wire auf der Stangenspitze geführte Leitung f, B.
safe sicher (from vor) gefahrlos, unschädlich;
— filament current zulässiger Heizstrom m V.
safety Sicherheit f;
— cap Schutzkappe f;
— device Schutzvorrichtung f;
— factor Sicherheitsfaktor m;
— fuse Sicherung f;
— plug Sicherungsstöpsel m;
— rules pl Sicherheitsvorschriften pl;
— valve Sicherheitsventil n.

sag I. sacken (sich) senken; durchhängen (Leitung);
II. Durchhang m;
table of —s Durchhangtabelle f, B.
sal-ammoniac Salmiak m (NH_4Cl).
salient vorspringend;
— pole generator Generator m mit nach den Polkanten hin erweitertem Luftspalt;
— — —, non- Generator m mit gleichförmigem Luftspalt.
salt Salz n.
sample Muster n, Probe f;
— length Probelänge f (of a cable eines Kabels).
sand Sand m.

sand
drifting — Triebsand *m*, Schwemmsand *m*.
sandbank Sandbank *f*.
sand blast Sandstrahlgebläse *n*;
— **paper** Sandpapier *n*.
sapphire Saphir *m*.
sappy weich, saftreich, vom Holz;
sapwood Splintholz *n*.
satellite exchange Hilfsamt *n*, Teilamt *n*, A.
satisfy genügen (a relation einer Beziehung).
saturate sättigen.
saturated, (highly) (hoch)gesättigt.
saturation Sättigung *f*;
degree of — Sättigungsgrad *m*;
— **bend** Sättigungsknick *m*;
— **current** Sättigungsstrom *m*;
— **density** Sättigungsdichte *f*;
— **point** Sättigungspunkt *m*, Sättigungsgrenze *f*;
— **value** Sättigungswert *m*.
save sparen, ersparen.
saving I. sparend, ersparend; II. Ersparnis *f* (in an);
labour — arbeitsparend;
— **in space** Raumersparnis *f*.
saw I. sägen, to — out aussägen; II. Säge *f*;
hand — Handsäge *f*, Fuchsschwanz *m*.
sawblade Sägeblatt *n*.
saw dust Sägemehl *n*.
scale I. mit einer Teilung versehen;
II. Teilung *f*, Skala *f*, Maßstab *m*; Hammerschlag *m*, Zunder *m*;
— **about** 1/6, ungefährer Maßstab 1 : 6;
on an enlarged — in vergrößertem Maßstab;
on a large — in großem Maßstabe;
drawn to an enlarged — in vergrößertem Maßstabe gezeichnet;
on a reduced — in verkleinertem Maßstabe;
on a small — in kleinem Maßstabe;
zero degree mark of a — Nullpunkt *m* einer Teilung;
circular — Kreisteilung *f*, Kreisskala *f*;
— **division** Skalenteil *m*, Teilstrich *m*;
— **instrument, double- (quadruple-)** Instrument *n* mit zwei (vier) verschiedenen Teilungen;
— **reading, direct** direkte Skalenablesung *f*;
— **of equal divisions** gleichmäßig geteilte Skala *f*, gleichmäßige Teilung *f*;
— **with a centre zero** Teilung *f* mit mittlerem Nullpunkt.
'scape wheel = escape wheel Steigrad *n*, Hemmrad *n*, Sperrad *n*.
scarf abschrägen, anschärfen.
scavenge entionisieren.
scavenging Entionisierung *f*.
s. c. c. = single cotton covered einmal mit Baumwolle umsponnen;
s. c. e. = standard cable equivalent Übertragungsmaß *n* in m. s. c. (miles of standard cable Meilen Standardkabel). [tragen.
schedule I. in eine Liste ein- II. Liste *f*, Verzeichnis *n*, Fahrplan *m*.
schematic(al) schematisch.
scheme Projekt *n*, Entwurf *m*, Plan *m*, Schema *n*.
scrape schaben, kratzen.
scraper Kratzer *m*, Schaber *m*;
— **pipe** — Rohrkratzer *m*.

scratch I. (zer)kratzen, ritzen;
II. Ritz *m*, Riß *m*, Schramme *f*, Kratzer *m*.
scratchy kratzend vom Ton;
– **noise** kratzendes Geräusch *n*.
screen I. schirmen, abschirmen, sieben, to — out abschirmen, absieben;
II. Schirm *m*, Schallkammer *f*;
earth — ungeerdetes Gegengewicht *n*, *R*;
graduated — eingeteilter Schirm *m*.
screened cabin abgeschirmter Behälter *m*;
– **conductor, (single)** abgeschirmter (Einzel-)Leiter *m*;
– – **cable** induktionsfreies Kabel *n*, Kabel mit abgeschirmten Leitern;
– **leads** *pl*, **twisted and** verdrillte und abgeschirmte Zuführungen *pl*;
– **transformer** Transformator *m* mit geerdetem Kern, abgeschirmter Transformator *m*.
screening Abschirmung *f*, Schirm *m*;
– **box** Kasten *m* mit Schirmwänden;
– **effect** Schirmwirkung *f*;
– **grid, anode-** Anodenschutznetz *n*, Anodenschutzgitter *n*;
– –, **filament** Raumladegitter *n*.
screw 1. schrauben;
to – **down a nut** eine Mutter festziehen oder anziehen . . .;
– – **off** abschrauben;
– – **on** anschrauben, festschrauben; [ziehen;
– – **up** (Schrauben) nach-
II. Schraube *f*, Bolzen *m* (v. nut, bolt, thread);
to fasten with –**s** festschrauben, zusammenschrauben;
to thread –**s** Gewinde schneiden;

adjusting — Stellschraube, Regulierschraube;
binding — Klemmschraube;
brass — Messingschraube;
capstan (head) — Kreuzlochschraube;
clamp — Preßschraube;
clamping — Klemmschraube; Gegenmutter *f*;
coach — Stellmacherschraube;
connecting — Anschlußschraube;
earth — Erdschraube, Schraubenfuß *m* (of a pole einer Stange);
grub —, **headless** — Gewindestift *m*, Made *f*;
knurled — Korbelschraube *f*;
hook — Hakenschraube, Schraubhaken *m*;
levelling — Nivellierschraube, Einstellschraube;
metal — Metallschraube;
micrometer — Mikrometerschraube, Feinstellschraube;
set — Stellschraube;
stretching — Spannschloß *n*;
sunk — versenkte Schraube;
thumb — Flügelschraube, Korbel(kopf)schraube;
tightening — Befestigungsschraube, Spannschraube;
tommy — Knebel(griff)schraube;
wall — Steinschraube;
wing — Flügelschraube;
wood — Holzschraube;
pitch of a — Gewindesteigung *f*;
– **bolt** Schraubenbolzen *m*;
– **clamp** Schraubzwinge *f*;
– **dies** *pl* Gewindebacken *pl*, Schneidbacken *pl*;
– **driver** Schraubenzieher *m*;
– **head** Schraubenkopf *m*;
– **plate** Gewindeeisen *n*;
– **socket** Gewindebuchse *f*;

screw stock Schneidkluppe *f*;
— **tap** Gewindebohrer *m*;
— **terminal** Schraubklemme *f*;
— **thread** Schraubengewinde *n*.
screwed mit Gewinde versehen, Schraub- . . .;
— **cap** Schraubklappe *f*;
— **(-on) cover** Schraubdeckel *m*.
sea See *f*, Meer *n*, Ozean *m*;
— **level** Seehöhe *f*;
— **return** Seerückleitung *f*, *L*.
seal I. abschließen, verdecken, verschließen, plombieren, to
— **(off)** zuschmelzen (Röhre), to
— **into** einschmelzen; das Ende einer Leitung isolieren;
II. Plombe *f*, Verschluß *m*, Einschmelzstelle *f* (der Lampe);
filament —**s** *pl* Einschmelzstellen *pl* des Glühfadens;
hermetical — luftdichter Verschluß *m*;
sealed end abgeschlossenes Ende *n* isoliertes Ende *n* einer Leitung, eines Kabels;
hermetically — luftdicht verschlossen.
sealing compound Vergußmasse *f*;
— **wax** Siegellack *m*.
seam Saum *m*, Naht *f*, Lötstelle *f*, Lötnaht *f*.
seamless nahtlos;
— **sheathing** nahtloser Mantel *m* des Kabels.
search (unter)suchen, forschen (for nach);
— **coil** Kopplungsschleife *f*.
season I. altern, Holz (aus-)trocknen (lassen);
II. Jahreszeit *f*;
seat Auflagefläche *f*, Sitz *m*.
seawater Seewasser *n*.
sec = secant Sekante *f*, sec.
secohm Henry *n*.
second Sekunde *f*, sek.;
— - **erg** Sekundenerg *n*.

secondary I. sekundär;
II. Zweitwicklung *f*, Sekundärwicklung *f*;
— **battery** Sammlerbatterie *f*;
— **cell** Sekundärelement *n*, Sammler *m*;
— **circuit** Zweitkreis *m*, Sekundärkreis *m*;
— **current** Sekundärstrom *m*.
secrecy Geheimnis *n*, Geheimhaltung *f*.
secret geheim.
section I. unterteilen;
II. Abschnitt *m*, Abteilung *f*, Strecke *f*, Glied *n* einer Kette, Abschnitt eines Buches (on über), Schnitt *m*;
account — Rechenstelle *f*, Rechnungsstelle *f*, *F, T*;
coil — Spulenabschnitt *m*, *K*;
cross- — Querschnitt *m*;
— — —, **circular (rectangular)** (kreis)runder (rechteckiger) Querschnitt *m*;
end — Auslaufstrecke *f*, Anlaufstrecke *f* eines Pupinkabels;
— —, **length of** Auslauflänge *f*, Anlauflänge *f*, *K*;
— —, **fractional length of** relative Länge *f* der Auslaufstrecke *K*;
faulty — Fehlerstrecke *f*;
first — Anlaufstrecke *f* eines Pupinkabels;
ground line — Erdzone *f* (of a pole einer Stange);
loading (coil) — Spulenfeld *n*, Belastungsabschnitt *m*, Spulenabschnitt *m*, Ladungsabschnitt *m*;
longitudinal — Längsschnitt *m*;
pupinization — Ladungsabschnitt *m*, Spulenfeld *n*;
rolled — Walzprofil *n*;
service — Betriebsabteilung *f*, *F, T*;

section
 testing — Untersuchungsabschnitt *m* einer Leitung;
 transverse — Querschnitt *m*;
 vertical — senkrechter Schnitt *m*;
 — **point** Festpunkt *m* für Kreuzungen und Spulenbelastung;
sectional Schnitt- . . ., Abschnitts- . . .;
 — **area, (cross-)** Querschnitt *m*, Schnittfläche *f*;
 — **drawing** Schnittzeichnung *f*.
sectionalize unterteilen.
sector Sektor *m*, Kreissektor *m*.
secure sichern, feststellen, arretieren;
 to — **in position** festlegen, sichern.
sediment Bodensatz *m*, Schlamm, *m*. [apparat;
seeker Sucher *m* am Baubot-
 — **lever** Sucherhebel *m*;
 — **toe** Sucherfuß *m*.
segment Segment *n*, Kreissegment *n*;
 burnt — eingefressenes Segment, verbranntes Segment *T*;
 correcting —, **correction** — Gleichlaufsegment *T*;
 idle —s *pl*, **propagation** —s *pl* Verzögerungssegmente *pl* am Baubotverteiler;
 receiving — Empfangssegment *T*;
 shortened —s *pl* kleine Kontakte *pl*, verkürzte (Empfangs-) Segmente *pl*, *T*;
 transmitting — Sendesegment *T*.
segmental segmentartig, segmentförmig, Segment- . . .;
 — **piece** Segmentstück *n*.
segmented unterteilt (Ring), in Segmente geteilt;
 — **ring** Segmentring *m*, geteilter Ring *m*.

seize belegen (a selector einen Wähler) *A*; fressen (Lager).
seizure Belegung *f*, *A*.
select wählen, auswählen, aussieben, sieben, auf etwas abstimmen.
selecting circuit Selektivkreis *m*;
 — **lever** Sucherhebel *m* am Baubotempfänger;
 — **magnet** Wählmagnet *m*, *T*;
 — **mechanism** Wählwerk *n*;
 — **operation** Wahlvorgang *m*, *A*.
selection Wahl *f*, Auswahl *f*, Wählen *n*, Selektion *f*; Abstimmen *n* (of auf);
 group — Gruppenwahl *f*, *A*.
selective wahlweise; selektiv (to gegen), Wahl- . . .;
 — **circuit** Siebgebilde *n*, selektiver Kreis *m*, Siebkreis *m*;
 — —, **high-pass** Hochfrequenzsiebgebilde *n*;
 — —, **low-pass** Niederfrequenzsiebgebilde *n*;
 — **mechanism** Wählwerk *n*;
 — **process** Wählvorgang *m*, Wahlvorgang *m*, *A*;
 — **ringing** wahlweiser Anruf *m*, selektiver Anruf *m*, Wahlanruf *m*;
 — —, **harmonic** abgestimmter Wahlanruf *m*, Anruf *m* mit abgestimmten Einrichtungen.
selectivity Selektivität *f*.
selector Wähler *m*, Linienwähler *m*, Sucher *m* am Baubotempfänger;
 code — I. Gruppenwähler *m* in sechsstelligen S. A.-Netzen;
 director — Umleitungswähler, Umleiter *m*, *A*;
 final — Leitungswähler, Linienwähler *A*;
 — —, **p. b. x.** Mehrfachleitungswähler, Vielfachanschlußwähler *A*;
 group — Gruppenwähler *A*;

selector
idle — freier Wähler A;
— —, **to hunt out an** einen freien Wähler aufsuchen A;
intermediate — Gruppenwähler A;
plug — Stöpsellinienwähler;
point —, **ten-** Wähler mit zehn Richtungen, zehnteiliger Wähler;
pre- — Vorwähler A;
rotary — Drehwähler A;
step-by-step — Schrittschaltwerk n, Schrittschaltwähler A;
tandem — II. III. usw. Gruppenwähler A;
telegraph — Einzelanrufer m;
vertical and rotary — Hebdrehwähler A;
— **bank** Wählerbank f, Kontaktbank f, Kontaktfeld n des Wählers;
— **bar** Wählerschiene f, T;
— **calling** Wahlanruf m, wahlweises Rufen m;
— — **apparatus** Einzelanrufer m, T;
— **(bank) multiple** Wählervielfachfeld n;
— **plate** Wählerscheibe f, T;
— **rack** Wählergestell n, A;
— **repeater** Gruppenwähler mit Stromstoßübertrager A;
— **switch** Wahlschalter m.
self-adjusting selbsteinstellend, selbstregelnd, Selbsteinstellungs- ...;
— — **adjustment** Selbsteinstellung f, Selbstregelung f;
— — **capacity** Eigenkapazität f (of coils von Spulen);
— — **contained** in sich abgeschlossen;
— — **discharge** Selbstentladung f;
— — **excitation** Selbsterregung f, Selbstschwingen n von Röhren;
— — **excited** selbsterregt;
— — **exciting** selbsterregend (Röhre);
— — **heating** Selbsterhitzung f;
— — **heterodyne receiver** Schwinaudion(empfänger m) n, Selbstüberlagerungsempfänger m;
— — **inductance** Selbstinduktivität f;
— — —, **coefficient of** Selbstinduktionskoeffizient m;
— — **induction** Selbstinduktion f;
— — —, e. m. f. **of EMK** f der Selbstinduktion;
— — **inductive** selbstinduktiv, mit Selbstinduktivität behaftet;
— — **interrupting** selbstunterbrechend, Selbstunterbrechungs- ...;
— — **oscillation** Selbstschwingen n, Pfeifen n von Verstärkern;
— — **restoring** selbstrückstellend, selbsthebend (Klappe);
— — **supporting** selbsttragend (Mast).
semaphore Semaphor m, optischer Telegraph m.
semi-automatic halbselbsttätig, halbautomatisch;
— — **circular** halbkreisförmig;
— — **conducting** halbleitend;
— — **conductor** Halbleiter m;
— — **cylinder** Halbzylinder m;
— — **difference** halbe Differenz f;
— — **infinite** quasi–unendlich lang (Leitung);
— — **mechanical** halbautomatisch, halbselbsttätig;
— — **oscillation**, — **period** Halbperiode f.
send senden, geben.
sender Sender m, Geber m.
sending end Sendeseite f, Geberende n, Senderende n.
sense Sinn m, Vorzeichen n M.
sensitive empfindlich;
highly — hochempfindlich.

sensitiveness Empfindlichkeit f, Empfindlichkeitsgrad m;
sensitive (hoch-)empfindlich.
sensitivity (hohe) Empfindlichkeit f,
  current — Stromempfindlichkeit;
  frequency — Frequenzempfindlichkeit;
  photo- — Lichtempfindlichkeit;
  power — Leistungsempfindlichkeit; [findlichkeit;
  voltage — Spannungsemp-
— **test** Empfindlichkeitsprüfung f.
separate I. trennen, absondern, aussondern (to — out);
  II. getrennt, besondere(r);
— **heterodyne receiver** Schwebungsempfänger m mit besonderem Überlager.
separation Trennung f, Aussonderung f, Abstand m.
separator Trennstück n, Zwischenlage f, Scheider m (Sammler); [m;
  glass-rod — Glasrohrscheider
  wood — Holzscheider m.
sequence Folge f, Reihenfolge f;
  in — nacheinander, in der Reihenfolge;
— **switch** Folgeschalter m, Steuerschalter m, A.
serial reihenweise geordnet, Reihen- ...
serially connected in Reihe geschaltet, hintereinandergeschaltet.
series Reihe f;
  to connect or **join in** — in Reihe schalten, hintereinanderschalten;
  two coils in — **aiding** zwei gleichsinnig in Reihe geschaltete Spulen;
  — — — — **opposing** zwei gegensinnig in Reihe geschaltete Spulen;
  arithmetical — arithmetische Reihe;
  contact — Spannungsreihe;
  cosine — Kosinusreihe;
  infinite — unendliche Reihe;
  mid- —, wave filter terminated at in einem halben Längsglied endender Kettenleiter m;
  sine — Sinusreihe;
  thermoelectric — thermoelektrische Spannungsreihe f;
  circuit gestaffelte Verbindung f, Staffelleitung f, T.
— **condenser** Reihenkondensator m;
— — **connected** in Reihe geschaltet, hintereinandergeschaltet;
— **connection** Reihenschaltung f, Hintereinanderschaltung f;
— **element** Reihenglied n, Längsglied n einer Kette;
— **inductance** Reiheninduktivität f;
— **loading** Laden n durch Reihenspulen, Pupinisierung f;
— — **multiple, connected in** gemischt geschaltet;
— — — **connection** gemischte Schaltung f;
— — — **resonant circuit** Resonanz- und Drosselkreis m in Reihe;
— **resistance** Reihenwiderstand m, Längswiderstand, Vorschaltwiderstand;
— **resonance** Reihenresonanz f;
— **resonant circuit** Stromresonanzkreis m, Reihenresonanzkreis m; [henschaltung T;
— **working** Arbeiten n in Rei-
— **wound** Reihenschluß- ..., Hauptschluß- ... (Motor usw.).
serrated gereifelt, scharf gezackt.
serve versorgen; umwickeln (with adhesive tape mit Isolierband);

serve two positions zwei Ar-
beitsplätze versorgen.
served, jute- mit Jute um-
wickelt.
service Dienst *m*, Betrieb *m*;
 to put into — in Betrieb
 setzen;
 to be out of (in) — außer (in)
 Betrieb sein;
 temporarily out of — vor-
 übergehend außer Betrieb;
 night — Nachtdienst *m*;
 — **apparatus** Abfrageeinrichtung
 f, *F*;
 — **call** Dienstgespräch *n*;
 — **conditions** *pl* Betriebsbedin-
 gungen *pl*;
 — **instructions** *pl*, Dienstanwei-
 sung *f*, Betriebsvorschriften
 pl;
 — **instrument set** Abfrageappa-
 rat *m*, *F*;
 — **jack** Anschalteklinke *f* für das
 Abfragegerät *F*;
 — **section** Betrieb *m*, Betriebs-
 abteilung *f*, *F*, *T*;
serving Umhüllung *f*, Umwick-
 lung *f*, Überzug *m*;
 jute — Juteumwicklung *f*;
 — **of thread** Fadenumschnürung
 f der Papierisolation *K*.
set I. setzen, abbinden (Zement),
 einstellen (a gap eine Funken-
 strecke), richten (Relais); to—up
 aufbauen (ein Magnetfeld), an-
 setzen (Elemente);
 II. Satz *m*, Apparatesatz *m*;
 to — **at normal** normal ein-
 stellen, normal schalten;
 to — to zero auf Nulleinstellen;
 emergency — Noteinrichtung *f*;
 extension — (Fernsprech-)
 Nebenstelle *f*;
 main — (Fernsprech-)Haupt-
 anschluß *m*;
 working — Betriebsapparat
 m;

— **of curves** Kurvenschar *f*;
— — **springs** Federnbündel *n*,
 Federnpaket *n*;
— **screw** Stellschraube *f*.
setting Einstellung *f*, Einstellen
 n, Einstell- . . .;
 — **magnet** Richtmagnet *m*, Ein-
 stellmagnet *m*.
sever trennen (a connection eine
 Verbindung).
severing Trennen *n*, Trennung *f*.
sewer, (main) (Haupt-)Kanal *m*,
 Abzugskanal *m*.
sextuple sechsfach, Sechsfach- . . .
shackle Schäkel *m*.
shade I. schraffieren, schattieren;
 abstufen; schützen (from vor),
 schirmen;
 II. Schatten *m*, Schattierung
 f; Schirm *m*;
 lamp — Lampenschirm *m*.
shaded schraffiert; abgeschirmt.
shading Schattierung *f*;
 density of — Dichte *f* der
 Schattierung.
shadow Schatten *m*;
 radio — abgeschirmte oder ab-
 gedeckte Stelle *f*, Empfangs-
 loch *n*, *R*;
shaft Welle *f*, Achse *f*;
 driver —, **driving** — Antriebs-
 welle *f*;
 main — Hauptachse *f*;
 printing — Druckachse *f*;
 rock — schwingende Welle,
 hin- und hergehende Welle *f*;
 tubular — Hohlwelle *f*;
 type wheel — Typenradachse *f*;
 — **contact** Wellenkontakt *m*, *A*;
 — **springs** *pl* Kopfkontakt *m*, *A*.
shafting Welle *f*, Achse *f*.
shake I. schütteln, erschüttern,
 zittern;
 II. Erschütterung *f*, Zittern *n*,
 Stoß *m*.
shaking Erschütterung *f*.
shank Stiel *m*, Schaft *m*.

shape I. formen, gestalten;
II. Form *f*, Gestalt *f*.
shaped profiliert, Profil- ...,
Form- ..., Fasson- ...
share I. teilhaben, teilnehmen;
II. Anteil *m*, Beitrag *m*.
shareholder Aktionär *m*, Teilhaber *m*.
sharp scharf.
sharpen, schärfen.
sharpness Schärfe *f*;
- **of tuning** Abstimmschärfe *f*.
shear I. (ab)scheren, abschneiden;
II. Abscheren *n*.
shears *pl* Schere *f*;
  cutting — Blechschere.
sheath I. bewehren, armieren;
II. Bewehrung *f*, Armierung *f*;
  lead — Bleimantel *m*;
  — —, **parting of** Abreißen *n* des Bleimantels.
sheathed bewehrt, armiert;
  lead- — mit einem Bleimantel umpreßt.
sheathing Bewehrung *f*, Verkleidung *f*, Bekleidung *f*, Beschlag *m*;
  iron — Eisenbewehrung *f*;
  — —, **hoop-** Bandeisenbewehrung *f*;
  lead — Bleimantel *m*;
  — —, **corrosion of the** Anfressung *f* oder Korrosion *f* des Bleimantels, Kabelmantelkorrosion *f*;
  seamless — nahtlose Hülle *f*, nahtloser Mantel *m*;
  wire — Drahtbewehrung *f*;
  — —, **flat-** Flachdrahtbewehrung *f*; [rungsdraht *m*.
  - **wire** Schutzdraht *m*, Bewehrungs-
shed Dach *n*;
  double — **insulator** Doppelglockenisolator *m*, Doppelglocke *f*.

sheet Platte *f*, Blatt *n*, Blech *n*;
  perforated — Gitterblech *n*, gelochtes Blech *n*;
- **iron** Eisenblech *n*;
- — —, **corrugated** Wellblech.
shelf Brett *n*, Fach *n*, Gestell *n*, Regal *n*.
  cable — Kabelgestell *n*, Kabelbrett *n*, Kabelträger *m*;
  key — Schlüsselbrett *n*;
  plug — Stöpselbrett *n*;
  writing — Schreibpult *n*.
shell Mantel *m*, Gehäuse *n*, Kapsel *f*;
- **transformer** Manteltransformator *m*.
shellac I. schellackieren;
II. Schellack *m*.
shelter Schutz *m*.
shield I. schützen, abschirmen, schirmen (from gegen);
II. Schild *m*, Schirm *m*, Panzer *m*.
shielded gepanzert, Panzer- ....
shielding action Schirmwirkung *f*.
shift I. (sich) verschieben, (sich) verlagern; zwischen Buchstaben und Zahlen wechseln, *T*; versetzen, verstellen (the brushes die Bürsten);
II. Schub *m*, Verschiebung *f*, Verstellung *f*, Versetzung *f*, Wechsel *m T*;
  figure — Zahlenwechsel *m*, Zahlenumschaltung *f*, *T*;
  letter — Buchstabenwechsel *m*, Buchstabenumschaltung *f*, *T*;
  phase — Phasenverschiebung *f*, Phasensprung *f*;
- **key** Wechseltaste *f*;
- **signal** Wechselzeichen *n*, Wechsel *m*, Figurenwechsel *m*, *T*;
- - **the-hands correction** Berichtigung *f* der Stellung der Verteilerbürsten durch (Vor- oder) Rückwärtsdrehen *T*.

shifter Versteller *m*, Verstellvorrichtung *f*;
phase — Phasenschieber *m*.
shifting I. Verstellen *n*, Verschieben *n*, Wandern *n*;
II. wandernd;
brush — Bürstenverstellung *f*;
phase — transformer Phasenschiebertransformator *m*.
— ground Treibsandgrund *m*, treibender Grund *m*;
— zero wanderndes Null *n* des Heberschreibers;
shingle grober Kies *m*, flache Steine *pl* am Meeresgrund.
ship, on board an Bord, auf Schiffen, Bord=..., Schiffs=...;
— - to-shore traffic Verkehr *m* zwischen Schiff und Land;
— radio station Schiffsfunkstelle *f*.
shock Stoß *m*, Schlag *m*;
to receive a — einen Schlag erhalten; [*m*;
electric — elektrischer Schlag
— excitation Stoßerregung *f*;
— - proof stoßfest.
shoe I. anschuhen, mit einem Schuh versehen;
II. Schuh *m*, Fuß *m*;
pole — Polschuh *m*, Stangenschuh *m*, Stangenfuß *m*, *B*.
shoed pole angeschuhte Stange *f*, *B*.
shop Werkstatt *f*.
short I. kurzschließen;
II. Kurzschluß *m*.
III. kurz;
— brittle, brüchig (Metall);
— -circuit I. kurzschließen;
II. Kurzschluß *m* (round zu, über), Schleifenberührung *f* einer Doppelleitung;
to work on — — im Kurzschluß arbeiten, *T*;
dead — — vollständiger Kurzschluß;

partial — — teilweiser Kurzschluß;
— — current Kurzschlußstrom *m*;
— — impedance Kurzschlußimpedanz *f*;
— - circuiting device Kurzschließer *m*.
shorten verkürzen.
shortening condenser Verkürzungskondensator *m*, *R*.
short-range ... Nah=...;
— wave kurzwellig;
— — condenser Verkürzungskondensator *m*, *R*.
shoulder Kröpfung *f*, Vorsprung *m*, vorspringender Rand *m*, Bund *m*.
shovel I. schaufeln;
II. Schaufel *f*.
show darstellen, zeichnen (heavy stark, light schwach).
shrink schrumpfen, sintern, schwinden.
shrinkage Schrumpfung *f*, Schwinden *n*, Sintern *n*.
shrunk-on ring Schrumpfring *m*.
shunt I. überbrücken, mit einem Nebenschluß versehen, parallel schalten (across, to zu), einen Nebenschluß bilden, to **— off** abzweigen;
II. Nebenschluß *m*, in **—** with parallel zu, im Nebenschluß zu;
to put in — to in den Nebenschluß legen zu;
inductance —, inductive — induktiver Nebenschluß, magnetischer Nebenschluß *T*;
magnetic — Schwächungsanker *m* am Hughesapparat magnetischer Nebenschluß *T*, induktiver Nebenschluß;
mid- —, terminated at mit einem halben Querglied beginnend (Kettenleiter, Kabel);

shunt
resonant — Resonanznebenschluß;
— box, universal, Ayrtonscher Nebenschluß;
— conductance, (line) Ableitung *f* (als Leitungskonstante);
— (- wound) dynamo Nebenschlußdynamo *f*;
— element Querglied *n*, Ableitungsglied *n*, *L*;
— excitation Nebenschlußerregung *f*;
— impedance Querimpedanz *f*;
— — element Querimpedanzglied *n*;
— motor Nebenschlußmotor *m*;
— regulator Nebenschlußregler *m*;
— - wound motor Nebenschlußmotor *m*.
shuntage Ableitung *f* als Leitungskonstante.
shunted condenser Maxwellanordnung *f*, Kondensator *m* mit Parallelwiderstand *T*;
— telephone method Parallelohmmethode *f*.
shunting condenser Querkondensator *m*, Parallelkondensator *m*.
shutter Fallklappe *f*, Klappe *f*, Deckel *m*; (Post- usw) Schalter *m*;
to restore the — die Klappe aufrichten;
drop — Fallklappe;
plug restored — Rückstellklappe.
shuttle I. sich hin- und herbewegen;
II. (Weber-)Schiffchen *n*, hin- und hergehender Körper *m*;
— armature I-Anker *m*, Doppel-T-Anker *m*;
— cam Doppeldaumen *m* für Hin- und Rückgang.

sibilant zischend, Zisch- . . .,
—s *pl* Zischlaute *pl*;
— sound Zischlaut *m*.
s. i. c. = specific inductive capacity Dielektrizitätskonstante *f*.
side Seite *f*;
to one — einseitig;
to both —s doppelseitig (Teilung);
exchange — Amtsseite, Innenseite (of m. d. f. des Hauptverteilers);
external — Außenseite;
h. t. — Hochspannungsseite;
instrument —, internal — Apparatseite, Innenseite, Amtsseite (of m. d. f. des Hauptverteilers);
line — Leitungsseite;
l. t. — Niederspannungsseite;
smaller — of right-angled triangle Kathete *f* eines rechtwinkligen Dreiecks;
— band Seitenband *n*;
— —, upper (lower) oberes (unteres) Seitenband *n*, *R*;
— — suppression Unterbrückung *f* eines Seitenbandes *R*;
— — transmission, single Übertragung *f* eines Seitenbandes *R*;
— — —, double Übertragung *f* beider Seitenbänder *R*;
— circuit Stamm *m*, Stammleitung *f*, Stammkreis *m*, *K*, *F*;
— — coil Stammspule *f*, *K*;
— - flashing (of lightning) seitliches Überspringen *n* (des Blitzes);
— line Nebenlinie *f*;
— tone Mikrophongeräusch *n*;
— - to-side unbalance Übersprechkopplung *f*, *K*.
Siemens unit Siemenseinheit *f*, *ab*: SE.
sieve Sieb *n*.

sift sieben, sichten, sondern.
sifter Sieb *n*, Sieber *m*, Sonderer *m*;
— **frequency** — Frequenzsieb *n*.
sign I. unterzeichnen;
II. Vorzeichen *n M*; Zeichen, Anzeichen *n*;
— **of different** — von verschiedenem Vorzeichen;
— **of the same** — von gleichem Vorzeichen;
— **minus (plus)** — Minus-(Plus)zeichen *n*;
— **warning** — Warnungstafel *f*, Warnungszeichen *n*;
— **change of** — Wechsel *m* des Vorzeichens.
signal anzeigen, signalisieren; Zeichen geben oder senden *T*;
II. Zeichen *n*, Signal *n*, Melber *m*; Stromschritt *m, T*;
— **bell** — Glockenzeichen;
— **clearing** — Schlußzeichen *F*;
— **continuous wave** —*s pl* ungedämpfte Zeichen *pl, R*;
— **engaged** — Besetztzeichen;
— —, **visual** optisches Besetztzeichen;
— **erase** — Irrung *f*, Irrungszeichen *n, T*;
— **idle** — Gleichlaufzeichen, das bei unbelastetem Sender ausgesandt wird *T*;
— **line** — Linienstrom *m*; Anrufzeichen *n, F*;
— **luminous** — Lichtzeichen;
— **pilot** — Überwachungszeichen, (Gruppen-) Meldezeichen, Melder *m*;
— **reversed** —*s pl* verkehrte oder umgekehrte Schrift *f, T*;
— **ringing** —, **(audible)**, Freizeichen *n, A*;
— **rub-out** — Irrung *f*, Irrungszeichen *T*;
— **shift** — Wechsel *m*, Figurenwechsel *m*, Zahlenwechsel *m,T*;
— **spacing** — Abstandszeichen, Weiß *n*, Blank *n, T*;
— **spark** —*s pl* gedämpfte Zeichen *pl, R*;
— **stop** — Haltzeichen *n, T*;
— **straight** —*s pl* richtige Schrift *f*, richtige Zeichen *pl, T*;
— **strong** —*s pl* starke Zeichen *pl, T*;
— **supervisory** — Überwachungszeichen *F*;
— **time** — Uhrenzeichen, Zeitzeichen, Zeitsignal *n*;
— **two-power** —*s pl* zweiwertige Zeichen *pl*, Zeichen *pl* mit zwei verschiedenen Stromstärken *T*;
— **unison** — Gleichlaufzeichen *T*;
— **unshift** — Buchstabenwechsel *m, T*;
— **visual** — sichtbares Zeichen, Schauzeichen;
— **weak** —*s pl* schwache Zeichen *pl, T*;
— **definition of** —*s* Güte *f*, Lesbarkeit *f* oder Vollkommenheit *f* der Zeichen *T*;
— **legibility of** —*s* Lesbarkeit *f* oder Güte der Zeichen *T*.
Signal Corps Nachrichtentruppe *f*, Telegraphentruppe *f*.
signal correcting system Entzerrer *T*;
— **element** Stromschritt *m*, kürzester Telegraphierstromstoß *m, T*;
— **frequency** Zeichenfrequenz *f, R*;
— **head** Zeichenkopf *m*, Zeichenstirn *f, T*;
— **holes** *pl* Stanzlöcher *pl* des Sendestreifens *T*;
— **intensity** Zeichenstärke *f*, Zeichenintensität *f*;
— **note** Zeichenton *m, R*;
— **strength** Zeichenstärke *f*, Telegraphierstromstärke *f*;

signal-to-noise ratio Verhältnis n der Lautstärke zu den Störern;
— **- to-static ratio** Amplitudenverhältnis n der Zeichen zu den atmosphärischen Störern;
— **wave** Zeichenwelle f, R.

signal(l)ing Signalisierung f, Zeichengebung f, Zeichengabe f;
curbed — Sendung f mit nachfolgender Erbung oder Gegenstromgabe, Curb-Senden n,T;
selective —, **harmonic** abgestimmter Wahlanruf m, Signalisieren n mit abgestimmten Wechselströmen;
trunk — Signalisieren n auf Fernleitungen, Fernanruf m;
— **condensers** pl Sendekondensatoren pl in den Brückenarmen T;
— **frequency** Telegraphierfrequenz f.

silence I. zum Schweigen bringen, auf Tonminimum einstellen; die Übertragungsklopfer abstellen T;
II. Ruhe f, Schweigen n, Stille f, Lautminimum n;
critical — Tonminimum n (beim Drehrahmen) R;
position of — Lautminimumstellung f des Drehrahmens R;
— **cabinet** schalldichte Fernsprechzelle f.

silencer Anrufer m (für Übertragungen) T, Dämpfer m für Drähte;
Hughes — Klopfer m mit trägem Rabe T;
— **cabinet** Anruferschränkchen für Übertragungen T.

silent geräuschlos.
silica Kieselerde f, Quarz m (SiO_2).
silicated kieselsauer.

silicium bronze wire Siliziumbronzedraht m.
silicon Silizium n (Si);
— **bronze** Siliziumbronze f;
— **carbide** Siliziumkarbid n, Karborund m (SiC);
— **steel** Siliziumeisen n, Siliziumstahl m.

silk Seide f;
imitation — Kunstseide;
oiled — Ölseide;
— **- covered (single, double)** (einfach, doppelt) seideumsponnen, mit Seide umsponnen;
— **fibre** Seidenfaden m.

silver Silber n (Ag);
German — Neusilber n (4 Cu, 2 Ni, 1 Zn);
nitrate of — Silbernitrat n, Höllenstein m $(AgNO_3)$;
— **bronze** Silberbronze f.

silvered versilbert.
similar poles pl gleichnamige Pole pl.
simplex einfach, simplex, in einer Richtung, Simplex-..., Einfach-...;
— **circuit** Einfachleitung f, Simplexleitung f;
— **working** Einfachbetrieb m, abwechselndes Geben n und Empfangen n, T.

simplicity Einfachheit f.
simplification Vereinfachung f.
simplify vereinfachen.
simulate eine Leitung nachbilden (closely genau).
simulation Nachbildung f;
frequency range of — Nachbildungs-Frequenzbereich m.
simultaneity Gleichzeitigkeit f.
simultaneous gleichzeitig;
— **movement selector** Mitlaufwähler m, A.

sin = sine Sinus m, sin.
sine Sinus m;

sine current Sinusstrom *m*;
- e. m. f., pure rein sinusförmige E. M. K;
- function Sinusfunktion *f*;
- law Sinusgesetz *n*;
- shape Sinusform *f*;
- -shaped sinusförmig;
- wave Sinuswelle *f*;
- -, damped gedämpfte Sinuswelle *f*;
- - of sound sinusförmige Schallwelle *f*;
- - of voltage sinusförmige Spannungswelle *f*.

sing pfeifen (Verstärker).

singing Pfeifen *n* (der Verstärker);
end-to-end — Pfeifen *n* mehrerer Verstärker einer Leitung *F*, *K*;
local — Pfeifen *n* eines Verstärkers infolge örtlicher Unsymmetrie *F*, *K*;
near — condition Pfeifneigung *f*.
- point of a line Pfeifpunkt *m*, Pfeifgrenze *f* einer Leitung.

single core einadrig;
- current Einfachstrom *m*, Einzelstrom *m*;
- layer einlagig;
- polar einpolig.

sinh = hyperbolic sine hyperbolischer Sinus *m*, Sin.

sink I. versenken, eingraben, einsinken, versinken;
II. Senke *f*, Sinkstelle *f*, elektrischer Nebenschluß *m*.

sinuous line Sinuslinie *f*, Wellenlinie *f*.

sinusoid Sinuslinie *f*;
sustained —s *pl* ungedämpfte Sinusschwingungen *pl*.

sinusoidal sinusförmig, sinusoidal, einwellig.

site Grundstück *n*, Platz *m*.

size Abmessung *f*, Größe *f*;
full — natürliche Größe;
- -, one half halbe natürliche Größe;
- -, twice doppelte natürliche Größe.

sizzle I. zischen, knistern;
II. Knistern *n*.

skeleton Schema *n*, schematisches Schaltbild;
- connections *pl* Schaltungsschema *n*;
- sketch schematische Zeichnung *f*;
- telephone station Skelettfernsprecher *m* (Ericsson).

skeletonize schematisch darstellen.

sketch 1. skizzieren, entwerfen, zeichnen;
II. Skizze *f*, Zeichnung *f*;
foundation — Fundamentzeichnung *f*;
skeleton — schematische Zeichnung *f*.

skew I. abschrägen;
II. schief, schiefwinklig, schräg, quer, querüber;
- gearing Zahnrädergetriebe *n* mit sich kreuzenden Wellen.

skewed pole tips *pl* abgeschrägte Polschuhränder *pl*.

skid Flosse *f*;
- - fin aerial Flossenantenne *f* der Flugzeuge.

skill Fertigkeit *f*;
operating — Handfertigkeit *f*, Übung *f*.

skilled geübt.

skin I. abisolieren (a wire einen Draht);
II. Haut *f*, Oberfläche *f*;
- effect Hautwirkung *f*, Oberflächenwirkung *f*, Stromverdrängung *f*, Skineffekt *m*.

skirting Fußleiste *f*, Scheuerleiste *f*.

skylight Oberlicht *n*, Decklicht *n*.

slab Platte *f*, Tafel *f*;

slab
  marble — Marmortafel f;
  slate — Schiefertafel f.
slack I. schlaff, lose, schlaffhängend;
  II. Lose f, Überschuß m;
  — **period** Zeit f schwachen Verkehrs.
slacken lose werden, schlaff werden, entspannen, nachlassen, (sich) lockern.
slaked gelöscht (Kalk).
slate I. schieferfarben, Schiefer-…; II. Schiefer m;
  — **board** Schiefertafel f;
  — **slab** Schieferplatte f.
sleet Hagel m;
  — **storm** Hagelschlag m.
sleeve I. mit einer Hülse versehen;
  II. Hülse f, Büchse f, Muffe f, Kabelmuffe f;
  condenser — Kondensatorenmuffe f, K;
  copper jointing — Kupfer-Verbindungshülse f, B;
  fibre — Fiberhülse f (of plugs der Stecker);
  jointing — Verbindungshülse f, Hülsenverbinder m, B;
  lead — Bleimuffe f B;
  ornamental — Ziersockel m der Eisenstangen B;
  paper — Papierhülse f, Papierröhrchen n, B;
  plug — Stöpselhals m, c-Teil m des Stöpsels F; Stöpselhülse f;
  sliding — verschiebbare Hülse f;
  — **joint** Muffenverbindung f (of tubes von Röhren);
  — —, **(twisted)** Hülsenbund m (of wires von Drähten) Kupferröhren-Würgeverbindung f.
slide I. gleiten, schieben (back and forth hin und her);
  II. Gleitstück n, Schieber m;

adjusting — Einstellschieber m, Schwächungsanker m am Hughesapparat;
  — **gauge** Schublehre f;
  — **rails** pl Gleitschienen pl, Spannschienen pl des Elektromotors;
  — **rule** Rechenschieber m;
  — **valve** Schieberventil n;
  — **wire, (differential)** Gleitdraht m, Brückenarme pl mit Gleitkontakt;
  — — **bridge** Brücke f mit Gleitkontakt.
slider Schieber m, Gleitstück n, Gleitkontakt m;
  contact — Gleitkontakt m;
  — **coil, single (double)** Spule f mit einem (zwei) Gleitkontakt(en).
sliding bolt Riegel m;
  — **contact** Gleitkontakt m.
slip I. schlüpfen, gleiten, to — **into** hineinschieben, to — **over** überschieben, überstreifen;
  II. Schlüpfung f, Schlipf m; Streifen m, T;
  misfitting — unpassender Streifen m, T;
  Morse — Morsestreifen m, T;
  paper — Papierstreifen m;
  perforated — Lochstreifen m, T;
  roll of — Streifenrolle f;
  — **bolt** Riegel m;
  — **drawer** Streifen(schub)lade f, T;
  — — **on cap** Aufstecklappe f;
  — **ring** Schleifring m;
  — — **rotor** Schleifringanker m.
slipping drive Gleitantrieb m, Antrieb m durch leichte Reibung.
slit I. schlitzen, spalten;
  II. Schlitz m, Spalt m, (Brief-)Einwurf m.

slope I. (sich) neigen, senken, abschrägen;
II. Neigung *f*, Schräge *f*, Böschung *f*, Abhang *m*, Abdachung *f*;
—, **angle of** Neigungswinkel *m*, Steigungswinkel *m*;
— **of a curve** Steigung *f*, Anstieg *m* oder Neigung *f* einer Kurve;
— **of a valve** Steilheit *f* (der Kennlinie) einer Röhre;
—, **variation in** Steigungsänderung *f*.
sloping schräg, geneigt.
slot I. nuten, schlitzen;
II. Nute *f* (of armature des Ankers), Schlitz *m*, Einschnitt *m*, Kerbe *f*;
cam — Kurvenschlitz *m*, Kurvenführung *f*;
coin — Münzeinwurf *m*, Geldeinwurf *m*,
sloping — schräger Schlitz *m*;
— **ripple** Ankernutenwellen *pl*, Ankernutenwelligkeit *f* des Stromes; [versehen;
— **wound** mit Nutenwicklung
slotted genutet, geschlitzt;
— **hole** Langloch *n*, Schlitz *m*, längliche Öffnung *f*.
slow I. **to** — **down** verlangsamen, langsam werden;
II. langsam, nachgehend, nacheilend;
to run — nacheilen, nachgehen;
— — **acting** langsam wirkend;
— — — **relay** Verzögerungsrelais *n*;
— — **operating** langsam ansprechend;
— — **releasing** langsam auslösend, langsam abfallend;
— — — **relay** langsam abfallendes Relais *n*;
slug Verzögerer *m*, Kupferklotz *m* am Relais.

sluggish träge (in action im Ansprechen).
sluggishness Trägheit *f*.
smoke stack Schornstein *m*, Esse *f*.
smooth I. glätten, schleifen;
II. glatt, gleichförmig, stoßfrei (running Lauf);
— **line** gleichförmige Leitung *f L*.
smoothing choke Abflachungsdrossel *f*;
— **condenser** Abflachungskondensator *m*.
smudgy schmutzig, schmierig.
snail-formed schneckenförmig.
snap einfallen, einschnappen (into in).
snow Schnee *m*.
snowdrift Schneewehe *f*.
snow load Schneelast *f*, Schneebelastung *f*;
— **storm** Schneesturm *m*.
snug Nase *f*.
soak aufsaugen, einsaugen; tränken.
soapstone Speckstein *m*, Schmerstein *m*.
soapy water Seifenwasser *n*.
socket Sockel *m*, Flansch *m*, Fassung *f*, Anschlußbuchse *f*; Dübel *m*;
cable — Kabelschuh *m*;
connector — Steckbuchse *f*, Anschlußbuchse *f*;
jack — Klinkenhülse *f*;
lamp — Lampenfassung *f*;
light — Lichtsteckdose *f*;
pipe — Muffe *f* einer Röhre;
plug — Steck(er)buchse *f*;
reducing — Reduktionsmuffe *f*;
screw — Gewindebuchse *f*;
valve — Röhrenfassung *f*;
wall — Steckdose *f*, Ansteckdose *f*, Anschlußdose *f*;
— —, **non-interchangeable** unverwechselbare Ansteckdose;

socket adapter (or **adaptor**), Zwischenstecker m;
— **contact** Sitz(um)schalter m, F.
soda kohlensaures Natron n, Soda f (Na_2CO_3).
sodium Natrium n (Na);
  carbonate of — kohlensaures Natron n, Natriumkarbonat n (Na_2CO_3);
  thiosulphate of — Natriumthiosulphat n ($Na_2S_2O_3$);
  — **chloride** Chlornatrium n, Kochsalz n (NaCl).
soft weich;
  — **valve** weiches Rohr n.
soil Boden m;
  boggy — Schlammboden;
  marshy — Moorboden;
  muddy — Schlammboden;
  peaty — Torfboden;
  sub- — Untergrund m.
solder I. löten, to — in, einlöten, to — together zusammenlöten;
  II. Lot n;
  hard — Hartlot;
  lead — Bleilot;
  resin — Harzlot;
  soft — Weichlot;
  spelter — Hartlot, Schlaglot;
  tin — Zinnlot.
  — — **mounted crystal** eingelöteter Kristall m.
soldered joint Lötverbindung f, Lötstelle f, Lötnaht f;
  — **junction** Lötverbindung, Lötstelle f.
solderer Löter m;
  cable — Kabellöter m.
  idering Löten n, Lötung f;
  — **fluid** Lötwasser n ($ZnCl_2 + H_2O$);
  — **iron** Lötkolben m;
  — **lamp** Lötlampe f;
  — **pin** Lötstift m;
  — **tab** Lötöse f.
solderless lotfrei;

solenoid Solenoid n, Magnetspule f;
  air core — eisenloses Solenoid n, Luftspule f;
  single layer — einlagige Spule f, einlagiges Solenoid n;
  sucking — Tauchkernspule f.
solenoidal solenoidal.
solid I. fest, massiv, befestigt (with auf, an);
  II. fester Körper m;
  — **back transmitter** Mikrophon n mit fester Rückwand, Solidback-Mikrophon n.
solidified erstarrt.
solidify erstarren.
solidifying point Erstarrungspunkt m.
solodyne Einquell-..., Solodyn-...;
  — **receiver** Einquellempfänger m, Solodynempfänger m, Audionempfänger m ohne Anodenbatterie.
solubility Lösbarkeit f.
soluble lösbar, löslich;
  water — wasserlöslich.
solution Lösung f, Auflösung f, auch M;
  solid — feste Lösung;
  — **pressure** Lösungsdruck m.
solve lösen, auflösen.
solvent Lösungsmittel n.
sonorous tönend, klingend.
sos = save our souls Notruf m auf See.
sound I. schallen, tönen, klingen;
  II. Schall m, Ton m, Laut m;
  buzzing — Summerton m;
  explosive — Explosivkonsonant m, Explosivlaut m;
  hissing — Zischlaut m;
  horn —, **(characteristic)** Trichterklang m der Lautsprecher;
  humming — Summerton m, Summerzeichen n, F;

sound
- **musical** — Ton *m*;
- **sibilant** — Zischlaut *m*;
- **vowel** — Vokal *m*, Vokallaut *m*;
- **sine wave of** — sinusförmige Schallwelle *f*; [bose *f*;
- **– box** Schallkammer *f*, Schall-
- **– generator** Schallerzeuger *m*, Schallquelle *f*;
- **– intensity** Schallintensität *f*, Lautstärke *f*;
- **– measuring device** Schallmeßeinrichtung *f*, Lautstärkemesser *m*;
- **– – proof** schalldicht;
- **– propagating medium** Schallmedium *n*;
- **– receiver** Schallempfänger *m*;
- **– –, subaqueous** Unterwasser-Schallempfänger *m*;
- **– spectrum** Schallspektrum *n*;
- **– vibration** Schallschwingung *f*;
- **– wave** Schallwelle *f*.

sounder Klopfer *m*;
- **plate** — Klangscheibenklopfer;
- **– –, double** Klopfer mit zwei Klangscheiben;
- **relaying** or **uprighting** — Übertragungsklopfer;
- **– key** Klopfertaste *f*.

sounding Lotung *f*; Tönen *n*;
- **echo-** — Echolotung *f*;
- **– apparatus** Lotungsgerät *n*;
- **– machine** Lotmaschine *f*;
- **– plate** Klangplatte *f*.

source Quelle *f*, Stromquelle *f*.
- **a. c. (d. c.)** — Wechsel-(Gleich)-stromquelle;
- **current** — Stromquelle;
- **ringing** — Rufstromquelle, Rufstromerzeuger *m*;
- **tone** — Tonquelle;
- **– of e. m. f.** Spannungsquelle;
- **– – power** Kraftquelle.

sourdine Schalldämpfer *m*, Sourdine *f*.

south-magnetic südmagnetisch;
- **– – pole** Südpol *m*;
- **– – seeking pole** südsuchender Pol *m*.

space I. einteilen, in Abständen setzen, vom Relais: Trennstrom geben;
II. Raum *m*, Abstand *m*, Zwischenraum *m*;
- **dark** — Dunkelraum *m*, *V*;
- **figure** — Zahlenabstand *m*, Zahlenweiß *n*, Zahlenblank *n*, *T*;
- **letter** — Buchstabenabstand *m*, Buchstabenweiß *n*, Buchstabenblank *n*, *T*;
- **winding** — Wicklungsraum *m*;
- **– charge** Raumladung *f*;
- **– – effect** Raumladewirkung *f*, Raumladungseffekt *m*;
- **– – grid** Raumladegitter *n*;
- **– current** Raumladestrom *m*, Anodenstrom *m*;
- **– restriction** Raummangel *m*.

spaced, (un)evenly in (un)gleichen Abständen angeordnet.

spacer Spreize(r *m*) *f*, Raa *f* der Antenne.

spacing Abstand *m*;
- **on** *n* **km** — in Abständen von *n* km;
- **(half a) coil** — (halber) Spulenabstand *m*, K;
- **load** — Spulenabstand *m*, Spulenentfernung *f* einer Pupinleitung;
- **repeater** — Verstärkerabstand *m*;
- **– battery** Trennbatterie *f*, *T*;
- **– contact** Trennkontakt *m*, Ruhekontakt *m*, *T*;
- **– current** Trennstrom *m*, Zwischenzeichenstrom *m*, *T*;
- **– piece** Abstandstück *n*, Distanzstück *n*;
- **– signal** Abstandszeichen *n*, Weiß *n*, Blank *n*, *T*;

spacing stop Trennkontakt m, Ruhekontakt m, Ruheanschlag m, T;
- **strip** Abstandsleiste f;
- **wave** Verstimmungswelle f, Zwischenzeichenwelle f, R.

spade Spaten m.

span I. überbrücken, spannen, umspannen;
II. Abspannung f eines Masts; Spannweite f;
- **length** Spannweite f, Feldlänge f einer Leitung;
- **pole** Abspannpfahl m;
- **rope** Abspannseil n, Pardune f
- —, **steel** Stahldrahtseilpardune f;
- **wire** Spanndraht m, Abspanndraht m;
- —, **trolley** Fahrdrahtaufhängung f;

spanner Spannschloß n; Schraubenschlüssel m, Mutternschlüssel m.

spar Dachsparren m, Sparren m, Rundholz n.

spare Ersatz-..., -s pl Ersatzteile pl;
- **armature** Ersatzanker m, Reserveanker m;
- **circuit** Ersatzleitung f, freie Leitung f;
- **equipment** Ersatzausrüstung f, Ersatzeinrichtung f;
- **instrument** Ersatzapparat m, Reserveapparat m;
- **parts** pl Ersatzteile pl;
- **unit** Ersatzeinheit f, Reservesatz m.

spark I. funken, feuern (Kollektor); II. Funke(n) m;
disruptive — Entladefunken;
musical — tönender Funken.
- **at break** Unterbrechungsfunke;
- — **make** Schließungsfunke;
- **-s** pl **per second**... Funken pl in der Sekunde;

- **blow-out** Funkenausbläser m, Funkenlöscher m;
- **coil** Funkeninduktor m, Induktorium n;
- —, **hammer break** Hammerinduktor m, Funkeninduktor m mit Hammerunterbrecher;
- **discharger** Funkenstrecke f, v. discharger;
- —, **micrometric** Funkenmikrometer n;
- —, **plain** feste Funkenstrecke f;
- —, **timed** rotierende Vielfachfunkenstrecke f für die Erzeugung ungedämpfter Wellen;
- **drawing** Funkenziehen n;
- **extinguisher** Funkenlöscher m;
- **frequency** Funkenzahl f, Funkenfrequenz f;
- **gap** Funkenstrecke f, Schneidenblitzableiter m;
- —, **exciting** Erregerfunkenstrecke;
- —, **multiple** Mehrfachfunkenstrecke, unterteilte Funkenstrecke, Reihenfunkenstrecke;
- —, **quench(ed)** or **quenching** Löschfunkenstrecke;
- —, **rotary** or **rotating** umlaufende oder rotierende Funkenstrecke;
- —, **non-synchronous rotating** Asynchronfunkenstrecke;
- —, **synchronous rotating** Synchronfunkenstrecke;
- —, **safety** Sicherheitsfunkenstrecke;
- —, **static** feststehende Funkenstrecke;
- —, **stationary** feste Funkenstrecke;
- —, **vacuum** Luftleerfunkenstrecke;
- —, **breakdown of** Funkenüberschlag m;
- —, **operation of** Ansprechen n der Funkenstrecke;

spark gap face Funkenstreckenelektrode *f*;
— — **rotor** Läufer *m* der Funkenstrecke;
— — **separation** Elektrodenabstand *m* der Funkenstrecke;
— — **terminal, — — knob** Funkenstreckenelektode *f*;
— **length** Funkenlänge *f*;
— **micrometer** Funkenmikrometer *n*;
— **note** Funkenton *m*;
— - **over voltage** Überschlagspannung *f*;
— **plug** Zündkerze *f*;
— **potential** Funkenspannung *f*, Funkenpotential *n*;
— **rate** Funkenzahl *f*;
— **receiver** Empfänger *m* für gedämpfte Wellen;
— **(transmitter) set, nKW** nkW-Funkensender *m*;
— **signals** *pl* gedämpfte Zeichen *pl*, *R*;
— **system** Funkensender *m*, gedämpfter Sender *m*;
— **telegraphy** Telegraphie *f* mit gedämpften Wellen;
— **transmitter** gedämpfter Sender *m*, Funkensender *m*;
— —, **musical** Tonsender *m*, Tonfunkensender *m*, tönender Sender *m*; [der *m*.
— —, **quenched** Löschfunkensen
sparking Funken *n*, Feuern *n*;
— **distance** Funkenlänge *f*;
— **gap** Funkenstrecke *f*, Schneibenblitzableiter *m*;
— **plug** Zündkerze *f*.
sparkless funkenfrei.
speak sprechen.
speaker Sprecher *m*, Ansager *m*;
— **wire** Sprechleitung *f*.
speaking apparatus Sprechapparat *m*;
— **battery** Sprechbatterie *f*, Mikrophonbatterie *f*;
— **circuit** Sprechstromkreis *m*, Sprechweg *m*;
— —, **operator's** Platzschaltung *f*, *F*;
— **current supply** Mikrophonspeisung *f*, Sprechstromzuführung *f*;
— **currents** *pl* Sprechströme *pl*;
— **efficiency** Wirkungsgrad *m* der Sprachübertragung;
— **key** Sprechschlüssel *m*;
— **and ringing key** Sprech- und Rufschlüssel *m*;
— **position** Sprechstellung *f* des Schlüssels;
— **set** Sprecheinrichtung *f* Abfrageeinrichtung *f*;
— **tube** Sprachrohr *n*.
specialization Spezialisierung *f*;
specialize spezialisieren.
specific(al) spezifisch, eigentümlich;
— **inductive capacity** Dielektrizitätskonstante *f*;
— **resistance** spezifischer Widerstand *m*;
— **weight** spezifisches Gewicht *n*.
specification genaue Beschreibung *f*, Anweisung *f*, Vorschrift *f*; Pflichtenblatt *n*, Patentschrift *f*;
— **parent** Hauptpatent *n*;
— **value** Pflichtwert *m*.
specify spezifizieren, genau benennen.
specimen Probe *f*, Muster *n*.
spectrum Spektrum *n*;
frequency — Frequenzspektrum;
tonic — Tonspektrum.
speech Sprache *f*, Gespräch *n*;
frequency of —, **(mean)** (mittlere) Sprachfrequenz *f*;
pitch — Tonhöhe *f* der Sprache;
volume — — Lautstärke *f* der Sprache;

speech band Sprachfrequenz-
band n;
- **currents** pl, Sprechströme pl;
- **frequency** Sprechfrequenz f, Sprachfrequenz f;
- **– range** Sprechfrequenzbereich m;
- **– modulated** sprachmoduliert, besprochen;
- **test** Sprechversuch m;
- **–, comparative** vergleichender Sprechversuch m;
- **transmission** Sprachübertragung f (over a circuit über eine Leitung hinweg);
- **volume** Sprachlautstärke f;
- **waves** pl Sprachwellen pl Sprechwellen pl.

speed I. **to — up** beschleunigen; schneller werden;
II. Geschwindigkeit f, Schnelligkeit f, Umlaufzahl f;
circumferential — Umfangsgeschwindigkeit f;
high — hohe Geschwindigkeit f; schnellaufend;
key — Handtempo n, T;
line — Telegraphiergeschwindigkeit f in Abhängigkeit von der Leitung T;
low — niedrige Geschwindigkeit f; langsamlaufend;
peripheral — Umfangsgeschwindigkeit f;
rotational —, rotative — Umlaufgeschwindigkeit f, Umlaufzahl f;
slow — geringe Geschwindigkeit f; langsamlaufend;
top — Höchstgeschwindigkeit f;
uniform — gleichförmige Geschwindigkeit f;
working —, (commercial) Betriebsgeschwindigkeit f, T;
constancy of — Tourenkonstanz f;
- **control** Geschwindigkeitsregelung f;
- **controlling device** Geschwindigkeitsregler m, Umlaufregler m;
- **governor** Umlaufregler m;
- **indicator** Umdrehungsanzeiger m;
- **– load characteristic** Tourenzahl-Belastungskennlinie f, Maschinencharakteristik f.
- **range** Geschwindigkeitsbereich m;
- **regulator** Geschwindigkeitsregler m;
- **of operation** Arbeitsgeschwindigkeit f;
- **– transmission** Sendegeschwindigkeit f, Übertragungsgeschwindigkeit f, Laufzeit f, Übertragungszeit f.

speedometer Geschwindigkeitsmesser m.
spell buchstabieren.
spelter solder Schlaglot n, Hartlot n.
sphere Kugel f.
- **gap** Kugelfunkenstrecke f;
spherical sphärisch, kugelförmig;
- **surface** Kugeloberfläche f;
- **wave** Raumwelle f, Kugelwelle f.
spider lines pl Fadenkreuz n;
- **web coil** Korbbodenspule f.
spigot Zapfen m des Fasses;
- **end** Spitzende n eines Muffenrohrs B;
- **(and socket) joint** Muffenverbindung f eines Rohrs B.
spike Dorn m, Stift m;
capstan — Stellstift m.
spill verschütten (acid Säure), ausschütten.
spilling Verschütten n.
spindle Spindel f, Achse f;
insulator — Isolatorstütze f;

spindle
  start-stop — Welle *f*, die nach einer bestimmten Drehung wieder anhält, Geh-Steh-Welle *f*, *T*;
  — **switch** Drehschalter *m*, Drehwähler *m*.
spiral I. spiralig, Spiral- ...;
  II. Spirale *f*;
  flat — Flachspirale *f*;
  equiangular — logarithmische Spirale;
  inductance — Blitzschutzspirale;
  logarithmic — logarithmische Spirale;
  wire — Drahtspirale;
  — **coil, flat** flache Spiralspule *f*, Spiralantenne *f*, *R*;
  — **curve** Spirallinie *f*; [*K*;
  — **four, quad** Sternvierer *m*,
  — **spring** Spiralfeder *f*.
spiralled-four cable Sternviererkabel *n*.
spiralweave cable spiralig verwobener Hochfrequenzleiter *m*.
spirit Spiritus *m*, Sprit *m*;
  killed — Lötsäure *f*, Lötwasser *n*;
  — **lamp** Spiritus-Lötlampe *f*;
  — **of turpentine** Terpentinöl *n*.
splice I. verspleißen;
  II. Spleißstelle *f*;
  test- — I. Aderpaare für den Kapazitätsausgleich auskreuzen *K*;
  II. Auskreuz-Lötstelle *f* eines Fernkabels;
  Y- — Abzweigspleißstelle *f*.
splicer Splisser *m*, Kabellöter *m*.
splicing Splissung *f*, Spleißung *f*;
  — **method, test-** Kapazitätsausgleichsverfahren *n* mit Aderkreuzung, Aderkreuzungsverfahren *n* für den Kapazitätsausgleich *K*;

— **tool** Splisser *m*, Spleißgerät *n*.
split I. spalten, schlitzen, (sich) teilen, brechen (marks Zeichen *T*); to — up zerlegen *M*, zersetzen;
  II. geteilt;
  III. Verzweigungspunkt *m* (of the differential relay des Differentialrelais);
  — **duplex system** Gegensprech-Gabelschaltung *f*, *T*;
  — **point** Mitte *f*, Verzweigungspunkt *m*, Scheitel *m* einer Differentialspule oder Brücke;
  — **transformer** Anzapftransformator *m*, Transformator *m* mit geteilter Wicklung.
splitting(-up) Aufspalten *n*;
  phase — Phasenteilung *f*;
  — — **device** Phasenteiler *m*.
spoke Speiche *f*, Polzahn *m*.
sponge rubber Schwammgummi *m*.
spongy schwammig;
— **lead** Bleischwamm *m*.
spool 1. aufspulen;
  II. Spule *f*, Spulenkasten *m*, Spulenkörper *m*;
  resistance — Widerstandsspule *f*;
  — **flange, — head** Spulenscheibe *f*, Spulenflansch *m*.
spot Stelle *f*, Fleck *m*;
  dead — abgeschirmte Stelle *f*, Funkschatten *m*, Empfangsloch *n*, wo kein Funkempfang möglich;
  galvanometer — Lichtzeiger *m* des Galvanometers;
  — **of light** Lichtfleck *m* Lichtzeiger *m*.
spray sprühen, spritzen (Sammler).
spread (out) (sich) ausbreiten.
spreader Spreize *f*, Raa *f* eines Luftleiters;
  top — wagerechter Teil *m* der T- und L-Antennen.

spring Feder *f*;
 the — **is wound up (run down)** die Feder ist aufgezogen (abgelaufen);
 antagonistic — Abreißfeder;
 buffer — Bufferfeder;
 cam — Wellenkontakt *m*, A;
 clamping — Federklammer;
 centring — Zentrierfeder am Relais T;
 coiled — Spiralfeder;
 contact — Kontaktfeder;
 control(ling) — Rückführfeder;
 damping — Dämpferfeder;
 driving — Triebfeder;
 flat — Flachfeder, Blattfeder;
 flat spiral hair — feine Flachfederspirale *f*;
 helical — Schraubenfeder, Spiralfeder:
 jack — Klinkenfeder;
 leaf — Blattfeder;
 line — Leitungsfeder der Klinke;
 main — Triebfeder;
 master — Hauptfeder;
 opposing — Abreißfeder;
 plate — Blattfeder;
 reacting — Abreißfeder;
 restoring — Rückführfeder;
 retracting — Abreißfeder, Rückzugfeder;
 spiral — Spiralfeder;
 switch — Schalterfeder; Klinke *f*;
 torsion — Torsionsfeder;
 weighted — mit einem Gewicht beschwerte Feder;
 set of —s Federnbündel *n*, Federnpaket *n*, Federnsatz *m*;
 — **assembly** Federnpaket *n*;
 — **bank** Federnpaket *n*, Federnsatz *m*;
 — **barrel** Federhaus *n*, Federtrommel *f*;
 — **catch** Federklinke *f*;
 — **clamped** federnd eingespannt, durch Federn festgehalten;
 — **clip** Klips *m*, Federklammer *f*, Federklemme *f*;
 — **contact** Federkontakt *m*, federnder oder weicher Kontakt *m*;
 — **drum** Federtrommel *f*;
 — **jack** Klinke *f*;
 — **(-wound) motor** Federkraftantrieb *m*, Federmotor *m*;
 — **pin** Federstift *m*;
 — **pressure** Federdruck *m*;
 — **-supported** an Federn aufgehängt, von Federn getragen;
 — **tension** Federspannung *f*;
 — **trays** auf Federn befestigtes Brett *n* der Baubotrelais;
 — **trigger** Federschnepper *m*.
springy elastisch, federnd.
spur Sporn *m*; Druckstab *m* (of a pole einer Stange) B; Abzweig *m* einer Leitung;
 — **gearing** Stirnrädergetriebe *n*;
 — **wheel** Stirnrad *n*.
spurious capacities *pl* Streukapazitäten *pl*, ungewollte kapazitive Kopplungen *pl*;
 — **oscillations** *pl* durch Nebenkopplungen verursachte Schwingungen *pl*.
sputtering noise sprudelndes Geräusch *n*, R.
square I. quadrieren;
 II. quadratisch;
 III. Quadrat *n*; [Wurzel *f*;
 — **root** Quadratwurzel *f*, zweite
 — **thread** Flachgewinde *n*;
 — **topped e. m. f.** EMK *f* von rechteckiger Kurvenform.
squash Stempel *m* der Lampe, Röhre.
squat flach).
squeal pfeifen V;.
squealing Selbsttönen *n*, Pfeifen *n* von Verstärkern.

squirrel cage rotor Käfiganker m.
s. s. c. = single silk covered einmal mit Seide umsponnen.
stabilit Stabilit n.
stability Stabilität f, Beständigkeit f, Standfestigkeit f;
  magnetic — magnetische Stabilität f (of coils von Spulen).
stabilization Stabilisierung f.
stabilize stabilisieren.
stable stabil, beständig, fest.
stack, smoke Schornstein m, Esse f.
staff Personal n, Besetzung f;
  — **economies** pl Personalersparnis f.
stage Stufe f, Stadium n;
  amplification — Verstärkungsstufe f; [Stadium n;
  experimental — Versuchs-
  multi-— mehrstufig;
  two-— zweistufig.
stagger staffeln, gegeneinander versetzen.
staggering of groups Staffeln n von Gruppen A.
stake I. to — out a line eine Linie abpfählen B;
  II. Pflock m, Absteckstange f.
stalloy Eisen n mit Aluminium- und Siliziumzusatz.
stamp I. prägen, pressen, stanzen, stempeln;
  II. Stempel m, Stanze f, Briefmarke f; Klangfarbe f;
  time — Zeitstempel m;
  — **pad** Stempelkissen n.
stamping Stanzstück n, gestanztes Stück n; Pressen n; Stanzen n; Stempeln.
stand Standort m, Untersatz m, Stativ n, Gestell n;
  battery — Batteriegestell n;
  desk — Pultgestell n;
  floor — Bodengestell n;
  wheeled — Rolltisch m, Rollständer m;
  — **by** auf Empfang stehen;
  — — **position** Empfangsstellung f.
standard I. normal, Normal-...;
  II. Normal n, —s pl Normalien pl; Ständer m, B;
  resistance — Widerstandsnormal n;
  roof — Dachständer m, Dachgestänge n;
  roof end — Abspann-Dachgestänge n;
  — **of transmission** Übertragungsnormal n;
  — **adjustment** Normaleinstellung f;
  — **cable** Standardkabel n;
  — —, ... **miles of** ... Meilen Standardkabel;
  — — **equivalent** Standardkabeläquivalent n, Übertragungsmaß n in Meilen Standardkabel;
  — **cell** Normalelement n;
  — **instrument** Vergleichsapparat m, Etalonapparat m, Normalinstrument n;
  — **resistance** Normalwiderstand m, Vergleichswiderstand m.
standardization Normung f, Normalisierung f.
standardize normen, normalisieren.
staple Kramme f, Krampe f.
star Stern m;
  — **circuit** Sternglied n, Stern m, Sternschaltung f;
  — **-connected** sterngeschaltet;
  — **-connection** Sternschaltung f;
  — **quad** Sternvierer m;
  — — **cable** sternverseiltes Kabel n, Sternviererkabel n;
  — **wheel** Sternrad n, Rad n mit scharfen Zähnen.
starch Stärke f.
start I. anlassen, anlaufen, einsetzen, beginnen;

start
to — **under (without) load** unter (ohne) Last anlaufen;
II. Anlaufen n, Einsetzen n, Beginn m.
starter Anlasser m;
  automatic — Selbstanlasser m;
  liquid — Flüssigkeitsanlasser m.
starting Anlassen n, Inbetriebsetzung f;
— **impulse** Anlaßstromstoß m, Auslösestromstoß m;
— **magnet** Einrückmagnet m, Anlaßmagnet m;
— **switch** Anlaßschalter m.
start-stop distributor Geh-Steh-verteiler m, T;
— — **spindle** Geh-Stehwelle f, Welle f, die nach einer bestimmten Drehung wieder anhält.
state Zustand n;
  final — Endzustand;
  initial — Anfangszustand;
  steady — Dauerzustand, stationärer Zustand, eingeschwungener Zustand;
  transient — flüchtiger oder vorübergehender Zustand, Übergangszustand;
— **of equilibrium** Gleichgewichtszustand.
statement Feststellung f.
static(al) I. statisch, ruhend;
II. -s pl Statik f; Luftstörungen pl, atmosphärische Störungen pl;
— **coupling** kapazitive Kopplung f;
— **induction** Influenz f;
— **transformer** ruhender Transformator m;
— **ratio, signal-to-** Amplitudenverhältnis n der Zeichen zu den Luftstörungen.
station Amt n, Stelle f;
  departure — Abgangsamt n;
  distant — fernes Amt n;
  down — (engl.) in der zu London entgegengesetzten Richtung gelegenes Amt n;
  extension —, **subscriber's** Fernsprechnebenstelle f, Nebenanschluß m;
  goods — Güterbahnhof m;
  home — eigenes Amt n;
  intermediate — Zwischenamt n;
  main — Hauptamt n;
— —, **subscriber's** Fernsprech-Hauptanschluß m;
  pay — (am.) öffentliche Fernsprechstelle f, Münzfernsprecher m, Fernsprechautomat m;
  receiving — Empfangsstelle f;
  sending — Sendestelle f;
  sub- — (am.) Teilnehmersprechstelle f;
  subscriber's — Teilnehmeranschluß m, Teilnehmersprechstelle f;
  terminal — Endamt n;
  transmitting — Sendestelle f, Geberamt n;
  up — (engl.) nach London zu gelegenes Amt n.
stationary feststehend, stationär;
  quasi- — quasistationär;
— **waves** pl stehende Wellen pl.
statistic(al) statistisch.
statistics pl Stastitik f.
stator Ständer m, Stator m;
  variometer — feste Variometerspule f.
stay I. verankern, abspannen (a wire einen Draht);
II. Anker m, Verspannung f, B;
  back- — Parbune f;
  lateral — Seitenanker m, B;
  longitudinal — Linienanker m, B;
  pole and — verankerte Stange f;   [anker m;
  stranded wire — Eisendraht-

stay
V-— V-Anker *m*, Doppelanker *m*, *B*;
- **block** Ankerklotz *m*, Ankerpfahl *m*;
- **crutch** Druckstab *m* (of a pole einer Stange) *B*;
- **guard** Ankerschutzpfahl *m*, Scheuerpfahl *m*;
- **hook** Ankerhaken *m*;
- **pole** Abspannstange *f*;
- **rod** Ankerstange *f*, *B*;
- **tightener** Ankerspannschraube *f*, Spannschloß *n*;
- **wire** Ankerdraht *m*.

steady I. gleichmäßig machen, gleichmäßig erhalten;
II. gleichmäßig, beständig;
- **current** gleichförmiger Strom *m*, stationärer Strom *m*, Gleichstrom *m*;
- **state** Dauerzustand *m*, stationärer Zustand *m*, eingeschwungener Zustand *m*;
- — **current** eingeschwungener Strom *m*, stationärer Strom *m*;
- — **value** Dauerwert *m*.

steam Dampf *m*;
- **engine** Dampfmaschine *f*;
- **turbine** Dampfturbine *f*.

steatite Speckstein *m*, Steatit *n*.

steel Stahl *m*;
alloy — legierter Stahl;
Bessemer — Bessemerstahl;
carbon — Kohlenstoffstahl;
high — — Stahl mit hohem Kohlegehalt;
cast — Gußstahl;
crucible — Tiegelstahl;
magnet — Magnetstahl;
manganese — Manganstahl;
mild — weicher Stahl;
ribbon — Bandstahl *m*;
silicon — Siliziumstahl, Siliziumeisen *n*;
tungsten — Wolframstahl;
- **bar** Stahlstab *m*;
- **plate, (pressed)** (gepreßte) Stahlplatte *f*;
- **pole, wrought** Stahlrohrmast *m*, Stahlrohrständer *m*;
- **rope** Stahldrahtseil *n*;
- **tape** Stahlband *n*;
- — **armoured** stahlbandbewehrt;
- **tipped** mit einer Stahlspitze versehen;
- **span rope** Stahldrahtseilparbune *f*;
- **wire rope** Stahldrahtseil *n*.

steep steil.

steepness Steilheit *f* (of characteristic curve der Kennlinie *V*).

stem Stiel *m*; Vorbersteven *m*; Querwiderstand *m*, Querglied *n* einer H-Leitung.

step I. schreiten, gehen, to — up weiterschalten, fortschalten, aufdrehen *A*, to — down (up) abwärts (aufwärts) transformieren, to — round the wipers to ... die Schaltarme weiterdrehen auf ... *A*;
II. Schritt *m*, Stufe *f*;
to come in — in Tritt kommen;
pole — Steigeisen *n*, Stufe *f* an der Stange;
rotary — Drehschritt *m*, *A*;
vertical — Höhenschritt *m*, *A*;
regulation in — s sprungweise oder stufenweise Regelung *f*;
- **-by-step automatic telephone system** Schrittschalt-Selbstanschlußsystem *n*;
- — — — — **selector** Schrittschaltwähler *m*;
- — — — — **switch** Schrittschalter *m*, Schrittschaltwerk *n*;
- **-down** Abwärtstransformierung *f*;
- **-up** Aufwärtstransformierung *f*.

stepped abgestuft.

stepping Schreiten *n*, Schalten *n*
impulse — Nummernwahl *f*, *A*;
— **electromagnet** Schrittschalt-
elektromagnet *m*;
— **mechanism** Fortschaltwerk *n*,
Schrittschaltwerk *n*.
stern Heck *n*.
stick kleben (to, an).
sticking Kleben *n* (of the arma-
ture des Ankers).
stiffen versteifen, steif machen,
verstärken.
stiffening Versteifung *f*, Ver-
stärkung *f*.
stock Vorrat *m*, Lager *n*;
in — auf Vorrat, vorrätig;
screw — Schneidkluppe *f*.
stockholder Aktionär *m*.
stock ticker Börsendrucker *m*;
— **type** Lagertype *m*, vorrätiger
Typ *m*.
stone Stein *m*;
grinding — Schleifstein;
oil — Ölstein;
— **drill** Mauerbohrer *m*, Stein-
bohrer *m*;
— **ware** Steingut *n*.
stop I. anhalten, abstellen, ein-
stellen (the work den Be-
trieb);
to — **gradually** auslaufen,
langsam stehen bleiben;
II. Unterbrechung *f*; Arretie-
rung *f*, Anschlag *m*, Klebstift
m (am Relais);
finger — Fingeranschlag *m*
der Wählscheibe *A*;
marking — Arbeitsanschlag *m*,
Arbeitskontakt *m*, Arbeits-
schiene *f* der Taste;
spacing — Ruheanschlag *m*,
Ruhekontakt *m*, Ruheschiene *f*
der Taste;
— **mechanism** Gesperre *n*;
— —, **Geneva** Malteserkreuz-
gesperre *n*;
— **pin** Anschlagstift *m*;

— **signal** Haltzeichen *n*.
stoppage Anhalten *n*, Unter-
brechung *f*.
stopper I. zustopfen, stoppen,
sperren;
II. Stopper *m*, Stopfen *m*;
Sperrkreis *m*;
X.-- Vorrichtung *f* zur Stör-
befreiung *f*, *R*;
— **circuit** Sperrkreis *m*, Sperr-
filter *n*, Resonanz-Drossel-
kreis *m*.
stopping Stillsetzung *f*, Anhal-
ten *n*, Feststellung *f*, Arretie-
rung *f*;
X.-- Störbefreiung *f*, *R*.
— **condenser** Blockkondensator
m;
storage Speicherung *f*;
— **battery** Sammlerbatterie *f*;
— **cell** Sammler *m*;
— —, **lead** Bleisammler *m*;
— —, **lead dust** Bleistaubsamm-
ler *m*;
— —, **portable** tragbarer oder
transportabler Sammler *m*;
— **relay** Speicherrelais *n*;
— **transmitter** Speichergeber *m*,
Speichersender *m*, *T*.
store I. to — up aufspeichern;
II. Lager *n*;
to lay out —**s** Lager anlegen *B*.
storing Speicherung *f*, Spei-
chern *n*, Speicher- . . .;
— **device, impulse** Stromstoß-
empfänger *m*, Impulsspeicher
m, Register *n*, *A*;
— **relay** Speicherrelais *n*.
storm Sturm *m*;
electric — elektrischer Sturm
m, elektrisches Gewitter *n*;
magnetic — magnetischer
Sturm *m*, magnetisches Ge-
witter *n*.
stout stark;
— **pole** starke Stange *f*, Stange
Nr. I, *B*.

stove Ofen *m*;
  lacquering – Lackierofen.
straight gerade;
  – line chart Fluchtentafel *f*, Nomogramm *n*.
straightaway test Streckenmessung *f* (Gegensatz: Messung geschleifter Leitungen).
straighten gerade richten, ausrichten.
straightening Ausrichten *n*.
strain I. recken, spannen (wire Draht), **to – back (to)** abspannen;
  II. Zug *m*, Spannung *f*, Beanspruchung *f*;
  breaking – Bruchlast *f*, Bruchspannung *f*;
  elastic – Belastung *f* innerhalb der Elastizitätsgrenze, elastische Beanspruchung *f*;
  – cord Tragschnur *f* der Litze.
strainer Spanner *m*;
  rod – Spannschloß *n*.
straining strap Ziehband *n*, *B*.
strand I. verlitzen;
  II. Litze *f*, Drahtlitze *f*;
  enamelled – Email(le)litze, emaillierte Litze;
  seven – siebensträhnig, siebenlitzig.
stranded gelitzt;
  – together verlitzt, zusammengedreht, verdrallt, verdrillt;
  – wire, copper Kupferlitze.
stranding machine Verlitzmaschine *f*, Verseilmaschine *f*.
strap I. durch Stege verbinden;
  II. Steg *m*, Streifen *m*, Band *n*, Bügel *m*;
  straining – Ziehband *n*, *B*.
strapped durch einen Bügel verbunden.
stratum of air Luftschicht *f*, **upper strata** *pl*, obere Schichten *pl*.
strawboard Preßspan *m*.

stray I. streuen;
  II. Streuung *f*; **–s** *pl* Luftstörungen *pl*;
  –s, elimination of Störbefreiung *f*, Störbeseitigung *f*;
  – capacity Streukapazität *f*, elektrostatische Streuung *f*, kapazitive Nebenkopplungen *pl*;
  – currents *pl* Streuströme *pl*, vagabondierende Ströme *pl*;
  – field Streufeld *n*;
  – flux Streufluß *m*;
  – inductance Streuinduktivität *f*.
stream I. strömen, fließen;
  II. Strom *m*, Strömung *f*;
  electron – Elektronenstrom *m*;
  – line Stromlinie *f*, Stromfaden *m*;
  – of ions Jonenstrom *m*.
strength Stärke *f*, Festigkeit *f*;
  bending – Biegefestigkeit;
  breaking – Bruchfestigkeit;
  compressive – Druckfestigkeit;
  disruptive – Durchschlagsfestigkeit;
  field – Feldstärke;
  mechanical – mechanische Festigkeit; [keit;
  rupturing – Durchschlagfestig-
  signal – Zeichenstärke *f*, Telegraphierstromstärke *T, R*;
  tearing – Zerreißfestigkeit;
  tensile – Zugfestigkeit;
  – of poles Polstärke.
strengthen verstärken.
strengthening Verstärkung *f*, Stärkung *f*;
  – tube Verstärkerröhre *f*.
stress mechanische, elektrische Belastung *f*, Beanspruchung *f*, Zug *m*, Druck *m* (on auf);
  compressive – Drucklast *f*, Druckbeanspruchung *f*;
  crushing – Druckbeanspruchung *f*;

Sattelberg, Wörterbuch: Englisch-Deutsch. 16

stress
   lateral — Seitenzug m, seitlicher Zug m;
   tensile — Zugbeanspruchung f, Zugspannung f;
   transverse — Seitenzug m, Querzug m;
   — **table** Belastungstabelle f, B.
stretch I. sich erstrecken, sich ausdehnen, (aus)spannen, strecken, recken (a wire einen Draht); II. Strecke f, Abschnitt m.
stretcher, wire Drahtspanner m.
stretching Recken n (of wire des Drahts);
   — **screw** Spannschloß n.
stricture Verengung f.
strike auftreffen auf, anschlagen, ansprechen (Sicherung).
striker Stößel m, Klöppel m, Mitnehmer m, Anschlag m;
   bell — Glockenklöppel m;
   — **bar** Mitnehmerschiene f, Anschlagschiene f.
striking point (of n m. a.) Ansprechstromstärke f (von n mA).
string I. schlingen; to — wires Drähte ziehen; II. Schnur f, Saite f;
   kite — Drachenschnur f;
   — **electrometer** Saitenelektrometer n;
   — **galvanometer** Saitengalvanometer n;
   — **oscillograph** Saitenoszillograph m.
strip I. auseinandernehmen, abwickeln, abisolieren, to — off abziehen, ablösen; II. Streifen m, Papierstreifen m, Leiste f;
   connection — Klemmenleiste f, Klemmenstreifen m, Verbindungsstreifen m, Lötösenstreifen m;
   copper — Kupferstreifen m;
   designation — Bezeichnungsstreifen m;
   fanning —, **(wood)** (hölzerner) Kamm m für Lötösenstreifen;
   fuse — Abschmelzstreifen m; Sicherungsleiste f;
   guard — Schutzleiste f;
   indicator — Klappenstreifen m;
   jack — Klinkenstreifen m;
   lamp — Lampenstreifen m;
   protector — Blitzableiterstreifen m;
   spacing — Abstandsleiste f;
   tag — Lötstiftstreifen m, Lötösenstreifen m;
   terminal — Lötösenstreifen m, Klemmenstreifen m;
   — **fuse** Streifensicherung f.
stroboscope Stroboskop n.
stroboscopic(al) stroboskopisch;
   — **disc** stroboskopische Scheibe f.
stroke I. bestreichen (einen Magnet); II. Hub m, Schlag m;
   armature — Ankerhub m, Ankerspiel n;
   back — Rückschlag m, Rückstrom m, Rückhub m;
   front — Vorwärtshub m;
   lightning — Blitzschlag m;
   return — Rückhub m, Rücklauf m, Heimgang m.
strontium Strontium n (Sr).
Strowger selector or **switch** Strowgerwähler m, Hebdrehwähler m.
structure Gefüge n, Aufbau m, Struktur f, Gerüst n, Gebilde n;
   aerial — Luftleitergebilde n;
   frame — Rahmenwerk n.
strut I. verstreben, versteifen; II. Strebe f, Steife f, Spreize f;
   diagonal — Diagonalstrebe f, B.
strutted pole verstrebte Stange f.

strutting Verstrebung *f.*
stub Stumpf *m;*
— **cable** Stumpfkabel *m* der Pupinspulenkästen, Einführungskabel *n;*
— **mast** Stumpfmast *m, R.*
stud Stumpf *m,* kurzer Stift *m,* Kontaktstück *n;*
contact — kurzer Kontaktstift *m,* Kontaktstück *n;*
six — **switch** Drehschalter *m* mit sechs Kontakten.
studded mit Zähnen versehen;
— **disc discharger** Zahnscheiben-Funkenstrecke *f.*
studio Aufnahmeraum *m* des Rundfunksenders.
study Forschung *f,* Untersuchung *f;*
plan of — Studienplan *m.*
style Stichel *m,* Schreibstift *m.*
stylus Schreibfeder *f.*
subaqueous Unterwasser- . . .;
— **sound receiver** Unterwasser-Schallempfänger *m.*
subdivide unterteilen.
subdivided, finely fein unterteilt.
subdivision Unterteilung *f.*
subfluvial cable Flußkabel *n.*
subgroup Untergruppe *f.*
subject unterwerfen.
sublimate Sublimat *n;*
corrosive — Quecksilberchlorid *n,* Ätzsublimat *n* (HgCl$_2$).
submarine See- . . ., Untersee- . . .;
— **cable** Seekabel *n.*
submerge versenken, eintauchen.
submultiple Faktor *m* einer Zahl.
sub-office Hilfsamt *n, A,* Unteramt *n.*
subscriber Teilnehmer *m;*
called — angerufener Teilnehmer; [nehmer;
calling — anrufender Teilnehmer;
measured rate — Gesprächsgebührenteilnehmer;

required or **wanted** — verlangter Teilnehmer;
— **to a manual exchange** an ein Handamt angeschlossener Teilnehmer;
—**'s extension station** Teilnehmer-Nebenanschluß *m* oder -Nebenstelle *f;*
—**'s jack** Teilnehmerklinke *f;*
—**'s line** Teilnehmerleitung *f;*
—**'s** — **finder** erster Anrufsucher *m, A;*
—**'s** — **indicator** Teilnehmer-Anrufzeichen *n;*
—**'s loop** Teilnehmerschleife *f,* Teilnehmer-Doppelleitung *f;*
—**'s main station** Teilnehmer-Hauptanschluß *m;*
—**'s multiple** Teilnehmervielfachfeld *n,* Teilnehmer-Klinkenfeld *n;*
—**'s set** Teilnehmersprechstelle *f,* Teilnehmerapparat *m;*
—**'s station** Teilnehmeranschluß *m;*
—**'s c. b. (l. b.) station** Z.B.-(O.B.-)Teilnehmersprechstelle *f.*
subscription Zeichnung *f,* Subskription *f,* Abonnement *n;*
— **rate** Abonnementsgebühr *f.*
subsidize subventionieren.
subsidy Subvention *f,* Beihilfe *f.*
subset (*am.*) Teilnehmersprechstelle *f.*
subsoil Untergrund *m;*
— **water** Grundwasser *n;*
— —, **level of the** Grundwasserspiegel *m.*
substance Stoff *m,* Substanz *f;*
magnetic — magnetische Masse *f.*
substation Unterstation *f, am:* Teilnehmersprechstelle *f;*
— **switchboard** Nebenstellenumschalter *m.*

16*

substitute substituieren, einsetzen, to — in (3) for *i* from (4) ben Wert für *i* aus (4) in (3) einsetzen *M*.
substitution Substitution *f*.
subtract abziehen, subtrahieren (from von).
subtraction Subtraktion *f*.
subtrahend Subtrahendus *m*.
suburban Vorstadt-..., vorstädtisch).
succession Folge *f*, Reihenfolge *f*, Reihe *f*;
 in — der Reihe(nfolge) nach;
 order of — Reihenfolge *f*;
 — **of impulses** Stromstoßreihe *f*, Impulsreihe *f*.
successive aufeinanderfolgend.
suck saugen.
sucking solenoid Tauchkernspule *f*.
sudden plötzlich).
suffix angehängter Buchstabe *m*, Index *m*, *M*.
suitability Eignung *f*.
suitable, suited geeignet.
sulphate I. sulfatieren:
 II. Sulfat *n*.
sulphation Sulfatierung *f*.
sulphide Sulfid *n*.
sulphur Schwefel *m* (S).
sulphuric acid Schwefelsäure *f* (H_2SO_4);
 diluted — — verdünnte Schwefelsäure *f*.
sum I. zusammenzählen, summieren;
 II. Summe *f*.
summation Summierung *f*.
sun-spot Sonnenfleck *m*.
super-audible überhörfrequent.
superficial oberflächlich, Oberflächen...;
 — **current** Oberflächenstrom *m*.
super-heterodyne receiver Empfänger *m* mit Über-Hör-Zwischenfrequenz *R*.

superimpose überlagern.
superimposed working Arbeiten *n* in Überlagerungsschaltung.
superimposing Überlagerung *f*, Bildung *f* von Viererkreisen bzw. von Simultanverbindungen.
superpose (on) überlagern.
superposed circuit überlagerte Verbindung *f*, Simultantelegraphenleitung *f*, *T*, Viererkreis *m*, *F*;
 telegraph — — Simultan-(telegraphen)leitung *f*;
 — — **coil** Viererspule *f*, *K*;
 — **current** überlagerter Strom *m*;
 — **field** überlagertes Feld *n*;
 — **ringing** Rufen *n* mit gleichstromüberlagertem Wechselstrom;
 — **telegraph** Simultantelegraph *m*.
superposing Überlagern *n*, Überlagerung *f*.
superposition Überlagerung *f*, Aufeinanderschichten *n*, Superposition *f*.
super-regeneration erhöhte Dämpfungsverminderung *f*, *R*;
 — **-regenerative receiver** Hilfsfrequenz-Rückkopplungsempfänger *m*, Superregenerativempfänger *m*, *R*;
 — — **reception** Superregenerativempfang *m*, Rückkopplungsempfang *m* mit Hilfsfrequenz *R*.
supersaturated übersättigt.
supersaturate übersättigen.
supersaturation Übersättigung *f*.
superseason altern, ablagern (lassen).
superseasoning Altern *n*.
supersede abschaffen, verdrängen.

supersensitive hochempfindlich.
supersession Abschaffung f, Verdrängung f.
supervise überwachen, beaufsichtigen.
supervision Überwachung f, Beaufsichtigung f.
supervisor Aufsichtsbeamter m, Aufsichtsbeamtin f;
  trunk — Fern(amts)aufsicht f;
  -'s position Aufsichtsplatz m, Kontrollplatz m, F.
supervisory I. Überwachungs-...;
  II. Überwachungszeichen n;
  answering (calling) — Überwachungszeichen des rufenden (angerufenen) Teilnehmers F;
  — lamp Überwachungslampe f, Signallampe f, Schlußlampe f, F;
  — —, answering (calling) Schlußlampe f des rufenden (angerufenen) Teilnehmers F;
  — relay Überwachungsrelais n, Kontrollrelais n, Melderelais n;
  — signal Überwachungszeichen n, Schlußzeichen n, F.
supplant ersetzen.
supply I. zuführen, speisen (to); II. Anschluß m, Versorgung f, Speisung f.
  constant potential — Gleichstromquelle f, Gleichspannungsquelle f, Gleichstromspeisung f; [anschluß m;
  current —, commercial Netz-
  — —, speaking Sprechstromzuführung f, Mikrophonspeisung f;
  — — loss Verringerung f des Z.B.-Speisestromes mit wachsender Länge der Teilnehmerleitung;
  d. c. — Gleichstromspeisung f;
  filament — Heizfadenspeisung f;

  plate — Anodenspeisung f;
  public — öffentliche Stromversorgung f, Netzanschluß m; öffentliches Starkstromnetz n;
  — of talking current Sprechstromspeisung f, F, A;
  — circuit Speiseleitung f, Speisestromkreis m;
  — current Speisestrom m;
  — relay Speiserelais n.
support I. tragen, halten;
  II. Träger m, Stütze f, Stützpunkt m, Fuß m, Halter m;
  antenna — Antennengerüst n, Luftdrahtträger m;
  gong — Glockenhalter m, Schalenhalter m;
  resilient — erschütterungsfreie Unterlage f.
supporting I. tragend;
  II. Traggestell n;
  self-— freistehend (rack, tower Gestell, Turm).
suppose voraussetzen.
supposition Voraussetzung f.
suppress unterdrücken.
suppression Unterdrückung f;
  carrier — Unterdrückung der Trägerwelle R;
  side band — Unterdrückung eines Seitenbandes R;
  — filter circuit Sperrkreisgebilde n, Sperrfilter n.
surface Oberfläche f, Fläche f;
  active — wirksame Oberfläche;
  emitting — Strahlungsfläche, Emissionsfläche;
  equipotential — Fläche konstanten Potentials, Äquipotentialfläche;
  spherical — Kugel(ober)fläche;
  — constraint Oberflächenspannung f;
  — discharge Oberflächenentladung f;
  — leakage Oberflächenableitung f, Kriechen n;

surface leakage current Kriechstrom *m*;
— **resistance** Oberflächenwiderstand *m*;
— **tension** Oberflächenspannung *f*;
— **wiring** vorderseitiger Anschluß *m* einer Schalttafel.
surge I. saugen, to — back and forth hin und her schwingen; II. Schwebung *f*; Wanderwelle *f*;
voltage — Spannungswelle *f*;
— **arrester** Überspannungsschutz *m*, Überspannungsfunkenstrecke *f*;
— **current** Ladestrom *m* (of a cable eines Kabels);
— **impedance** Wellenwiderstand *m*;
— **resistance** Wellenwiderstand *m* (reeller Teil).
surging amplitude Schwebungsamplitude *f*.
surround umgeben.
survey besichtigen, to — for a line eine Linie auskunden.
surveying Besichtigung *f*, Auskundung *f* (for a line einer Linie.
surveyor Feldmesser *m*;
—'**s chain** Meßkette *f*.
susceptance Blindleitwert *m*, Suszeptanz *f*;
capacity — kapazitiver Leitwert *m*, kapazitive Suszeptanz *f*;
effective — effektiver Blindleitwert *m*, Verhältnis des Blindstromes zur Gesamtspannung;
inductive — induktiver Blindleitwert.
susceptibility Aufnahmefähigkeit *f*, Suszeptibilität *f*;
magnetic — magnetische Suszeptibilität *f*.

suspend (auf)hängen (by, to an), to — a call eine Verbindung aufheben.
suspended aufgehängt (from an).
suspender Aufhänger *m*, Aufhängevorrichtung *f*;
raw-hide Rohhautaufhänger *m* für Luftkabel.
suspending wire Tragseil *n*, Tragdraht *m*, Aufhängedraht *m*.
suspension Aufhängung *f*, Aufhängen *n*;
cardanic — kardanische Aufhängung *f*;
knife-edge — Schneidenaufhängung *f*, Schneidenlagerung *f*;
pivot — Spitzenaufhängung *f*, Spitzenlagerung *f*;
top-bottom — gegenfäsige Aufhängung *f* (of a moving coil einer Drehspule);
point of — Aufhängungspunkt *m*;
— **eye** Aufhängeöse *f*;
— **insulator** Hängeisolator *m*;
— **wire** Tragdraht *m*, Aufhängedraht *m*.
swamp Sumpf *m*.
swamped signals *pl* durch Störer verdeckte Zeichen *pl*, *R*.
sweep fegen, streichen, to — over bestreichen (Bürste);
—'**s rods** *pl* Schiebegestänge *n*, Einschiebegestänge *n*, *B*.
swell wachsen, schwellen.
S. W. G. = **Standard Wire Gauge** Normaldrahtlehre *f*.
swing I. schwingen, schwanken sich drehen; II. Ausschlag *m*, Schwingung *f*, Schwung *m*;
time of — Schwingungsdauer *f*.
swinging Schwingen *n*, Pendeln *n*;

swinging
phase — Pendeln n (of rotor des Läufers).
3-wire c-Leitung f, F, Prüfleitung f, A.
switch I. schalten, to — in or on einschalten, anschalten, anlegen (to an), to — off abschalten;
II. Schalter m Umschalter m, (v. cut-out, circuit-breaker);
to close a — einen Schalter schließen;
to open a — einen Schalter öffnen;
to throw a — einen Schalter umlegen;
rank of —es, Wahlstufe f, Wählerstufe f, A;
aerial (change over) — Luftdrahtumschalter;
automatic — Umschalterelais n; Selbstschalter, Wähler m, A;
barrel — Walzenschalter;
change-over —, changing — Umschalter;
change-tune — Wellenumschalter;
charging — Ladeschalter;
cell — Zellenschalter;
— —, **double** Doppel-Zellenschalter;
control(ling) — Steuerschalter A;
cradle — Gabelumschalter (des Tischfernsprechers);
dial — Nummernscheibe f, Nummernschalter m Wähl(er)scheibe f, A;
— —, **to wind up** or **pull round (release) the** die Wählscheibe aufziehen (ablaufen) lassen A;
disconnecting — Trennschalter;
distant control — Fernschalter;
door — Türschalter;

double pole — zweipoliger Schalter;
double throw — Umschalter, Wechselschalter;
d. p. — = double pole —;
earthing — Erdungsschalter;
field break — Magnetausschalter;
finder — Anrufsucher m, A;
foot — Tretschalter, Fußschalter;
group — Gruppenschalter;
hook —, hookswitch Hakenumschalter F;
horn type — Hörnerausschalter;
intercommunication — Zentralumschalter für Telegraphenleitungen;
inter-through — Zwischenstellenumschalter F;
knife(-blade) — Messer(um)schalter;
lever — Hebelumschalter, Kurbelumschalter;
— —, **double** zweipoliger Hebelschalter, Doppel-Kurbelumschalter;
line — Vorwähler m, A;
— —, **(rotary)** (Dreh-)Vorwähler m, A;
— —, **primary (secondary)** erster (zweiter) Vorwähler m, A;
main — Hauptschalter;
major — großer Wähler m (hundertteiliger Wähler usw.) A;
master — Steuerschalter A;
minor — kleiner Wähler (Vorwähler, Steuerschalter usw.) A;
motor starting — Motoranlaßschalter; [Schalter;
multipoint — vielstufiger
multiway — mehrwegiger (Um-)Schalter;

switch
- **oil(-break)** — Öl(trenn)-schalter;
- **panel** — Stangenwähler m, A;
- **plug** — Stöpsel(um)schalter;
- **point** —, **multiple-** mehrteiliger Schalter, vielteiliger Schalter;
- — —, **two position six-** sechsteiliger Schalter mit zwei Stellungen;
- **pole** — Mastschalter;
- **poling** — Umkehrschalter, Kopplungswechsler m der Fernsprech-Zwischenverstärker;
- **pull** — Zugschalter;
- **quickaction** —, **quick break** — Momentschalter;
- **radial arm** — Kurbelschalter;
- **remote control** —, **remote(ly) controlled** — Fernschalter, ferngesteuerter Schalter;
- **reversing** — Stromwender m, Umkehrschalter;
- **revolving** — umlaufender Schalter, Drehschalter;
- **rotary** — Drehschalter, umlaufender Schalter, Drehwähler m, A;
- **rotary line** — Vorwähler m mit Drehbewegung A;
- **selective** — Wahlschalter, Wähler m, A;
- **sequence** — Steuerschalter, Folgeschalter A;
- **short-circuiting** — Kurzschlußschalter, Kurzschließer m;
- **spindle** — Drehschalter, Drehwähler m;
- **starting** — Anlaßschalter;
- **three-way** — Dreiwegeschalter
- **single pole** — einpoliger Schalter; [schalter;
- **star-delta** — Stern-Dreieck-
- **step-by-step** — Schrittschalter, Schrittschaltwerk n;
- **Strowger** — Strowgerwähler m, Hebdrehwähler m, A;
- **stud** —, **six-** Drehschalter mit sechs Kontakten;
- **throw-over** — Umschalter mit zwei Stellungen;
- **time** — Zeitschalter;
- **trunk hunting** — Vorwähler m, A;
- **tumbler** — Tumblerschalter, Schnappschalter;
- **two-way** — Umschalter mit zwei Stellungen;
- **voltmeter** — Voltmeterumschalter;
- **wave-changing** — Wellenumschalter, Verstimmungsschalter R;
- **closure of the** — Schließen n des Schalters;
- **opening** — — — Öffnen n des Schalters;
- **throwing** — — — Umlegen n des Schalters;
- **— base** Schaltersockel m.

switchboard Schalttafel f, Klappenschrank m;
- **A- (B-)** — A-(B-)Schrank m, F;
- **cordless** — schnurloser Klappenschrank m;
- **double cord** — Zweischnur-Klappenschrank m;
- **hinged** — Klappschalttafel f, ausschwingbare Schalttafel f, aufklappbarer Klappenschrank m;
- **lamp** — Glühlampenschrank m;
- **line** — Linienumschalter m; Vorwählergestell n, A;
- — —, **six-** Klappenschrank m zu sechs Leitungen;
- **long-distance** — Fernschrank m;
- **magneto** — Klappenschrank m für Induktoranruf;
- **marble** — Marmorschalttafel f;
- **multiple** — Vielfachschrank m;
- **power** — Kraftschalttafel f;

switchboard
  substation — Nebenstellen-umschalter m;
  telephone — (Fernsprech-)Klappenschrank m, Vermittlungsschrank m;
  single cord — Einschnur-Klappenschrank m;
  toll —, trunk telephone — Fernschrank m;
  wall pattern — Wand-Vermittlungsschrank m;
  — cable Systemkabel n, F;
  — section Abteilung f eines Klappenschranks, Schrankplatz m.
switchcase Schaltkasten m.
switch desk Schaltpult n;
  — frame Schaltergestell n, Wählergestell n, A;
  — gear Schaltwerk n, Schaltvorrichtung f;
  — hook Hakenumschalter m, F;
  — jack Federverbindung f, Federanschluß m, Messerkontakt m;
switchrack, (auto-) Wählergestell n, A;
switch room Schaltraum m, Apparatsaal m;
  — spring Klinke f;
  — —, instrument Apparatklinke f;
  — —, line Leitungsklinke f;
  — step Schaltstufe f.
switching Umschaltung f, Umschalten n;
  — device Schaltmittel n, Schaltvorrichtung f, Schalteinrichtung f; [gen pl]
  — equipment Schalteinrichtungen
  — key Schaltschlüssel m, Kippschalter m;
  — operation Schaltvorgang m;
  — relay Schaltrelais n, Verteilerrelais n, T;
  — system, electro-mechanical elektromechanisches Schaltsystem n, am: Selbstanschlußsystem n;
  — —, machine Selbstanschlußsystem n. [Wirbel m, B.
swivel (Anker-) Spannschloß n,
symbol Symbol n.
symbolic(al) symbolisch.
symmetric(al) symmetrisch.
symmetry Symmetrie f;
  axis of — Symmetrieachse f;
  condition for — Symmetriebedingung f;
  lack of — Mangel m an Symmetrie, mangelnde Symmetrie f;
  plane of — Symmetrieebene f.
synchronization Synchronisierung f.
synchronize synchronisieren.
synchronism Gleichlauf m, Synchronismus m;
  loss of — Gleichlaufverlust m.
synchronous synchron, gleichlaufend.
synthetic(al) synthetisch.
syntonic(al) abgestimmt;
  — wireless telegraphy abgestimmte drahtlose Telegraphie f
syntonisation Abstimmung f.
syntonise abstimmen.
syntonising coil Abstimmspule f;
  — inductance Variometer n.
syntony Einklang m, Resonanz f, (Vorhandensein n der) Abstimmung f.
syphon Heber m.
  — recorder Heberschreiber m, (Syphon-) Rekorder m.
syringe Spritze f, Heber m;
  battery — Batterieheber m;
  hydrometer — Hebersäuremesser m.
system System n, Gebilde n;
  moving — bewegliches System n; [selektives Gebilde n
  selective — Siebgebilde n

T.

Tab Lappen *m*, Streifen *m*, Stift *m*;
soldering — Lötöse *f*, Lötstift *m*.
table Tisch *m*, Tafel *f*, Tabelle *f*;
  instrument — Apparattisch *m*;
  quartette operating — vierteiliger Apparattisch *m*;
  — **telephone station** Tischfernsprecher *m*, Tischgehäuse *n*.
tabulate täfeln, tabellarisieren.
tachometer (Geschwindigkeitsmesser *m*, Tachometer *n*.
tackle Flaschenzug *m*.
tag Stift *m*, Lötstift *m*, Lötöse *f*, Lötklemme *f*;
  — **strip** Lötösenstreifen *m*;
  — —, **eighty-** Streifen *m* mit achtzig Lötösen.
tagged mit Lötösen versehen.
tail Schwanz *m*, Ansatz *m*;
  pothead — Bleirohrkabelende *n* zwischen Verzweigungsmuffe und Freileitung;
  wave — Wellenschwanz *m*;
  — **ends** *pl* Bleirohrkabelenden *pl* an den Kabelüberführungspunkten.
talc Talk *m*.
talk sprechen;
  cross- — Übersprechen *n*, Nebensprechen *n*, *K*.
talker Fernhörer *m*, Lautsprecher *m*; Sprechender *m*, Sprecher *m*, Teilnehmer *m*; Sprech- . . . .
talking Sprechen *n*;
  — **to the grid** Gitterbesprechung *f*;
  — **condition** Sprechstellung *f*;
  — **current supply** Sprechstromspeisung *f*, *F*, *A*;
  — **test** Sprechversuch *m*.
tallow Talg *m*. [stopfen.
tamp feststampfen, Kabel unter-
tamping Stampfen *n*, Feststampfen *n*;
  — **bar** Stampfholz *n*.
tan = tangent Tangente *f*, Tangens *m*, tang., tg.
tandem einer hinter dem andern, hintereinander befindlich;
  in — hintereinander, in Reihe;
  — **junction** Tandem-Verbindungsleitung *f*;
  — **offices** *pl* hintereinander in einer Leitung liegende Ämter *pl*, Tandemämter *pl*;
  — **operation** Tandembetrieb *m*, Betrieb *m* mehrerer Ämter in Reihenschaltung (z. B. Verstärkerämter);
  — **selector** II., III. usw. Gruppenwähler *m*, *A*.
tangent Tangente *f*, Tangens *m*;
  — **galvanometer** Tangentenbussole *f*.
tangential tangential (to zu).
tanh = hyperbolical tangent hyperbolischer Tangens *m*.
tank Behälter *m*, Tank *m*, Kasten *m*, Gefäß *n*, Kessel *m*;
  cable — Kabeltank *m*;
  impregnating — Tränkkessel *m*, Tränkgefäß *n*;
  melting — Schmelzkessel *m*;
  ribbed — Rippengefäß *n*;
  wood — Holzkasten *m*, Bottich *m*.
tanned mit Tannin getränkt, gegerbt.
tantalum Tantal *n* (Ta).
tap I. einer Spule, Batterie anzapfen (at bei); mithören *R*; Gewinde schneiden;
  II. Anzapfung *f*, Zapfstelle *f*, Abgriff *m*, Abgreifpunkt *m*, Abzweigung *f*; Gewindebohrer *m*;
  cable — Kabelabzweig *m*;

tap
centre — Scheitel *m*, mittlerer Abgreifpunkt *m* (einer Diff.-Spule);
screw — Gewindebohrer *m*;
water — Wasserleitungshahn *m*;
— **connection** Zapfstelle *f* einer Spule;
— **water** Leitungswasser *n*.
tape I. umwickeln, mit Band bewickeln, to — together mit einem Band zusammenhalten II. Band *n*, Streifen *m*;
to prepare the — Streifen herstellen *T*;
adhesive — Klebeband *n*, Isolierband *n*;
helical — Spiralband *n* einer Krarupader;
insulating — Isolierband *n*;
— —, **adhesive** klebendes Isolierband *n*;
paper — Papierstreifen *m*;
perforated — Lochstreifen *m*, *T*;
— —, **cross-** Querlochstreifen *m*, *T*;
— —, **lengthwise** Längslochstreifen *m*, *T*;
steel — Stahlband *n*;
— — **armoured** stahlbandarmiert;
Wheatstone — Wheatstonestreifen *m*;
— **platform** Streifenbahn *f* am Sender *T*;
— **printer** Streifendrucker *m*, *T*;
— **printing** Streifendruck *m*, Abdruck *m* auf Streifen *T*;
— **race** Streifenbahn *f* am Sender *T*;
— **receiving perforator** Lochstreifenempfänger *m*, *T*;
— **roll** Papierrolle *f*, Streifenrolle *f*; [ter *m*, *T*;
— — **holder** (Papier-)Rollenhal-
— **transmitter** Streifensender *m*;
— **wheel** Papierrollenträger *m*, *T*.
taper I. spitz zulaufen, sich verjüngen;
II. verjüngt, konisch;
III. Verjüngung *f*;
— **pin** konischer Stift *m*.
tapered konisch;
— **tube pole** nach oben verjüngter Rohrständer *m*, *B*.
tapering Verjüngung *f*.
taping Umlappung *f*, Bandumwicklung *f*;
brass — Messingbandumlappung *f* der Kabel;
— **machine** Bandwickler *m*;
— **wire** Wickeldraht *m*.
tapped-off abgezapft;
— **coil** Anzapfspule *f*.
tapper Entfritter *m*; Klopfer *m*;
time — Taktgeber *m* am Baudotgeber.
tappet Daumen *m*, Knagge *f*.
tapping Anzapfen *n*, Anzapfung *f*, Anzapfstelle *f*; Klopfen *n*; Gewindeschneiden *n*;
— **contact** intermittierender Kontakt *m*;
— **point, (centre)** (mittlere) Anzapfstelle *f*.
tar I. teeren;
II. Teer *m*;
coal — Kohlenteer;
gas — Gasteer;
wood — Holzteer;
— **oil, (coal)** Teeröl *n*.
tariff Tarif *m*;
bulk — Pausch(al)tarif;
graduated — Staffeltarif;
flate rate — Pauschgebührentarif; [rentarif;
measured rate — Einzelgebühzone — Zonentarif;
— **system** Tarifsystem *n*;
— **unit** Tarifeinheit *f*, Gebühreneinheit *f*.

tarred geteert.
T-circuit Kettenleiter *m* II. Art, T-Leitung *f*;
— — **mesh** Sternglied *m*.
teak Teakholz *n*.
tear I. reißen, zerreißen, to — off abreißen;
II. Riß *m*.
tearing strength Zerreißfestigkeit *f*.
technics *pl* Technik *f*.
technical technisch;
— **press** Fachpresse *f*, technische Presse *f*;
— **term** Fachausdruck *m*;
— **world** Fachwelt *f*.
technique Technik *f*.
tee (together) parallelschalten, abzweigen, to — across in Brücke schalten zu.
teed to the operator's set nach dem Abfrageapparat hin abgezweigt.
tee lever T-förmiger Hebel *m*;
— **shaped** T-förmig.
teeth *pl* von tooth.
telautograph Telautograph *m*.
telautographic(al) telautographisch.
telautography Telautographie *f*.
telegram Telegramm *n*, Fernspruch *m*;
ciphered — chiffriertes Telegramm, Chiffretelegramm;
open language — Telegramm in offener Sprache;
secret language — Telegramm in geheimer Sprache.
telegraph I. telegraphieren;
II. Telegraph *m*;
ABC- — ABC-Telegraph;
automatic — Schnelltelegraph, Maschinentelegraph, Reihentelegraph;
central battery — Telegraph mit Zentralbatterie;
copying — Kopiertelegraph;

duplex — Gegensprechtelegraph;
equal letter — Telegraph mit gleich langen Telegraphierzeichen;
fire alarm — Feuertelegraph;
flip-flap — Klipp-Klapptelegraph, bei dem abwechselnd je ein Druckbuchstabe gesandt und empfangen wird;
harmonic — harmonischer Telegraph, Telegraph mit abgestimmten Wechselströmen;
high-speed — Schnelltelegraph, Reihentelegraph;
machine — Maschinentelegraph;
multi-channel — mehrwegiger Telegraph, Mehrfachtelegraph;
multiple(x) — Mehrfachtelegraph;
— —, **a. c.** or **harmonic** Wechselstrom-Mehrfachtelegraph, Mehrfachtelegraph mit abgestimmten Wechselströmen;
— —, **forked** Mehrfachtelegraph in Gabelschaltung;
— —, **series** Mehrfachtelegraph in Staffelschaltung;
— —, **split** Mehrfachtelegraph in Gabelschaltung;
multiple way — Mehrfachtelegraph;
needle — Nadeltelegraph;
— —, **double** Doppelnadeltelegraph; [graph;
— —, **multiple** Mehrnadeltelegraph;
— —, **single** Einnadeltelegraph;
Pendel — Pendeltelegraph;
picture — Bildtelegraph;
pointer — Zeigertelegraph;
printing — Drucktelegraph;
— —, **page** Seitendrucktelegraph, Telegraph mit Blattdruck;

telegraph
— —, **photo-** Telegraph mit photographischem Zeichendruck;
— —, **tape** Streifendrucktelegraph, Telegraph mit Streifendruck;
quadruplex — Quadruplextelegraph, Doppelgegensprechtelegraph; Vierfachtelegraph;
single-channel — Einfachtelegraph, einwegiger Telegraph;
single-operator — Einmanntelegraph, Telegraph, der durch einen Beamten bedient wird; [graph;
start-stop — Geh-Stehtele-
— - — —, **pendulum** Pendeltelegraph;
step-by-step — Schrittschalttelegraph;
to-and-fro — Klipp-Klapptelegraph, bei dem abwechselnd je ein Druckbuchstabe gesandt und empfangen wird;
— **blank** Telegrammvordruck m, Telegrammformular n;
— **by-pass set** Telegraphen-Umgehungsschaltung f für Fernsprech-Zwischenverstärker;
— **cable** Telegraphenkabel n;
— **code** Telegraphenalphabet n (v. code); Telegraphenschlüssel m, Telegraphenkode m;
— **composite set** Einrichtung f für Simultantelegraphie;
— **frequency** Telegraphierfrequenz f;
— **line** Telegraphenleitung f;
— **office** Telegraphenamt n, Telegraphenanstalt f;
— **plant** Telegraphenanlage f;
— —, **radio** Funktelegraphenanlage f; [übertragung f;
— **repeater (set)** Telegraphen-
— **route** Telegraphierweg m, Leitweg m;
— **selector** Einzelanrufer m;
— **signal** Telegraphierzeichen n;
— **station** Telegraphenamt n, Telegraphenanstalt f;
— —, **repeating** Telegraphenübertragungsamt n.
telegraphic(al) telegraphisch;
— **equation** Telegraphengleichung f, L.
telegraphy Telegraphie f;
continuous (damped) wave — Telegraphie mit ungedämpften (gedämpften) Wellen;
frequency —, **audio-** or **tone-** or **voice-** Tonfrequenztelegraphie;
diplex — Diplextelegraphie;
radio — Funktelegraphie;
spark — Funkentelegraphie, Telegraphie mit gedämpften Wellen;
wire — Drahttelegraphie;
wireless — Funktelegraphie, drahtlose Telegraphie.
telegraphist Telegraphist m.
telegraphone Telegraphon n.
telephonograph Telephonograph m. [sprechen;
telephone I. telephonieren, fern-
II. Fernsprecher m, Telephon n, Fernhörer m, Fernsprech-...;
anti-side tone — Fernsprecher m mit Schutzschaltung gegen Mikrophongeräusch im eigenen Hörer;
battery-ringing — Fernsprecher m mit Batterieanruf;
condenser — Kondensatortelephon n; [fernsprecher m;
desk stand — Säulen-Tisch-
domestic — Haustelephon n;
hand — Handfernsprecher m, Handapparat m;
intercommunication — **plant** Fernsprech-Reihenanlage f;
magneto-ringing — Fernsprecher m mit Induktoranruf;

telephone
  operator's — Abfrageapparat m, Abfrageeinrichtung f;
  portable — tragbarer Fernsprecher m, Streckenfernsprecher m;
  shunted — **method** Parallelohmmethode f;
  table — Tischfernsprecher m, Tischapparat m;
  thermo- — Thermotelephon n;
  wall — Wandfernsprecher m, Wandapparat m;
  watchcase — Dosenfernhörer m;
  wire — Drahttelephon n;
  — **amplifying tube** or **valve** Fernsprechverstärkerröhre f;
  — **cabin** Fernsprechzelle f;
  — **cable** Fernsprechkabel n;
  — —, **trunk** or **long-distance** Fernkabel n;
  — **circuit** Fernsprechleitung f;
  — —, **rural** Sp-Leitung f;
  — **directory** Fernsprechbuch n, Fernsprech-Teilnehmerverzeichnis n;
  — **exchange** Fernsprechamt n, Fernsprech-Vermittlungsstelle f;
  — —, **automatic** Selbstanschlußamt n;
  — —, **manual** Handamt n, Handvermittlungsamt n;
  — —, **semi-automatic** halbautomatisches Fernsprechamt n;
  — **frequencies** pl Fernsprechfrequenzen pl;
  — **handset** Sprechhörer m, Handapparat m, Mikrotelephon n;
  — **network** Fernsprechnetz n;
  — **plant** Fernsprechanlage f;
  — —, **private** Privatfernsprechanlage f, Nebenstellenanlage f;
  — **relay** Fernsprechrelais n;
  — **repeater** Fernsprechverstärker m;
  — —, **intermediate** Fernsprechzwischenverstärker m;
  — — **tube** or **valve** Fernsprechverstärkerröhre f;
  — **service** Fernsprechdienst m;
  — —, **no-delay** Fernsprech-Schnellverkehr m;
  — **station** Fernsprecher m, Fernsprechstelle f, Sprechstelle f;
  — —, **coin-collector** Münzfernsprecher m, Fernsprechautomat m; [Tischgehäuse n;
  — —, **desk** Tischfernsprecher m,
  — —, **extension** Nebenanschluß m, Fernsprech-Nebenstelle f;
  — —, **magneto** Fernsprecher m mit Induktoranruf, Induktorapparat m;
  — —, **main** Hauptanschluß m, Fernsprech-Hauptstelle f;
  — —, **pay** (am.) öffentliche Fernsprechstelle f, Münzfernsprecher m, Fernsprechautomat m;
  — —, **pedestal desk** Ständer-Tischfernsprecher m;
  — —, **skeleton** Skelett-Fernsprecher m (Erikson-Modell);
  — —, **table** Tischfernsprecher m, Tischgehäuse n;
  — —, **wall** Wandfernsprecher m, Wandgehäuse n;
  — —, **10-way** Fernsprecher m für 10 Linien;
  — **switchboard** Fernsprech-Klappenschrank m, Vermittlungsschrank m;
  — —, **trunk** Fernschrank m;
  — **system** Fernsprechsystem n;
  — —, **automatic** Fernsprech-Selbstanschlußsystem n;
  — —, **by-pass-automatic** Kreislauf-Selbstanschlußsystem n, Umgehungs-Selbstanschlußsystem n;
  — —, **two-(three-)digit automatic** zwei-(drei-)stelliges Selbstanschlußsystem n;

telephone system
— —, **direct impulse automatic** Selbstanschlußsystem n mit unmittelbarer Stromstoßgabe;
— —, **earth return automatic** Selbstanschluß-Erd(schleifen)system n;
— —, **three-(four-)figure automatic** drei-(vier-)stelliges Selbstanschlußsystem n;
— —, **metallic automatic** Selbstanschluß-Schleifensystem n;
— —, **relay automatic** Relais-Selbstanschlußsystem n;
— —, **step-by-step automatic** Schrittschalt-Selbstanschlußsystem n;
— —, **stored impulse automatic** Selbstanschlußsystem n mit Stromstoßempfängern;
— —, **three-wire automatic** dreidrähtiges Selbstanschlußsystem n;
— —, **two-wire automatic** Schleifen-Selbstanschlußsystem n, zweidrähtiges Selbstanschlußsystem n;
— —, **house** or **intercommunicating** Fernsprechreihenanlage f;
— —, **machine-switching** Selbstanschluß-Fernsprechsystem n;
— **traffic** Fernsprechverkehr m;
— — **unit** Fernsprech-Verkehrs-(wert)einheit f;
— — **recorder** Fernsprech-Verkehrsschreiber m;
— **transformer** Fernsprechübertrager m;
— **trunk zone** Fernverkehrszone f, Taxquadrat n;
— **zone** Fernsprechzone f, Taxquadrat n;
— — **centre** Fernsprechzonenhauptort m.
telephonic(al) Fernsprech-..., telephonisch;
— **frequencies** pl Fernsprechfrequenzen pl;
— **relay** Fernsprechrelais n.
telephonist Fernsprechbeamtin f, Telephonistin f;
A-(B-) — A- (B-)Beamtin f, F;
telephonometry Fernsprech-Meßtechnik f, Lautstärkemessung f an Fernhörern;
telephony Telephonie f, Fernsprechwesen n, Fernsprechen n;
carrier — Trägerwellentelephonie f;
h. f. — **(along lines)** leitungsgerichtete Hochfrequenztelephonie f;
h. f. multiple — Hochfrequenz-Mehrfachtelephonie f;
long-distance — Fernsprechweitverkehr m;
radio — Telephonie f ohne Draht, Funktelephonie f, drahtlose Telephonie f drahtloses Fernsprechen n;
wire — Drahtfernsprechen n, Drahttelephonie f.
telephotographical fernphotographisch.
telephotography Fernphotographie f.
telescope I. eintauchen (with in), ineinandertauchen (von Spulen);
II. Fernrohr n;
reading — Ablesefernrohr n.
telescopic(al) Teleskop-..., zusammenschiebbar;
— **mast** Teleskopmast m, zusammenschiebbarer Mast m.
telescoping coils pl Tauchspulen pl, ineinanderschiebbare Spulen pl;
— **coil transformer** Tauchtransformator m, R.
teleswitch Fernschalter m.

teletyper Fernbrucker *m.*
television Fernsehen *n;*
— **apparatus** Fernseher *m.*
tellurium Tellur *n* (Te).
temperature Temperatur *f,*
Wärme *f;*
  room —, **(normal)**, Zimmertemperatur *f;*
— **coefficient** Temperaturkoeffizient *m.*
tempo Gangmaß *n,* Tempo *n,* Zeitmaß *n.*
temporary zeitweilig, fliegend;
— **plant** fliegende Anlage *f.*
tendency Neigung *f,* Tendenz *f.*
tender Kostenanschlag *m.*
tens digit Zehnerstufe *f, A.*
tensile strength Zugfestigkeit *f.*
tension I. spannen (a spring eine Feder);
  II. Spannung *f,* Zug *m;*
electrical — elektrische Spannung *f;*
high — *ab:* h. t. Hochspannung *f;*
— - — **side** Hochspannungsseite *f ;*
— -, **extra** Höchstspannung *f;*
low — *ab:* l. t. Niederspannung *f:*
— - — **side** Niederspannungsseite *f;*
spring — Federspannung *f;*
super — Höchstspannung *f;*
surface — Oberflächenspannung *f.*
tent Zelt *n;*
wireman's — Löterzelt *n.*
term Ausdruck *m;*
  pressure in —s of mm mercury Druck *m* in mm Quecksilbersäule;
  cosine — Kosinusausdruck *m;*
  technical — Fachausdruck *m.*
terminal I. begrenzend, End-...;
  II. Pol *m* eines Elements usw,
  Endamt *n,* Ende *n,* Klemme *f;*
  box — Kabelendverschluß *m;*
  brass — Messingklemme *f;*
  cable — Kabelendverschluß *m,* Kabelabschluß *m;*
  carbon — Kohlepol *m;*
  double — Doppelklemme *f;*
  earth(y) — Erdklemme *f;*
  gap —, (spark) Funkenstreckenelektrode *f;*
  ground — Erdklemme *f;*
  input —**s** *pl* Speisepunkt *m,* Eingangsklemmen *pl;*
  pole — Polklemme *f;*
  pothead — Kabelendmuffe *f;*
  output —**s** *pl* Entnahmepunkt *m,* Ausgangsklemmen *pl;*
  screw — Schraubklemme *f;*
— **apparatus** Endapparat *m;*
— **block** Endverzweiger *m,* Klemmenleiste *f;*
— **box** Kabelendverschluß *m,* Anschlußkasten *m;*
— **cable** Abschlußkabel *n,* Einführungskabel *n* oberirdischer Leitungen;
— **circuit** Endschaltung *f;*
— -, **carrier** Drahtfunk-Endschaltung *f;*
— **impedance** Endimpedanz *f;*
— **insulator** Abspannisolator *m;*
— **network** Endkunstschaltung *f,* Abschlußkunstschaltung *f;*
— **office** Endamt *n,* Endanstalt *f;*
— **pole** Überführungssäule *f,* Überführungsstange *f,* Abspannstange *f;*
— **potential** Klemmenspannung *f;*
— **repeater** Endverstärker *m, F;*
— **resistance** Abschlußwiderstand *m,* Endwiderstand *m;*
— **station** Endamt *n,* Endanstalt *f;*
— **strip** Klemmenstreifen *m,* Lötösenstreifen *m;*
— **transformer** Endtransformator *m,* Abschlußübertrager *m;*
— **voltage** Klemmenspannung *f.*

terminate abſchließen, abſpannen (einen Draht), enben, enbigen;
- **a line in its own impedance** eine Leitung durch ihren Wellenwiderſtand abſchließen.

terminated at mid-series mit einem halben Längsglied beginnend L;
-- **mid-shunt** mit einem halben Querglied beginnend L;
- **on jacks** an Klinken endigend;
- **circuit** endigende Leitung f, Endſchaltung f;

terminating impedance Abſchlußimpedanz f.

termination Abſchluß m, Begrenzung f, Ende n;
- **of a line, circuit** — Leitungsabſchluß (in durch);
- **at mid-series (mid-shunt) position** Abſchluß m eines Kettenleiters durch ein halbes Längs-(Quer-)glied.

ternary, ternery dreizählig;
- **alphabet** or **code** Dreieralphabet n, T.

terrestrial Erd-..., Land-...;
- **magnetism** Erdmagnetismus m.

test I. prüfen, unterſuchen, meſſen (for insulation and conductivity auf Iſolation und Leitfähigkeit, for earth, contact or short-circuit auf Erdſchluß, Berührung oder Kurzſchluß);
II. Prüfung f, Probe f, Meſſung f, Verſuch m, Unterſuchung f;
- **under** — in der Prüfung (begriffen).

acceptance — Abnahmemeſſung f, Abnahmeprüfung f;
bridge — (Wheatstone-) Brückenmeſſung f;
busy — Beſetztprüfung f, F, A;
clear — Prüfung f auf Betriebsfähigkeit;
comparative — vergleichender Verſuch;
disengaged — Freiprüfung f, A, F;
engaged — Beſetztprüfung f, F;
experimental — Verſuch m;
factory — Fabrikmeſſung f, Abnahmemeſſung f;
field — Streckenverſuch m, Betriebsverſuch m;
gain-frequency — Entdämpfungs-Frequenzmeſſung f, Meſſung der Entdämpfung in Abhängigkeit von der Frequenz;
hardness — Härteprüfung f;
laboratory — Laboratoriumsverſuch;
loop —, **(Varley)** Erdfehler-Schleifenmeſſung f (nach Varley);
looped circuit — Schleifenmeſſung f, F;
mis- — falſche Meſſung f;
overall — Streckenmeſſung f (einſchließlich der Betriebsapparate) F;
routine — regelmäßige Meſſung f, Überwachungsmeſſung f;
--, **morning** regelmäßige Frühmeſſung f;
sensitivity — Empfindlichkeitsprüfung f;
speech —, **(comparative)** (vergleichender) Sprechverſuch m;
straightaway — Streckenmeſſung in gerader Linie (Gegenſatz: Schleifenmeſſung);
talking — Sprechverſuch m;
method of — Prüfmethode f, Meßmethode f;
- **board** Prüfſchrank m, F;
- --, **toll** Fernprüfſchrank m, F;

test box Prüfschrank *m*, Prüf=
kasten *m*, Untersuchungskasten
m;
— —, **pillar** Untersuchungssäule *f*,
B;
— —, **pole** Stangen=Untersu=
chungskasten *m*;
— **case** kleiner Prüfschrank *m*;
Untersuchungskasten, Kasten=
Untersuchungsstelle *f*, *B*;
— **clerk** Störungsbeamter *m*,
Prüfbeamter *m*;
— **desk** Prüftisch *m*, Prüfpult *n*;
— —, **engineering** Meßtisch *m*,
Untersuchungstisch *m* der Stö=
rungsstelle;
— **jack** Prüfklinke *f*;
— **paper** Reagenspapier *n*;
— —, **pole** Pol(reagens)papier *n*;
— **plug** Prüfstöpsel *m*;
— **position** Prüfplatz *m*, Unter=
suchungsplatz *m*;
— **reading** Meßergebnis *n*, Ab=
lesung *f*;
— **-splice** I. die Adern (für den
Kapazitätsausgleich) auskreu=
zen *K*;
II. Adernkreuzung *f* für den
Kapazitätsausgleich, Aus=
kreuzungslötstelle *f*, *K*;
— **-splicing method** Adernkreu=
zungsverfahren *n*, Kapazitäts=
Ausgleichsverfahren *n* durch
Adernkreuzen *K*;
— **value** Prüfwert *m*, Meßwert
m;
— **wire** Prüfdraht *m*; e=Leitung
f, *F*, *A*.
tester Prüfer *m*, Prüfvorrich=
tung *f*;
battery — Batterieprüfer *m*;
insulation — Isolationsprüfer
m.
testing Prüfen *n*, Prüfung *f*,
Untersuchung *f*, Messung *f*;
busy —, **engaged** — Besetzt=
prüfung *f*, *F*;

periodic — periodische Prü=
fung *f*, laufende Überwachung
f;
transmission —, **overall** Rest=
bämpfungsmessungen *pl*, *K*,
F; [Sprechprüfung *f*:
voice — Sprachmessung *f*,
— **battery** Prüfbatterie *f*, *F*;
Meßbatterie *f*;
— **circuit** Prüfleitung *f*, *A*;
— **current** Meßstrom *m*, Prüf=
strom *m*, *A*;
— **method** Meßverfahren *n*,
Prüfverfahren *n*;
— **office** Untersuchunsamt *n*,
Meßamt *n*;
— **officer** Prüfbeamter *m*, Ab=
nahmebeamter *m*;
— **operator's position** Prüfplatz
m;
— **point** Untersuchungsstelle *f*;
— **position** Prüfstelle *f*, *F*;
— **relay** Prüfrelais *n*, *A*;
— **room** Prüfraum *m*;
— **section** Untersuchungsab=
schnitt *m*;
— **set** Prüfeinrichtung *f*;
— **shop** Prüfstand *m*;
— **technique** Meßtechnik *f*;
— **time** Meßzeit *f*;
— **wire** Prüfleitung *f*, e=Leitung
f, *F*, *A*.
tetrode Vierelektrodenröhre *f*.
thallium Thallium *n* (Tl).
thalofide cell lichtempfindliche
Thalliumzelle *f*.
thermal thermisch, Wärme=...:
— **effect** Wärmewirkung *f*;
— **conductivity** Wärmeleitfähig=
keit *f*.
thermions *pl* Thermionen *pl*.
thermionic thermionisch;
— **current** Thermionenstrom *m*,
Elektronenstrom *m*;
— **detector** Audion *n*;
— **discharge** Glühelektronenent=
ladung *f*;

thermionic relay Elektronen­relais *n*, Thermionenrelais *n*;
— **valve** Elektronenröhre *f*, Glüh­kathodenröhre *f*, Kathoben(strahlen)röhre *f*;
— — **detector** Audion *n*, Röhren­detektor *m*.

thermo-couple Thermokreuz *n*, Thermoelement *n*;
— **-current** thermoelektrischer Strom *m*;
— **-electric(al)** thermoelektrisch, elektrokalorisch;
— — **couple** Thermoelement *n*;
— — **detector** Thermodetektor *m*;
— — **pile** Thermosäule *f*;
— — **series** thermoelektrische Spannungsreihe *f*, Thermo­spannungsreihe *f*;
— **-electricity** Thermoelektrizi­tät *f*;
— **-galvanometer** Thermogalva­nometer *n*;
— **-telephone** Thermotelephon *n*.

thermometer Thermometer *n*;
distance — Fernthermometer *n*. [*n*.
thermophone, Thermotelephon
thermopile Thermosäule *f*.

thickness Dicke *f*, Stärke *f*, Wandstärke *f*, Schicht *f*, Lage *f*;
two —es of paper doppelte Papierblattstärke *f*.

thimble Rausche *f*, Kauschen­futter *n*, Kabelschuh *m*.

thin I. verdünnen;
II. dünn.

thinned verjüngt, angeschärft, verdünnt.

thoriate thorieren.

thoriated (tungsten) filament thorhaltiger (Wolfram-)Faden *m*, thorierter (Wolfram-)Fa­den *m*;
— — **valve** Thoriumröhre *f*.

thorium Thorium *n*, Thor *n* (Th).

thread I. hindurchlaufen, hin­durchführen, hindurchgehen, (through durch) durchsetzen (with all turns alle Windun­gen), aufreihen, aufstreifen (on auf), einschrauben (into in);
II. Faden *m*, Gewinde *n*, Ge­windegang *m* (25 —s per inch 25 Gänge auf den Zoll;
to strip the — das Gewinde überdrehen;
cotton — Baumwollfaden *m*;
crossed **—s** *pl* Fadenkreuz *n*;
left-(right-)handed — Links­(Rechts)gewinde *n*;
screw — Schraub(en)gewinde *n*;
square — Flachgewinde *n*;
— **electrometer** Fadenelektro­meter *n*.

threaded on aufgeschraubt, über­geschoben;
— **ring** Gewindering *m*.

three-phase dreiphasig.

throttle drosseln.

throttling effect Drosselwirkung *f* (on auf).

through (*am*: thru) durchge­schaltet;
— **circuit** durchgehende Leitung *f*, Durchgangsleitung *f*;
— **dialling** Durchwählen *n*, *A*;
— **-grip** Durchgriff *m* der Röhren;
— **position** Durchsprechstellung *f*;
— **ringing** Durchrufen *n*;
— — —, **composite** Durchrufen *n* in Simultanschaltung;
— — — **relay** Durchrufrelais *n*;
— — — **scheme** Durchrufschal­tung *f*;
— **traffic** Durchgangsverkehr *m*;
— **trunk** Durchgangs-Fernlei­tung *f*.

17*

throw I. werfen, to — back zurückwerfen, to — into circuit einschalten, to — a key einen Schaltschlüssel umlegen; II. Spiel n, Hub m, Ausschlag m;
neede — Nabelausschlag m;
— **key** Schaltschlüssel m.
thrower Schleuberring m, Spritzring m.
throwing of a switch Umlegen n eines Schalters.
thru (am.) = through.
thrust I. drücken, stoßen; II. Druck m, Stoß m;
— **borer, (earth)** Stoßbohrer m, Erdbohrer m mit stoßender Bewegung;
— **pawl** Stoßklinke f;
thumb screw Flügelschraube f, Korbel(kopf)schraube f.
thump I. schlagen; II. dumpfer Schlag m;
Morse — Telegraphiergeräusch n.
thunderstorm Gewitter n.
tikker Tikker m, Ticker m, Schnellunterbrecher m, intermittierender Kontakt m, R;
stock — Börsendrucker m, Ferndrucker m.
ticket Zettel m, Gesprächszettel m; [Gesprächszettel m;
toll — Gesprächsanmeldung f,
— **distribution position** (Rohrpost-)Zettelverteiler m, F.
tickler (coil) Rückkopplungsspule f besonders des Schwingaudions;
too much — zu starke Rückkopplung, zu stark rückgekoppelt.
tie I. verbinden, verknüpfen; II. Band n, Verbindungsstück n;
— **bolt** Verbindungsbolzen m, Ankerbolzen m;
— **cable** (Quer-)Verbindungskabel n;
— **line** Querverbindung f, Stichleitung f;
— **wire** Bindedraht m.
tied up in Unordnung (Apparate usw).
tight straff, fest;
— **coupling** feste Kopplung f.
tighten anspannen (a spring eine Feder), anziehen, nachziehen (screws Schrauben).
tightener Spannschloß n;
stay — Ankerspannschraube f, Spannschloß n.
tightening device Spannvorrichtung f;
— **screw** Spannschraube f, Befestigungsschraube f.
tikker = ticker.
tile Fliese f, Tonformstück n für Kabel;
single (multiple) — ein-(mehr)zügiges Tonformstück n Tonformstück n mit einer (mehreren) Öffnung(en).
tilt umkippen, umlegen, (sich) neigen. [lenfront f.
tilted wave front geneigte Wel-
timber Holz n, Bauholz n;
pole — Stangenholz n;
roof — Dachgebälk n;
round — Rundholz n.
timbre Klangfarbe f.
time I. nach der Zeit abmessen, einteilen; II. Zeit f;
at zero — zur Zeit null;
booking — Anmeldezeit f, F;
holding — Belegungsdauer f, F, A;
line — Linienzeit f, die bei Ausnutzung einer (Telegraphen-)Leitung insgesamt verfügbare Zeit f;
transit — Umschlagszeit f des Relaisankers usw.;

time
axis of — Zeitachse *f*;
interval — —, **small** Zeitteilchen *n*;   [einheit *f*;
unit — —, **(per)** (in der) Zeit-
- **ball** Zeitball *m*;
- **constant** Zeitkonstante *f*;
- **scale** Zeitmaßstab *m*;
- **signal** Uhrenzeichen *n*, Zeitzeichen *n*, Zeitsignal *n*;
- **stamp** Zeitstempel *m*;
- **switch** Zeitschalter *m*;
- **tapper** Taktgeber *m* des Baudottelegraphen.

timed zeitlich bemessen.

timing Zeitmessung *f*, Feststellung *f* der Zeit;
- **of calls** Feststellung *f* der Gesprächsdauer;
- **resistance** Verzögerungswiderstand *m*.

tin I. verzinnen;
II. Zinn *n* (Sn); Weißblech *n*, Weißblechgefäß *n*;
- **dioxide** Zinnoxyd *n*, Zinnstein *m*, Zinnsäure *f* (SnO$_2$) *R*;
- **foil, tinfoil** Zinnfolie *f*, Stanniol *n*;
- — — **paper** Stanniolpapier *n*;
- **plate** Weißblech *n*.

tine Zinke *f* der Stimmgabel;
fork — Gabelzinke *f*.

tinned verzinnt;
fire- feuerverzinnt;
- **sheet iron** Weißblech *n*.

tinny blechern (vom Klang).

tinsel Lahn *m*, Lahnlitze *f*;
copper — Kupferlahn *m*;
- **cord** Lahnlitzenschnur *f*.

tinstone Zinnoxyd *n*, Zinnstein *m*, Zinnsäure *f* (SnO$_2$) *R*.

tip I. mit einer Spitze versehen, zuspitzen;
II. Spitze *f*;
plug — Stöpselspitze *f*;
pole — Polrand *m*, Polschuhrand *m*;

- **and sleeve contact** Berührung *f* zwischen Stöpselspitze und -schaft *F*;
- **wire** Verbindung *f* zur Stöpselspitze, a-Ader *f*, *F*.

tipped, steel- mit einer Stahlspitze versehen.

titanium Titan *n* (Ti).

to-and-fro telegraph Klipp-Klapp-Telegraph *m*, bei dem abwechselnd je ein Buchstabe gesandt und empfangen wird.

toe Zehe *f*, Spitze *f*;
seeker — Sucherfuß *m* am Baudotempfänger.

tolerance Abmaß *n*, Toleranz *f*, zulässige Abweichung *f*.

toll busy fernbesetzt *F, A*;
- — **condition** Fernbesetztsein *n*;
- **cable** Fernkabel *n*;
- — **circuit, repeatered** Fernkabelleitung *f* mit Zwischenverstärkern;
- — **system** Fernkabelnetz *n*;
- **call** Ferngespräch *n*;
- **exchange** (*engl.*) Fernamt *n*, *F*, Nahverkehrsamt *n*, *F*;
- **office** (*am.*) Fernamt *n*, *F*;
- **plant** Fernleitungsnetz *n*;
- **recording** Anmeldung *f* der Ferngespräche;
- **switchboard** Fernschrank *m*;
- **ticket** Gesprächsanmeldung *f*, Gesprächszettel *m*;
- **traffic** Fernverkehr *m*.

tommy Stellstift *m*, Knebelgriff *m*;
- **screw** Knebelgriffschraube *f*.

tone Ton *m*, Tonhöhe *f*;
busy (back) — Besetztzeichen *n*, Besetztton *m*, *F, A*.
buzzer — Summerton *m*;
dead number — Summerton zur Anzeige toter Leitungen *A*;
dialling — Amts(summer)zeichen *n*, *A*;

tone
fundamental — Grundton m;
humming — Summerton m;
interfering — Störton m;
musical — Ton m, musikalischer Ton m;
over —, **overtone** Oberton m;
ringing — Freizeichen n, A;
side — Mikrophongeräusch n im eigenen Hörer;
unobtainable —, ab: n. u. — Summerzeichen n zur Kennzeichnung unausführbarer Verbindungen A;
intensity of — Tonstärke f;
pitch — — Tonhöhe f;
— **colour** Klangfarbe f;
— **frequency** Tonfrequenz f;
— — **telegraphy** Tonfrequenztelegraphie f;
— **source** Tonquelle f;
— **tester** Tonprüfer m, R;
— **tuning** Tonabstimmung f, R;
— **wheel** Tonrad n.
tongs pl Zange f;
drawing — Kniehebelklemme f, B;
Dutch — Froschzug m, Froschklemme f, B.
tongue Zunge f, (Relais -)Anker m;
play of — Ankerspiel n, Ankerhub m.
tonic Ton- ...;
— **train continuous waves** pl ungedämpfte Wellen mit reiner Tonüberlagerung R.
tool Werkzeug n, -s pl Gerät n;
machine — Werkzeugmaschine f.
— **box** Werkzeugkasten m;
tooled surface bearbeitete Fläche f.
tooth I. mit Zähnen versehen; II. Zahn m;
internal teeth pl Innenverzahnung f;

pole tooth Polzahn m;
face of the —, (**working** or **meshing**) Lauffläche f des Zahnes;
— **induction** Zahninduktion f;
— **pitch** Zahnteilung f, Zahnbreite f;
— — **apart, half a** eine halbe Zahnbreite auseinander.
toothed gezähnt;
— **rack** Zahnstange f.
top I. to — up storage cells Sammler nachfüllen;
II. Kopf m, oberes Ende n, Oberteil m;
glass — Glasdeckel m;
— **end** oberes Ende n, Zapfende n der Stange;
— **groove** oberes Drahtlager n, Kopfrille f des Isolators;
— **plate** Deckplatte f;
— **speed** Höchstgeschwindigkeit f.
topographic(al) topographisch.
topography Topographie f.
topping up Auffüllen n, Nachfüllen n der Elemente.
torch, alcohol blow, kleine Spiritus-Lötlampe f.
toroid Toroid n.
toroidal ringförmig, Ring- ...;
— **coil** Ringspule f.
torque Drehmoment n;
starting — Anlaufdrehmoment n.
torsion Drehung f, Torsion f, Drehbeanspruchung f;
— **head** Torsionskopf m,
torsional Dreh-..., Torsions-...;
— **strength** Drehfestigkeit f Torsionsfestigkeit f.
torus Torus m, Wulst m, Ring m.
total I. gesamt, Gesamt- ...;
II. Gesamtzahl f, Summe f;
grand — ganze Summe f.
touch I. berühren, Tasten anschlagen;
II. Berührung f, Anschlag m;

touch of a key Anschlag *m* einer Taste;
- **typing** blindes Maschineschreiben *n*, blindes Stanzen *n*, *T*.
tow I. am Tau schleppen, ziehen; II. Schlepptau *n*; Werg *n*;
- **brush** Bremsfilz *m* am Hughesregler.
tower Turm *m*, freitragender Mast *m*;
 radio — Funkturm *m*;
 steel — Stahlmast *m*;
 — —, **self-supporting** freitragender Stahlmast *m*.
trace I. zeichnen, entwerfen, (durch)pausen; II. Spur *f*, geringe Menge *f*; Umriß *m*;
- **of gas** Gasspuren *pl.*
tracing Pause *f*, Zeichnung *f*;
- **cloth** Pausleinen *n*;
- **paper** Pauspapier *n*.
traction Ziehen *n*, Zug *n*.
tractional Zug- . . .
tractive (an)ziehend, Zug- . . . .
traffic Verkehr *m*;
 heavy — starker Verkehr;
 incoming — ankommender Verkehr;
 local — Ortsverkehr;
 long-distance — Weitverkehr;
 originating — Ursprungsverkehr;
 outgoing — abgehender Verkehr;
 telegraph — Telegraphenverkehr; [kehr;
 telephone — Fernsprechver-
 through — (am: thru —) Durchgangsverkehr;
 toll —, **trunk** — Fernverkehr;
 transit — Durchgangsverkehr;
 way —, **one-** Verkehr in einer Richtung;
 way —, **two-** Verkehr in beiden Richtungen;
 volume of — Verkehrsumfang *m*;
- **capacity** Verkehrsleistung *f*, Aufnahmefähigkeit *f*;
- —, **one-way (two-way)** Verkehrsleistung in einer Richtung (in beiden Richtungen);
- **figures** *pl* Verkehrszahlen *pl*;
- **load** Verkehrsumfang *m*, Belastung *f*;
- **peak** Verkehrsspitze *f*;
- — **load** Verkehrs-Spitzenbelastung *f*; [*F*;
- **recorder** Verkehrsschreiber *m*,
- **recording machine** Maschine *f* zur Verkehrsbeobachtung *f*, *F*;
- **requirements** *pl* Verkehrsbedürfnis *n*;
- **statistics** Verkehrsstatistik *f*;
- **unit** Verkehrseinheit *f*, Gesprächseinheit *f*, Verkehrswert *m*.
trailer Bürstenarm *m*.
train I. ausbilden; II. Zug *m*, Zugvorrichtung *f*;
 clockwork — Federzugeinrichtung *f*, Uhrwerkantrieb *m*;
 wave — Wellenzug *m*;
- **of wheels** Räderwerk *n*;
- **blocking system** Zugbedeckungssystem *n*;
- **dispatcher** Zugdienstleiter *m*, Zugabfertiger *m*;
- **dispatch service** Zugabfertigungsdienst *m*, Zugleitdienst *m*.
training Ausbildung *f*.
tram Tramaseide *f*;
- **car** Straßenbahnwagen *m*.
tramway Straßenbahn *f*.
transcendental transzendent.
transcontinental transkontinental.
transcription Umschreibung *f* des Wheatstonestreifens.
transfer I. übertragen; II. Übertragung *f*;

transfer of energy Energieübertragung *f* (between two circuits zwischen zwei Kreisen);
— **circuit** Dienstleitung *f* zwischen zwei Schränken eines Amtes; Kf-Leitung *f* des Fernamts;
— **operator, record** Spitzenplatzbeamtin *f* am Anmeldetisch *F*;
— **position** or **section, record** Anmelde-Spitzenplatz *m, F*.

transference Übertragung *f*, Versetzung *f*.

transfiguration Transfiguration *f*, Umgestaltung *f*.

transform umwandeln, transformieren (into in).

transformation Umformung *f*, Transformierung *f*, Umwandlung *f*;
— **efficiency of** — Umformungswirkungsgrad *m*;
— **frequency** — Frequenzumformung *f*, Frequenzwandlung *f*;
— **ratio** Umwandlungsverhältnis *n*, Umformungsverhältnis *n*, Übersetzungsverhältnis *n*.

transformer Wandler *m*, Umspanner *m*, Transformator *m*, Übertrager *m F*;
— **air(-cooled)** — luftgekühlter Transformator *m*;
— **air core** — Lufttransformator *m*, eisenloser Transformator *m*;
— **a. c.** — Wechselstromtransformator *m*;
— **amplifier** — Verstärkertransformator *m*;
— **auto-** — Spartransformator *m*, Autotransformator *m*;
— **bell** — Klingeltransformator *m*;
— **booster** — Saugtransformator *m*;
— **closed-core** — Transformator *m* mit geschlossenem Eisenkern;
— **combining** — Vierer-Abzweigübertrager *m, F*;
— **core** — Kerntransformator *m*;
— **current** — Stromwandler *m*;
— **differential** — Differentialübertrager *m*;
— —, **balanced** Ausgleichsübertrager *m, F, V*;
— **frequency** — Frequenzwandler *m*, Frequenzumformer *m*;
— —, **static** ruhender Frequenzwandler *m*;
— **hedgehog** — Igeltransformator *m*;
— **high ratio** — Übertrager *m* mit hohem Umsetzungsverhältnis;
— **input** — Vorübertrager *m*, Eingangsübertrager *m*;
— **intervalve** — Zwischen(rohr)transformator *m*;
— **ironclad** — Panzertransformator *m*, Manteltransformator *m*;
— **iron core** — Eisentransformator *m*; [tor *m*;
— **oil(-cooled)** — Öltransformator
— **open-core** — Transformator *m* mit offenem Eisenkreis;
— **oscillation** — Schwingungstransformator *m, R*, Hochfrequenztransformator *m*, Teslatransformator *m*;
— **outlet** —, **output** — Ausgangsübertrager *m*, Nachübertrager *m*;
— **reaction** — Rückkopplungstransformator *m*;
— **reducing** — Abwärtstransformator *m*;
— **regulating** — Reguliertransformator *m*;
— **repeater input (output)** — Verstärker-Vor-(Nach)übertrager *m*;
— **repeating** — Kopplungstransformator *m*;

transformer
resonance — Resonanztransformator *m*;
ring — Ringübertrager *m*;
screened — abgeschirmter Transformator *m*;
series — Stromwandler *m*;
shell — Manteltransformator *m*;
split — Anzapftransformator *m*, Transformator *m* mit geteilter Wicklung;
static — ruhender Transformator *m*;
step-down — Abwärtstransformator *m*;
step-up — Aufwärtstransformator *m*;
suction — Saugtransformator *m*;
telephone — Fernsprechübertrager *m*;
telescoping coil — Tauchtransformator *m*, *R*;
terminal — Abschlußtransformator *m*;
Tesla h. f. — Teslatransformator *m*;
three-coil — Ausgleichsübertrager *m*, *V*, *F*;
two-winding — Transformator *m* mit zwei Wicklungen;
— **circuit** Stammleitung *f*, *F*;
— **-coupled** mittels Transformatoren gekoppelt;
— **tank** Transformatorgefäß *n*.
transient I. flüchtig, schnell vorübergehend; Ausgleichs-... Übergangs-...;
II. flüchtiger Vorgang *m*, Ausgleichsvorgang *m*;
break — Ausgleichsvorgang *m* bei Unterbrechung des Kreises
building-up — Einschwingvorgang *m*;
dying-out — Ausschwingvorgang *m*;

make — Ausgleichsvorgang *m* bei Schließung des Kreises;
— **component** flüchtige Komponente *f*, Ein- oder Ausschwingkomponente *f*, Ausgleichskomponente *f*;
— **current** Ausgleichsstrom *m*;
— **distortion** Verzerrung *f* durch Ein- und Ausschwingen;
— **effects** *pl* Ausgleichsvorgänge *pl*;
— **impulse** flüchtiger Stromstoß *m*;
— **period** Zeit *f* des Ausgleichsvorgangs;
— **state** vorübergehender Zustand *m*, Übergangszustand *m*;
— **wave** Wanderwelle *f*.
transientness Flüchtigkeit *f*, Vergänglichkeit *f*.
transit I. hindurchgehen;
II. Durchgang *m*, Transit *m*, Umschlag *m* (of relay armature des Relaisankers);
time of — Laufzeit *f* (of a current eines Stromes);
— **charge** Durchgangsgebühr *f*;
— **circuit** Durchgangsleitung *f*;
— **time** Umschlagszeit *f* (of relay armature des Relaisankers);
— **traffic** Durchgangsverkehr *m*.
transition Übergang *m*;
— **loss** Übergangsverlust *m*, Verlust *m* an der Stoßstelle zweier Kreise;
— **period** Übergangszeit *f*.
translate übersetzen, umsetzen, umrechnen *A*.
translating circuit (De-)Modulatorschaltung *f*, *R*;
— **device** Umsetzer *m* (z. B. zur Wandlung von Morse- in Kabelschrift), Übersetzer *m*, *T*; Umrechner *m*, *A*.
translation Umsetzung *f*, Übersetzung *f*, Umrechnung *f* *A*.

translator Übersetzer m, Umsetzer m, T;
type bar — Typenhebelübersetzer m;
type-wheel — Typenradübersetzer m.
translucent durchsichtig.
transmission Übertragung f, Übermittlung f, Senden n, Sendung f;
auto- — Maschinensenden f, Lochstreifensendung f, T;
crosstalk — Nebensprechen n;
cut-in c. w. — rein ungedämpftes Senden (der Telegraphierzeichen) R;
direct — unmittelbare Sendung f, Handgeben n, T;
directive — Richtsenden n, R;
double (radio) — Doppelsenden n, gleichzeitiges Senden auf zwei Wellen;
multiple — Mehrfachsenden n;
picture — Bildübertragung f;
power — Kraftübertragung f;
side band —, single Übertragung f eines Seitenbandes R;
— — —, **double** Übertragung f beider Seitenbänder R;
speech — Sprachübertragung f (over a circuit über eine Leitung);
range of — Übertragungsbereich m, Reichweite f, Senbereichweite f, R;
range of (free) — Durchlässigkeitsbereich m, Lochbreite f (of a filter circuit eines Siebgebildes;
— — — —, **position of** Lochlage f eines Bandfilters;
speed of — Sendegeschwindigkeit f, Übertragungsgeschwindigkeit f, Übertragungszeit f, Laufzeit f;
standard of — Übertragungsnormal n;

— **characteristics** pl Übertragungskenngrößen pl (of a circuit eines Stromkreises);
— **efficiency** Übertragungswirkungsgrad m, Gesamt-Übertragungsmaß n, Gesamtbämpfung f einer Leitung in m. s. c.;
— — **test** Streckenbämpfungsmessung f, F;
— **equivalent** Übertragungsmaß n, Dämpfung f (in m. s. c.);
— —, **crosstalk** Nebensprechbämpfung f, Übersprechbämpfung f;
— —, **net** Restbämpfung f;
— —, **overall** Restbämpfung f, selten: Gesamtbämpfung f;
— —, **total** Gesamtübertragungsmaß n, Gesamtbämpfung f, Dämpfungsmaß n;
— —, **total permissible** zulässige Gesamtbämpfung f;
— —, **gain in** Entbämpfung f;
— **filter circuit** Siebgebilde n, Übertragungsfilter n;
— **gain** Entbämpfung f;
— **level** Energiehöhenlinie f, Übertragungsniveau n, Energieverlauf m auf der Leitung;
— **line** Übertragungsleitung f;
— —, **power** Starkstromleitung f, Kraftübertragungsleitung f;
— **loss** Dämpfung f, Übertragungsverlust m;
— —, **overall** Restbämpfung f, F;
— **maintenance work** Netzüberwachung f, F, K;
— **measurement** Dämpfungsmessung f, Übertragungsmessung f, F;
— —, **overall** Restbämpfungsmessung f, F, K;
— **measuring set** Streckenbämpfungsmesser m, F, K;

transmission standard Übertragungsnormal *n* aus zwei normalen Z. B Fernsprechern mit durch Ringübertrager abgeschlossenem Kabel;
— **system, power** Kraftübertragungsanlage *f*;
— **testing, overall** Restdämpfungsmessung *f*, *F*, *K*;
— **unit** *ab*: T.U., Übertragungsmaßeinheit *f* der Bellgesellschaften (1 TU = 0, 1151 *β*l);
— **of intelligence** Nachrichtenübermittlung *f*.
transmit übertragen, senden, befördern, geben, abtelegraphieren *T*.
transmitter Sender *m*, Geber *m*, Mikrophon *n*;
 arc — Lichtbogensender *m*, *R*;
 auto(matic) — Maschinengeber *m*, Maschinensender *m*, *T*;
 beam — Einstrahlsender *m*, *R*;
 breast-plate — Brustmikrophon *n*;
 carbon — Kohlenmikrophon *n*;
 carbon bag — Kohlenbeutelmikrophon *n*;
 carbon granule — Kohlenkörnermikrophon *n*;
 carbon powder — Kohlenpulvermikrophon *n*;
 condenser — Kondensatormikrophon *n*;
 contact — Kontaktmikrophon *n*;
 c. w. — ungedämpfter Sender *m*, *R*;
 direction finding — Peilfunksender *m*;
 directional —, **directive** — Richtsender *m*, *R*;
 double button — Doppelmikrophon *n*, Druck-Zugmikrophon *n*; [*n*;
 dust — Kohlenstaubmikrophon

 emergency — Notsender *m*;
 flame — Flammenmikrophon *n*;
 granular — Körnermikrophon *n*;
 i. c. w. — = interrupted continuous wave — Sender *m* für zerhackte ungedämpfte Wellen *R*;
 five-key — Fünftastengeber *m*;
 keyboard — Tastengeber *m*;
 liquid jet — Flüssigkeitsstrahlmikrophon *n*;
 pencil — Walzenmikrophon *n*;
 pick-up — Aufnahmemikrophon *n* für Musik usw;
 plain aerial — Funksender *m* mit in den Luftdrahtkreis geschalteter Funkenstrecke;
 push-pull — Doppelmikrophon *n*, Druck-Zugmikrophon *n*;
 quenched gap — Löschfunkensender *m*, *R*;
 radio — Funksender *m*;
 radio telegraphic — Telegraphiesender *m*, *R*;
 radio telephonic — Telephoniesender *m*, *R*;
 solid back — Mikrophon *n* mit fester Rückwand, Solidback-Mikrophon *n*;
 spark — gedämpfter Sender *m*, *v*. spark;
 storage — Speichergeber *m*, Speichersender *m*, *T*;
 tape — Streifengeber *m*, Streifensender *m*, *T*;
 uni-directional — Einstrahlsender *m*, *R*;
 valve — Röhrensender *m*;
 vibrating reed — Stimmgabelsender *m*, *T*;
— **arm** Mikrophonträger *m*, Mikrophonarm *m*;
— **decrement** Senderdekrement *n*, *R*;

transmitter operator Sende-
beamter *m*, *T*;
— **standard** Mikrophonnormal *n*;
— **valve** Senderöhre *f*;
transmitting medium Übertra-
gungsmittel *n* (Leitung, Äther),
Medium *n*;
— **relay** Senderelais *n*;
— **station** Senderamt *n*, Geber-
amt *n*, Sendestelle *f*;
— **tape** Sendestreifen *m*;
— **valve** Senderöhre *f*.
trans-oceanic überseeisch, trans-
ozeanisch, Übersee-...;
— — **communication** Übersee-
verbindung *f*.
transom Querriegel *m*, Traverse
f, *B*.
transparency Transparenz *f*,
Durchsichtigkeit *f*.
transparent durchsichtig, durch-
scheinend.
transport I. fortschaffen, über-
tragen, befördern;
II. Beförderung *f*, Übertra-
gung *f*, Transport *m*;
— **of energy** Energietransport *m*,
Energieübertragung *f*.
transportation Fortschaffung *f*,
Übertragung *f*, Transport *m*.
transpose transponieren *M*;
kreuzen, vertauschen (lines
Leitungen), umsetzen (Morse-
in Kabellochschrift) *T*.
transposed pair gekreuzte Dop-
pelleitung *f*.
transposer Umwandler *m*, Um-
setzer *m*, *T*.
transposition (Leitungs-)Kreu-
zung *f*, Vertauschung *f*, Platz-
wechsel *m* (of two wires
zweier Leitungen); Umsetzung
f, Umwandlung *f*;
— **insulator** Kreuzungsisolator
m, *B*;
— **line** Linie *f* mit gekreuzten
Leitungen;

— **pole** Kreuzungsstange *f*, *B*;
— **receiver** Zwischenfrequenz-
empfänger *m*, Transpositions-
empfänger *m*, *R*;
— **section** Kreuzungsabschnitt *m*,
B;
— **system** Kreuzungssystem *n B*.
transversal I. quergerichtet,
Quer-..., Transversal-...;
II. Transversale *f*, *M*.
transverse quergerichtet,
Quer-...;
— **field** Querfeld *n*; [*m*, *B*.
— **stress** Querzug *m*, Seitenzug
trap, wave Wellenschlucker *m*
Sperrkreis *m*;
— **door** Falltür *f*, Klappe *f*.
trapezoid Trapez *n*.
trapezoid(al) trapezförmig.
travel sich vorwärts bewegen,
wandern.
travelling Wandern *n*, Be-
wegung *f*;
— **of ions** Jonenwanderung *f*,
Jonenbewegung *f*;
— **field** Wanderfeld *n*, wandern-
des Feld *n*.
traverse I. verschränken, kreuzen,
durchfließen (Strom);
II. quer, kreuzweise, Quer-...;
III. Querriegel *m*, Quer-
träger *m*, *B*.
tray Trog *m*, Mulde *f*, Kübel *m*;
iron — Eisengefäß *n*;
spring — Federsockel *m* für
Relais;
— **cell** Trogelement *n*.
treadle Trittbrett *n*;
foot —, **winding** Fußtritt *m*
der Aufziehvorrichtung am
Baudotapparat.
treat behandeln (poles Stangen).
treatment Behandlung *f*;
preservative — Schutzbehand-
lung *f*, *B*.
treble I. verdreifachen;
II. dreifach.

tree wachsen (Sammlerplatten);
treeing Wachsen n.
trembler Selbstunterbrecher m, Gleichstromwecker m;
  circular — Gleichstrom-Dosenwecker m;
  – bell Gleichstromwecker m;
  – coil Hammerinduktor m.
tre(e)nail Pflock m, Dübel m.
trench I. Gräben herstellen oder ausheben;
  II. Graben m, Kabelgraben m;
  bottom of — Grabensohle f.
trenching Grabenherstellung f;
  – machine Grabenbagger m.
treshold Schwelle f.
trestle Gerüst n, Gestell n, Bock n.
trial Probe f, Versuch m;
  field — Betriebsversuch m.
triangle Dreieck n;
  congruent –s pl kongruente Dreiecke pl;
  equilateral — gleichseitiges Dreieck;
  right-angled — rechtwinkliges Dreieck;
  – – – –, smaller sides of a Katheten pl eines rechtwinkligen Dreiecks;
  similar –s pl ähnliche Dreiecke pl.
trig aufhalten, hemmen.
trigger Abzug m, Auslöser m;
  spring — Federschnepper m;
  – magnet Auslösungsmagnet m, Einrückmagnet m, Abzugmagnet m;
  – relay Abzugrelais n, das nach dem Ansprechen in der Arbeitslage verharrt.
trigonometric(al) trigonometrisch;
  – function trigonometrische Funktion f.
trigonometry Trigonometrie f;
  plane — ebene Trigonometrie f.

trim zurichten, behauen, beschneiden.
triode Dreielektrobenröhre f;
  amplifier —, **amplifying** — Verstärkerrohr n;
  generating —, **generator** — Schwingrohr n, Senderohr n;
  rectifier —, **rectifying** — Gleichrichterrohr n, Audion n.
trip auslösen, einrücken, umlegen (einen Hebel);
  – lever Auslösehebel m, Einrückhebel m;
  – magnet, printing Druckauslösemagnet m, T.
triplug Drillingstecker m.
tripping Einrücken n, Auslösen n, Umlegen n eines Hebels;
  – current Einrückstrom m, Auslösestrom m;
  – lever Auslösehebel m, Einrückhebel m;
  – relay Einschaltrelais n, Auslöserelais n.
triphase dreiphasig.
triple dreifach.
tripod Dreifuß m; dreiteiliger Stangenfuß m.
trolley wire Fahrdraht m der Straßenbahn;
  – span wire Fahrdrahtaufhängung f.
tropics pl Tropen pl.
tropic(al) tropisch;
  – finish Tropenausführung f.
trouble I. stören;
  II. Störung f;
  inductive — Induktionsstörung f, induktorische Beeinflussung f;
  – desk Störungsstelle f, Störungsplatz m;
  – man Störungssucher m.
trough Trog m, Rinne f, Kanal m; Wellental n;
  cable — Kabelrinne f, Kabelkasten m;

trough
  wave — Wellental *n*;
  wood — Holzrinne *f*.
troughing Trog *n*, Rinne *f*;
  iron — Eisenrinne *f*, eiserner Kasten *m*;
  U- — U-förmige (Kabel-) Rinne *f*.
truck offener Güterwagen *m*, Lastwagen *m*, Rollwagen *m*.
trumpet Schalltrichter *m*.
trunk Stamm *m*, Stock *m*, Hauptlinie *f*, Fernleitung *f*, Fernlinie *f*; Innenleitung *f*, Wähler-Verbindungsleitung *f*, *A*;
  (common) dialling — Einstellweg *m*, *A*;
  idle — freie Verbindung(sleitung) *f*, *A*;
  incoming — ankommende Verbindung *f*, *A*;
  outgoing — abgehende Verbindung *f*, *A*;
  through — Durchgangs-Fernleitung *f*; durchgehende Verbindungsleitung *f*, *A*;
  bundle of —**s** Leitungsbündel *n*, *A*;
  — **call** Ferngespräch *n*;
  — —, **engaged on** fernbesetzt *F*;
  — **circuit** (*engl.*) Fernleitung *f*;
  — **exchange** Fernamt *n*;
  — **fault** Fernleitungsstörung *f*;
  — **hunting switch** Vorwähler *m*, *A*;
  — **jack** Fernleitungsklinke *f*;
  — **junction (circuit)** Fernvermittlungsleitung *f*, Vorschalteleitung *f*, Ko-Leitung *f*;
  — **line** Fernleitung *f*, Fernlinie *f*;
  — — **finder** zweiter Anrufsucher *m*, *A*;
  — **operator** Fern(schrank)beamtin *f*;
  — **position** Fernplatz *m*;
  — **route** Fernlinie *f*;
  — **signalling** Fernanruf *m*, Signalisierung *f* auf Fernleitungen;
  — **supervisor** Fern(amts)aufsicht *f*, *F*;
  — **system** Fernleitungsnetz *n*;
  — **telephone cable** Fernkabel *n*;
  — **switchboard** Fernschrank *m*;
  — **test board** Fernprüfschrank *m*;
  — **zone** Fernzone *f*, Taxquadrat *n*.
trunking Verbindungsleitungsbetrieb *m*, Verbindungsleitungen *pl*, *A*;
  order wire — Dienstleitungsbetrieb *m*;
  — **circuit** Verbindungsleitung *f*, *A*;
  — **scheme** Verbindungsaufbau *m*, *A*.
trunnion Zapfen *m*, Drehzapfen *m*.
truss ein Gestänge verstärken *B*.
tube Rohr *n*, Röhre *f*, Hülse *f*;
  amplifier — Verstärkerröhre *f*, Verstärkerlampe *f*;
  — —, **telephone** Fernsprechverstärkerröhre *f*;
  current — Stromfaden *m*;
  detecting — Detektorröhre *f*, Audion *n*;
  discharge —, **(electron), discharging** — Entladungsröhre *f* Entladungsgefäß *n*;
  dispatch — Rohrpostrohr *n*;
  electronic — Elektronenröhre *f*;
  exciter — Erregerröhre *f*, Steuerröhre *f*;
  gas content — gasgefüllte Röhre *f*;
  generating — Schwingrohr *n*, Senderrohr *n*;
  graduated — Meßröhre *f*;
  gravity — Fallrohr *n* zur Beförderung von Zetteln usw.;
  high-vacuum — Hochvakuumröhre *f*;

tube
insulating — Isolierrohr n.
modulating —, **modulator** — Modulatorröhre f, Besprechungsröhre f, Steuerröhre f, Beeinflussungsröhre f;
neon — Neonröhre f;
oscillating —, **oscillator** — Schwingrohr n;
— —, **master** Steuerröhre f;
— —, **self-excited** selbsterregtes Schwingrohr n;
— —, **separately excited** fremderregtes Schwingrohr n;
oxide-coated filament — Oxyd(kathoden)röhre f;
paper-jointing — Papierröhrchen n für Lötstellen B;
pneumatic (dispatch) — Rohrpost f;
power — Hochleistungsröhre f, Senderöhre f, Kraftröhre f;
rectifier — Gleichrichterröhre f;
self-excited — selbsterregte oder rückgekoppelte Röhre f;
separately excited — fremderregte Röhre f;
speaking — Sprachrohr n;
thin-walled — dünnwandiges Rohr n;
vacuum — (am.) Vakuumröhre f;
wall — (Wand-)Durchführungsrohr n;
— **of force** Kraftröhre f;
— **characteristic** Röhrenkennlinie f;
— **generator** Röhrengenerator m, Röhrensummer m;
— **insulator, wall** Durchführungsisolator m;
— **pole** Rohrständer m;
— **rack** Röhrengestell n;
— **resistance** Röhrenwiderstand m.
tubing Röhre f, Röhrenanlage f;
iron — Eisenrohr n.

tubular röhrenförmig, Rohr-..., Röhren-...;
— **indicator** Mantelklappe f;
— **mast, pole** Rohrmast m.
tumbler Zuhaltung f, Schnepper m;
— **switch** Tumblerschalter m, Schnappschalter m.
tun dish Trichter m.
tune I. abstimmen (to auf), to — out auskoppeln, entkoppeln;
II. in — to abgestimmt auf, in Resonanz mit.
tuned abgestimmt;
differently — verschieden abgestimmt;
flatly — unscharf abgestimmt;
sharply — scharf abgestimmt;
— **alike** gleich abgestimmt;
— **circuit** abgestimmter Kreis m;
— **ringing** abgestimmter Anruf m;
— **to resonance** auf Resonanz abgestimmt.
tuner Abstimmungsvorrichtung f, Abstimmspule f;
— **multiple** — Mehrfach-Abstimmvorrichtung f.
tungar rectifier Edelgas-Glühkathodengleichrichter m.
tungsten Wolfram n (W);
— **filament** Wolframheizfaden m;
— —, **thoriated** thorhaltiger oder thorierter Wolframfaden m;
— **lamp** Wolframlampe f;
— **steel** Wolframstahl m.
tuning Abstimmung f, Abstimmen n;
accurate — genaue Abstimmung;
fine — feine Abstimmung;
flat — unscharfe Abstimmung;
grid — Gitterkreisabstimmung;
imperfect — unscharfe Abstimmung;

tuning
  note — Ton(höhen)abstimmung;
  rough — grobe Abstimmung;
  sharp — scharfe Abstimmung;
  tone — Tonabstimmung;
  sharpness of — Abstimmschärfe *f*;
  — **coil** Abstimmspule *f*;
  — **condenser** Abstimmkondensator *m*;
  — **device** Abstimmeinrichtung *f*;
  — **fork** Stimmgabel *f*;
  — — **circuit breaker** Stimmgabelunterbrecher *m*;
  — **inductance** Abstimmspule *f*;
  — **means** *pl* Abstimmittel *pl*;
  — **property** Abstimmfähigkeit *f*.
tunnel Tunnel *m*.
turbine break or **interrupter** Turbinenunterbrecher *m*.
turn I. (sich) drehen;
  II. Windung *f*, Drehung *f*;
  ampere — Amperewindung;
  idle — tote Windung;
  quarter — Viertelbrehung;
  number of —**s** Windungszahl *f*;
  pitch — **s** Ganghöhe *f* der Spulenwindungen;
  — **of a cable** Schlag *m* eines Kabels;
  — **area** Windungsfläche *f*;
  —**(s) ratio** Wicklungsverhältnis *n*, Windungsverhältnis *n*.
turner's lathe Drehbank *f*.
turnings *pl* Drehspäne *pl*.
turning knife Drehstahl *m*;
turpentine Terpentin *n*;
  oil of —, **spirit of** — Terpentinöl *n*.
twin I. zu zweien verseilen, verdrallen;
  II. Zwilling *m*, Doppel- . . ., Zwillings- . . .;
  — **cable** doppeladriges Kabel *n*, Zwillingskabel *n*;

— —, **multiple-** Vielfach-Zwillingskabel *n*, D.-M. Kabel, Dieselhorst-Martinkabel;
— **condenser** Doppelkondensator *m*, Zwillingskondensator, Differentialkondensator;
— **conductor** Doppelleitung *f*;
— **formation, multiple** Vielfach-Zwillingsverseilung *f*, D.-M.-Verseilung *f*, K;
twine Bindfaden *m*, Garn *n*, Zwirn *m*;
  cotton — Baumwollgarn *n*.
twist I. verdrehen, verseilen, verdrillen, verdrallen, to — **together** zusammendrehen, miteinander verwürgen;
  II. Drehung *f*, Drall *m*, Drallänge *f*;
  left-handed — Linksdrall *m*;
  length of — Drallänge *f*, Schlaglänge *f*;
  right-handed — Rechtsdrall *m*;
— **drill** Spiralbohrer *m*;
— **system, symmetrical** symmetrisches Verdrallungssystem *n*, K, B.
twisted verdrallt, schraubenförmig geführt;
— **joint** Würgeverbindung *f*;
— **and screened leads** *pl* verdrallte und abgeschirmte Zuführungen *pl*;
— **line,** — **loop** verdrallte (Doppel-)Leitung *f*;
— **pair** verdrallte Doppelader *f*.
twisting Verseilung *f*, Verdrallung *f*;
  compound — kombinierte Verseilung *f*;
  simple — einfache Verseilung *f*.
two-armed zweiarmig;
— -**pair core** Doppelzwilling *m*, D.-M.-Vierer *m*, Dieselhorst-Martin-Vierer *m*;
— -**phase** zweiphasig;

two-way working Gegensprechen n, Arbeiten n in beiden Richtungen;
– **-wire circuit** Doppelleitung f; Zweidrahtleitung f;
– – **operation** Doppelleitungsbetrieb m; Zweidrahtbetrieb m, K. [stanzen T;
type I. Maschine schreiben, II. Typ m, Art f; Type f;
raised – erhabene Type f;
touch – Maschine blind schreiben;
– **bar** Typenhebel m;
– – **translator** Typenhebelübersetzer m, T;
– **basket** Typenkorb m der Schreibmaschine;
– **printing telegraph** Typendrucktelegraph m;
– **surface** Typenfläche f;
– **wheel** Typenrad n;
– – **shaft** Typenradachse f.
typewrite Maschine schreiben.
typewriter Schreibmaschine f.
typical typisch.
typing Maschineschreiben n, Stanzen n, T;
touch-– blindes Maschineschreiben n, blindes Stanzen n.
typist Typist m, Maschinenschreiber m.

U.

Ultra-audible überhörfrequent, oberhalb der Hörbarkeitsgrenze liegend.
umbrella (type) insulator Schirmisolator, Pilzisolator m.
unaffected unbeeinflußt (by von).
unallotted nicht zugeteilt, unbenutzt;
– **number** Reservenummer f, unzugeteilte Nummer f, F, A.
unalloyed unlegiert.
unamplified unverstärkt.
unattended unbedient, unüberwacht;
– **exchange** unüberwachtes Amt n, Amt ohne ständige Beaufsichtigung f A.
unbalance I. aus dem Gleichgewicht bringen, verlagern; II. Ungleichheit f, Unsymmetrie f, Gleichgewichtsfehler m, Abgleichfehler m;
capacity – Kapazitätsunsymmetrie f, Kapazitätsungleichheit f, K;
phantom-to-side – Mitsprechkopplung f, Unsymmetrie f zwischen Stamm und Vierer F, K;
side-to-side – Übersprechkopplung f, Unsymmetrie f zwischen den Stämmen eines Vierers F, K;
wire-to-earth – Unsymmetrie f einer Leitung gegen Erde K;
wire-to-wire – Unsymmetrie f zwischen den Drähten einer Doppelleitung K;
– **current** Nebensprechstrom m, durch Unsymmetrie verursachter Strom m;
– **kick** Störstromstoß m infolge schlechter Ausgleichung beim Gegensprechen T;
– **test** Messung f der Nebensprechkopplungen K.
unbalanced ungleich, unausgeglichen, unsymmetrisch, verlagert.
uncoil (sich) abrollen, abspulen.
uncouple entkuppeln, auskuppeln;
undamped ungedämpft;

undamped oscillations *pl* ungedämpfte Schwingungen *pl*.
undercharge Sammler zu wenig laden.
undercut unterschnitten, hinterschnitten.
underground unterirdisch, versenkt;
— **circuit** unterirdische Leitung *f*;
— **line** versenkte Linie *f*;
— **water** Grundwasser *n*;
— —, **level of the** Grundwasserspiegel *m*.
underlayer Unterlage *f*;
felt — Filzunterlage *f*.
underrun ein Seekabel unterfahren.
underside Unterseite *f*.
undistorted unverzerrt.
undue unzulässig, ungewöhnlich, übermäßig.
undulate schwingen, vibrieren.
undulating schwingend, undulierend;
— **currents** *pl* undulierende Ströme (schnelle) Wechselströme *pl*.
undulation Schwingen *n*, Vibrieren *n*, Schwingung *f*, Wellenbewegung *f*.
undulator Undulator *m*, Wellen(linien)schreiber *m*.
undulatory schwingend, undulierend.
unelastic(al) unelastisch.
unequal ungleich;
— **letter code** Telegraphenalphabet *n* mit ungleich langen Zeichen.
uneven ungleichmäßig, unstetig.
unexcited unerregt.
unglazed unglasiert.
ungrounded ungeerdet.
unidirectional einseitig gerichtet, in einer Richtung wirkend, unipolar, nicht umkehrbar;

— **conductance,** — **conductivity** unipolare Leitfähigkeit *f* (in crystals der Kristalle);
— **discharge** aperiodische Entladung *f*;
— **effect (of aerial)** Richtwirkung *f* (der Antenne).
unifilar unifilar, einbrähtig, einfädig.
uniform gleichförmig, gleichmäßig, stetig, einheitlich.
uniformity Gleichförmigkeit *f*, Stetigkeit *f*, Einheitlichkeit *f*.
unilateral einseitig wirkend;
— **conductivity** unipolare Leitfähigkeit *f*.
uninsulated unisoliert.
un-ionized unionisiert.
unipivot mit einem Lager versehen.
unipolar einpolig, unipolar;
— **dynamo** Unipolardynamo *f*.
unison Gleichklang *m*, Gleichgang *m*, Übereinstimmung *f*;
— **lever** Nullstellhebel *m*, Einstellhebel *m* am Hughesapparat;
— **signal** Gleichlaufzeichen *n*, *T*.
unisonant gleichtönend, übereinstimmend, gleichgehend.
unit Einheit *f*;
— **of 10 000 lines** Amtseinheit *f* mit 10 000 Anschlüssen;
absolute — absolute (Maß-)Einheit;
absolute electrostatic — ab: abstat— absolute elektrostatische Einheit;
absolute electromagnetic — ab: ab- — absolute elektromagnetische Einheit;
cgs — CGS-Einheit;
conversation — Gesprächseinheit *F*;
derived — abgeleitete (Maß-)Einheit;
e. s. — = electrostatic unit;
four-wire — Vierer *m*, *K*, *F*;

unit
  imaginary — imaginäre Einheit;
  practical — praktische Einheit;
  spare — Ersatzeinheit, Reservesatz *m*;
  telephone traffic — Verkehrswert *m*, Verkehrseinheit *f, F*;
  — **code, five-** Fünferalphabet *n*, Fünfströmealphabet *n, T*;
  — **current** Stromeinheit;
  — **length, per** für die Längeneinheit;
  —**s digit** Einerstufe *f, A.*
unity Einheit *f*, Wert *m* eins;
  greater than — größer als eins;
  — **permeability** Permeabilität *f* eins.
unknown unbekannt.
unlatch entriegeln, ausklinken, entsperren. [gesetzt (Pole).
unlike ungleichnamig, entgegen-
unlimited unbegrenzt.
unlock entriegeln.
unlocking Entriegelung *f.*
unmagnetized unmagnetisiert.
unmodulated unmoduliert.
unobtainable unerreichbar, nicht zu erlangen;
  number — Verbindung unausführbar, *F, A*;
  — — **tone** Summerzeichen *n* zur Kennzeichnung unausführbarer Verbindungen *A.*
unplug einen Stöpsel herausnehmen; [schalten.
  — **resistance** Widerstand ein-
unplugged ungestöpselt. [lich.
unreadable unlesbar, unleser-
unscreened unabgeschirmt.
unscrew abschrauben, losschrauben.
unshaded nichtschraffiert.
unshift I. in die frühere Lage zurückbewegen;
  II. Rückschub *m*, Rückbewegung *f;*

— **signal** Buchstabenwechsel *m, T.*
unshunted ohne Nebenschluß, mit ausgeschaltetem Nebenschluß.
unsolder ablöten.
unstable unstabil, unsicher, labil.
unsteady unbeständig.
unsymmetrical unsymmetrisch (with regard to zu).
unsymmetry Unsymmetrie *f;*
untapped unabhörbar.
untreated unzubereitet, roh;
  — **wooden pole** rohe oder unzubereitete Holzstange *f.*
untuned nicht abgestimmt.
untwist (sich) aufdrehen, (sich) lösen.
unwieldy unhandlich.
unwrap von der Umhüllung befreien.
upkeep Instandhaltung *f*, Unterhaltung *f;* [kosten *pl.*
  cost of — Unterhaltungs-
up line (*engl.*) nach London zu verlaufende Leitung *f;*
  — **station** (*engl.*) im Londoner Leitungszweig gelegenes Amt *n.*
uproot entwurzeln.
upset umstoßen.
uranium Uran *n* (U).
urban städtisch, Stadt- ...;
  — **area** Stadtgebiet *n.*
urgent bringend;
  — **call** bringendes Gespräch *n;*
  — **message** bringendes Telegramm *n.*
use I. gebrauchen, benutzen, anwenden; [Anwendung *f.*
  II. Gebrauch *m*, Benutzung *f,*
useful nutzbar, Nutz- ...;
  — **effect** Nutzwirkung *f*, Nutzeffekt *m;* [Nutzdämpfung *f.*
  — **resistance** Nutzwiderstand *m,*
utilization Ausnutzung *f;*
  — **device** Stromverbraucher *m;*
utilize ausnutzen.

V.

V = volt.
vacuous leer, luftleer;
— **space** luftleerer Raum *m*.
vacuum Vakuum *n*, Luftleere *f*;
— **cleaner** Staubsauger *m*, Vakuumreiniger *m*;
— **lightning arrester** Luftleerblitzableiter *m*;
— **tube** Vakuumröhre *f*;
— —, **high-** Hochvakuumröhre *f*;
— — **rectifier** Röhrengleichrichter *m*;
vagabond current vagabondierender Strom *m*.
valid gültig.
validity Geltung *f* (of an equation einer Gleichung).
value Wert *m*;
to plot a — **against another magnitude** einen Wert in Abhängigkeit von einer anderen Größe auftragen oder darstellen;
arithmetic mean — arithmetischer Mittelwert;
average — Durchschnittswert, Mittelwert, Regelwert;
contract — Pflichtwert;
critical — kritischer Wert;
effective — Effektivwert;
emperical — Erfahrungswert;
guaranteed — Garantiewert;
instantaneous — Augenblickswert, Momentanwert;
limiting — Grenzwert;
loop — Schleifenwert *K, F*;
maximum — Höchstwert, Maximalwert, Scheitelwert;
mean — Mittelwert, mittlerer Wert;
measured — Meßwert, gemessener Wert;
nominal — Nennwert;
peak — Spitzenwert, Scheitelwert;

r. m. s. — = **root mean squares** — quadratischer Mittelwert, Effektivwert;
saturation — Sättigungswert;
specification — Pflichtwert,
steady state — Dauerwert (of a current eines Stromes);
test — Prüfwert, Meßwert;
virtual — Effektivwert, quadratischer Mittelwert.
valve Ventil *n*, Ventilröhre *f*; Elektronenröhre *f*;
amplifier —, **amplifying** — Verstärkerröhre;
— —, **telephone** Fernsprechverstärkerröhre;
bright — hochbeheizte Röhre;
control — Steuerröhre;
detecting —, **detector** — Detektorröhre, Audion *n*;
diode — Zweielektrodenröhre, Ventilröhre;
double grid — Doppelgitterröhre, Zweigitterröhre;
dull (emitter or **emitting)** — schwach beheizte Röhre, Röhre mit dunkelrot glühendem Faden;
electrolytic — Polarisationszelle *f*, elektrolytische Ventilzelle *f*;
escape — Auslaßventil *n*;
Fleming — Zweielektrodenröhre, [denröhre;
four-electrode — Vierelektrohard — harte Röhre; [röhre;
high-vacuum — Hochvakuumionic — Elektronenröhre;
master oscillator — Steuerröhre;
modulating —, **modulator** — Modulationsröhre, Modulatorröhre, Beeinflussungsröhre;

valve
 multiple-grid — Mehrgitterröhre;
 oscillator — Schwingröhre;
 — —, **master** Steuerröhre;
 — —, **self-excited** selbsterregte Schwingröhre;
 — —, **separately excited** fremberregte Schwingröhre;
 oxide (-coated) filament — Oxyd(kathoden)röhre;
 piston — Kolbenventil n;
 plateless — anodenlose Röhre;
 power rectifying — Hochleistungs-Gleichrichterröhre;
 rectifier —, **rectifying** — Gleichrichterröhre;
 safety — Sicherheitsventil n;
 single-grid — Eingitterröhre;
 slide — Schieberventil n;
 soft — weiche Röhre;
 thermionic — Glühkathodenröhre;
 thoriated filament — Thoriumröhre;
 transmitter —, **transmitting** — Senderöhre;
 triode —, **triple electrode** — Dreielektrodenröhre;
 Wehnelt — Wehneltröhre;
 characteristic curve of a — Röhrenkennlinie f, Röhrencharakteristik f;
 — — — — —, **straight portion of** gradliniger Teil m der Röhrenkennlinie;
 — — — — —, **upper (lower) bend of** obere (untere) Krümmung f oder oberer (unterer) Knick m der Röhrenkennlinie;
 — **action** Ventilwirkung f;
 — **adapter,** — **adaptor** (Röhren-)Zwischenstecker m;
 — **detector** Röhrendetektor m, Audion n;
 — —, **regenerative** or **retroactive** Rückkopplungsaudion n;
 — **holder** Röhrensockel m, Röhrenfassung f;
 — **receiver** Röhrenempfänger m;
 — **relay** Elektronenrelais n;
 — **socket** Röhrensockel m, Röhrenfassung f;
 — **transmitter** Röhrensender m;
 — —, **drawing-out of** Ziehen n des Röhrensenders R.
vanadium Vanadium n (V).
vane Flügel m, Fahne f;
 cooling — Kühlflügel m, Kühlrippe f, Kühlflansch m;
 — **ammeter, soft-iron** Weicheisen-Strommesser m;
 — **armature** Flügelanker m;
 — — **relay** Flügelankerrelais n, T.
vanish verschwinden.
vanishing Verschwinden n.
vaporization Verdampfung f, Verdunstung f;
 heat of — Verdampfungswärme f.
vaporize verdampfen, verdunsten.
vapour Dampf m;
 mercury — Quecksilberdampf m;
 — — **rectifier** Quecksilberdampfgleichrichter m.
variable I. veränderlich;
 II. Veränderliche f, Variable f;
 (in)dependent — (un)abhängige Veränderliche f.
variation Veränderung f, Änderung f, Schwankung f;
 annual —**s** pl jährliche Schwankungen pl;
 current — Stromänderung f, Stromschwankung f;
 diurnal —**s** pl tägliche Schwankungen pl;
 resistance — Widerstandsänderung f, Widerstandsschwankung f; [kung f.
 of frequency Frequenzschwan-

variation with frequency Änderung f mit der Frequenz, Frequenzabhängigkeit f.
variocoupler veränderliche Kopplungsspule f, Variokoppler m.
variometer Variometer n;
  ball — Kugelvariometer n;
  — **rotor** drehbare Variometerspule f;
  — **stator** feste Variometerspule f.
varnish I. firnissen, lackieren; II. Lack m, Firnis m;
  copal — Kopallack m, Kopalfirnis m;
  insulating — Isolierlack m;
  lac — Lackfirnis m;
  rubber — Gummilack m.
varnished cloth Öltuch n.
vary ändern, abweichen (up and down by ..., nach oben und unten um ...), sich ändern (with the square of ... mit dem Quadrat von, inversely with im umgekehrten Verhältnis zu).
varying veränderlich.
vaseline Vaseline f;
  — **oil** Vaselinöl n.
vector Vektor m;
  current — Stromvektor m;
  radius —, pl **radii vectores** Radiusvektor m;
  — **analysis** Vektoranalysis f;
  — **diagram** Vektordiagramm n;
  — **quantity** Vektorgröße f;
  — **representation** vektorielle Darstellung f;
  — **sum** Vektorsumme f.
vectorial vektoriell;
  to add —**ly** vektoriell addieren;
  to represent —**ly** vektoriell darstellen;
  to subtract —**ly** vektoriell subtrahieren.
veer ein Kabel, Tau (weg-)fieren.
vegetable vegetabilisch.

velocity Geschwindigkeit f;
  angular — Winkelgeschwindigkeit f, Kreisfrequenz f, Wechselgeschwindigkeit f;
  — —, **cut-off**, Grenz-Kreisfrequenz f, Grenzgeschwindigkeit f;
  final — Endgeschwindigkeit f;
  initial — Anfangsgeschwindigkeit f;
  — **of emission** Emissionsgeschwindigkeit f;
  — — **light** Lichtgeschwindigkeit f;
  — — **progression** Laufgeschwindigkeit f;
  — — **propagation** Fortpflanzungsgeschwindigkeit f;
  — — **waves** Wellengeschwindigkeit f.
vent Öffnung f, Luftabzug m, z. B. der Trockenelemente.
ventilate lüften, ventilieren, entlüften.
ventilation Lüftung f, Ventilation f, Entlüftung f;
  — **pipe** Lüftungsrohr n.
ventilator Bläser m, Ventilator m.
verdigris Grünspan m.
verification Prüfung f, Feststellung f, Beweis m.
verify prüfen, feststellen, erweisen, beweisen.
vernier Fein(ein)stellvorrichtung f (z. B. am Kondensator), Nonius m.
vertical I. senkrecht, lotrecht (to zu auf);
  II. Senkrechte f, Lot n, Vertikale f;
  — **component of earth's magnetic field** Vertikalkomponente f des Erdmagnetfelds;
  — **side of m. d. f.** Amtsseite f oder Innenseite f des Hauptverteilers;
  — **step** Höhenschritt m, A.

vessel Gefäß *n*, Behälter *m*, Schiff *n*;
  zinc containing — Zinkbehälter *m*, Zinkbecher *m* des Trockenelements;
vibrate schwingen, vibrieren;
  able to — schwingfähig.
vibrating rectifier Pendelgleichrichter *m*, schwingender Gleichrichter *m*, Pendelumformer *m*;
  — **relay** Vibrationsrelais *n*, Gulstabrelais *n*;
  — **wire** schwingende Saite *f*, Saitenunterbrecher *m*.
vibration Schwingung *f*, Vibration *f*, Erschütterung *f*;
  to throw into — in Schwingung versetzen;
  constrained —s, forced —s *pl* erzwungene Schwingungen *pl*; [*pl*;
  free —s *pl* freie Schwingungen
  harmonic — harmonische Schwingung *f*;
  longitudinal —s *pl* Längsschwingungen *pl* Longitudinalschwingungen *pl*;
  natural — Eigenschwingung *f*;
  sound — Schallschwingung *f*;
  transverse —s *pl* Transversalschwingungen *pl*;
  rate of — Schwingungszahl *f*;
  time — — Schwingungsdauer *f*;
  — **galvanometer** Vibrationsgalvanometer *n*;
  — **loop** Schwingungsbauch *m*;
  — **node** Schwingungsknoten *m*.
vibrator Schwinger *m*, Vibrator *m*, Stimmgabelunterbrecher *m*, Summer *m*, Oszillographenschleife *f*;
  oscillograph — Oszillographenschleife *f*;
  ringing — Polwechsler *m*, F, selten: Rufstromanzeiger *m*.

vibratory schwingend, vibrierend;
  — **motion** Schwingbewegung *f*.
vibromotive schwingungserzeugend;
  — **force** schwingungserzeugende Kraft *f*.
vibroplex key Vibroplextaste *f*, Morsetaste *f* mit selbsttätiger Punktgebung.
vice Schraubstock *m*;
  bench — (Bank-) Schraubstock *m*;
  draw — Froschklemme *f*, Froschzug *m*, B;
  jaw — Schraubstock *m*;
  jointer's — Spleißblock *m*.
vicinity Nachbarschaft *f*.
view Ansicht *f*;
  back — Rückansicht;
  end — Seitenansicht;
  enlarged — vergrößerte Ansicht;
  front — Vorderansicht;
  full-size — Ansicht in voller oder natürlicher Größe;
  general — Gesamtansicht, allgemeine Ansicht;
  perspective — perspektivische Ansicht;
  plan — Draufsicht;
  — —, **top** Ansicht von oben;
  rear — Rückansicht;
  side — Seitenansicht.
violet violett;
  ultra— ultraviolett.
virtual wirksam, virtuell;
  — **value** Effektivwert *m*.
viscous zäh(flüssig), viskos.
vise (*am.*) = vice.
visual sichtbar;
  — **detection** sichtbare Anzeigung *f*;
  — **reception** Schreibempfang *m*;
  — **signal** sichtbares Zeichen *n*, Schauzeichen *n*, F.
vis viva lebendige Kraft *f*; kinetische Energie *f*.

vitriol Vitriol *n*;
  blue — Kupfervitriol *n*, Blaustein *m*, Kupfersulfat *n* (CuSO$_4$);
  green — Eisenvitriol *n*, Eisensulfat *n* (FeSO$_4$);
  white — Zinkvitriol *n*, Zinksulfat *n* (ZnSO$_4$).

voice Sprache *f*, Stimme *f*;
  blurred — verwischte, verschwommene Sprache *f*;
  human — menschliche Stimme *f*;
  —,**control** Besprechung *f*, Beeinflussung *f* durch die Sprache;
  — **currents** *pl* Sprechströme *pl*;
  — **frequency** Sprechfrequenz *f*, Sprachfrequenz *f*;
  — — **telegraphy** Tonfrequenztelegraphie *f*;
  — **power** Sprachenergie *f*;
  —,**testing** Sprechprüfung *f*, Sprachmessung *f*.

void I. leer (Raum), nichtig, verfallen (Patent), ungültig;
  II. Hohlraum *m*, Lücke *f*.

volatile flüchtig.

volatilization Verflüchtigung *f*, Verdampfung *f*.

volatilize verdampfen, sich verflüchtigen.

volt Volt *n*, *ab*: V; —**s** *pl* Spannung *f*;
  discharge —**s** *pl* Anodenspannung *f*, V;
  filament —**s** *pl* Heizspannung *f*, V;
  kilovolt Kilovolt *n*, *ab*: kV;
  microvolt Mikrovolt *n*, *ab*: μV;
  millivolt Millivolt *n* *ab*: mV.

voltage Spannung *f* (across zwischen, an);
  to steady the — die Spannung gleichmäßig machen oder erhalten;
  additional — Zusatzspannung;
  boosting — Zusatzspannung;
  breakdown — Durchschlagspannung, Überschlagspannung, Zündspannung der Funkenstrecke;
  charging — Ladespannung;
  component — Spannungskomponente *f*, Teilspannung *f*;
  continuous — Gleichspannung;
  control —, **(effective)** (effektive) Steuerspannung (of a valve einer Röhre);
  counter — Gegenspannung;
  delta — Dreieckspannung;
  excess(ive) — Überspannung;
  direct — Gleichspannung;
  discharge — Anodenspannung V;
  exciting — Erregerspannung;
  filament — Fadenspannung;
  final — Endspannung;
  grid — Gitterspannung;
  — —, **biasing** or **initial** or **priming** Gittervorspannung;
  harmonic — sinusförmige Spannung, Sinusspannung;
  high— Hochspannung;
  ignition — Zündspannung (of arc des Lichtbogens);
  initial — Anfangsspannung, Spannung am Leitungsanfang;   [spannung;
  interlinked — Verkettungs-
  measuring — Meßspannung;
  no-load — Leerlaufspannung;
  open-circuit — Leerlaufspannung, Spannung bei geöffneter Leitung;   [nung;
  operating — Betriebsspan-
  phase — Phasenspannung;
  plate — Anodenspannung V;
  pulsating—, **pulsatory** — pulsierende Spannung;
  reactance — Blindspannung;
  ripple — wellige Gleich-Spannung;

voltage
r. m. s. — effektive Spannung, Effektivspannung;
spark-over — Überschlagsspannung;
star — Sternspannung;
terminal — Klemmenspannung;
testing — Prüfspannung;
transient — flüchtige Spannung, Ausgleichsspannung;
useful — Nutzspannung;
working — Betriebsspannung;
Y- — Sternspannung;
zero — Nullspannung, Spannung null;
alternating component of — Wechselspannungskomponente f; [verteilung f;
distribution of — Spannungs-
ohmic drop of — ohmischer Spannungsabfall m (across in, zwischen);
sine wave of — sinusförmige Spannung f; Sinusspannung f; [f;
— **control** Spannungsregelung
— — **relay** Spannungsreglerrelais n;
— **cut-out** Spannungssicherung
— **divider** Spannungsteiler m;
— —, **capacitive** kapazitiver Spannungsteiler m;
— **peak** Scheitelspannung f;
— **regulator** Spannungsregler m; [Wanderwelle f;
— **surge** Spannungswelle f,
— **wave** Spannungswelle f.
volt-ampere Voltampere n, ab: VA.

volt-and ammeter, combined vereinigter Strom- und Spannungsmesser m, Voltamperemeter n.
voltmeter Spannungsmesser m, Voltmeter n;
amplifying — Röhrenspannungsmesser m, Röhrenvoltmeter n; [nungsmesser m;
hot-wire — Hitzdrahtspan-
phase — Phasenvoltmeter n;
static — statischer Spannungsmesser m; [m.
— **switch** Voltmeterumschalter
volume Rauminhalt m, Volumen n, Umfang m (Verkehr);
speech — (Sprach-)Lautstärke f;
percent by — Raumprozent n, Volumprozent n;
unit of — Volumeinheit f;
— **of sound** Lautstärke f;
— — **traffic** Verkehrsumfang m;
— **control** Lautstärkeregelung f, Lautstärkeregler m, R; [m;
— **indicator** Lautstärkenanzeiger
— **regulator** Lautstärkeregler m;
— **resistivity** spezifischer Widerstand m in Microhm/cm³.
volute Schnecke f, Spirale f;
vortex pl **vortices** Wirbel m, Vortexring m. [lauter m.
vowel sound Vokal m, Selbst-
vulcanization Vulkanisierung f.
vulcanize vulkanisieren.
vulcanized caoutchouc vulkanisierter Kautschuk m;
— **fibre** Vulkanfiber f.
vulcanizing pan Vulkanisierkessel m.

W.

Waggon Lastwagen m;
— **radio set** fahrbare Funkstation f, Karrenfunkstation f.
wait I. warten;

II. Wartezeit f.
waiting time Wartezeit f im Fernverkehr.
wall Wand f, Wandung f;

wall
  glass —s pl Glaswandung f;
  side — Seitenwand f, Wange f eines Apparates;
  — bracket Wandstütze f, B;
  — channel Mauerkanal m;
  — chisel Steinbohrer m;
  — hook Rohrhaken m, Rohrschelle f;
  — pattern switchboard Wandschalttafel f, Wand-Vermittlungsschrank m, F;
  — plug Dübel m; Steckdose f;
  — screw Steinschraube f;
  — socket (Wand-)Steckdose f, Anschlußdose f;
  — —, non-interchangeable unverwechselbare Anschlußdose f;
  — telephone station Wandfernsprecher m, Wandgehäuse n;
  — tube (Wand-)Durchführungsrohr n.
walled, double- doppelwandig;
  —, hollow- hohlwandig, doppelwandig.
walnut Nußbaumholz n, Nußbaum m.
wandering direction of incidence of radio waves wechselnde Einfallsrichtung f der Funkwellen;
  — zero wanderndes Null n, wandernde Nullinie f, wandernder Nullpunkt m.
want I. bedürfen, brauchen;
  II. Bedarf m, Bedürfnis n.
warning Zeichen, Anzeige f;
  weather —s pl Sturmwarnungen pl;
  — board Warnungstafel f;
  — sign Warnungszeichen n, Warnungstafel f.
warped windschief, geworfen, verzogen.
washer Unterlagscheibe f, Unterlegscheibe f, Ring m.
wastage Vergeudung f.

waste I. vergeuden;
  II. Abfall m, Vergeudung f;
  — of time Zeitvergeudung f.
watch I. überwachen, beobachten; II. Taschenuhr f;
  stop — Stoppuhr f;
  — - case telephone, — receiver Dosenfernhörer m.
water Wasser n; [n;
  distilled — destilliertes Wasser
  soapy — Seifenwasser n;
  subsoil —, underground — Grundwasser n;
  — —, level of the Grundwasserspiegel m;
  tap — Leitungswasser n;
  — - cooled wassergekühlt;
  — glass Wasserglas n (K_4SiO_4, Na_4SiO_4);
  — jet Wasserstrahl m.
waterproof wasserdicht. [m;
water tap Wasserleitungshahn
  — temperature Wassertemperatur f; [fest.
  — - tight wasserdicht, wasserfest.
watt Watt n, ab: W;
  kilo — Kilowatt n, ab: kW;
  micro — Mikrowatt n, ab: μW;
  milli — Milliwatt n, ab: mW;
  — component Wirkkomponente f, Wattkomponente f;
  — hour Wattstunde f, ab: Wh;
  — — capacity Leistungskapazität f eines Sammlers;
wattage Wattzahl f, Leistung f in Watt;
  filament — Heizleistung f, V.
wattless wattlos, blind, Blind-...;
  — component Blindkomponente f, wattlose Komponente f;
  — — of current Blindstromkomponente f;
  — — — e. m. f. Blindspannungskomponente f;
  — current Blindstrom m, wattloser Strom m.

wattmeter Wattmeter *n*, oft: am Wellenmesser (Hitzdraht-) Strommesser *m* mit quadratischer Teilung, Wattmeter *n*;
wave Welle *f*;
 type A —s *pl* ungedämpfte Wellen *pl*, *R*;
 type A 1 —s *pl* getastete ungedämpfte Wellen *pl*, *R*;
 type A 2 —s *pl* getastete, tonüberlagerte ungedämpfte Wellen *pl*, *R*;
 — — — —s *pl*, **tonic train** getastete ungedämpfte Wellen *pl* mit reiner (sinusoidaler) Tonüberlagerung *R*;
 type A 3 —s *pl* sprachmobulierte ungedämpfte Wellen *pl*, *R*;
 type B —s *pl* gedämpfte Wellen *pl*, *R*;
 advancing — fortschreitende Welle;
 aperiodic — aperiodische Welle;
 carrier — Trägerwelle;
 compensation — Verstimmungswelle;
 complex harmonic zusammengesetzte Schwingung;
 continuous —s *pl* ungedämpfte Wellen *pl*;
 — —s, **interrupted**, ab: i. c. w. *pl* unterbrochene oder zerhackte ungedämpfte Wellen *pl*;
 — —s *pl*, **key controlled** getastete ungedämpfte Wellen *pl*;
 — —s *pl*, **key controlled tonic train** getastete ungedämpfte Wellen *pl* mit reiner (sinusoidaler) Tonüberlagerung;
 — —s *pl*, **key controlled unmodulated**, ab: c. w. getastete ungedämpfte Wellen *pl* (ohne Tonüberlagerung);
 — —s *pl*, **key controlled, modulated at audible frequency** getastete tonüberlagerte ungedämpfte Wellen *pl*;
 — —s *pl*, **speech-modulated** sprachmobulierte ungedämpfte Wellen *pl*;
 coupling —s *pl* Kopplungswellen *pl*.
 current — Stromwelle.
 damped —s *pl* gedämpfte Wellen *pl*;
 discontinuous —s *pl* gedämpfte Wellen *pl*;
 electro-magnetic — elektromagnetische Welle;
 ether — Ätherwelle;
 fundamental — Grundwelle, Grundschwingung *f*;
 half— Halbwelle;
 long — lange Welle; langwellig:
 main — hinlaufende Welle *L*;
 marking — Zeichenwelle;
 modulated — mobulierte Welle;
 oncoming — einfallende Welle;
 out-of-phase — phasenverschobene Welle;
 partial — Teilwelle; Kopplungswelle:
 pulsating — pulsierende Welle, gleichstromüberlagerte Welle;
 pure — reine (Sinus-)Welle;
 received — Empfangswelle, empfangene Welle;
 reflected — reflektierte Welle, gespiegelte Welle, zurücklaufende Welle, *L*;
 short — kurze Welle; kurzwellig;
 — — **condenser** Verkürzungskondensator *m*, *R*;
 signal — Zeichenwelle;
 sine — Sinuswelle;
 — — **of sound** sinusförmige Schallwelle;

wave
sine —, complex zusammengesetzte Sinuswelle;
— —, **damped** gedämpfte Sinusschwingung f;
— —, **pure** reine Sinuswelle;
sound — Schallwelle, Schallschwingung f;
spacing — Verstimmungswelle, Zwischenzeichenwelle;
speech —s pl Sprachwellen pl, Sprechwellen pl, Sprachschwingungen pl;
spherical — Kugelwelle, Raumwelle;
standing —s pl, **stationary** —s pl stehende Wellen pl;
transmitted — ausgesandte Welle, Sendewelle;
travelling — Wanderwelle, sich ausbreitende Welle;
undamped —s pl ungedämpfte Wellen pl;
voltage — Spannungswelle;
incidence of a — Einfallen n einer Welle;
— — — —, **direction of** Einfallsrichtung f einer Welle;
steadiness of the —s Wellen(längen)konstanz f;
train of —s Wellenzug m;
— **band** Wellenband n, Wellenbereich m;
— — **filter** Bandfilter n, Siebkette f, Doppelsieb n;
— **changing . . .**, Verstimmungs...; [schalter m;
— — **switch** Verstimmungs-
— **crest** Wellenberg m;
— **detector** Wellenanzeiger m;
— **filter** Wellenfilter n, Siebkette f;
—¦— **terminated at mid-series (mid-shunt)**, in einem halben Längsglied (Querglied) endender Kettenleiter m;
— **form** Wellenform f;

— **front** Wellenstirn f, Wellenfront f;
— —, **steep** steile Wellenstirn f;
— —, **tilted** geneigte Wellenfront f;
— **generator** Schwingungserzeuger m, Wellengenerator m;
— —, **buzzer** Summer-Schwingungserzeuger m.

wavelength Wellenlänge f;
to operate on a — of 600 m auf Welle 600 arbeiten;
fundamental — Grundwellenlänge f, Grundwelle f;
high — . . . langwellig;
low — . . . kurzwellig;
natural — Eigenwelle f, Eigenwellenlänge f;
operating — Betriebswelle f, Betriebswellenlänge f;
unloaded — of an aerial Eigenwellenlänge f eines Luftleiters ohne Verlängerungsspule;
— **changing switch** Verstimmungsschalter m, Wellenumschalter m;
— **constant** Wellenlängenkonstante f, Winkelmaß n je Längeneinheit L.

wavelet kleine Welle f;
elementary — Elementarwelle f, R.

wave line Wellenlinie f;
— — **recorder** Wellenlinienschreiber m;
— **meter** Wellenmesser m;
— —, **buzzer driven** Wellenmesser m mit Summererregung;
— —, **standard** Normalwellenmesser m;
— **motion** Wellenbewegung f;
— **propagation** Wellenausbreitung f, Wellenfortpflanzung f;
— **receiver** Wellenempfänger m;

wave shape Wellenform *f*, Wellengestalt *f*;
— **tail** Wellenschwanz *m*;
— **telegraphy** Wellentelegraphie *f*;
— —, **carrier** Trägerwellentelegraphie *f*;
— **train** Wellenzug *m*;
— — **frequency** Wellenzugfrequenz *f*;
— **trap** Wellenschlucker *m*;
— **trough** Wellental *n*;
— **velocity** Wellengeschwindigkeit *f*; Lichtgeschwindigkeit *f*;
— **of modulation** Modulationswelle *f*.
wavy wellig.
wax I. wachsen, mit Wachs überziehen;
II. Wachs *n*;
beeswax Bienenwachs *n*;
paraffin wax festes Paraffin *n*;
sealing — Siegellack *m*.
waxed gewachst;
— **paper** Wachspapier *n*;
— **wire** Wachsdraht *m*.
waxy wachsartig, Wachs- ...
way Weg *m*, Gang *m*, Straße *f*, Richtung *f*;
key — Keilnute *f*, Längsnute *f*;
oil — Ölnute *f*, Schmiernute *f*.
wayleave Wegerecht *n*.
waystation Zwischenamt *n*, Zwischenstelle *f*.
weak schwach.
weaken schwächen.
weakening Schwächung *f*.
wear I. abnutzen, to — **out** (Lager) auslaufen;
II. Abnutzung *f*, Verschleiß *m*;
— **and tear** Abnutzung *f*.
wearing Abnutzen *n*.
weather Wetter *n*;
— **contact** Wetterberührung *f*;
— **exposure** Ausgesetztsein *n*;
— **forecast** Wettervorhersage *f*;
— **leakage** Wetternebenschluß *m*;

— **report** Wetterbericht *m*;
— **signals** *pl* Wetterdienst *m*, *R*;
— **warnings** *pl* Sturmwarnungen *pl*, Unwetterwarnungen *pl*.
web Rolle *f*, breite Papierrolle *f*, Formularrolle *f*, Vordruckblattrolle *f*, *T*.
wedge I. festkeilen, (sich) festklemmen;
II. Keil *m*;
— — **shape** Keilform *f*;
— — **shaped** keilförmig.
Wehnelt cathode Wehneltkathode *f*, Oxydkathode *f*;
weigh wiegen.
weight Gewicht *n*;
percent by — Gewichtsprozent *n*;
breaking — Bruchlast *f*;
driving — Antriebsgewicht *n*;
equivalent — Äquivalentgewicht *n*;
pulley — Rollgewicht *n* der Schnüre *F*;
sliding — Gleitgewicht *n*, verschiebbares Gewicht *n*.
weld schweißen.
welded (auf)geschweißt;
electro- — elektrisch (auf)geschweißt;
spot- — punktgeschweißt;
— **joint** Schweißstelle *f*, Schweißnaht *f*; [stelle *f*;
— **butt joint** Stumpfschweiß-
— **overlapped joint** überlappte Schweißstelle *f*.
welder Schweißvorrichtung *f*;
contact — Schweißvorrichtung *f* für Kontakte.
welding Schweißung *f*, Schweißen *n*;
electro- — elektrische Schweißung *f*;
seam — Nahtschweißung *f*;
spot — Punktschweißung *f*;
— **seam** Schweißnaht *f*.

well Behälter m, Gefäß n;
ink — Farbkasten m, Farbgefäß n.
wet feucht, naß.
wheel Rad n Scheibe f, Walze f;
  balance — Unruhe f im Uhrwerk;
  bevel — Kegelrad n;
  cog — Kammrad n, Rad n mit stumpfen Zähnen, Polrad n;
  correcting —, **correction** — Korrektionsrad n des Hughesapparates;
  crown — Kronrad n;
  emery — Schmirgelscheibe f;
  escape —, **escapement** — Hemmrad n, Sperrad n;
  finger — Fingerscheibe f, A;
  friction — Reib(ungs)rad n, Friktionsrad n;
  hand — Handrad n;
  idler — Leerscheibe f;
  inductor — Induktorrad n;
  inking — Farbrad n, Farbrolle f;
  jockey — Reiterrädchen n, Reiterröllchen n;
  magnet — Magnetrad n, Polrad n;
  phonic — phonisches Rad n;
  pin — Stiftrad n, Sternrad n;
  pin feed — Sternrad n von Streifensendern und Lochern T;
  ratchet — Steigrad n, Sperrad n;
  'scape — Hemmrad n, Sperrad n;
  spur — Stirnrad n;
  star — Rad n mit scharfen Zähnen, Sternrad n;
  tape — Papierrollenträger m, Papierrolle f;
  tone —, **Goldschmidt,** Tonrad n;
  tooth(ed) — Zahnrad n;
  — — **circuit breaker** Zahnradunterbrecher m;
  worm — Schneckenrad n;
  train of —**s** Räderwerk n.
wheeled mit Rädern versehen;
  — **stand** Rolltisch m, Rollständer m.
whip betakeln, to — **round** umwickeln.
whipped core, (iron) Krarupader f, mit Eisen umsponnene Ader f.
whipping, iron Krarupumspinnung f, Eisenumspinnung f.
whirl I. wirbeln, sich drehen;
  II. Wirbel m.
white weiß;
  — **heat** Weißglut f;
  — — **hot** weißglühend, weißwarm.
whiting Schlämmkreide f.
wick Docht m;
  — **lubrication** Dochtschmierung f, Dochtölung f;
  — **lubricator** Dochtöler m.
wide breit, weit, one cm — einen cm breit;
  — — **meshed** weitmaschig.
width Weite f, Breite f.
winch Winde f, Kabelwinde f;
  cable — Kabelwinde f;
  hand — Handwinde f;
  motor — Motorwinde f;
  power-driven — Motorwinde f.
wind I. wickeln, winden, to — **off** abwickeln, abspulen;
  to — **up** aufspulen, aufziehen (Feder, Wählerscheibe);
  II. Wind m;
  prevailing —**s** pl vorherrschende Winde pl;
  — **load** Winddruck m Windbelastung f;
  — **pressure** Winddruck m.
winding Windung f, Wicklung f;
  auxiliary — Hilfswicklung f;
  accelerating — Beschleunigungswicklung f des Gulstabrelais;

winding
- **bank** — Stufenwicklung *f*, *R*;
- **compensation** — in der künstlichen Leitung liegende Wicklung *f* des Differentialrelais *T*;
- **differential** — Differentialwicklung *f*;
- **duo-lateral** — Wabenwicklung *f* mit gegeneinander versetzten Lagen *R*;
- **exciting** — Erregerwicklung *f*,
- **iron** — Eisenwicklung *f*, Eisendrahtbespinnung *f*;
- **Krarup** — Krarupumspinnung *f*;
- **line** — Leitungswicklung *f* des Differentialrelais *T*;
- **opposing** — Gegenwicklung *f* des Gulstabrelais;
- **resistance —, high-** hochohmige Wicklung *f*;
- **— —, low-** niedrigohmige Wicklung *f*;
- **area of —, cross-sectional** Wicklungsquerschnitt *m*;
- **pitch of —** Steigung *f* der Windung;
- **volume of —** Wicklungsraum *m*;
- **— capacity, inter-** Kapazität *f* zwischen den Wicklungen eines Transformators;
- **— machine** Spulmaschine *f*, Wickelmaschine *f*;
- **— space** Wicklungsraum *m*;
- **— - up of the dial** Aufziehen *n* der Nummernscheibe *A*.

window Fenster *n*.

wing Flügel *m*; manchmal: Anode *f* der Elektronenröhre;
- **— nut** Flügelmutter *f*;
- **— screw** Flügelschraube *f*.

winged nut Flügelmutter *f*.

wipe I. wischen;
II. Wischen *n*; Lötwulst *m* (*f*), Plombe *f* an der Bleimuffe.

wiped joint, (plumber's) Lötwulst *m* (*f*), Plombe *f* an der Bleimuffe.

wiper Schleiffeder *f*; Wählerarm *m*, Schaltarm *m*, *A*, to step round the —s to ... die Wählerarme weiterdrehen auf ...;
- **line —s** *pl* a-b-Bürsten *pl*, a-b-Arme *pl*, *A*;
- **private —** c-Bürste *f*, c-Arm *m*, Steuerbürste *f*, *A*;
- **rotary —** Schaltarm *m*, Bürste *f* des Stromgerwählers *A*;
- **— shaft** Schaltwelle *f*, Bürstenarmspindel *f*, *A*.

wire I. brahten, telegraphieren, beschalten (for mit); to — up beschalten, anschalten, Drähte ziehen;
II. Draht *m*, Leitung *f*;
- **to run a —** einen Draht führen, verlegen;
- **A- (B) —** a- (b)-Draht *m*, a-(b-)Leitung *f*;
- **armouring —** Schutzdraht *m*, Bewehrungsdraht *m*;
- **bank —s** *pl* Kontaktsatz-Vielfachverdrahtung *f*;
- **barbed —** Stacheldraht *m*;
- **bare —** blanker Draht *m*;
- **bimetallic —** Doppelmetalldraht *m*, Bimetalldraht *m*;
- **binding —** Bindedraht *m*, *B*;
- **braided —** umflöppelter Draht *m*;
- **bridge —** Brückendraht *m*;
- **bronze —** Bronzedraht *m*;
- **C- —** c-Leitung *f*, Prüfleitung *f*, *F. A*;
- **composite —** unterteilter Draht *m*, Litzendraht *m*;
- **connection —** Verbindungsdraht *m*, Poldraht *m* am Element;
- **contact —** Fahrdraht *m* der Straßenbahn;

wire
  copper — Kupferdraht *m*;
  — —, **hard drawn** Hartkupferdraht *m*;
  copper-clad — verkupferter Draht *m*, Bimetalldraht *m*;
  copper stranded — Kupferlitze *f*;
  covered — isolierter Draht *m*;
  — —, **cotton-** mit Baumwolle umsponnener Draht *m*, Baumwolldraht *m*;
  — —, **double** doppelt umsponnener Draht *m*;
  — —, **enamel-** Emailledraht *m*;
  — —, **rubber-** gummiisolierte Leitung *f*, Gummiaber *f*;
  — —, **silk-** mit Seide umsponnener Draht *m*, Seidendraht *m*;
  — —, **single** einmal oder einfach umsponnener Draht *m*;
  — —, **triple** dreifach umsponnener Draht *m*;
  cross-connecting — Schaltbraht *m* im Verteiler;
  double — . . . doppelbrähtig;
  draw — Einziehbraht *m*, Zugseilchen *n* B;
  drop — Einführungsbraht *m* für oberirdische Leitungen;
  earth — Erdbraht *m*;
  enamel(led) — Emailledraht *m*;
  fine — dünner Draht *m*, dünnbrähtig;
  fuse — Schmelzbraht *m*, Sicherungsbraht *m*;
  g. i. = **galvanised iron** — verzinkter Eisendraht *m*;
  guy — Drahtanker *m* einer Stange, B; Gei *f*, Parbune *f*;
  — — **hook** Ankerhaken *m*;
  hard drawn — hartgezogener Draht *m*;
  gauge —, **heavy-** starker Draht *m*, starkbrähtig;
  — —, **light-** (or **small-**) schwacher Draht *m*, leichter Draht *m*, schwachbrähtig, dünnbrähtig;
  ground(ed) — geerdeter Draht *m*, Erdbraht *m*;
  guard — Schutzbraht *m*;
  — —, **earthed** geerdeter Schutzbraht *m*;
  holding — c-Leitung *f*, Prüfbraht *m*, *F*, *A*;
  hot—Hitzdraht *m*, Hitzbraht-…;
  insulated — isolierter Draht *m*;
  — —, **enamel-** Emailledraht *m*;
  iron — Eisendraht *m*;
  — —, **galvanised** verzinkter Eisendraht *m*, galvanisierter Eisendraht *m*;
  jumper — Schaltbraht *m*, Schaltaber *f*, *F*;
  lead-in — Einführungsbraht *m*, Zuleitungsbraht *m*;
  leased — Mietleitung *f*, *T*;
  line — Leitungsbraht *m*;
  messenger — Tragbraht *m* für Luftkabel;
  negative — der zum negativen Pol der Z. B führende Draht der Teilnehmerleitung *F*; an Spannung (—) liegende Aber *f*, *A*;
  neutral — Nulleiter *m*, Mittelleiter *m*;
  phoshor-bronze — Phosphorbronzebraht *m*;
  pilot — Prüfbraht *m*, Prüfleitung *f*; Reglerleitung *f* der Luftkabel;
  positive — der zum positiven Pol der Z. B. führende Draht *m* der Teilnehmerleitung *F*; an Erde (+) liegende Aber *f*, *A*;
  power — Starkstromleitung *f*;
  power ground — geerdeter Nulleiter *m*;

wire
- **private** — Privatfernsprechleitung f, Privatnebenstellenleitung f, Privattelegraphenleitung f;
- **R-** — Stöpselringzuführung f, b-Ader f, F;
- **resistance** — Widerstandsdraht m;
- **return** — Rückleitung f, Rückdraht m;
- **ring** — Stöpselringzuführung f, b-Ader f, F;
- **rolled** — Walzdraht m;
- **rubber-covered** — Gummiader f, gummiisolierte Leitung f; [f, F;
- **S-** — c-Leitung f, Prüfleitung
- **saddle** — auf der Stangenspitze geführte Leitung f, B;
- **sheathing** — Schutzdraht m, Bewehrungsdraht m;
- **silicium-bronze** —, **siliconbronze** — Siliziumbronzedraht m;
- **silk-covered —, (double)** (doppelt oder zweifach) mit Seide umsponnener Draht m;
- **slide** — Gleitdraht m, Brückendraht m mit Gleitkontakt;
- **span** — Spanndraht m, Abspanndraht m;
- **speaker** — Sprechleitung f, Dienstleitung f;
- **stay** — Ankerdraht m, B;
- **stranded** — Litze f, Litzendraht m;
- **suspending —, suspension** — Tragdraht m, Tragseil n, Aufhängedraht m für Luftkabel usw.;
- **T-** — Stöpselspitzenzuführung f, a-Ader f, F;
- **taping** — Wickeldraht m an der Lötstelle B;
- **telephone** — Fernsprechleitung f;
- **testing** — Prüfdraht m; c-Leitung f, Prüfleitung f, F;
- **third** — c-Leitung f, Prüfleitung f, F, A;
- **tie** — Bindedraht m, B;
- **tinned** — verzinnter Draht m;
- **tip** — a-Ader f, Stöpselspitzenzuführung f, F;
- **trolley** — Fahrdraht m der Straßenbahn;
- **trolley span** — Fahrdrahtaufhängung f;
- **vibrating** — schwingende Saite f, Saitenunterbrecher m.
- **waxed** — Wachsdraht m;
- **Wollaston** — Wollastondraht m, Haardraht m;
- **pull of** — Drahtzug m;
- — **cloth** Drahtgewebe n;
- — **core** Drahtkern m;
- — — **coil** Drahtkernspule f;
- — **gauge** Drahtlehre f;
- —, **American,** ab: **A.W.G.** amerikanische Drahtlehre f;
- —, **Birmingham,** ab: **B.W.G.** Birmingham-Drahtlehre f;
- —, **British Standard,** ab: **B.S.G.** britische Normal-Drahtlehre f;
- —, **Brown & Sharpe,** ab: **B.S.W.G.** Drahtlehre f von Brown & Sharpe;
- — **gauze** Drahtgaze f;
- — **nail** Drahtnagel m, Drahtstift m;
- — **netting** Drahtnetz n, B;
- — **operation, four-** Vierdrahtbetrieb m, F;
- —, **two-** Zweidrahtbetrieb m, F;
- — **plant** Leitungsanlage f;
- — **rope** Drahtseil n;
- —, **steel** Stahldrahtseil n;
- — **stay, (stranded)** Eisendrahtanker m, B;
- — **stretcher** Drahtspanner m;
- — **telegraphy** Drahttelegraphie f
- — **telephony** Drahttelephonie f;

wire-to-earth capacity Leitungs-
kapazität f gegen Erde, Erd-
kapazität f einer Leitung;
— **-to-wire capacity** Schleifen-
kapazität f einer Doppelleitung.
wired wave telegraphy Wellen-
telegraphie f längs Leitungen,
leitungsgerichtete Wellentele-
graphie f, Drahtwellentele-
graphie f;
— **wireless** Drahtfunk m.
wireless I. funken;
II. Funk-..., drahtlos;
— **compass** Funkkompaß m;
— **officer** Funkoffizier m, Funk-
beamter m;
— **plant** Funkanlage f;
— **set** Funkeinrichtung f, Funk-
apparatsatz m;
— **receiving set** Funkempfänger
m; [m;
— **transmitting set** Funksender
— **station** Funkstelle f, Funk-
station f;
— —, **coastal** Küstenfunkstelle f;
— **telegraphy** Funktelegraphie f;
— —, **directional** gerichtete Funk-
telegraphie f;
— —, **syntonic** abgestimmte Funk-
telegraphie f.
wireman Telegraphenarbeiter,
Telegraphen-Bauarbeiter m;
—'s **tent** Löterzelt n, Zelt n.
wiring Verdrahtung f, Beschal-
tung f, Drahtverbindungen pl,
Leitungsführung f;
bank — Kontaktsatzverdrah-
tung f, A;
concealed — verdeckte Lei-
tungsführung f;
interior —, **internal** — Innen-
leitung f;
internal — **of an exchange,
permanent** feste Verdrahtung
f eines Amtes;
multiple — Vielfachverdrah-
tung f;

office — Amtsverkabelung f,
Zimmerleitung f;
panel — rückseitiger Anschluß
m, rückseitige Beschaltung f;
surface — vorderseitiger An-
schluß m, vorderseitige Be-
schaltung f;
— **change** Umschaltung f, Um-
lötung f;
— **diagram** Schaltplan m, Ве-
drahtungsplan m.
withdraw zurückziehen, heraus-
ziehen (the plug den Stöpsel).
withdrawal Herausziehen n,
Zurückziehen n.
Wollaston wire Wollastondraht
m, Haardraht m.
Wood's alloy, Woodsches Metall
n (25 Pb, 12,5 Sn, 50 Bi,
12,5 Cd, 73°).
wood I. hölzern, Holz-...;
II. Holz n;
hard — Hartholz n;
round — Rundholz n;
— **pole** Holzstange f;
— **pulp** Holzschliff m;
— **screw** Holzschraube f.
wooden hölzern.
wool Wolle f;
cotton — (Roh-)Baumwolle f.
work I. arbeiten, betreiben, be-
bienen (an instrument einen
Apparat); to — **loose** lose
werden; to — **out** sich aus-
wirken;
II. Arbeit f; Betrieb m (to
set to — in Betrieb setzen);
electric — elektrische Arbeit f;
lost — Arbeitsverlust m;
maintenance — Instandhal-
tungsarbeiten pl;
routine — laufende Arbeiten
pl;
routine repair — laufende In-
standsetzungsarbeiten pl,
Pflege f;
useful — Nutzarbeit f;

work
  path of — Arbeitsweg *m* (des Baudotkombinators);
  unit of — Arbeitseinheit *f*.
working Betrieb *m*;
  leak — Arbeiten *n* in Zweigschaltung *T*;
  manual — Handbetrieb *m*;
  series — Arbeiten *n* in Reihenschaltung *T*;
  two-way — Arbeiten *n* in beiden Richtungen, Gegensprechen *n*, *T*, *F*;
  — **conditions** *pl* Betriebszustand *m*, Betriebsbedingungen *pl*;
  — **parts** *pl* Arbeitsteile *pl*;
  — **point of valve characteristic** mittlere Arbeitslage *f* der Röhrenkennlinie;
  — **set** Betriebsapparat *m*;
  — **voltage** Betriebsspannung *f*.
workshop Werkstatt *f*.
worm I. trensen;
  II. Trense *f*, Schnecke *f*;
  — **gear** Schneckengetriebe *n*;
  — **wheel** Schneckenrad *n*;
worming Trense *f*;
  yarn — Garntrense *f*;
  — **pair** Trensenabernpaar *n* (zum Ausfüllen der Lücken im Kabelquerschnitt).
wound gewickelt, gewunden, *v.* wind;
  differentially — differential gewickelt;
  double-— bifilar gewickelt;
  — **in duplicate** bifilar gewickelt.
w. p. m. = words per minute Wörter in der Minute.
wrap (up) bewickeln, umhüllen (with mit).
wrapping Bewicklung *f*, Umhüllung *f*, Bespinnung *f*;
  — **of iron** Eisenbespinnung *f*;
  — **of jute** Jutewicklung *f*;
  — **of paper** Papierumhüllung *f*.
wrench Mutterschlüssel *m*; Schraubenschlüssel *m*;
  coach — englischer Schraubenschlüssel *m*, Engländer *m*;
  monkey — Engländer *m*;
  pipe — Rohrzange *f*.
write schreiben, to — **up slips** Streifen *pl* abschreiben *T*.
writer Schreiber *m*; Farbschreiber *m*, *T*.
writing-up Abschreiben *n* (of slips von Streifen).
wrong verkehrt, falsch, unrichtig;
  — **connection** falsche Verbindung *f*, Falschverbindung *f*, Verschaltung *f*.
wrought iron Schmiedeeisen *n*, schmiedeeisern;
  — **steel pole** Stahlrohrmast *m*, Stahlrohrständer *m*.

X.

X. L. L. = extra light loaded besonders leicht belastet *K*.
X.'s = atmospherics *pl* Luftstörungen *pl*, atmosphärische Störungen *pl*.
xmtr = transmitter Sender *m* Geber *m*, Mikrophon *n*.
X. stopper Vorrichtung *f* zur Störbefreiung *R*.
X. stopping Beseitigung *f* von Luftstörungen, Störbefreiung *f*, *R*.

Y.

Y-connected sterngeschaltet, in Sternschaltung;
  — **-connection** Sternschaltung *f*;
  — **-splice** Abzweigspleißstelle *f B*;
  — **-voltage** Sternspannung *f*.
yard Yard *n*, = 3 feet = 91,439 cm.

yarn Zwirn *m*, Garn *n*;
  flax — Leinengarn *n*;
  glazed — Glanzgarn *n*;
  jute — Jutegarn *n*;
  pipe — Weißstrick *m*;
  — **worming** Garntrense *f*.
yd. *pl* **yds** = yard(s).
yellow gelb.

yield nachlassen, nachgeben;
  — **point** Streckgrenze *f*, Fließgrenze *f*.
yielding drive nachgiebiger Friktionsantrieb *m*, Antrieb *m* durch leichte Reibung.
yoke Joch *n*;
  — **of a magnet** Magnetjoch *n*.

Z.

Z = zinc (pole) Zink *n*, Zinkpol *m*.
zero null;
  to set to — auf Null (ein)stellen;
  centre — mittlerer Nullpunkt *m* einer Teilung;
  false — falscher Nullpunkt *m*;
  fluctuating — wandernder Nullpunkt *m*;
  shifting —, **wandering** — wanderndes Null *n*, wandernde Nullinie *f*, wandernder Nullpunkt *m*;
  — **beat frequency** Schwebungsfrequenz *f* null *R*;
  — — **reception** Empfang *m* mit Überlagerung der Trägerfrequenz;
  — **error** Nullpunktabweichung *f*;
  — **frequency** Frequenz *f* null;
  — — **current** Gleichstrom *m*, Strom *m* von der Frequenz null;
  — **line** Nullinie *f*;
  — **method** Nullmethode *f*;
  — **point** Nullpunkt *m*;
  — **potential** Nullpotential *n*;
  — **volts**, — **voltage** Spannung *f* null, Nullspannung *f*.
zig-zag line Zickzacklinie *f*;
  — — **shaped** zickzackförmig.
zinc Zink *n* (Zn);
  sheet — Zinkblech *n*;
  chloride of — Zinkchlorid *n* (ZnCl$_2$);
  sulphate of — Zinksulfat *n*, Zinkvitriol *n*, schwefelsaures Zink *n* (ZnSO$_4$);
  — **amalgam** Zinkamalgam *n*;
  — **containing vessel** Zinkbecher *m* (of dry cells der Trockenelemente), Zinkbehälter *m*;
  — **plate** Zinkplatte *f*;
  — **pole**, — **terminal** Zinkpol *m*;
  — **white** Zinkweiß *n* (ZnO).
zincite Rotzinkerz *n*.
zone Zone *f*, Bereich *m*, Bezirk *m*, Gegend *f*;
  adjacent — Nachbarzone *f*;
  neutral — neutrale Zone *f*, Indifferenzzone *f*;
  telephone — (Fernsprech-)Zone *f*, Taxquadrat *n*;
  — **centre** Zonenmittelpunkt *m*, Zonenhauptort *m*, *F*;
  — —, **sub-** Zonenhauptpunkt *m*, zweiter Zonenmittelpunkt *m*;
  — **rate** Zonengebühr *f*;
  — **tariff** Zonentarif *m*;
  — **metering** Zonenzählung *f*, *A*.

Verlag von Julius Springer in Berlin W 9

Der Fernsprechverkehr als Massenerscheinung mit starken Schwankungen. Von Dr. **G. Rückle** und Dr.-Ing. **F. Lubberger.** Mit 19 Abbildungen im Text und auf einer Tafel. (155 S.) 1924.
11 Goldmark; gebunden 12 Goldmark

Anleitung zum Bau elektrischer Haustelegraphen, Telephon-, Kontroll- und Blitzableiter-Anlagen.
Herausgegeben von der A.-G. **Mix & Genest,** Telephon- und Telegraphenwerke, Berlin-Schöneberg. Siebente, neubearbeitete und erweiterte Auflage. Mit zahlreichen Textabbildungen. (609 S.) 1914. Gebunden 6 Goldmark

Telephon- und Signal-Anlagen.
Ein praktischer Leitfaden für die Errichtung elektrischer Fernmelde- (Schwachstrom-) Anlagen. Herausgegeben von Obering. **Carl Beckmann,** Berlin-Schöneberg. Bearbeitet nach den Leitsätzen für die Errichtung elektrischer Fernmelde- (Schwachstrom-) Anlagen der Kommission des Verbandes deutscher Elektrotechniker und des Verbandes elektrotechnischer Installationsfirmen in Deutschland. Dritte, verbesserte Auflage. Mit 418 Abbildungen und Schaltungen und einer Zusammenstellung der gesetzlichen Bestimmungen für Fernmeldeanlagen. (334 S.) 1923. Gebunden 7.50 Goldmark

Die Nebenstellentechnik. Von Obering. **Hans B. Willers,** Berlin-Schöneberg. Mit 137 Textabbildungen. (178 S.) 1920.
Gebunden 7 Goldmark

Die Abhängigkeit des erfolgreichen Fernsprechanrufes von der Anzahl der Verbindungsorgane. Von Dr.-Ing. Dipl.-Ing. **Friedrich Spiecker.** (66 S.). 1913.
2.50 Goldmark

Experimentelle Untersuchungen aus dem Grenzgebiet zwischen drahtloser Telegraphie und Luftelektrizität. Von Privatdozent Dr. **M. Dieckmann,** München.
1. Teil: **Die Empfangsstörung.** Mit 56 Abbildungen. (Zweites Heft der „Luftfahrt und Wissenschaft", herausgegeben von Joseph Sticker.) (81 S.) 1912. 3 Goldmark

Mitteilungen aus dem Telegraphen-Versuchsamt des Reichspostamts.
I—III vergriffen.
IV. (127 S.) 1908. 3 Goldmark
V. (127 S.) 1910. 3 Goldmark
VI. (175 S.) 1912. 4 Goldmark
VII. (179 S.) 1914. 4 Goldmark

Verlag von Julius Springer in Berlin W 9

Der Radio-Amateur (Radiotelephonie). Ein Lehr- und Hilfsbuch für die Radio-Amateure aller Länder. Von Dr. **Eugen Nesper.** Sechste, vollständig umgearbeitete und erweiterte Auflage. Mit etwa 900 Textabbildungen.
Erscheint im Mai 1925

Radio-Schnelltelegraphie. Von Dr. **Eugen Nesper.** Mit 108 Abbildungen. (132 S.) 1922. 4.50 Goldmark

Elementares Handbuch über drahtlose Vakuum-Röhren. Von **John Scott Taggart,** Mitglied des Physikalischen Institutes London. Ins Deutsche übersetzt nach der vierten, durchgesehenen englischen Auflage von Dipl.-Ing. Dr. **Eugen Nesper** und Dr. **Siegmund Loewe.** Mit etwa 140 Abbildungen im Text.
Erscheint im Frühjahr 1925.

Radiotelegraphisches Praktikum. Von Dr.-Ing. **H. Rein.** Dritte, umgearbeitete und vermehrte Auflage. Von Prof. Dr. **K. Wirtz,** Darmstadt. Mit 432 Textabbildungen und 7 Tafeln. (577 S.) 1921. Berichtigter Neudruck. 1922. Gebunden 20 Goldmark

Radio-Technik für Amateure. Anleitungen und Anregungen für die Selbstherstellung von Radio-Apparaturen, ihren Einzelteilen und ihren Nebenapparaten. Von Dr. **Ernst Kadisch.** Mit 216 Textabbildungen. (216 S.) 1925. Gebunden 5.10 Goldmark

Kalender der Deutschen Funkfreunde 1925. Bearbeitet im Auftrage des Deutschen Funk-Kartells von Dr.-Ing. **Karl Mühlbrett,** Techn. Staatslehranstalten Hamburg und Ziviling. **Friedr. Schmidt,** Generalsekretär des Deutschen Funk-Kartells Hamburg. Mit einem Geleitwort von Dr. **K. G. Möller,** Universitätsprofessor in Hamburg, Vorsitzender des Deutschen Funk-Kartells. Erster Jahrgang. (120 S.) Unveränderter Neudruck. 1925. Gebunden 2 Goldmark

Verlag von Julius Springer und M. Krayn in Berlin W 9

Der Radio-Amateur. Zeitschrift für Freunde der drahtlosen Telephonie und Telegraphie. Organ des Deutschen Radio-Clubs. Unter ständiger Mitarbeit von Dr. **Walther Burstyn**-Berlin, Dr. **Peter Lertes**-Frankfurt a. Main, Dr. **Siegmund Loewe**-Berlin und Dr. **Georg Seibt**-Berlin u. a. m. Herausgegeben von Dr. **E. Nesper**-Berlin und Dr. **P. Gehne**-Berlin. Erscheint wöchentlich.
Vierteljährlich 5 Goldmark / Einzelheft 0.40 Goldmark
(Die Auslieferung erfolgt vom Verlag Julius Springer in Berlin W 9)

Verlag von Julius Springer in Berlin W 9

Bibliothek des Radio-Amateurs. Herausgegeben von Dr. Eugen Nesper.

Fertig liegen vor:

1. Band: **Meßtechnik für Radio-Amateure.** Von Dr. **Eugen Nesper.** Dritte Auflage. Mit 48 Textabbildungen. (56 S.) 1925   0.90 Goldmark
2. Band: **Die physikalischen Grundlagen der Radiotechnik** mit besonderer Berücksichtigung der Empfangseinrichtungen. Von Dr. **Wilhelm Spreen.** Dritte Auflage.   Erscheint im Frühjahr 1925.
3. Band: **Schaltungsbuch für Radio-Amateure.** Von **Karl Treyse.** Neudruck der zweiten vervollständigten Auflage. Mit 141 Textabbildungen. (64 S.) 1925.   1.20 Goldmark
4. Band: **Die Röhre und ihre Anwendung.** Von **Hellmuth C. Riepka,** zweiter Vorsitzender des Deutschen Radio-Clubs. Zweite, vermehrte Auflage. Mit 134 Textabbildungen. (111 S.) 1925.   1.80 Goldmark
5. Band: **Der Hochfrequenz-Verstärker beim Rahmenempfang.** Ein Leitfaden für Radiotechniker. Von Ing. **Max Baumgart.** Zweite, umgearbeitete Auflage. Mit etwa 30 Textabbildungen. Erscheint im Frühjahr 1925.
6. Band: **Stromquellen für den Röhrenempfang** (Batterien und Akkumulatoren). Von Dr. **Wilhelm Spreen.** Mit 61 Textabbildungen. (72 S.) 1924.   1.50 Goldmark
7. Band: **Wie baue ich einen einfachen Detektor-Empfänger?** Von Dr. **Eugen Nesper.** Mit 30 Abbildungen im Text und auf einer Tafel. Zweite Auflage.   Erscheint im Frühjahr 1925.
8. Band: **Nomographische Tafeln für den Gebrauch in der Radiotechnik.** Von Dr. **Ludwig Bergmann.** Mit 47 Textabbildungen und zwei Tafeln. (79 S.) 1925.   2.10 Goldmark
9. Band: **Der Neutrodyne-Empfänger.** Von Dr. **Rosa Horsky.** Mit 57 Textabbildungen.   Erscheint im Frühjahr 1925.
10. Band: **Wie lernt man morsen?** Von Studienrat **Julius Albrecht.** Mit 7 Textabbildungen. (38. S.) 1924.   1.35 Goldmark
11. Band: **Der Niederfrequenz-Verstärker.** Von Ing. **O. Kappelmayer.** Mit 36 Textabbildungen. (82 S.) 1924.   1.65 Goldmark   Zweite Auflage.   Erscheint im Frühjahr 1925.
12. Band: **Formeln und Tabellen** aus dem Gebiete der Funktechnik. Von Dr. **Wilhelm Spreen.** Mit 34 Textabbildungen. (76 S.) 1925.   1.65 Goldmark

Verlag von Julius Springer in Berlin W 9

Hochfrequenzmeßtechnik. Ihre wissenschaftlichen und praktischen Grundlagen. Von Dr.-Ing **August Hund**, Beratender Ingenieur. Mit 150 Textabbildungen. (340 S.) 1922. Gebunden 11 Goldmark

---

Die Grundlagen der Hochfrequenztechnik. Von Dr.-Ing. **Franz Ollendorff.** Mit etwa 120 Abbildungen im Text. Erscheint im Frühjahr 1925.

Hilfsbuch für die Elektrotechnik. Unter Mitwirkung namhafter Fachgenossen bearbeitet und herausgegeben von Dr. **Karl Strecker.** Zehnte, umgearbeitete Auflage. Starkstromausgabe. Mit 560 Abbildungen. (751 S.) 1925. Gebunden 13.50 Goldmark

---

Die wissenschaftlichen Grundlagen der Elektrotechnik. Von Prof. Dr. **Gustav Benischke.** Sechste, vermehrte Auflage. Mit 633 Abbildungen im Text. (698 S.) 1922. Gebunden 18 Goldmark

---

Kurzes Lehrbuch der Elektrotechnik. Von Prof. Dr. **Adolf Thomälen,** Karlsruhe. Neunte, verbesserte Auflage. Mit 555 Textbildern. (404 S.) 1921.
Gebunden 9 Goldmark

Theorie der Wechselströme. Von Dr.-Ing. **Alfred Fraenckel.** Zweite, erweiterte und verbesserte Auflage. Mit 237 Textfiguren. (360 S.) 1921.
Gebunden 11 Goldmark

Die Elektrotechnik und die elektromotorischen Antriebe. Ein elementares Lehrbuch für Technische Lehranstalten und zum Selbstunterricht. Von Dipl.-Ing. **Wilhelm Lehmann.** Mit 520 Textabbildungen und 116 Beispielen. (458 S.) 1922.
Gebunden 9 Goldmark

MIX
Papier aus verantwortungsvollen Quellen
Paper from responsible sources
FSC® C105338

If you have any concerns about our products,
you can contact us on
ProductSafety@springernature.com

In case Publisher is established outside the EU,
the EU authorized representative is:
**Springer Nature Customer Service Center GmbH
Europaplatz 3, 69115 Heidelberg, Germany**

Printed by Libri Plureos GmbH
in Hamburg, Germany